和秋叶一起学

# Word Excel PPT PS 移动办公 从新手到高手

秋叶 刘晓阳
编著



人民邮电出版社
北京

图书在版编目（CIP）数据

和秋叶一起学 : Word Excel PPT PS 移动办公从新手到高手 / 秋叶，刘晓阳编著. -- 北京 : 人民邮电出版社，2024.6
ISBN 978-7-115-61024-9

Ⅰ. ①和… Ⅱ. ①秋… ②刘… Ⅲ. ①办公自动化－应用软件 Ⅳ. ①TP317.1

中国国家版本馆CIP数据核字(2023)第022274号

## 内 容 提 要

本书通过职场中常见的案例，介绍初学者需要掌握的 Word/Excel/PPT/Photoshop 等软件在办公中的应用方法与技巧，以及移动办公的相关软件及其操作方法。

全书分为 5 篇，共 17 章。“Word 办公应用”篇介绍办公文档的创建与编辑，图文混排型文档的制作，表格型文档的创建与编辑，Word 样式与模板的应用，文档的审阅、打印与导出，批量生成文档等内容；“Excel 办公应用”篇介绍表格的创建与美化，数据的排序、汇总与筛选，图表与数据透视表的应用，函数与公式的应用，表格数据的规划求解等内容；“PPT 设计与应用”篇介绍演示文稿的编辑与设计、动画设计与放映设置等内容；“Photoshop 图像高效处理”篇介绍快速调整图片、精修并制作特定风格的人像照片、制作创意特效等内容；“移动办公”篇介绍使用手机、平板电脑等设备进行时间管理、文件处理、邮件处理、文件云同步及远程会议等内容。

本书适合职场人士阅读，也可以作为职业院校相关专业的教材或企业的办公技能培训参考书。

◆ 编　　著　秋　叶　刘晓阳
责任编辑　马雪伶
责任印制　王　郁　胡　南
◆ 人民邮电出版社出版发行　　北京市丰台区成寿寺路 11 号
邮编　100164　　电子邮件　315@ptpress.com.cn
网址　https://www.ptpress.com.cn
临西县阅读时光印刷有限公司印刷
◆ 开本：700×1000　1/16
印张：18.25　　2024 年 6 月第 1 版
字数：355 千字　　2024 年 6 月河北第 1 次印刷

定价：69.80 元

读者服务热线：(010)81055410　印装质量热线：(010)81055316
反盗版热线：(010)81055315
广告经营许可证：京东市监广登字 20170147 号

# 前 言

PREFACE

东风日产、中国平安保险、伊利集团、京东集团、微软（中国）等企业都曾找过秋叶团队，问能不能推荐精通办公软件的大学毕业生来企业工作，待遇从优。可见，学好办公常用软件可以在职场中获得更多的机会。

## 多学一点，职场快人一步

有一种说法是精通一项技能需要 10000 小时的练习，这吓坏了太多人。

根据我们的教学经验，类似 Word/Excel/PPT/Photoshop 这样的软件并不需要花 10000 小时就可以精通。原因很简单，这些软件的操作没有大家想象的那么复杂，就是用来提高工作效率的。

学习这些软件操作和学习高等数学等课程是不同的：学高等数学需要弄清楚为什么，所以要花很多时间思考；而学软件操作只需知道怎样做就足够了。掌握一个便捷的操作其实很快，快到只需要几分钟，而这个操作能帮你节约非常多的时间。

### 如果学好 Word

· Word 文档里有很多级别不同的标题，如果一次性把标题的格式设置好，可以节约很多时间，而且还不会出错。

· 插入表格或图片时，若使用自动生成编号功能为其编号，就算增删表格或图片，序号也不会出错。

### 如果学好 Excel

· 打印几百份员工明细资料，1 小时就能完成。

· 制作通讯录时，使用 Excel 的自动校验功能可以保证数据准确无误。

### 如果学好 PPT

· 能够制作吸引力十足的工作汇报 PPT，为职场表现加分。

· 帮领导、同事美化一下 PPT，大家自然会对你另眼相看。

### 如果学好 Photoshop

· 照片有瑕疵、图片有水印，使用 Photoshop 进行几步简单操作就能解决。

· 设计 PPT 时需要的背景图、有特殊效果的字体，不用在网上搜索，用 Photoshop 就能搞定。

### 如果学会移动办公

· 外出时也能及时处理文件、参加会议，随时随地高效办公。

多学一个小操作，职场快人一大步！

每天只需要花几分钟时间学习，坚持一个月，你就可以看到自己的办公效率大大提升。而这样的学习强度和难度，几乎所有人都能接受，重点是这些操作学了就能用，不容易忘记。

## 特色鲜明，助力学习

### 案例为主，即学即用

本书以实际工作中的案例为主，将软件的常用功能融入案例中。读者学起来不枯燥，学完就能解决工作中遇到的问题。

### 思路清晰，专家解密

“案例说明”栏目可以帮助读者了解案例的使用场景和涉及的主要知识点。有了对案例的“宏观”认知，在学习操作时就会思路清晰，事半功倍。

### 栏目丰富，学以致用

“秋叶私房菜”栏目提供经过精心筛选的软件使用技巧及常见问题解答；“职场拓展”栏目结合当前章的重要知识点及其职场应用，帮读者举一反三。

### 图文并茂，易学易会

操作步骤配有对应的插图，读者在学习过程中能够直观、清晰地看到操作的过程及效果，学习起来更轻松。

### 视频课程，方便高效

本书的配套教学视频与书中内容紧密结合，读者可以关注公众号“秋叶 PPT”，发送关键词“秋叶五合一”，联系客服领取，在手机、计算机等设备上观看并学习。

由于编者水平有限，书中若有疏漏和不妥之处，恳请广大读者批评指正。本书责任编辑的电子邮箱：maxueling@ptpress.com.cn。

编　者

# 目　录

CONTENTS

# 第一篇　Word 办公应用

## 第5章 文档的审阅、打印与导出



## 第6章 批量生成文档



# X 第二篇 Excel 办公应用

## 第7章 表格的创建与美化

## 第 8 章 数据的排序、汇总与筛选



## 第 9 章 图表与数据透视表的应用

## 第 10 章 函数与公式的应用



## 第 11 章 表格数据的规划求解

# 第三篇 PPT 设计与应用

## 第 12 章 演示文稿的编辑与设计



## 第 13 章 动画设计与放映设置

# Ps 第四篇 Photoshop图像高效处理

## 第 14 章 快速调整图片



## 第 15 章 精修并制作特定风格的人像照片

## 第 16 章 制作创意特效



# 第五篇 移动办公

## 第 17 章 随时随地高效办公

# 第二篇 Word办公应用

Word 2021 是微软公司 Office 办公套件中强大的文字处理软件。本章通过制作招聘启事、制作劳动合同书两个案例，系统讲解 Word 软件的录入与编辑功能。

扫描二维码
发送关键词**“秋叶五合一”**
观看视频学习吧！

## 1.1 制作招聘启事

### 案例说明

招聘启事是用人单位面向社会公开招聘有关人员时使用的一种文书，往往结构比较简单，主要包含标题、正文、落款和日期。招聘启事文档的制作主要涉及文本的录入与格式的修改。

本案例中，招聘启事文档制作完成后的效果如下图所示。

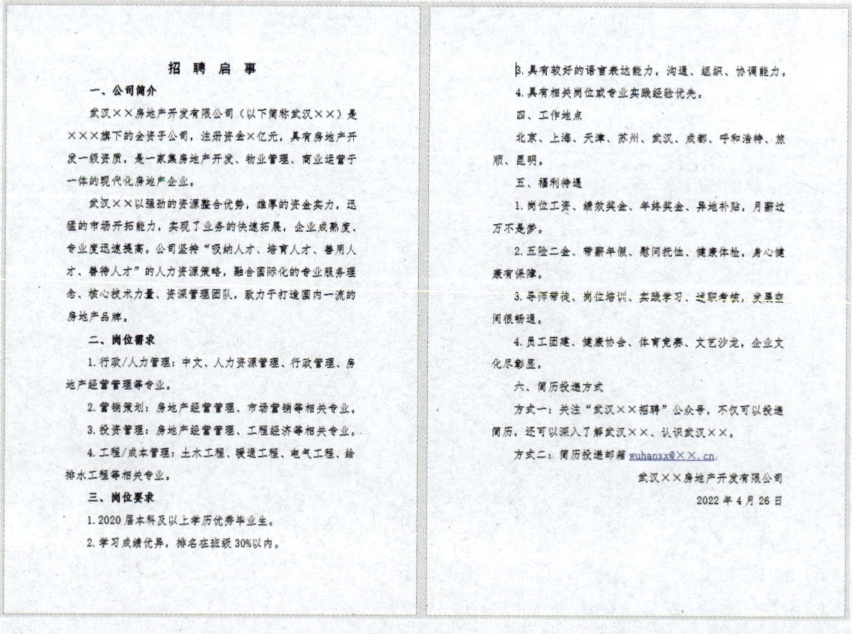

招 聘 启 事

一、公司简介

武汉××房地产开发有限公司（以下简称武汉××）是×××旗下的全资子公司，注册资金×亿元，具有房地产开发一级资质，是一家集房地产开发、物业管理、商业运营于一体的现代化房地产企业。

武汉××以强劲的资源整合优势，雄厚的资金实力，迅猛的市场开拓能力，实现了业务的快速拓展，企业成熟度、专业度迅速提高。公司坚持“吸纳人才、培育人才、善用人才、善待人才”的人力资源策略，融合国际化的专业服务理念、核心技术力量、资深管理团队，致力于打造国内一流的房地产品牌。

二、岗位需求

1.行政/人力管理：中文、人力资源管理、行政管理、房地产经营管理等专业。

2.营销策划：房地产经营管理、市场营销等相关专业。

3.投资管理：房地产经营管理、工程经济等相关专业。

4.工程/成本管理：土木工程、暖通工程、电气工程、给排水工程等相关专业。

三、岗位要求

1.2020 届本科及以上学历优秀毕业生。

2.学习成绩优异，排名在班级 30%以内。

3.具有较好的语言表达能力，沟通、组织、协调能力。

4.具有相关岗位或专业实践经验优先。

四、工作地点

北京、上海、天津、苏州、武汉、成都、呼和浩特、旅顺、昆明。

五、福利待遇

1.岗位工资、绩效奖金、年终奖金、异地补贴，月薪过万不是梦。

2.五险二金、带薪年假、慰问抚恤、健康体检，身心健康有保障。

3.导师带徒、岗位培训、实践学习、述职考核，发展空间很畅通。

4.员工团建、健康协会、体育竞赛、文艺沙龙，企业文化尽彰显。

六、简历投递方式

方式一：关注“武汉××招聘”公众号，不仅可以投递简历，还可以深入了解武汉××、认识武汉××。

方式二：简历投递邮箱 wuhanxx@××.cn。

武汉××房地产开发有限公司

2022 年 4 月 26 日

## 1.1.1 创建文档

在开始编辑招聘启事之前，我们需要创建一个空白文档。

打开 Word 软件之后，在软件窗口中单击【空白文档】选项，即可快速完成空白文档的创建。

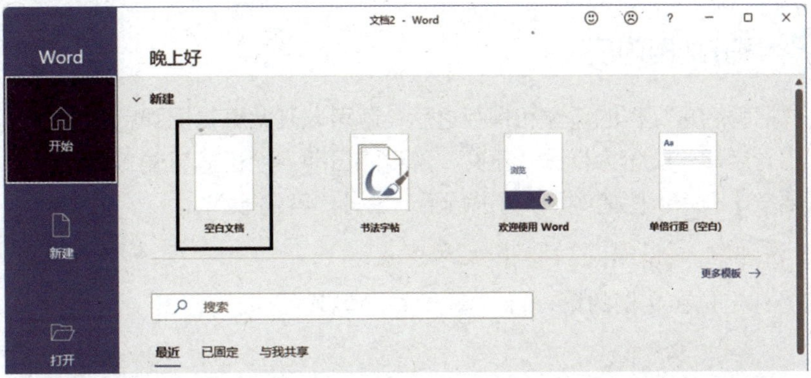


## 1.1.2 保存文档

创建好空白文档之后，需要将文档保存在对应的文件夹中，防止在后续编辑过程中因操作失误而丢失文档。

> ➤ **第一次保存招聘启事文档**

在空白文档窗口中❶按【F12】键；❷在弹出的对话框中先选择保存位置，再输入文件名，❸单击【保存】按钮，完成招聘启事文档的第一次保存。

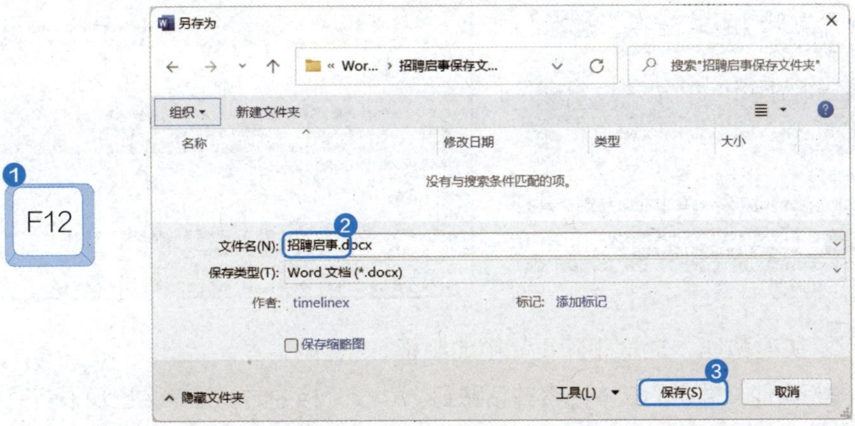


> ➤ **在编辑过程中保存文档**

在编辑文档的过程中，需要养成随时保存文档的好习惯，按快捷键【Ctrl+S】

就可以快速完成文档的保存，此时标题栏中文件名的右侧会出现“已保存到这台电脑”的字样。

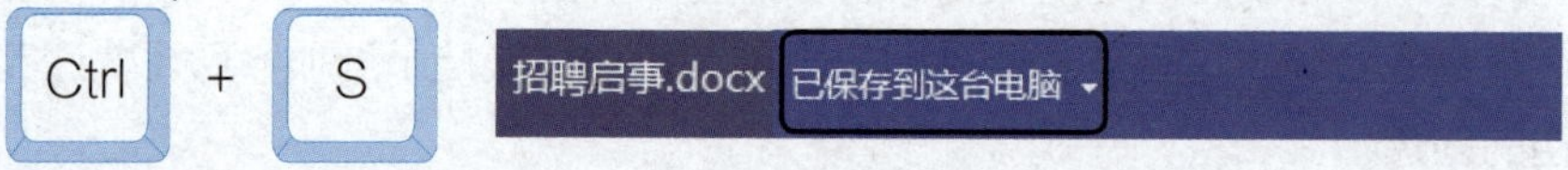


## 1.1.3 编辑文档内容

完成招聘启事文档的新建和保存之后，就可以开始编辑招聘启事文档的正式内容了。招聘启事一般分为标题、正文、落款和日期 3 个部分，输入完一部分内容之后，需要按【Enter】键换行，再进行下一部分内容的输入。

### 1．快速输入标题，复制粘贴启事正文

**01** 将光标定位在文档的第一行，输入“招聘启事”4 个字。

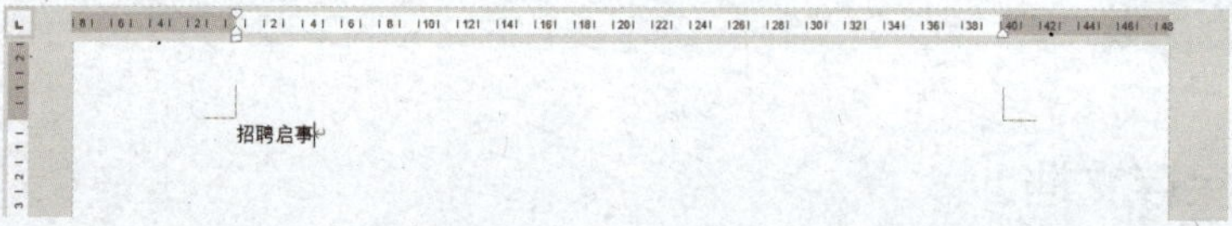


**02** 打开素材文件夹中的“招聘启事 .txt”文件，按快捷键【Ctrl+A】全选所有文本内容，再按快捷键【Ctrl+C】复制文本内容。返回招聘启事 Word 文档中，按【Enter】键换行，再按快捷键【Ctrl+V】将复制的文本内容粘贴到文档中。

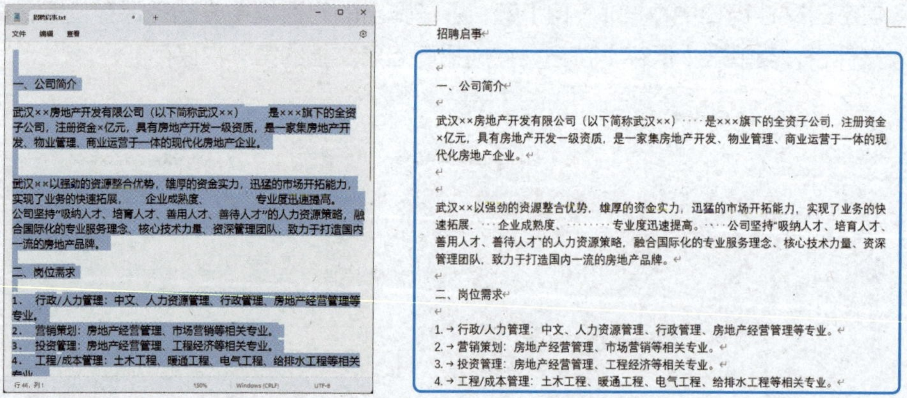


### 2．快速整理，批量删除正文中的空格、空行

复制其他文件中的文本内容并粘贴到 Word 文档中时，经常会出现很多空格和空行，此时可以使用“查找和替换”功能将其批量删除，具体操作如下。

**01** ❶按快捷键【Ctrl+H】，❷在弹出的对话框中单击【更多】按钮展开完整的界面，❸取消勾选【区分全 / 半角】复选框。

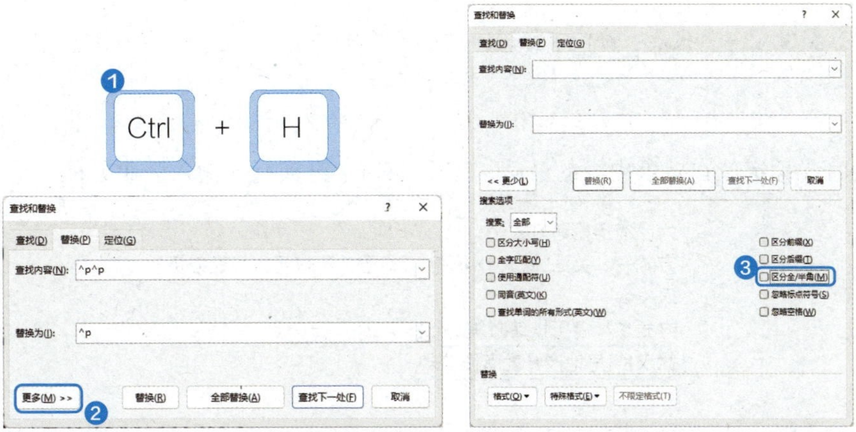


**02** ❶在【查找内容】文本框中输入“^w”（输入“^”时需要同时按【Shift】键和键盘上方的数字键【6】），【替换为】文本框中什么都不输入，❷单击【全部替换】按钮；❸此时软件会弹出对话框提示完成了多少处替换，单击【确定】按钮，完成空格的替换。

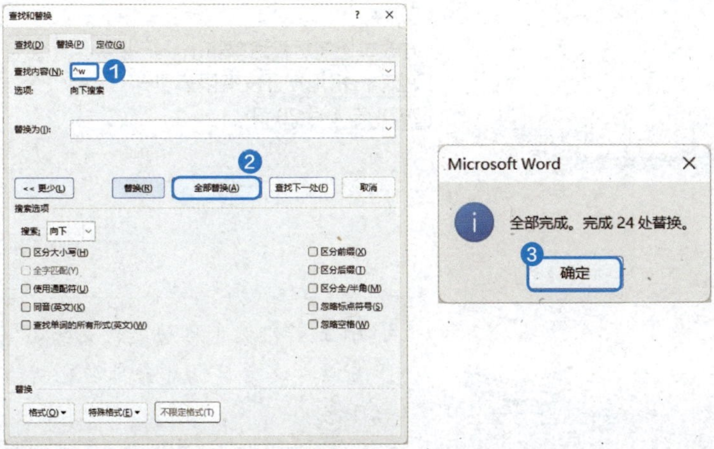


**03** 按快捷键【Ctrl+H】弹出【查找和替换】对话框，❶在【查找内容】文本框中输入“^p^p”，❷在【替换为】文本框中输入“^p”，❸单击【全部替换】按钮执行替换操作，❹在弹出的提示对话框中单击【确定】按钮，完成空行的替换。

> • **小贴士** “^p”代表一个段落标记，两个段落标记连在一起可产生一个空行。

### 3．巧用 Word，输入落款和日期

**01** 将光标定位在启事内容的最后，按【Enter】键换行，输入企业名称。

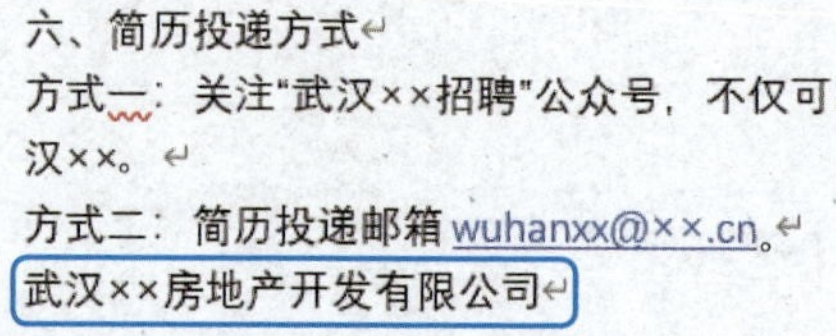


**02** 按【Enter】键，将光标切换至企业名称的下一行，❶在【插入】选项卡中单击【日期和时间】图标，❷在弹出的对话框中选择日期格式，❸取消勾选【自动更新】复选框，❹单击【确定】按钮，就可以快速插入当前的日期。

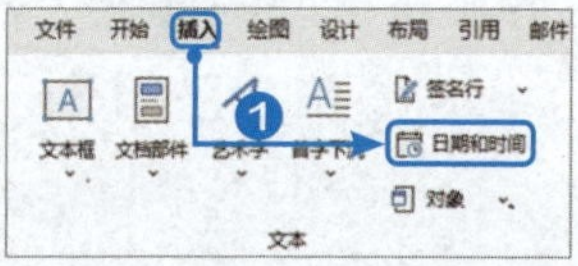


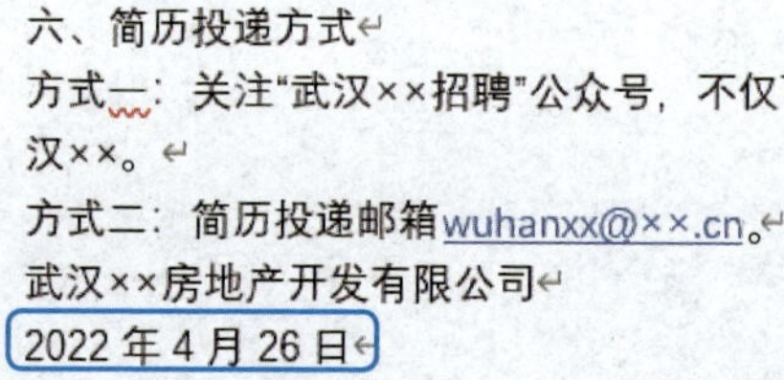


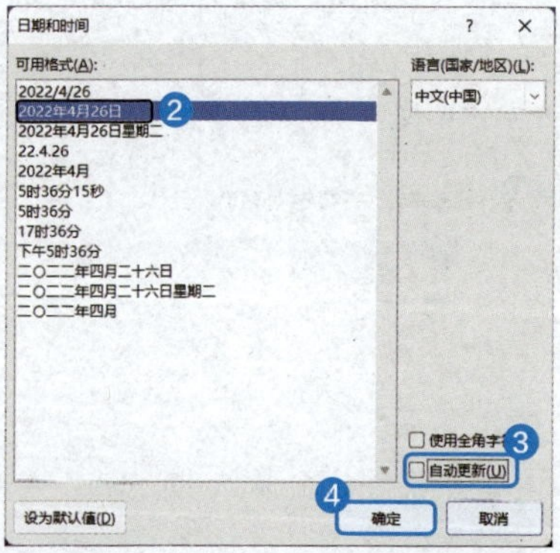


> • **小贴士** 若勾选【自动更新】复选框，下次打开文档时这个日期就会自动更新为当前系统的日期。

## 1.1.4 修改文档的格式

### 1．修改标题格式

招聘启事中标题的字体与正文内容的字体不一样，标题的字号比正文内容的字号大，而且标题需要居中对齐，因此需要对标题的字体、字号和文字宽度进行设置。

**01** 将鼠标指针移动到标题所在行的左侧，❶当鼠标指针变为箭头形状时，单击即可快速选中标题，❷修改标题字体为【黑体】，❸修改字号为【小二】。

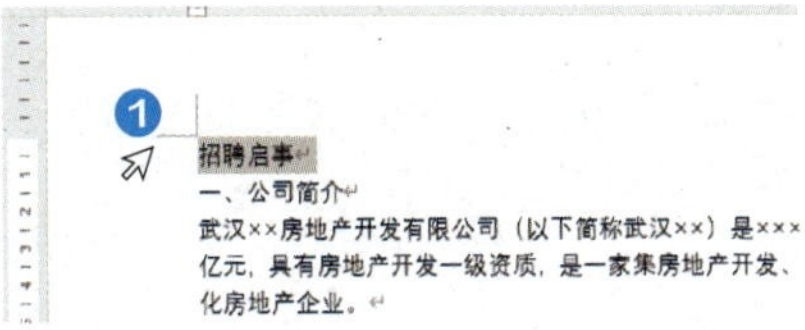


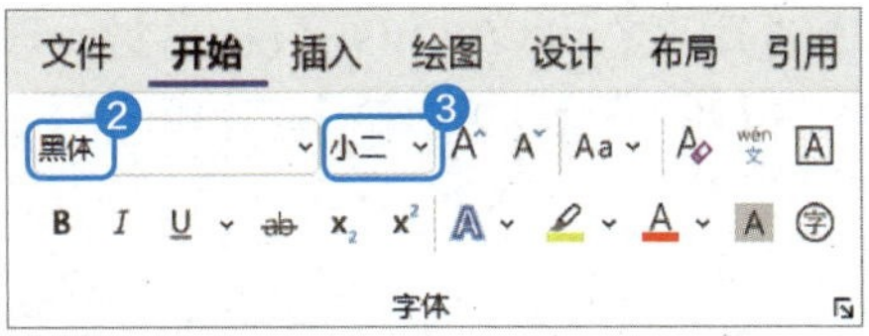


**02** ❶修改对齐方式为居中对齐，❷调整文字宽度为【7字符】，❸完成标题的修改。

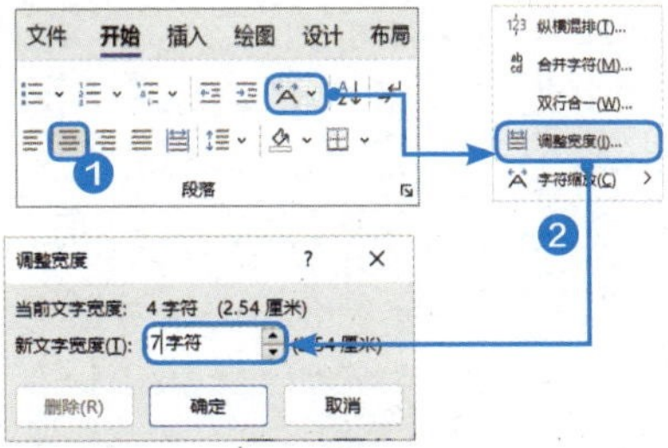


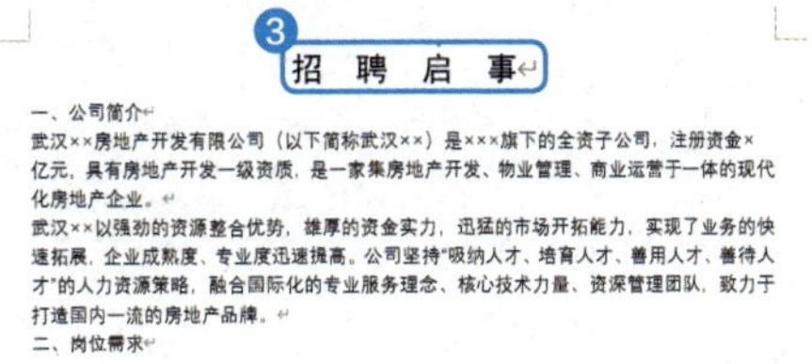


> • **小贴士** 通过【调整宽度】命令可以调整文字间距，掌握该功能后就不用输入空格来增加文字之间的距离了。

### 2. 设置段落缩进

一般会在正文每一段的开头缩进两个字符来区分不同段落，具体操作如下。

**01** 选中标题、落款和日期之外的所有内容，❶修改字体为【仿宋】，❷修改字号为【三号】，❸完成正文字体、字号的修改。

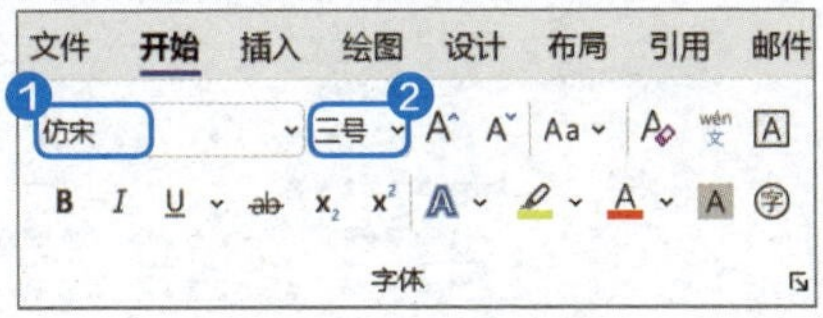


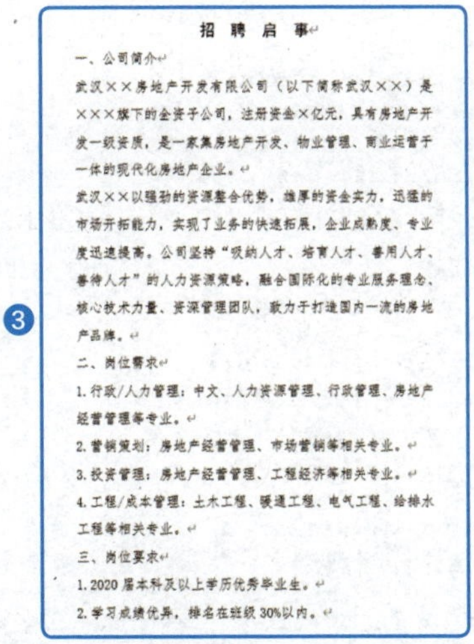

**02** 选中所有内容，单击鼠标右键，❶选择【段落】命令，❷在弹出的对话框中设置首行缩进为【2 字符】，❸单击【确定】按钮，❹完成段落缩进的设置。

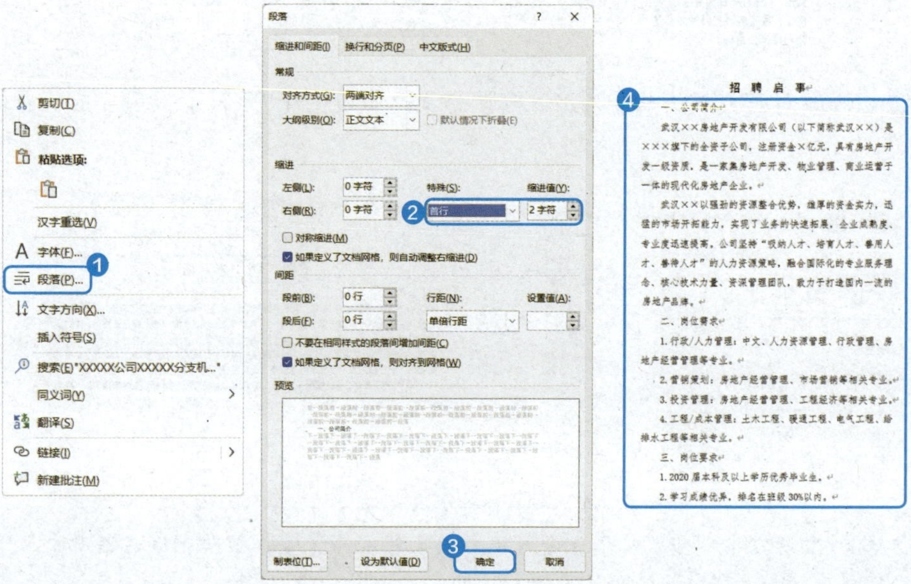

**03** 选中所有的小标题，使用快捷键【Ctrl+B】或者在【开始】选项卡中单击【加粗】图标 **B**，为小标题设置加粗效果。

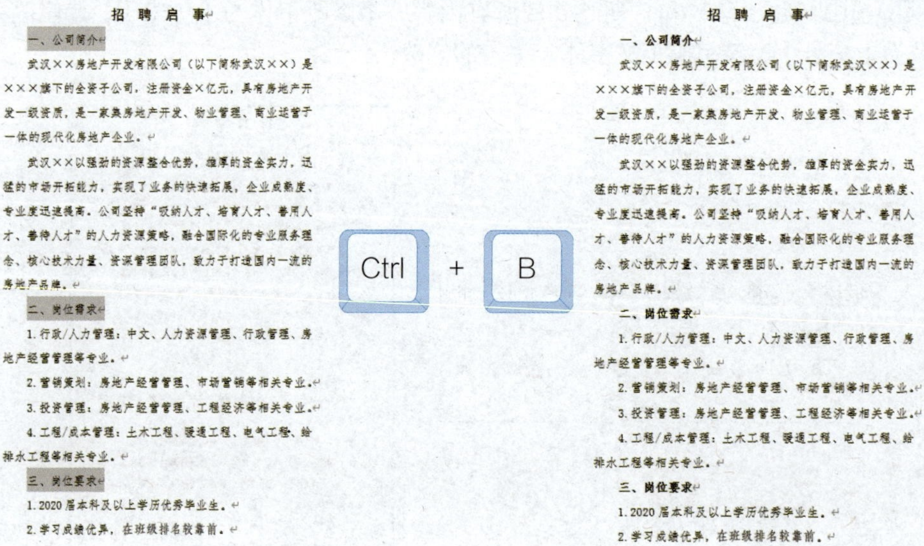

### 3. 修改落款和日期的格式

01 选中落款和日期，在【开始】选项卡中❶单击【右对齐】图标，❷落款和日期的格式即变为右对齐。

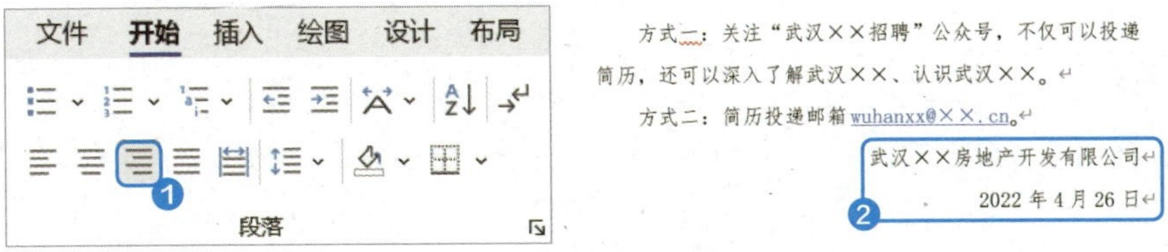


02 选中落款，❶单击鼠标右键，❷选择【段落】命令，❸修改段前距离为【1 行】，❹单击【确定】按钮，❺完成段落格式的设置。

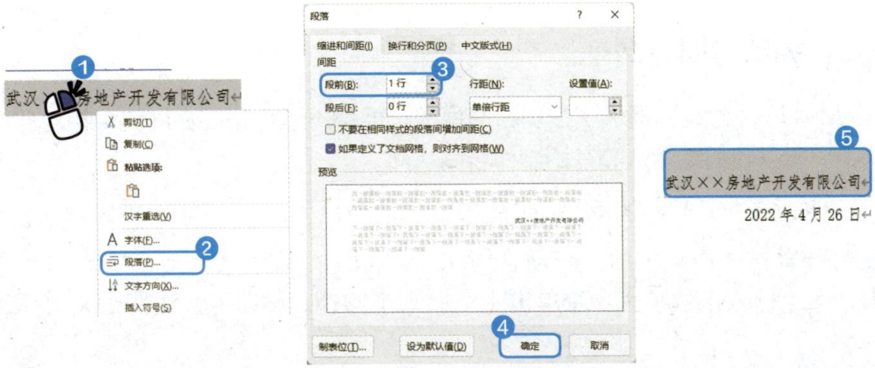


至此，招聘启事文档就制作好了。最后千万要记得，按快捷键【Ctrl+S】保存制作好的招聘启事文档。

## 1.2 制作劳动合同书

### 案例说明

劳动合同书是日常办公中常见的文档类型。一般情况下办公单位会采用劳动部门制定的固定格式，在遵守相关法律法规的前提下，根据自身情况，制定合理、合法、有效的劳动合同。

本案例中，劳动合同书文档制作完成后的效果如下页图所示。

劳动合同书包含合同封面、合同正文与合同落款。劳动合同书主要的制作难度在于封面中基本信息部分的下划线的制作、合同正文各部分的编号设置，以及甲、乙双方基本信息的并列对齐。

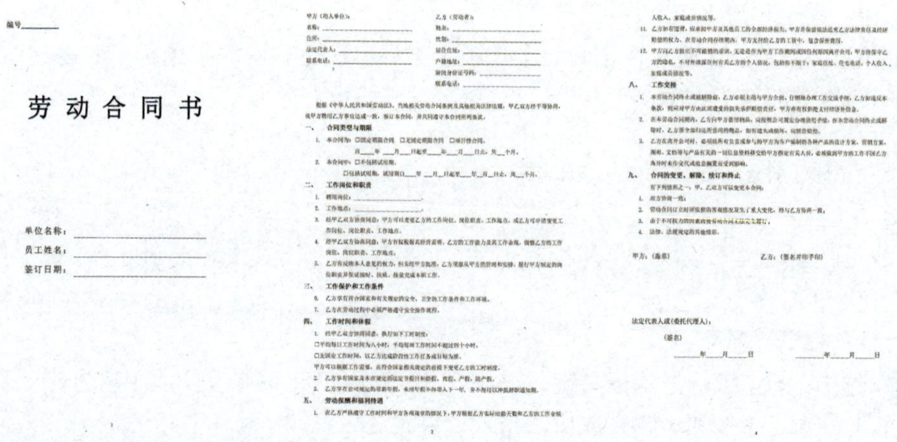


## 1.2.1 编辑合同封面

Word 软件为我们提供了很多封面模板，但都不适合用在合同这种相对严肃的文档中，所以我们需要从零开始制作合同封面。

### 1. 输入合同封面信息并修改格式

01 打开素材文件夹中的“劳动合同 .docx”文件，❶将光标定位在合同正文的开头，在【插入】选项卡中❷单击【空白页】图标，❸即可快速在正文前插入空白页面。

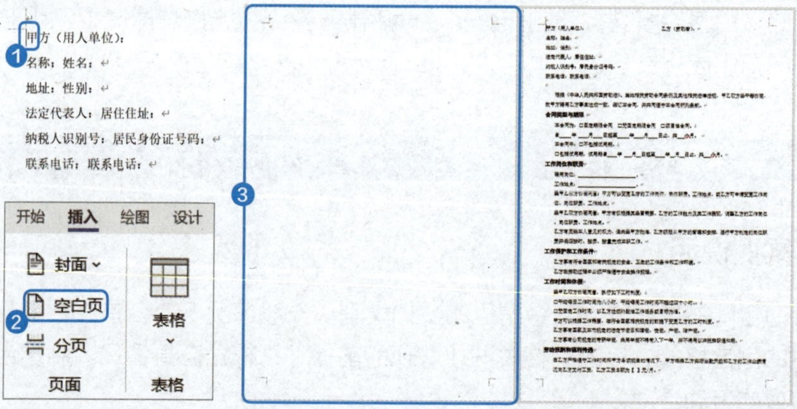


02 将光标定位在空白页面的第一行，❶输入“编号：”及 10 个空格，在其下方空 5 行，然后输入标题“劳动合同书”，在标题下方空 15 行，依次输入“单位名称：”“员工姓名：”“签订日期：”；选中“编号：”右侧的 10 个空格，❷按快捷键【Ctrl+U】，可以看到“编号：”右侧出现了下划线；选中除标题之

外的所有内容，❸设置字体为【宋体】、字号为【四号】；❹选中合同标题，修改字号为【48】，修改字形为加粗，修改对齐方式为居中对齐。

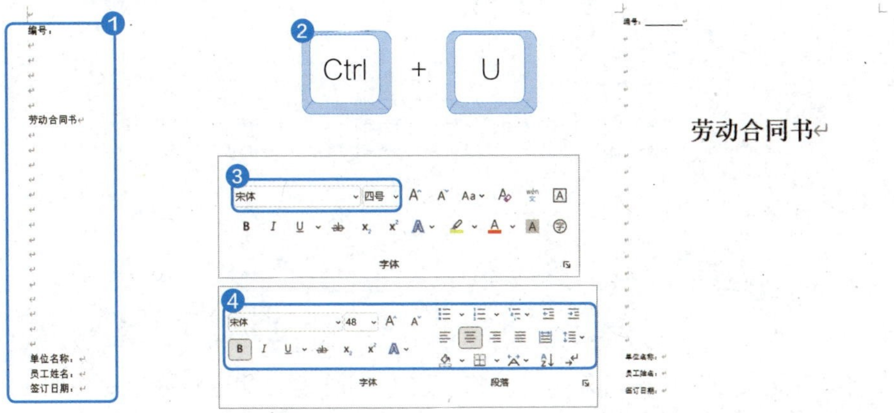

## 2. 制作带下划线的基本信息

01 选中需要添加下划线的段落，❶单击鼠标右键，❷选择【段落】命令，在弹出的对话框中❸单击【制表位】按钮，弹出【制表位】对话框。

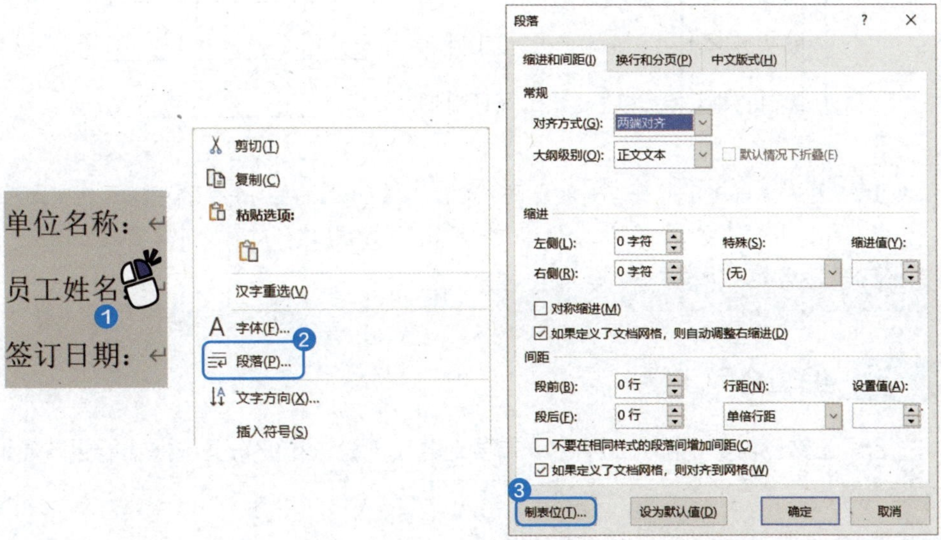

02 ❶在【制表位位置】文本框中输入“12”，❷单击【设置】按钮，❸修改数值为“34”，❹在【引导符】组中选择【4____(4)】选项，❺单击【设置】按钮，❻单击【确定】按钮完成制表位的设置。

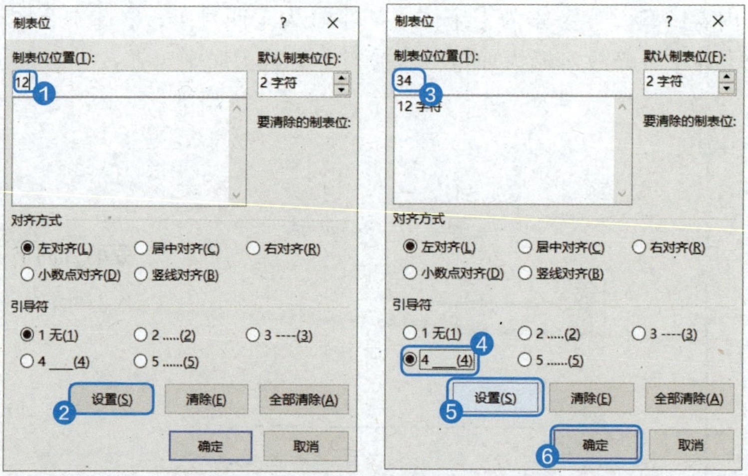


03 将光标定位在“单位名称：”左侧，按【Tab】键，快速将内容对齐到 12 字符处；将光标定位在冒号右侧，再次按【Tab】键，就可以制作出带下划线的效果。重复上述操作，对齐“员工姓名：”“签订日期：”，完成下划线的制作。

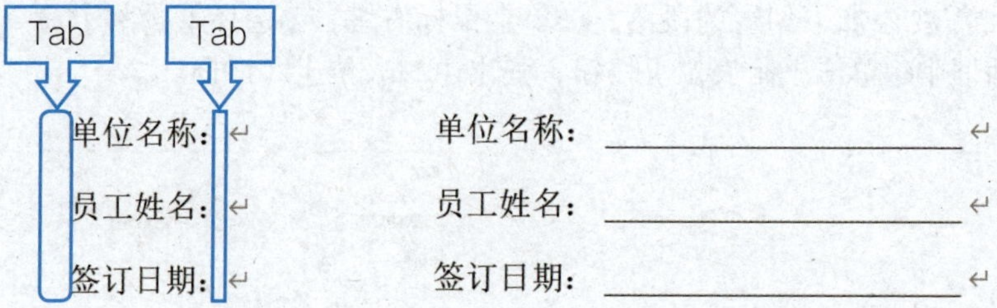


> • **小贴士** 这里出现了两种下划线的制作方法，第一种方法适用于单一段落的下划线制作，第二种方法适用于连续多个段落的下划线制作与对齐，其优点是可以精准控制下划线的位置和长度。

## 1.2.2 编辑合同正文

合同正文包含多个部分的信息，需要对各个部分进行编号，这样才能更方便地定位信息。

### 1. 对齐甲、乙双方的基本信息

01 甲、乙双方基本信息的对齐和下划线的制作可以参照封面，只不过这次需要在选中基本信息后，在【制表位】对话框中分别在 22 字符、24 字符和 46 字符处设置左对齐制表位。特别需要注意的是，其中 22 字符和 46 字符处的制表位需要选择【4____(4)】选项。

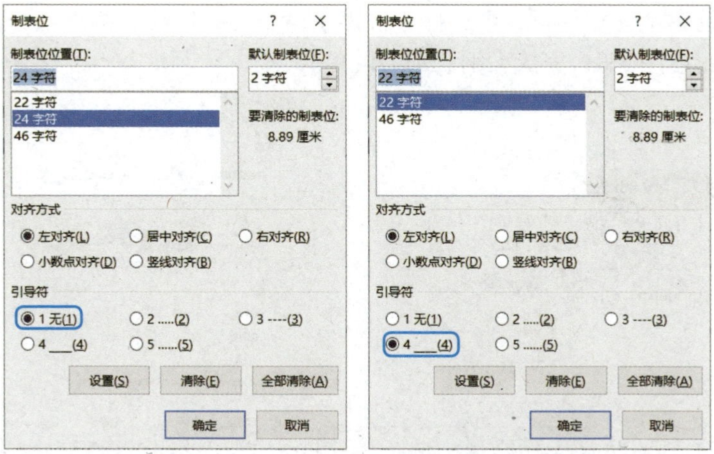


02 将光标定位在甲方信息的“名称：”右侧，按两次【Tab】键插入两个制表符；然后再将光标定位在乙方信息的“姓名：”右侧，按一次【Tab】键插入一个制表符，完成第一行信息的对齐，完成后的效果如下图所示。

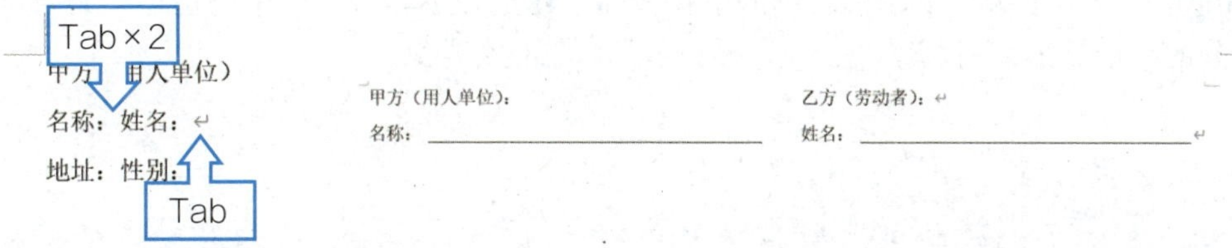


03 依次在其余信息的对应位置插入制表符，完成其余信息的对齐。

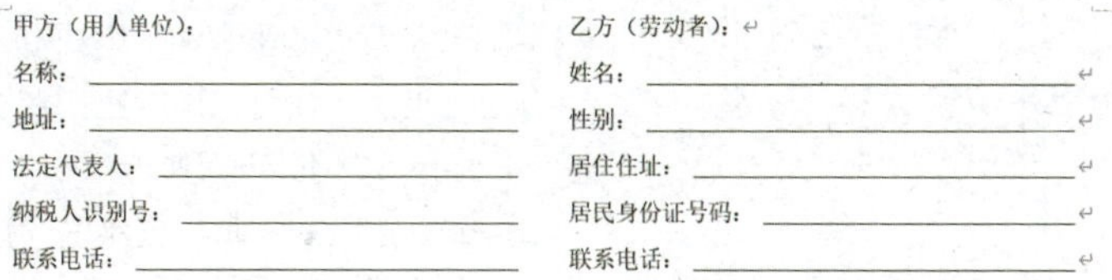


## 2. 为合同条款添加编号

01 ❶选中任意一个部分的标题，在【开始】选项卡中❷单击【选择】图标，❸选择【选择格式相似的文本】命令，快速完成各部分标题的选择。

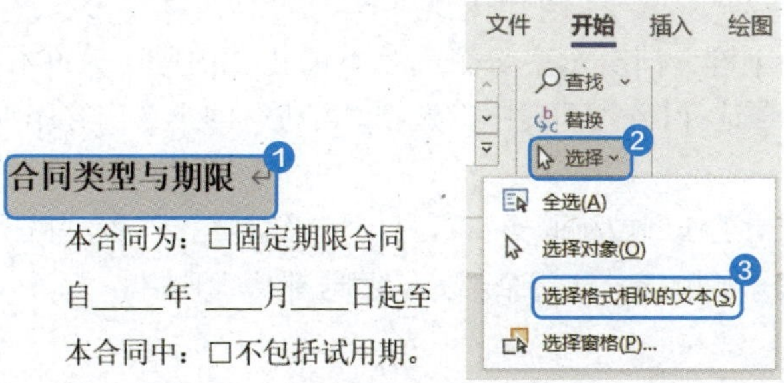

**02** ❶右键单击任意标题，❷选择【段落】命令，❸修改大纲级别为【1 级】，❹单击【确定】按钮，完成大纲级别的设置。

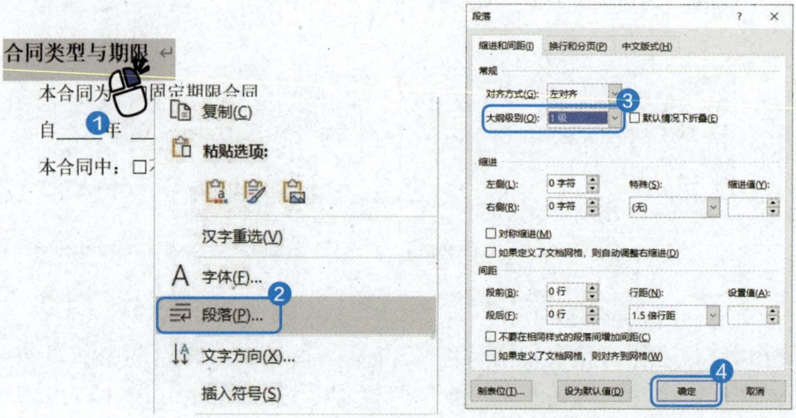


**03** ❶单击【编号】图标右侧的下拉按钮，❷选择【编号库】中的选项，为各部分的标题添加“一、”“二、”“三、”样式的编号。

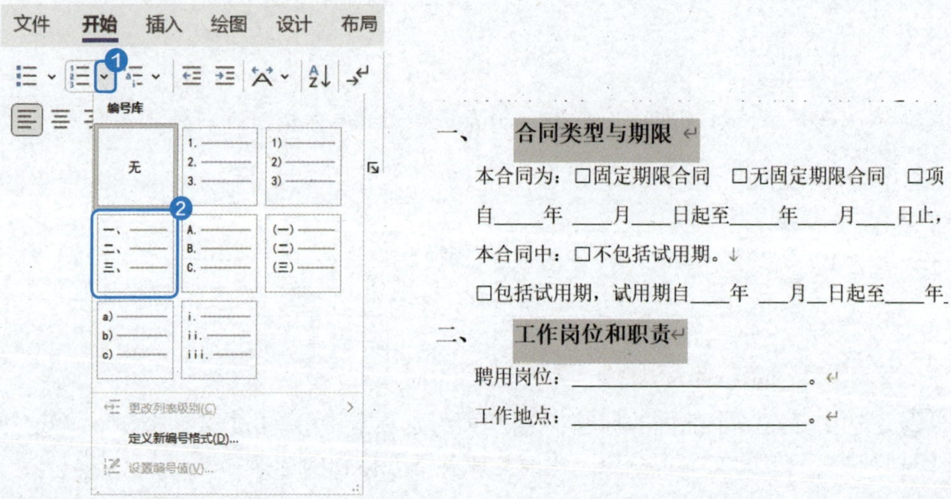


**04** 按住【Ctrl】键，同时选中每个部分下的正文内容，❶单击【编号】图标右侧的下拉按钮，❷选择【编号库】中的选项，为所有的正文内容添加“1.”“2.”“3.”样式的编号。

以第二部分“工作岗位和职责”为例，添加编号后该部分的编号是从 3 开始的，所以需要调整编号的顺序，让每个部分的编号都从 1 开始。

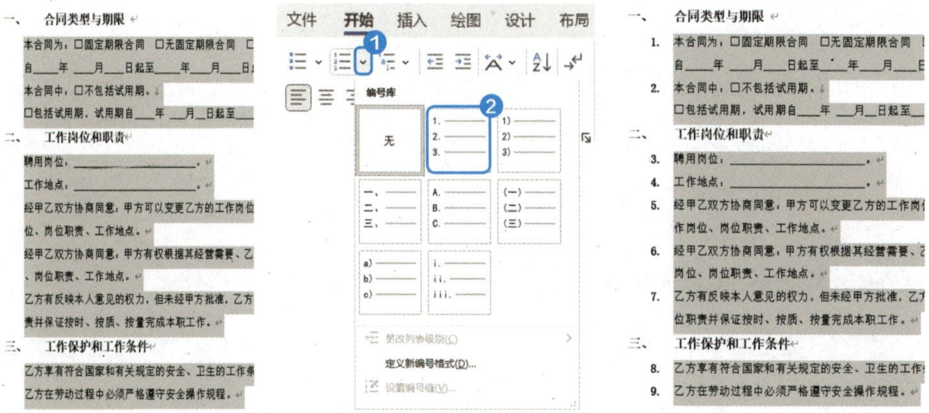


05 ❶右键单击出错的编号，❷选择【重新开始于 1】命令，❸编号就会自动从 1 开始。重复上述操作，调整剩下部分的编号，完成编号的调整。

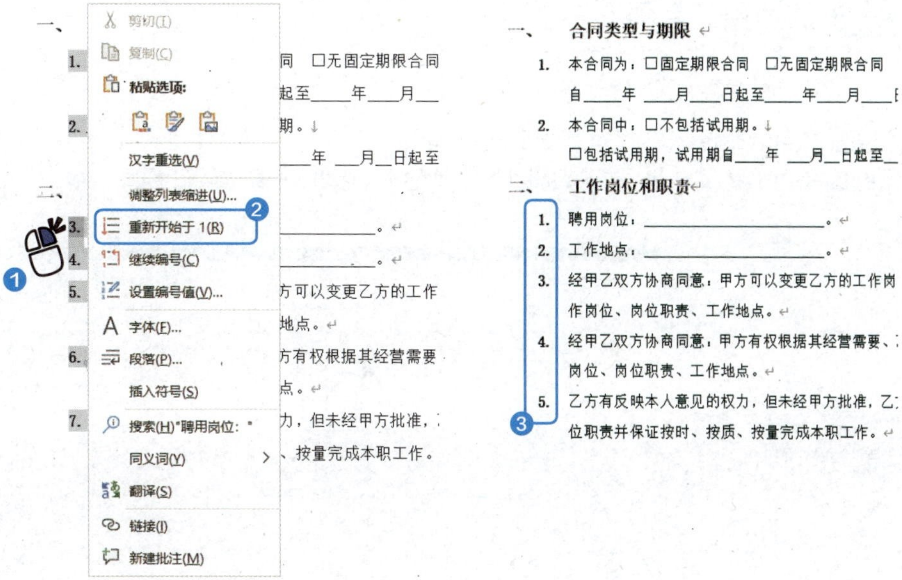


### 3. 对齐落款和日期

合同落款和日期也需要对齐，借助制表位和【Tab】键就可以完成。需要注意的是，日期行的制表位的对齐方式是右对齐，完成后的效果如下页图所示。

| | |
|---|---|
| 甲方：(盖章)↵ | 乙方：(签名并印手印)↵ |
| ↵ | ↵ |
| ↵ | ↵ |
| ↵ | ↵ |
| 法定代表人或(委托代理人)：↵ | ↵ |
| (签名)↵ | ↵ |
| ________年_____月______日↵ | __________年______月______日↵ |

至此，劳动合同书文档就制作完毕了，不要忘记按快捷键【Ctrl+S】保存文档。

## 1.2.3 快速预览合同

### 1. 使用阅读视图预览合同

完成合同的制作之后，如果想要快速预览合同，则可以在【视图】选项卡中单击【阅读视图】图标，进入阅读视图，按【Esc】键即可退出阅读视图。

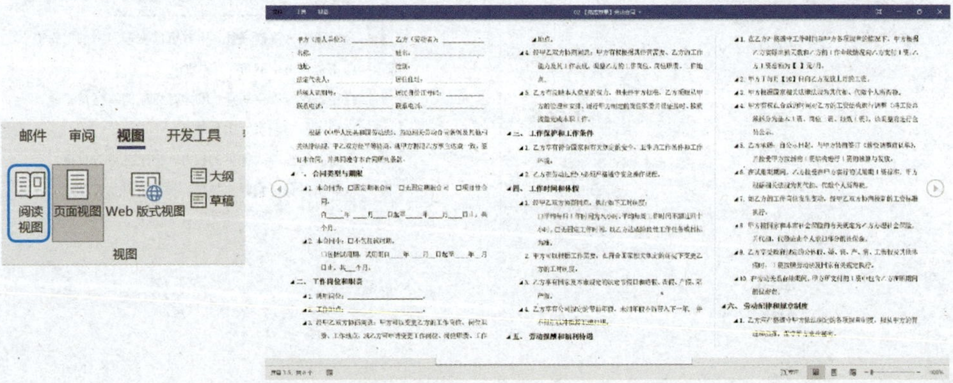


### 2. 使用【导航】窗格跳转到指定部分

在【视图】选项卡中勾选【导航窗格】复选框，此时就会在窗口左侧弹出【导航】窗格，因为提前设置了标题的大纲级别，所以各部分的标题就会显示在窗格中，单击对应的标题就可以快速跳转到对应的部分，十分方便。

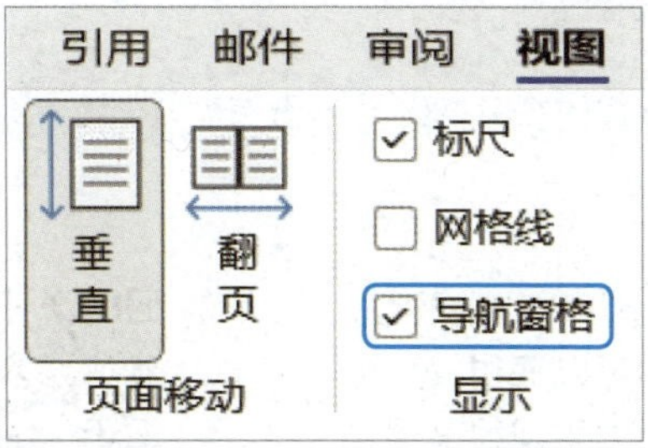


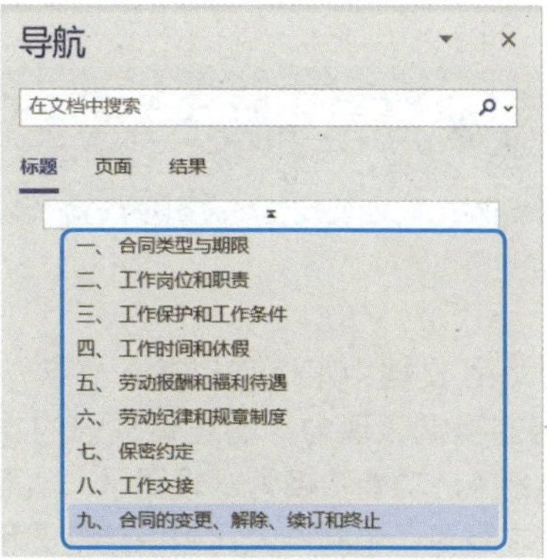


## 秋叶私房菜

### 1. 将常用功能按钮加入快速访问工具栏

在文档的编辑过程中往往需要用到不同选项卡中的功能，对于常用的功能按钮，我们可以把它们加入快速访问工具栏中，以减少在各个选项卡之间切换。

具体操作请观看视频学习。

### 2. 设置文档的自动保存时间

在工作中，最让人难过的莫过于花了很多时间编写文档，却因为停电、Word 崩溃等功亏一篑，为了避免这种损失，可以在 Word 中设置文档的自动保存时间。

具体操作请观看视频学习。

### 3. 输入的文字把后面的文字“吞掉”了怎么办

在编辑文档时，常常会遇到输入的文字把后面的文字“吞掉”的情况，其实这是不小心触碰到了【Insert】键，将文字的输入模式从【插入】切换到了【改写】导致的，只需要再按一次【Insert】键就可以切换回【插入】模式。

### 4. 如何将多个文档合并在一起

在制作大型文档的时候，往往需要进行分工合作，但是在最后合并多个文档时，如何不通过复制粘贴操作，就完成多个文档的合并？

具体操作请观看视频学习。

在 Word 文档中不仅可以输入文字，还可以插入图片以增强文档的视觉表现力；而逻辑性强的文字可以通过 Word 中的 SmartArt 功能转换为逻辑图示，从而更为直观地呈现文字内容。本章将通过制作公司组织结构图和制作公司宣传通稿两个案例，讲解 Word 的图文排版功能。

扫描二维码
发送关键词**"秋叶五合一"**
观看视频学习吧！

## 2.1 制作公司组织结构图

### 案例说明

公司组织结构图属于逻辑图示，通过公司组织结构图可以清晰掌握公司的流程运转、部门设置以及职能规划等信息。搭建公司组织结构框架后，为了明确组织分工、从属关系、职责范围，可以用 SmartArt 功能制作公司组织结构图。

本案例中，公司组织结构图制作完成后的效果如下图所示。

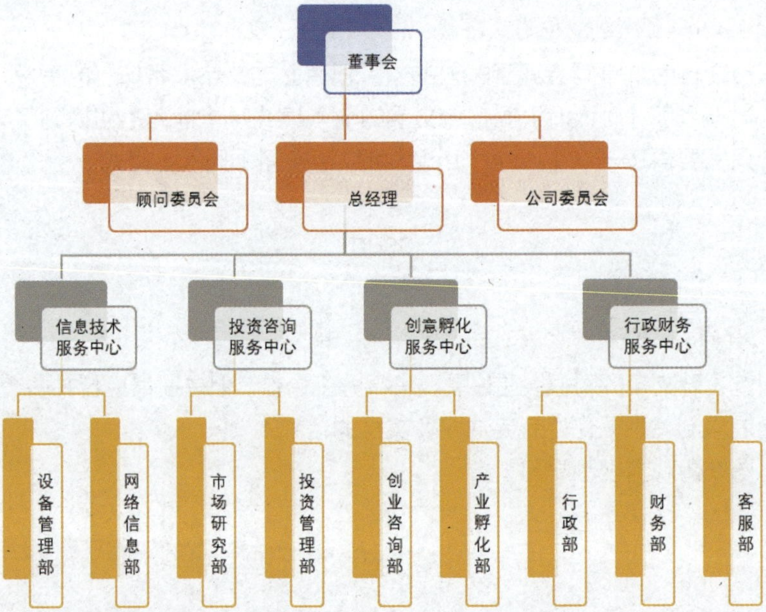

在制作公司组织结构图之前，需要了解公司内部各组织之间的从属关系，进而选择合适的 SmartArt 图形进行呈现。

## 2.1.1 插入 SmartArt 图形

想要在 Word 文档中制作组织结构图，要先通过 SmartArt 功能插入一个空白的组织结构图以搭建好框架，具体操作如下。

**01** 在【插入】选项卡中❶单击【SmartArt】图标，在弹出的对话框中❷切换到【层次结构】选项卡，❸选择第一个组织结构图，❹单击【确定】按钮。

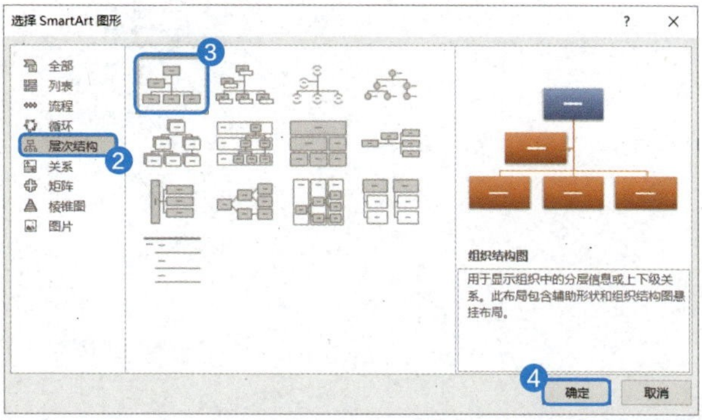


> **小贴士** 上面的对话框中有 8 种共 150 多个 SmartArt 图形，在进行选用的时候有两种方式：第一种是先判断文字之间的逻辑关系，再选择合适的 SmartArt 图形；第二种是根据 SmartArt 图形的外观进行选择。

**02** 此时文档中出现了一个空白的组织结构图。

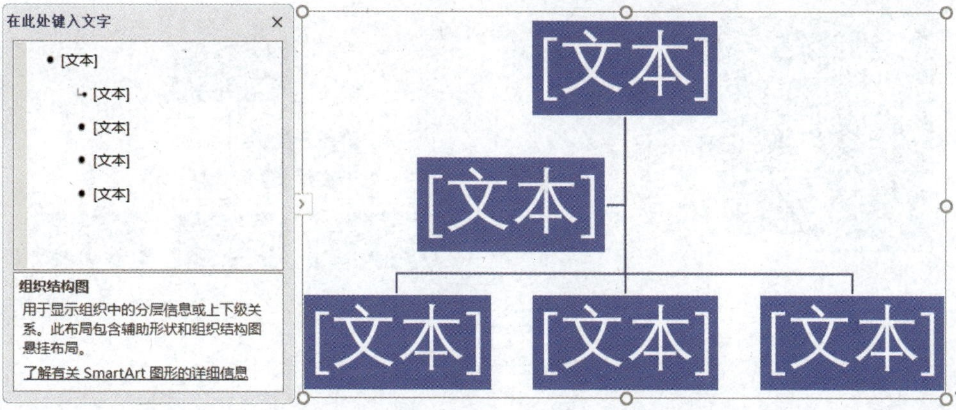

## 2.1.2 调整组织结构级别关系

有了框架之后，接下来要做的就是根据从属关系将公司的各个组织填写到对应的色块中。

打开素材文件夹中的“组织结构 .txt”文件，按照层级关系在“顾问委员会”“总经理”“公司委员会”左侧各按 1 次【Tab】键，然后在 4 个 ×××× 服务中心左侧各按 2 次【Tab】键，最后在部门左侧各按 3 次【Tab】键。

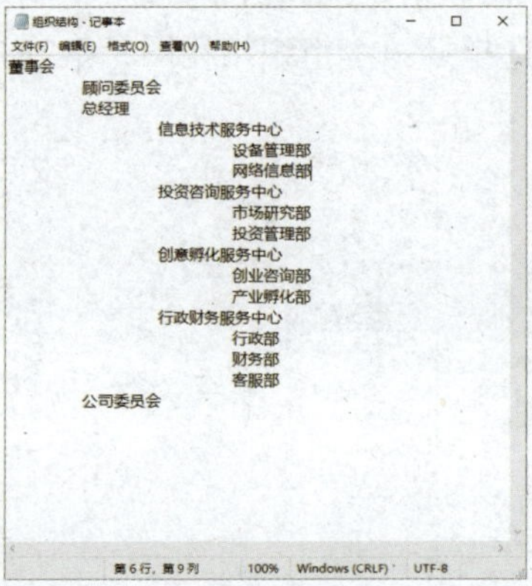


## 2.1.3 将文字批量填入 SmartArt 图形

01 ❶按快捷键【Ctrl+A】全选“组织结构 .txt”文件中的文本内容，再按快捷键【Ctrl+C】复制，返回 Word 文档中，❷在【在此处键入文字】窗格中拖曳选中组织结构图模板的所有内容，然后按【Delete】键将其删除。

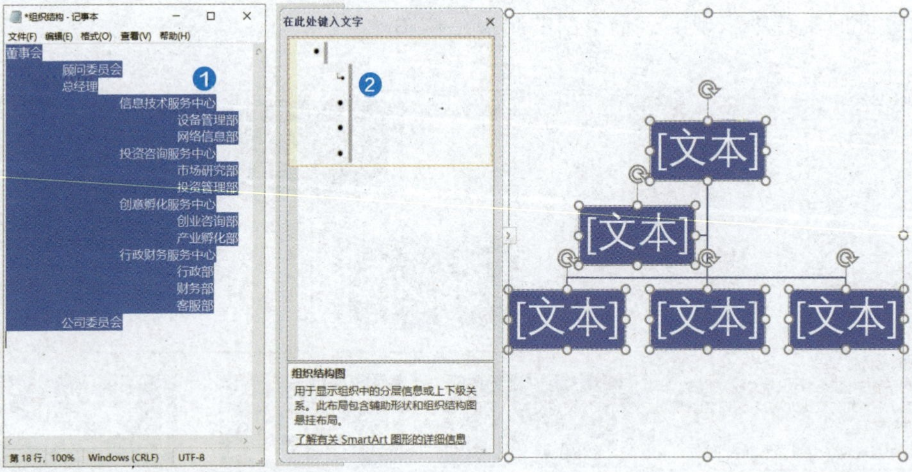


02 ❶按快捷键【Ctrl+V】粘贴文本内容，❷此时 Word 就会自动完成组织结构图的制作。

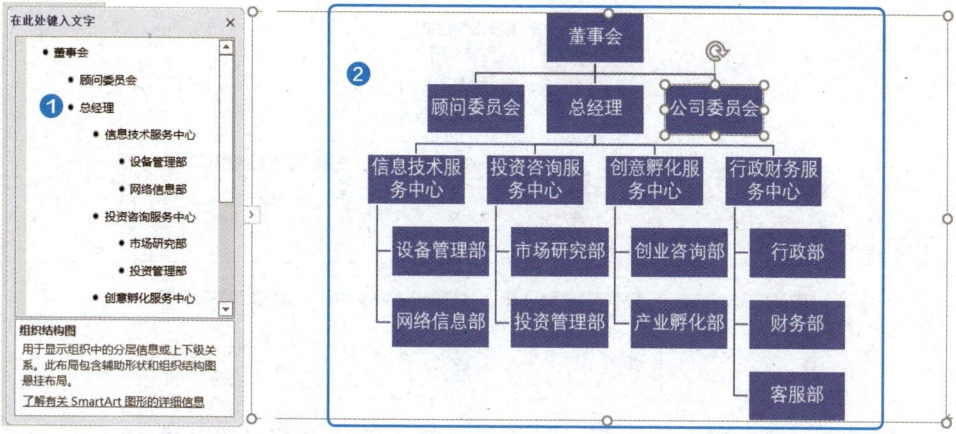


## 2.1.4 美化组织结构图

### ➢ 调整版式

选中组织结构图，在【SmartArt 设计】选项卡中选中下图所示的版式，就可以快速完成组织结构图的版式调整。

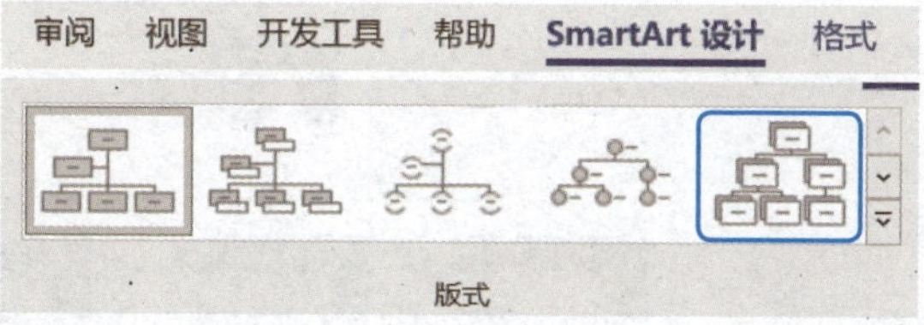


### ➢ 更改形状

调整版式之后组织结构图中部分色块的文本出现了换行的情况，此时可以调整对应色块的宽度，让文本在一行显示。

**01** 按住【Ctrl】键，❶依次选中第二行的色块，❷向右拖曳任意色块右侧中部的控点以增大宽度，❸此时选中的所有色块会同时完成调整。

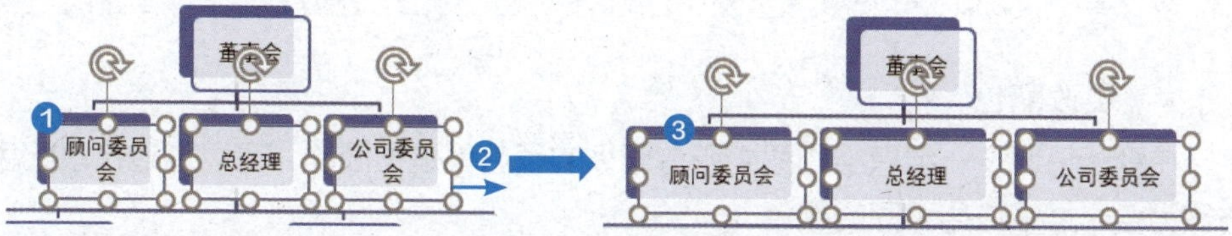


**02** 同理，增大第三行并减小第四行的色块宽度，效果如下页图所示。

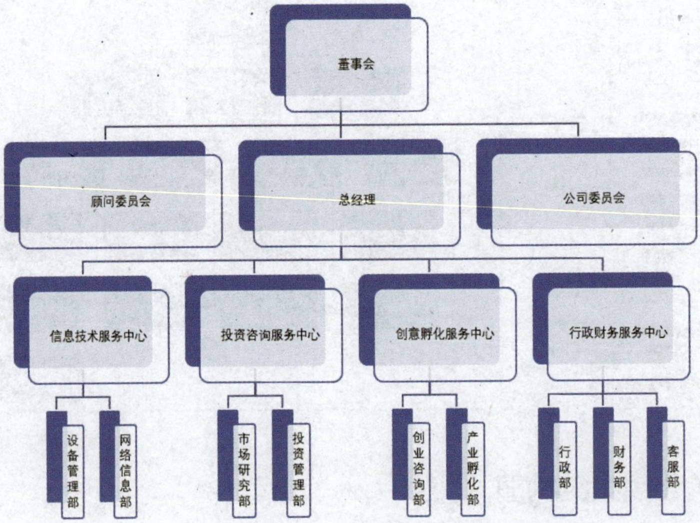


03 从上图可以看到，前三行的色块大小发生了变化，需要微调。选中前三行的所有色块，在【格式】选项卡中❶单击【减小】图标，❷直到整个组织结构图比例正常。

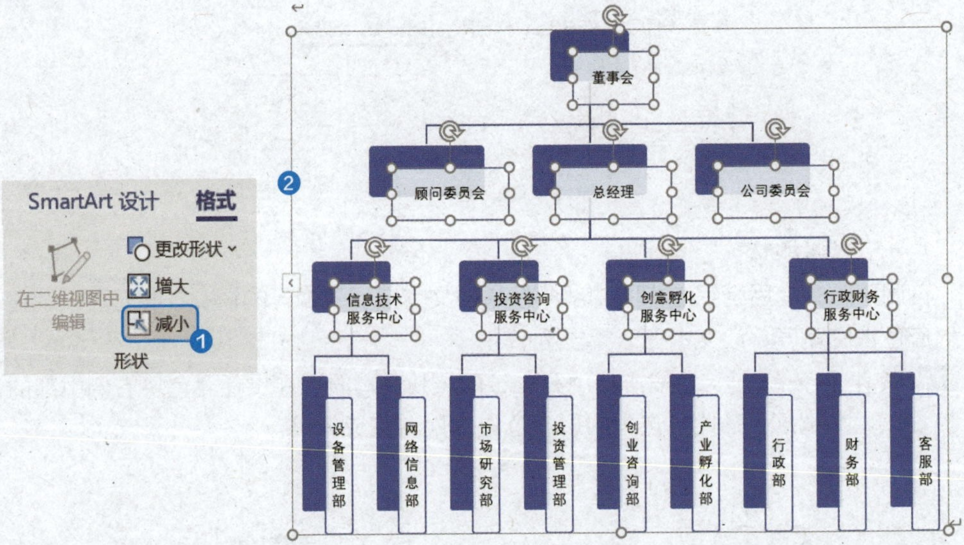


### ➢ 更改配色

在默认情况下，组织结构图中所有层级的颜色都是相同的，可以通过修改配色方案为各个层级应用不同的颜色。

选中整个组织结构图，在【SmartArt 设计】选项卡中❶单击【更改颜色】图标，❷选择对应的选项，❸可得到修改配色后的效果。

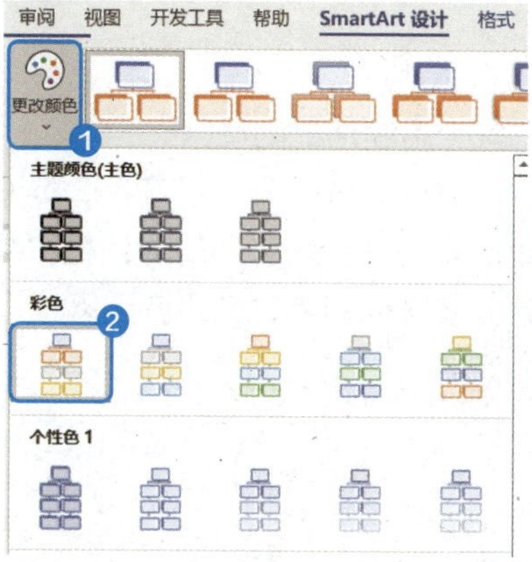


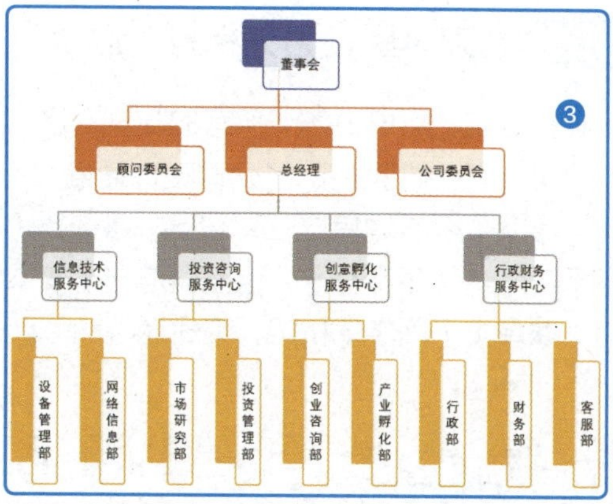


> • **小贴士** 如果需要修改【更改颜色】中的颜色选项，可以在【设计】选项卡中单击【颜色】图标，选择其他配色方案或者自定义配色方案。

完成以上操作后，就完成了公司组织结构图的制作，最后别忘了按快捷键【Ctrl+S】保存文档。

## 2.2 制作公司宣传通稿

### 案例说明

公司发布宣传通稿可以提高公司向社会、客户或合作方等传递信息的效率以及提高品牌知名度。如果宣传通稿中只有文字，会显得苍白无力；图文并茂的宣传通稿能更清晰、更直观地传达信息，也更美观。

本案例中，公司宣传通稿制作完成后的效果如右图所示。

想要宣传通稿的版面精美，需要对整体的版式进行设置，一般参考杂志的双栏排版或者多栏排版；在格式设置上各部分要形成鲜明对比，最后需要插入图片，并调整图片的布局，让文档更为美观。

Office 技能提升训练营结营啦！

近期，公司为新员工带来了一场别具特色的“Office 技能提升训练营”。21 天里，在认真敬业完成本职工作的前提下，新员工们累计学习 2377 小时，共提交打卡 8325 次，整体打卡率为 95%！下面一起通过 21 天的记录，感受我们新员工们的风采吧！

社群学习，高效交流

线上网课 → 实操练习 → 点评答疑

本次训练营采用社群式学习方法，根据新生代员工学习的特点，结合实际工作的需求，进行了混合式学习方式设计，采取线上网课+实操练习+点评答疑的培训方式，为新员工打造沉浸式的学习氛围，帮助新员工通过基础知识的学习和技能的应用，提升学习和培训效果。

以赛促学，小组互助

为进一步营造浓厚学习氛围，激发学员学习热情，本次线上训练营将 27 个分行设为 27 个小组，分别以个人和小组为单位设置了优秀学员、优秀小组等评选奖励。

运营团队每日在组长群内发布当日学习任务，公示前一天的打卡数据。各小组组长积极发挥带头作用，尽职尽责地督促组员参与学习，营造团结争先的积极学习氛围。

砥砺前行，坚持学习

我们的新员工刚刚被分配到各自工作岗位上，也正在进行自我调整，适应环境的变化和角色的转变，除了要完成工作岗位上的学习和事务处理任务外，我们的新员工们依然坚持紧跟训练营的每日学习安排，完成实操打卡。

复盘总结，未来可期

通过本次专业、系统的 Office 技能学习，新员工们都表示办公技能有显著提升，建立了初入职场的良好心态和学习规划，他们将以更大的热情快速融入集体，脚踏实地，积跬步，至千里，积小流，成江海。

长风破浪会有时，直挂云帆济沧海。21 天的训练营在声声蝉鸣和飒爽的秋风中结束了，相信我们的新员工铆足了劲头，习得了技能，明确了目标，迈出了脚步，望向了远方。

衷心祝愿各位新员工在公司的大舞台上能够实现人生价值，以梦为马，不负韶华！

## 2.2.1 基础排版，为文档打“底妆”

在排版前，可以先统一所有的文本的格式，减少后续格式的调整。

打开素材文件夹中的“公司宣传通稿.docx”文件，选中所有内容后，❶设置字体、字号，❷右键单击任意段落，❸选择【段落】命令，在弹出的对话框中❹设置首行缩进为【2 字符】，❺取消勾选【如果定义了文档网格，则对齐到网格】复选框，❻单击【确定】按钮，完成通稿的基础排版。

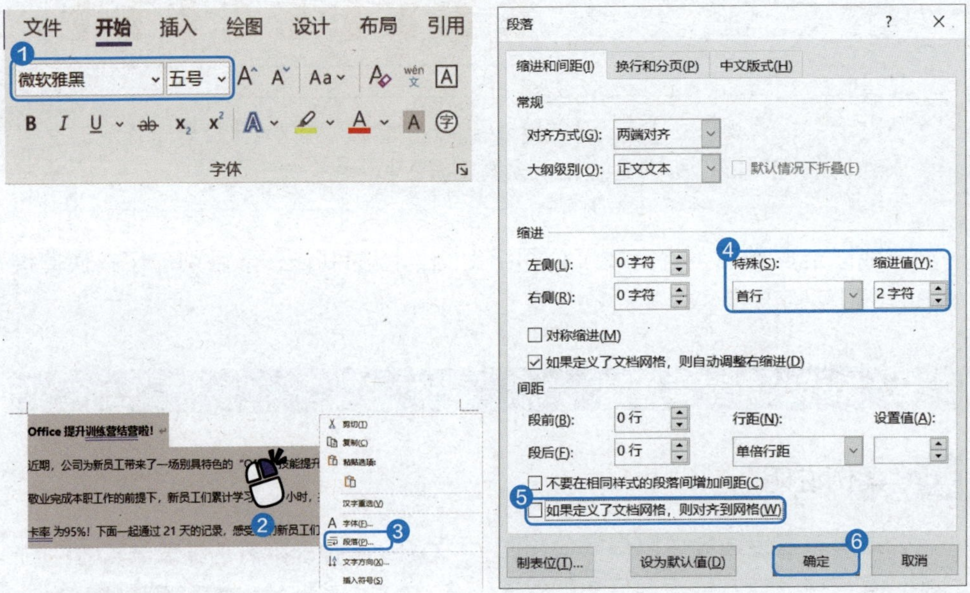


## 2.2.2 双栏排版，调整文档的版式布局

为了让宣传通稿版面更为紧凑，可以将正文部分的版式改为双栏排版。双栏排版便于快速阅读，也可以增加版面的信息量。

选中除大标题外的所有文本内容，在【布局】选项卡中❶单击【栏】图标，❷选择【两栏】命令。将光标放在文档末尾，❸单击【分隔符】图标，❹选择【连续】命令，即可将文档变为双栏排版。

> • **小贴士** 分栏后文档的整体排版效果会发生变化，如果最后一页的文本内容无法排满两栏，就会导致最后一栏出现大量空白，这时将光标放在文档末尾，添加“连续”分节符，就可以让文档的两栏对齐，使文档更美观。

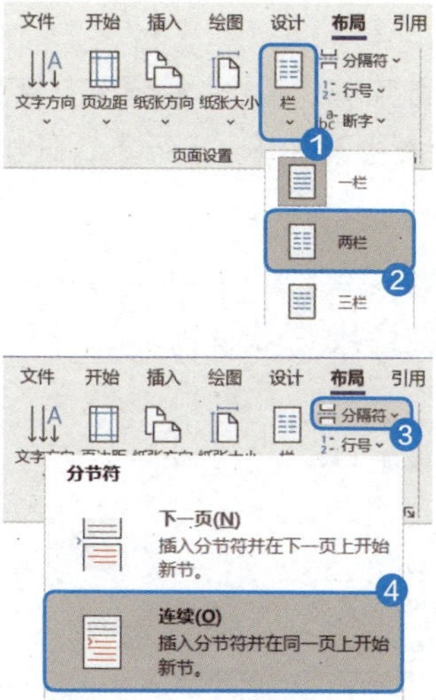


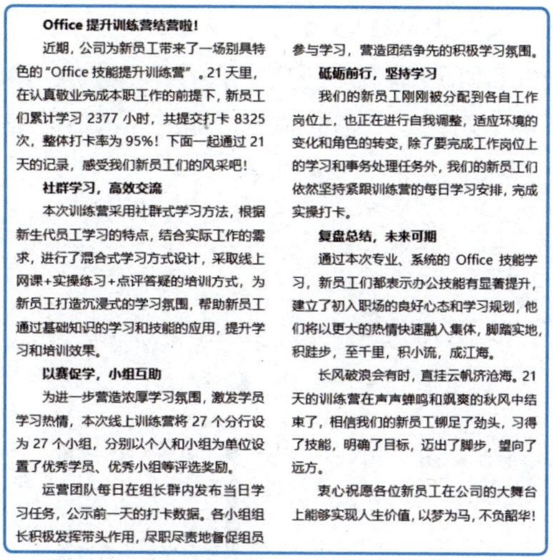

Office 提升训练营结营啦！

近期，公司为新员工带来了一场别具特色的“Office 技能提升训练营”。21 天里，在认真敬业完成本职工作的前提下，新员工们累计学习 2377 小时，共提交打卡 8325 次，整体打卡率为 95%！下面一起通过 21 天的记录，感受我们新员工们的风采吧！

社群学习，高效交流

本次训练营采用社群式学习方法，根据新生代员工学习的特点，结合实际工作的需求，进行了混合式学习方式设计，采取线上网课+实操练习+点评答疑的培训方式，为新员工打造沉浸式的学习氛围，帮助新员工通过基础知识的学习和技能的应用，提升学习和培训效果。

以赛促学，小组互助

为进一步营造浓厚学习氛围，激发学员学习热情，本次线上训练营将 27 个分行设为 27 个小组，分别以个人和小组为单位设置了优秀学员、优秀小组等评选奖励。

运营团队每日在组长群内发布当日学习任务，公示前一天的打卡数据。各小组组长积极发挥带头作用，尽职尽责地督促组员参与学习，营造团结争先的积极学习氛围。

砥砺前行，坚持学习

我们的新员工刚刚被分配到各自工作岗位上，也正在进行自我调整，适应环境的变化和角色的转变，除了要完成工作岗位上的学习和事务处理任务外，我们的新员工们依然坚持紧跟训练营的每日学习安排，完成实操打卡。

复盘总结，未来可期

通过本次专业、系统的 Office 技能学习，新员工们都表示办公技能有显著提升，建立了初入职场的良好心态和学习规划，他们将以更大的热情快速融入集体，脚踏实地，积跬步，至千里，积小流，成江海。

长风破浪会有时，直挂云帆济沧海。21 天的训练营在声声蝉鸣和飒爽的秋风中结束了，相信我们的新员工铆足了劲头，习得了技能，明确了目标，迈出了脚步，望向了远方。

衷心祝愿各位新员工在公司的大舞台上能够实现人生价值，以梦为马，不负韶华！

## 2.2.3 调整格式，增强文档层次感

为了让宣传通稿的各部分对比明显，看起来更有层次感，我们需要对宣传通稿中的标题、导语等进行格式调整。

➢ **设置大标题的格式**

选中文档的大标题，❶修改字体、字号，❷修改文字颜色。打开【段落】对话框，❸设置【对齐方式】为【分散对齐】，❹取消首行缩进，❺将【行距】设置为【多倍行距】，将【设置值】设置为【1.15】。

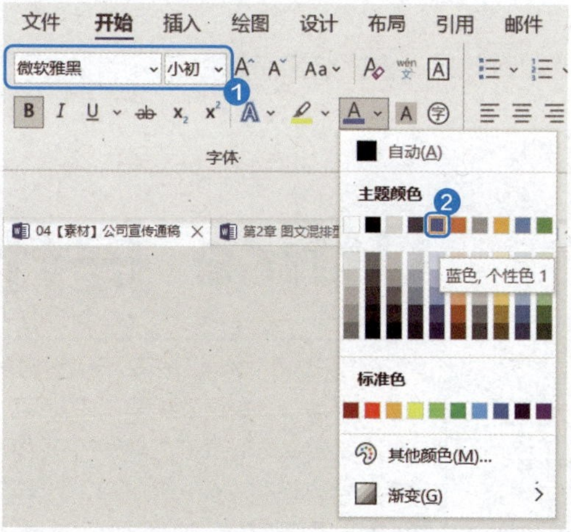


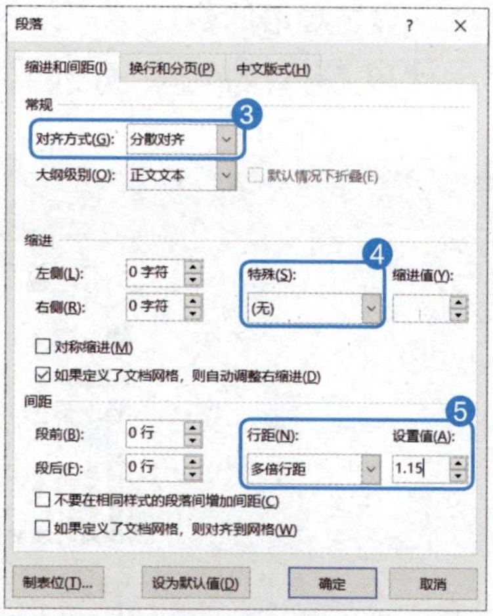

### ➢ 设置小标题的格式

按住【Ctrl】键选中正文中的所有小标题，❶修改字体、字号，❷修改文字颜色。在【段落】对话框中❸取消首行缩进，❹将段前距离更改为【0.5 行】，让小标题与它上方的正文保持一定距离。

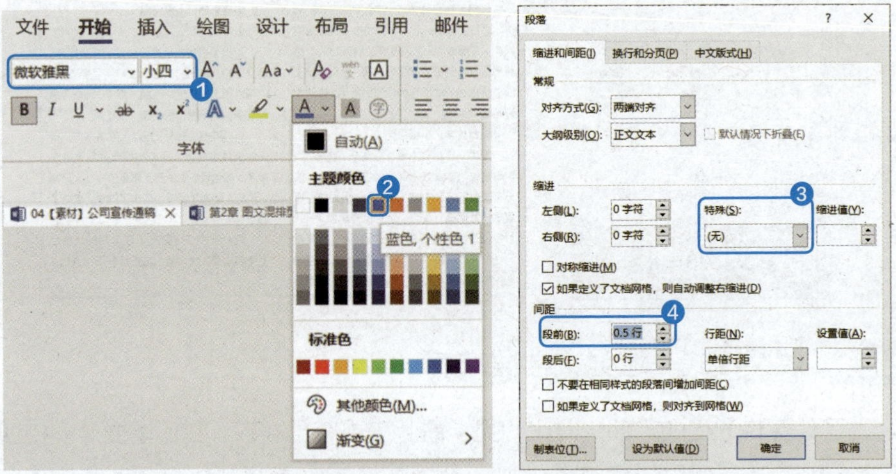


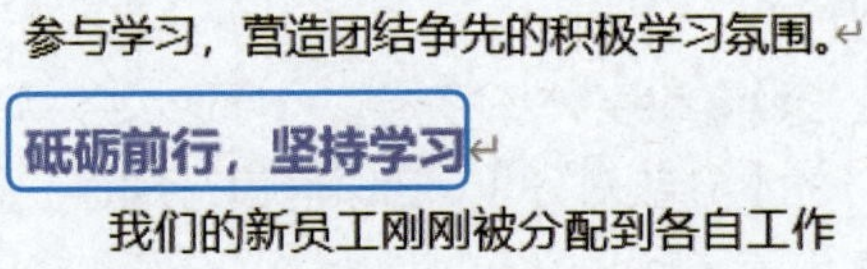


### ➢ 设置导语的格式

选中导语部分的内容，❶为其设置倾斜效果，❷修改文字颜色。

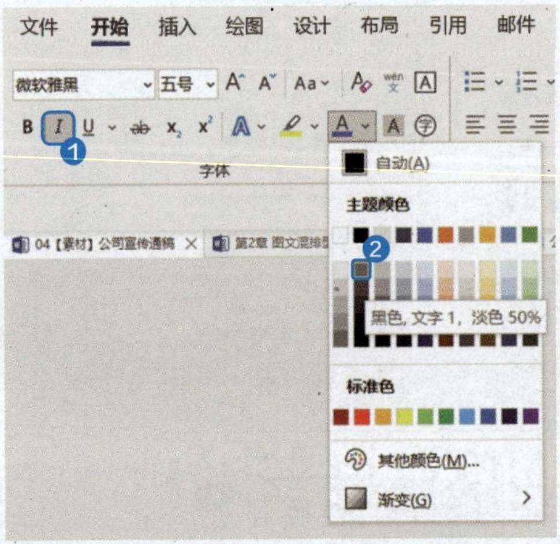


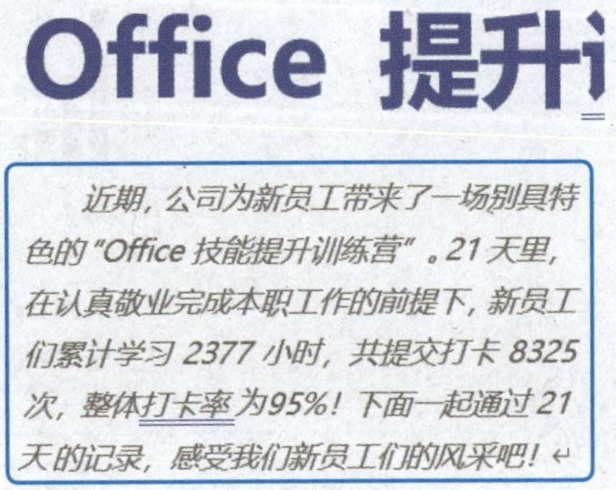

## 2.2.4 图文混排，制造视觉冲击

一图胜千言。一篇文档没有图片就会略显单调，但插入相关图片就要兼顾图文混排效果。

➤ **插入逻辑图示，调整布局**

01 将光标定位在“社群学习，高效交流”正文的末尾，在【插入】选项卡中❶单击【SmartArt】图标，在弹出的对话框中❷选择【流程】选项卡，❸选择【垂直流程】选项，❹单击【确定】按钮，插入逻辑图示，❺输入对应的文字。

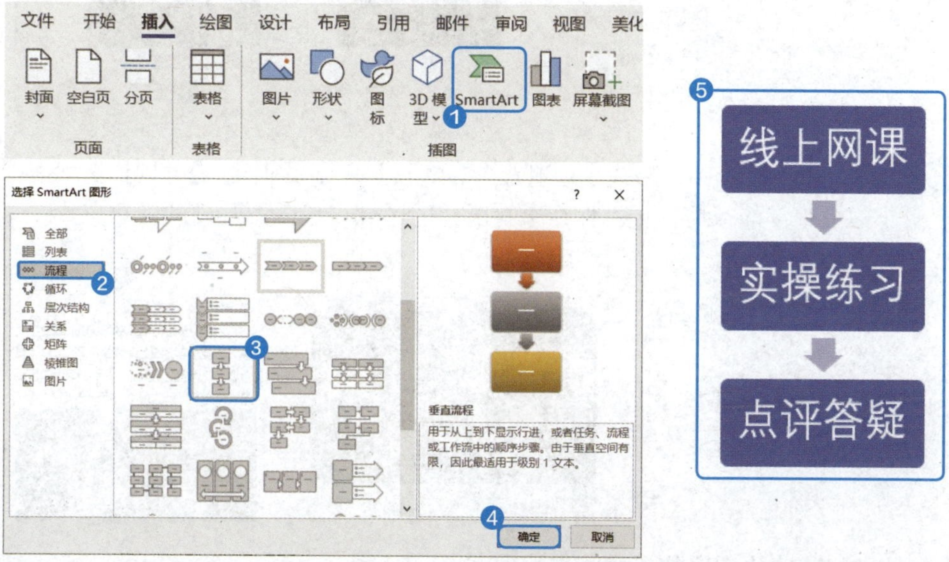


02 选中 SmartArt 图示，❶单击右上角的【布局选项】图标，❷选择【四周型】选项，❸调整 SmartArt 图示的尺寸和位置，使其刚好位于文字段落的左侧。

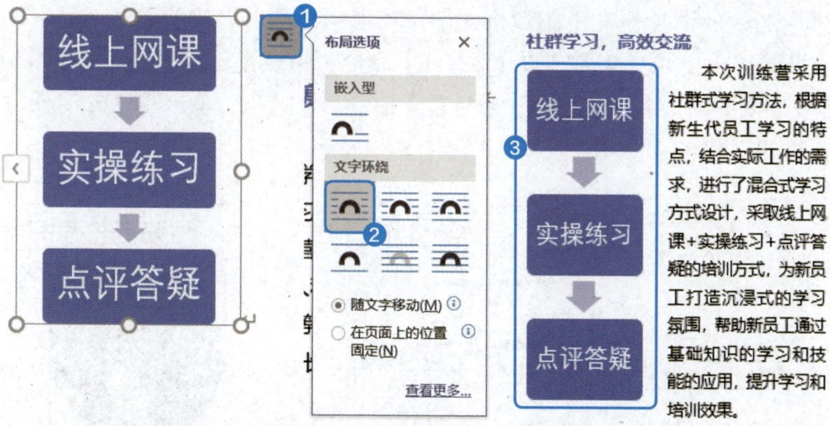

### ➢ 插入图片，简单裁剪

**01** 在“为进一步营造……评选奖励。”段落后空一行，将光标定位在空行并删除缩进，在【插入】选项卡中❶单击【图片】图标，❷选择【此设备】命令，在弹出的对话框中❸找到素材图片，❹单击【插入】按钮，完成图片的插入。

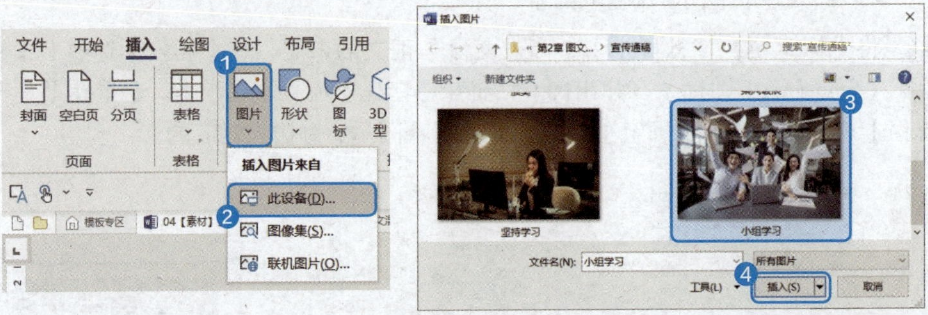


**02** 选中图片，在【图片格式】选项卡中❶单击【裁剪】图标，❷分别拖曳裁剪框上、下边缘中部的裁剪标记，保留人物所在的区域，单击图片外的任意位置，完成图片的裁剪。

### ➢ 裁剪图片为形状，修改布局方式

**01** 将光标定位在“砥砺前行，坚持学习”正文中的任意位置，插入素材文件夹中的“坚持学习”图片。

**02** 选中插入的图片，在【图片格式】选项卡中❶单击【裁剪】图标的下半部分，❷在【纵横比】子菜单中❸选择【1∶1】命令；再次单击【裁剪】图标的下半部分，❹在【裁剪为形状】子菜单中❺选择【泪滴形】选项，单击图片外的任意区域，完成图片的裁剪。

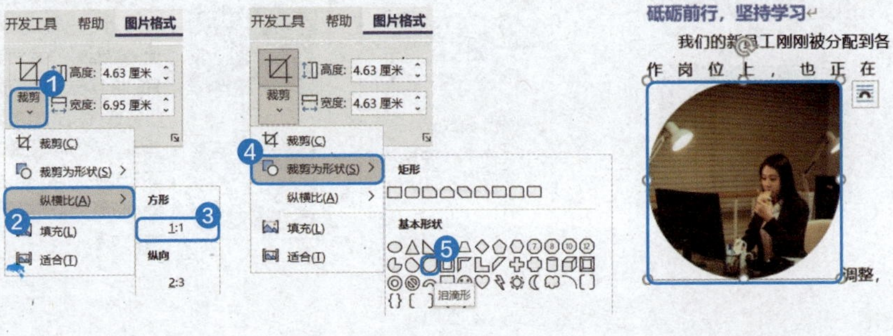

03 选中图片，❶单击右上角的【布局选项】图标，❷将图片的环绕类型更改为【紧密型】，❸移动图片至段落中部的右侧。

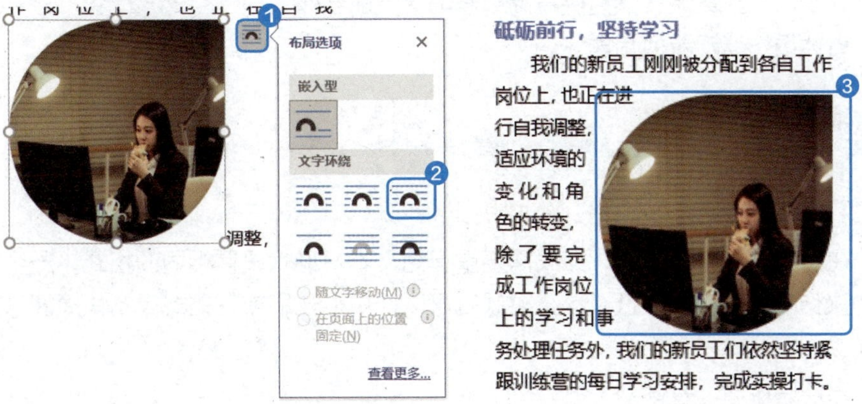


接下来只需要在“长风破浪会有时……”段落后插入“乘风破浪”图片即可完成公司宣传通稿的制作，请读者自行操作。最后按快捷键【Ctrl+S】保存文档。

## 职场拓展

### 绘制公司内部用印流程图

工作流程图可以帮助员工了解不同工作的执行环节，避免因不熟悉流程而浪费时间，提高工作效率。文件的用印就是其中一种比较典型的工作场景。

本案例中，公司内部用印流程图制作完成后的效果如下图所示。

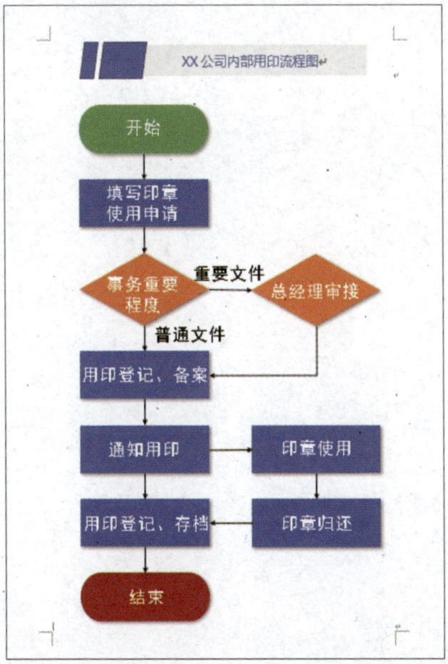

组织结构图的层级关系比较单一，可以直接借助 SmartArt 中的模板进行制作；但不同的工作有不一样的流程图，很难找到合适的模板直接进行套用，所以需要手动插入形状、线条等，然后进行简单修饰，完成制作。

具体操作请观看视频学习。

## 秋叶私房菜

### 1. 高效的格式刷和格式复制快捷键

在对文档进行排版时，如果需要重复为文本、形状设置相同的格式，一个一个手动操作的效率必然很低，这个时候就可以使用格式刷或者格式复制快捷键来快速完成。

具体操作请观看视频学习。

### 2. Word 中神奇的【F4】键

如果需要重复执行上一步操作，一般情况下都是重新操作一遍，其实在 Word 中有一个【F4】键，它可以帮助我们快速重复执行上一步操作。

具体操作请观看视频学习。

在 Word 中不仅可以对文字和图片进行编辑，还可以直接插入表格，之后再调整表格布局并填充内容，以创建能满足不同需求的表单。同时，表格也是文档个性化排版的“利器”。本章将通过制作差旅费报销单和制作调查问卷两个案例，讲解创建表单及借助表格实现创意排版的方法。

扫描二维码
发送关键词**“秋叶五合一”**
观看视频学习吧！

## 3.1 制作差旅费报销单

### 案例说明

差旅费报销单是公司常见的、让出差人员进行费用报销的一种固定表格式单据。差旅费报销单中的主要内容包括：申请人姓名、申请人部门、目的地、出差事由、出差时间以及出差产生的各项费用等信息。

本案例中，差旅费报销单制作完成后的效果如下图所示。

**差 旅 费 报 销 单**

报销部门：　　　　年　月　日　　　　附件共　张

| | | | | | | | | | | |
|---|---|---|---|---|---|---|---|---|---|---|
| 姓名 | | | 职别 | | | 出差事由 | | | | |
| 会计批签 | | | | 经理审核 | | | | | | |
| 出差起止日期 | | 自　年　月　日起至　年　月　日止共　天 | | | | | | | | |
| 日期 | | 起讫地点 | 天数 | 机票费 | 车费 | 市内交通费 | 住宿费 | 出差补助 | 其他 | 小计 |
| 月 | 日 | | | | | | | | | |
| | | | | | | | | | | |
| | | | | | | | | | | |
| | | | | | | | | | | |
| | | | | | | | | | | |
| | | 合计 | | | | | | | | |
| 备注 | | | | | | | | | | |
| 总计金额（大写） | | 万　仟　佰　拾　元　角　分 | | | | | | 预支　元，补助　元 | | |

出纳：　　　　复核：　　　　报销人：

差旅费报销单的结构简单，但是很多单元格的大小不一致，而直接插入的表格的单元格都大小一致，所以需要在插入合适行数、列数的表格之后，通过合并单元格来调整表格结构，显示或隐藏表格框线，最后完善文字内容。

## 3.1.1 创建表格，制作差旅费报销单框架

差旅费报销单的很多单元格大小不一致，所以无法通过插入表格一步实现框架的制作，还需要根据实际需求进行单元格的合并，具体操作如下。

➢ **修改纸张方向**

Word 默认的纸张方向是竖向，所以纸张宽度不够导致无法放置更多表格信息，我们可以在【布局】选项卡中❶单击【纸张方向】图标，❷选择【横向】命令，将纸张方向从竖向转换为横向。

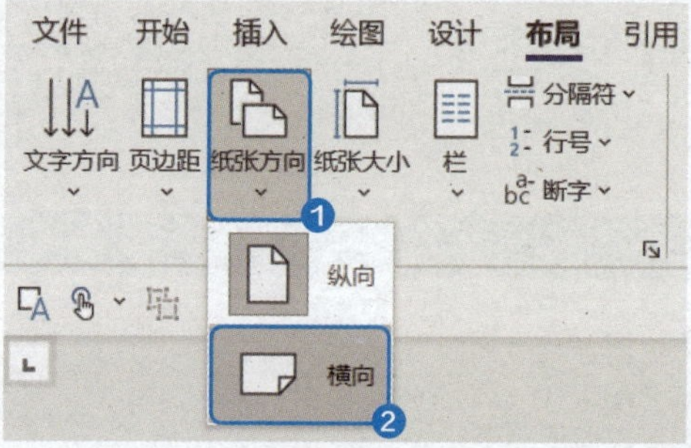

➢ **插入合适行数、列数的表格并调整高度**

01 在【插入】选项卡中❶单击【表格】图标，❷选择【插入表格】命令，在弹出的对话框中❸设置列数和行数，❹单击【确定】按钮，完成表格的插入。

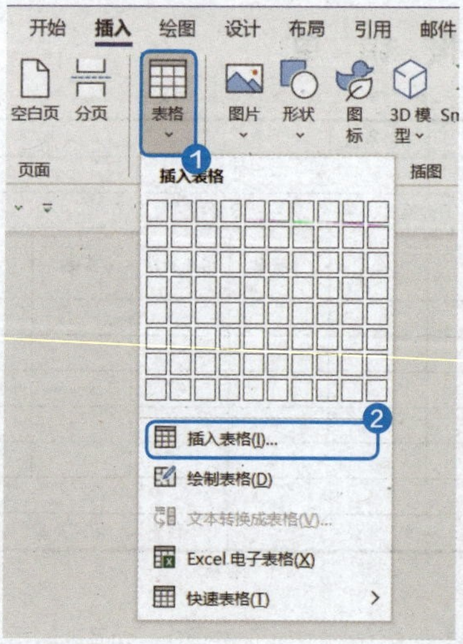


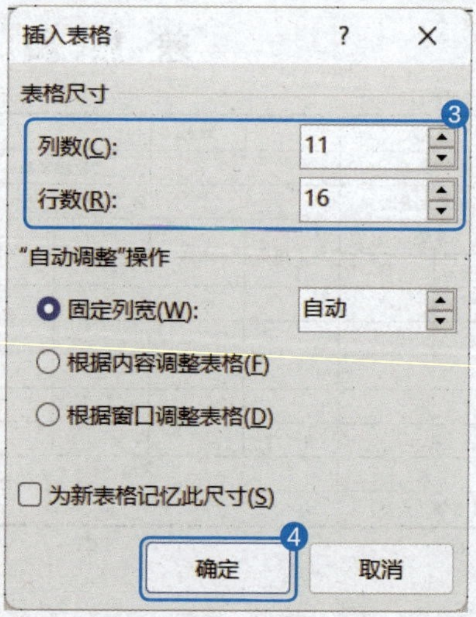


02 ❶单击表格左上角的⊕图标，选中整个表格，在【布局】选项卡中❷设置表格的高度为【0.75 厘米】，❸完成表格高度的设置。

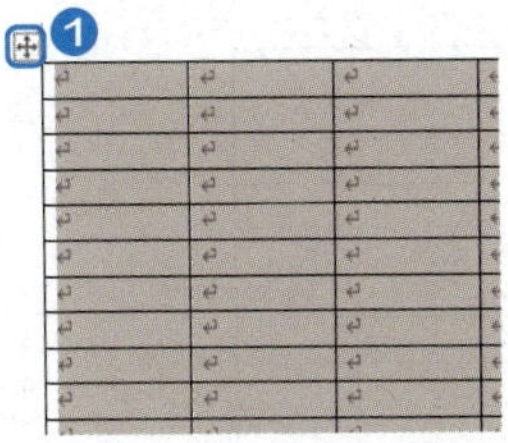

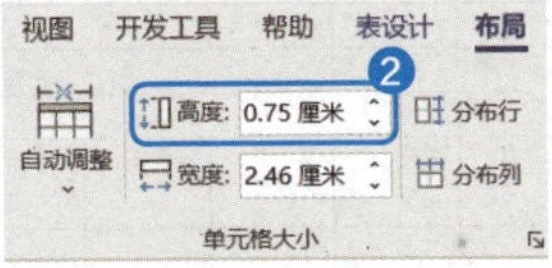


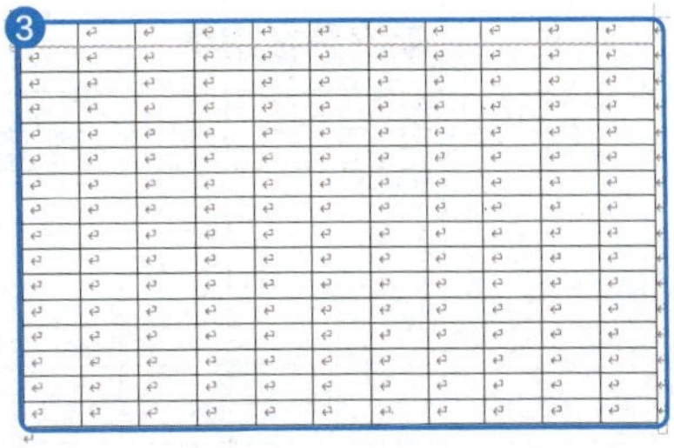

➢ **合并、拆分单元格，完成框架的制作**

01 选中表格的前两行，在【布局】选项卡中单击【合并单元格】图标，完成标题单元格的合并。选中最后一行单元格，同样单击【合并单元格】图标，完成单元格的合并。最后按照需求完成其他单元格的合并。

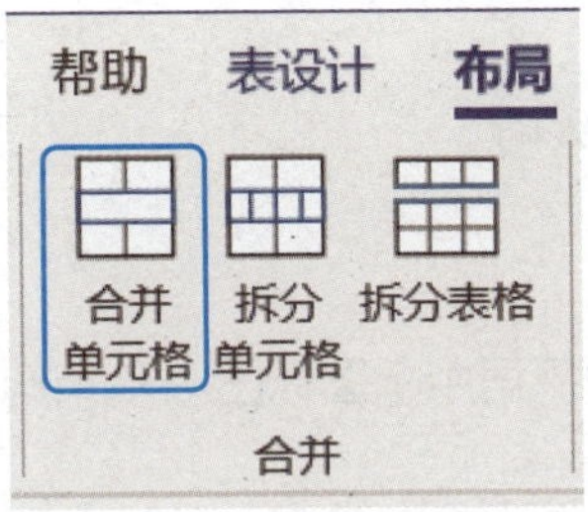


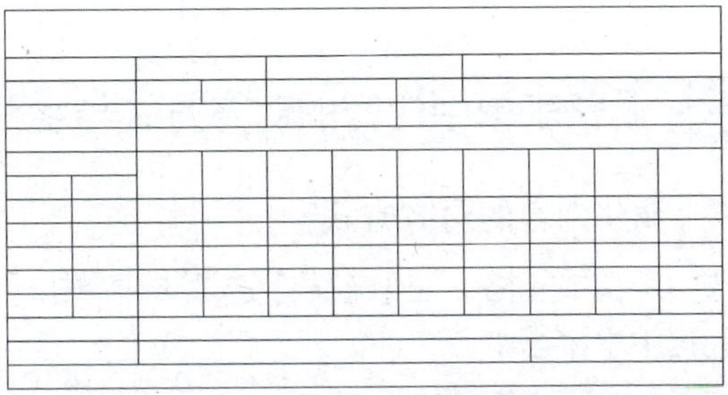

02 选中最后一行单元格，在【布局】选项卡中❶单击【拆分单元格】图标，在弹出的对话框中❷修改【列数】为【6】，❸单击【确定】按钮，完成差旅费报销单框架的制作。

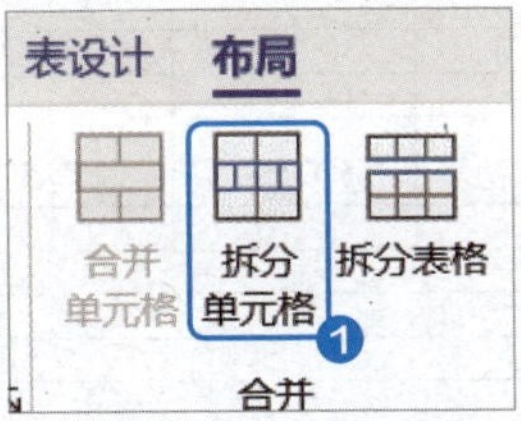


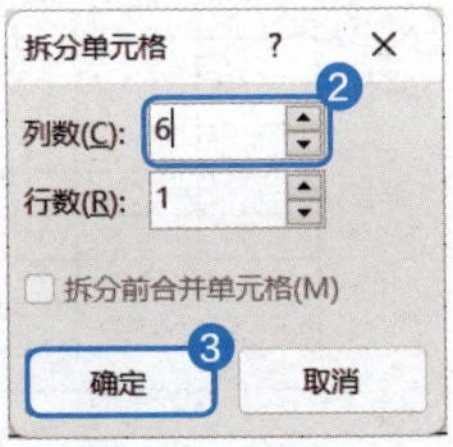


## 3.1.2 差旅费报销单内容的输入和设置

完成了差旅费报销单的框架制作，接下来就需要在差旅费报销单中输入并设置内容了，具体操作如下。

输入差旅费报销单的标题和各个部分的内容，设置标题“差旅费报销单”的字体为【黑体】、字号为【小一】，并设置加粗效果；设置其他文字的字体为【仿宋】、字号为【小四】。

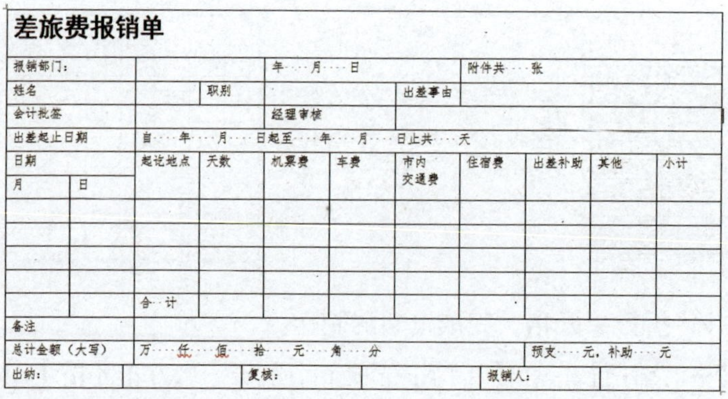

| 差旅费报销单 | | | | | | | | | | |
|---|---|---|---|---|---|---|---|---|---|---|
| 报销部门： | | | 年 月 日 | | | 附件共 张 | | | | |
| 姓名 | | 职别 | | | 出差事由 | | | | | |
| 会计批签 | | | 经理审核 | | | | | | | |
| 出差起止日期 | | 自 年 月 日起至 年 月 日止共 天 | | | | | | | | |
| 日期 | | 起讫地点 | 天数 | 机票费 | 车费 | 市内交通费 | 住宿费 | 出差补助 | 其他 | 小计 |
| 月 | 日 | | | | | | | | | |
| | | | | | | | | | | |
| | | | | | | | | | | |
| | | | | | | | | | | |
| | | | | | | | | | | |
| | | 合计 | | | | | | | | |
| 备注 | | | | | | | | | | |
| 总计金额（大写） | | 万 仟 佰 拾 元 角 分 | | | | | 预支 元，补助 元 | | | |
| 出纳： | | | 复核： | | | | 报销人： | | | |

• **小贴士** 为待填写的内容占位的时候，这里用 4 个空格来实现。

## 3.1.3 调整表单中内容的对齐方式与字符宽度

### ➢ 调整内容的对齐方式

选中所有单元格，在【布局】选项卡中单击【水平居中】图标，使所有内容在单元格中水平居中。

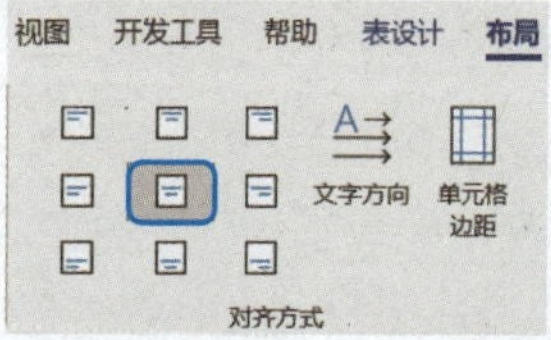


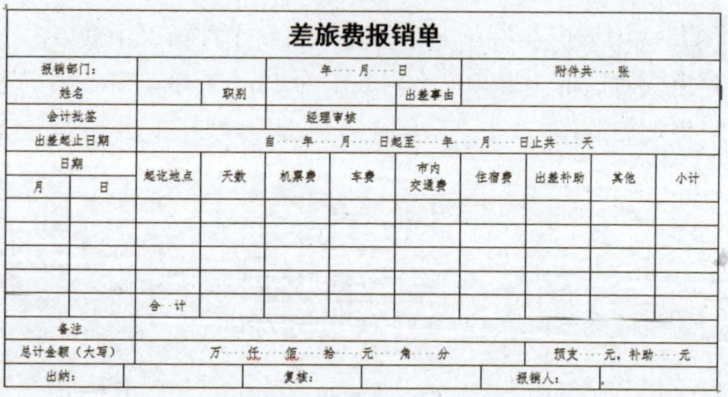

| 差旅费报销单 | | | | | | | | | | |
|---|---|---|---|---|---|---|---|---|---|---|
| 报销部门： | | | 年 月 日 | | | 附件共 张 | | | | |
| 姓名 | | 职别 | | | 出差事由 | | | | | |
| 会计批签 | | | 经理审核 | | | | | | | |
| 出差起止日期 | | 自 年 月 日起至 年 月 日止共 天 | | | | | | | | |
| 日期 | | 起讫地点 | 天数 | 机票费 | 车费 | 市内交通费 | 住宿费 | 出差补助 | 其他 | 小计 |
| 月 | 日 | | | | | | | | | |
| | | | | | | | | | | |
| | | | | | | | | | | |
| | | | | | | | | | | |
| | | | | | | | | | | |
| | | 合计 | | | | | | | | |
| 备注 | | | | | | | | | | |
| 总计金额（大写） | | 万 仟 佰 拾 元 角 分 | | | | | 预支 元，补助 元 | | | |
| 出纳： | | | 复核： | | | | 报销人： | | | |

### ➢ 调整内容的字符宽度

选中标题“差旅费报销单”，在【开始】选项卡中❶单击【中文版式】图标，❷选择【调整宽度】命令，在弹出的对话框中❸修改文字宽度为【10 字符】，❹单击【确定】按钮，❺完成字符宽度的调整。

• **小贴士** 调整某单元格中文字的字符宽度时可以直接选中单元格中的文字，无须选中整个单元格。

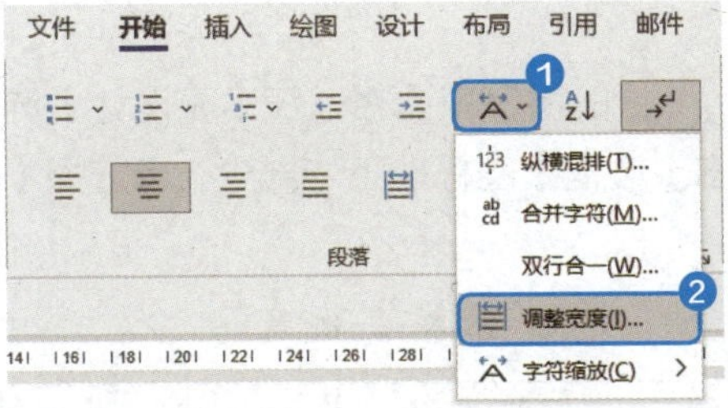


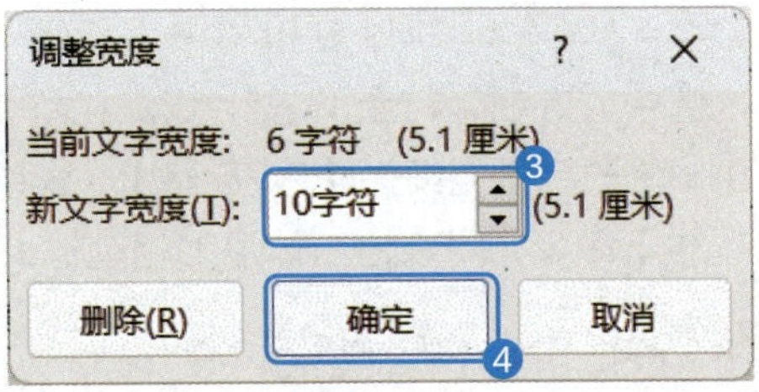

## 3.1.4 调整表格框线效果

### 1. 隐藏表格框线

选中表格的前两行，在【表设计】选项卡中❶单击【边框】图标的下半部分，依次选择❷【上框线】、❸【左框线】、❹【右框线】、❺【内部框线】命令，❻完成框线的隐藏。

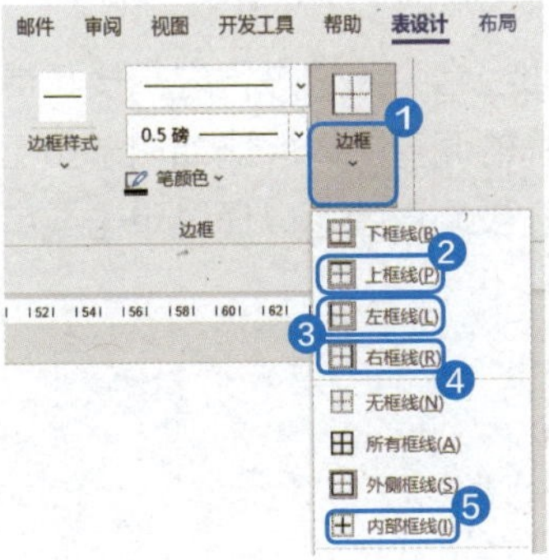


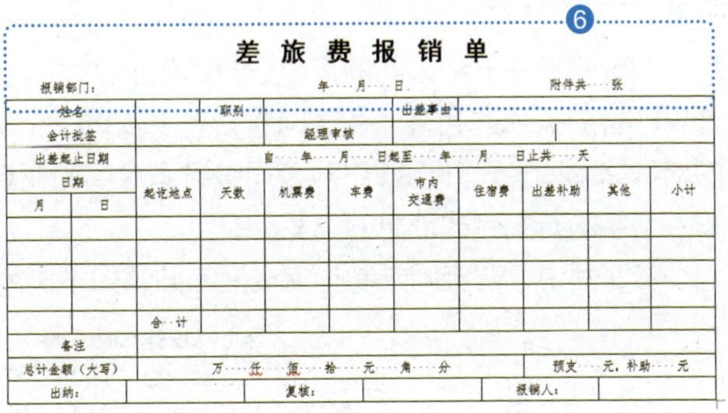

差 旅 费 报 销 单

报销部门： 年 月 日 附件共 张

| | | | | | | | | | | |
|---|---|---|---|---|---|---|---|---|---|---|
| 姓名 | | | 职别 | | | 出差事由 | | | | |
| 会计批签 | | | | 经理审核 | | | | | | |
| 出差起止日期 | | 自 年 月 日起至 年 月 日止共 天 | | | | | | | | |
| 日期 | | 起讫地点 | 天数 | 机票费 | 车费 | 市内交通费 | 住宿费 | 出差补助 | 其他 | 小计 |
| 月 | 日 | | | | | | | | | |
| | | | | | | | | | | |
| | | | | | | | | | | |
| | | | | | | | | | | |
| | | | | | | | | | | |
| | | 合 计 | | | | | | | | |
| 备注 | | | | | | | | | | |
| 总计金额（大写） | | 万 仟 佰 拾 元 角 分 | | | | | | 预支 元，补助 元 | | |
| 出纳： | | | 复核： | | | | 报销人： | | | |

选中表格最后一行，❶单击【边框】图标的下半部分，依次选择❷【下框线】、❸【左框线】、❹【右框线】、❺【内部框线】命令，❻完成框线的隐藏。

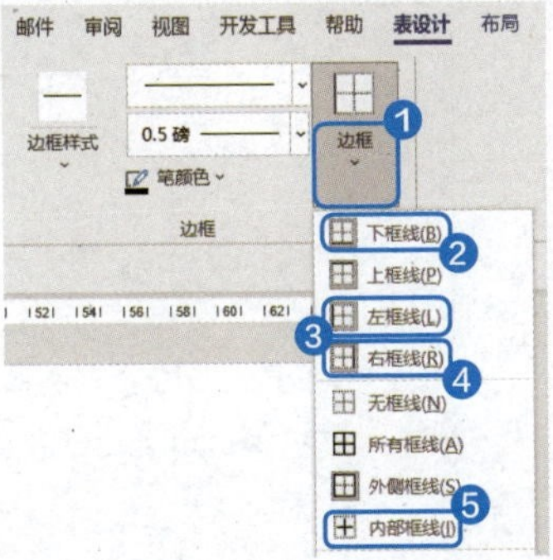


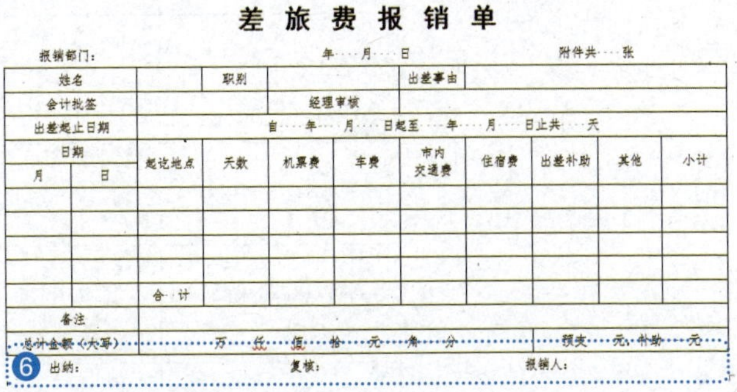

差 旅 费 报 销 单

报销部门： 年 月 日 附件共 张

| | | | | | | | | | | |
|---|---|---|---|---|---|---|---|---|---|---|
| 姓名 | | | 职别 | | | 出差事由 | | | | |
| 会计批签 | | | | 经理审核 | | | | | | |
| 出差起止日期 | | 自 年 月 日起至 年 月 日止共 天 | | | | | | | | |
| 日期 | | 起讫地点 | 天数 | 机票费 | 车费 | 市内交通费 | 住宿费 | 出差补助 | 其他 | 小计 |
| 月 | 日 | | | | | | | | | |
| | | | | | | | | | | |
| | | | | | | | | | | |
| | | | | | | | | | | |
| | | | | | | | | | | |
| | | 合 计 | | | | | | | | |
| 备注 | | | | | | | | | | |
| 总计金额（大写） | | 万 仟 佰 拾 元 角 分 | | | | | | 预支 元，补助 元 | | |
| 出纳： | | | 复核： | | | | 报销人： | | | |

## 2．为表格主体设置粗边框

选中“姓名”行至“总计金额（大写）”行的所有单元格，在【表设计】选项卡中❶修改笔画粗细为【2.25 磅】，❷单击【边框】图标的下半部分，❸选择【外侧框线】命令，为表格主体添加粗边框。

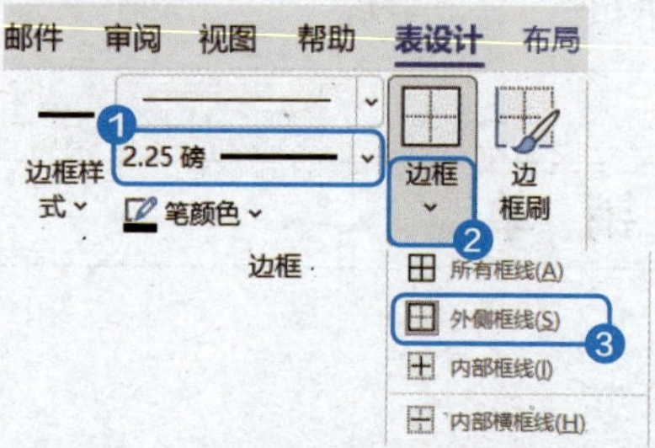


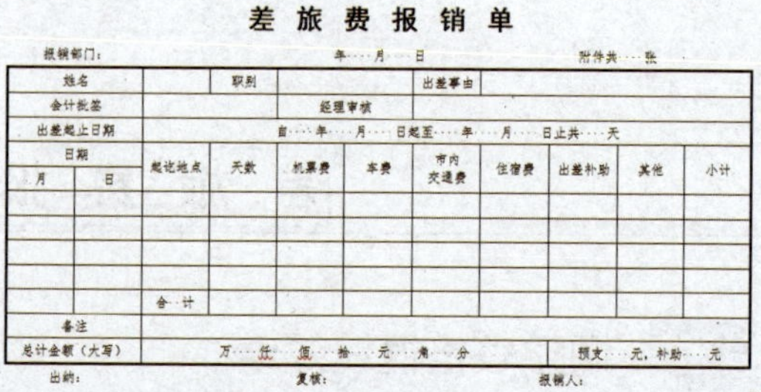

差 旅 费 报 销 单

报销部门：　　　　年　月　日　　　　附件共　张

| | | | | | | | | | | |
|---|---|---|---|---|---|---|---|---|---|---|
| 姓名 | | | 职别 | | | 出差事由 | | | | |
| 会计批签 | | | | 经理审核 | | | | | | |
| 出差起止日期 | | 自　年　月　日起至　年　月　日止共　天 | | | | | | | | |
| 日期 | | 起讫地点 | 天数 | 机票费 | 车费 | 市内交通费 | 住宿费 | 出差补助 | 其他 | 小计 |
| 月 | 日 | | | | | | | | | |
| | | | | | | | | | | |
| | | | | | | | | | | |
| | | | | | | | | | | |
| | | | | | | | | | | |
| | | 合计 | | | | | | | | |
| 备注 | | | | | | | | | | |
| 总计金额（大写） | | 万　仟　佰　拾　元　角　分 | | | | | | 预支　元，补助　元 | | |

出纳：　　　　复核：　　　　报销人：

至此，员工差旅费报销单就制作完成了，最后别忘了按快捷键【Ctrl+S】保存文档。

# 3.2 制作调查问卷

## 案例说明

调查问卷是一种以问题形式记录内容的文档，企业经常会用它进行内部员工或者外部客户信息的调查。调查问卷一般需要有一个明确的调查主题，比如内部员工的培训需求调查、外部客户对公司服务满意度的调查。被调查者可以通过单击或者输入文字的方式完成信息的填写。

本案例中，调查问卷制作完成后的效果如下图所示。

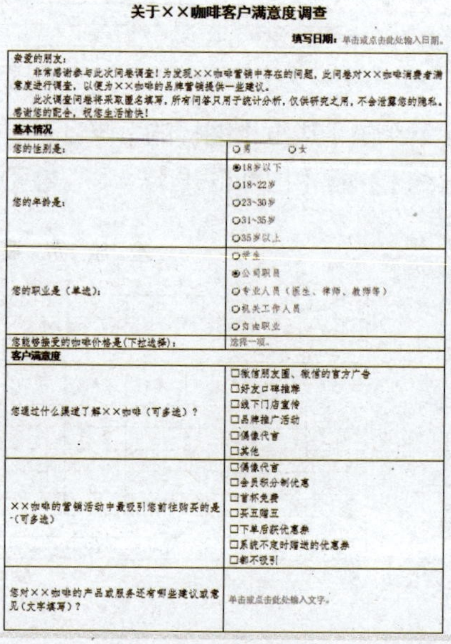

关于××咖啡客户满意度调查

**填写日期：** 单击或点击此处输入日期。

| | |
|---|---|
| 亲爱的朋友：<br>非常感谢参与此次问卷调查！为发现××咖啡营销中存在的问题，此问卷对××咖啡消费者满意度进行调查，以便为××咖啡的品牌营销提供一些建议。<br>此次调查问卷将采取匿名填写，所有问答只用于统计分析，仅供研究之用，不会泄露您的隐私。感谢您的配合，祝您生活愉快！ | |
| **基本情况** | |
| 您的性别是： | ○男　○女 |
| 您的年龄是： | ◉18岁以下<br>○18~22岁<br>○23~30岁<br>○31~35岁<br>○35岁以上 |
| 您的职业是（单选）： | ○学生<br>◉公司职员<br>○专业人员（医生、律师、教师等）<br>○机关工作人员<br>○自由职业 |
| 您能够接受的咖啡价格是(下拉选择)： | 选择一项。 |
| **客户满意度** | |
| 您通过什么渠道了解××咖啡（可多选）？ | □微信朋友圈、微信的官方广告<br>□好友口碑推荐<br>□线下门店宣传<br>□品牌推广活动<br>□偶像代言<br>□其他 |
| ××咖啡的营销活动中最吸引您前往购买的是·(可多选) | □偶像代言<br>□会员积分制优惠<br>□首杯免费<br>□买五赠五<br>□下单后获优惠券<br>□系统不定时赠送的优惠券<br>□都不吸引 |
| 您对××咖啡的产品或服务还有哪些建议或意见（文字填写）？ | 单击或点击此处输入文字。 |

在制作调查问卷时，调查问卷的问题可以直接在 Word 中输入，但是问题的选项及回答就需要用到 Word 的内容控件功能了。使用内容控件功能时，需要先将【开发工具】选项卡调出来，再根据问题类型添加对应的内容控件和设置参数。

## 3.2.1 添加【开发工具】选项卡

打开素材文件夹中的“3.2 表格型调查问卷 .docx”文件，❶右键单击功能区的空白位置，❷选择【自定义功能区】命令，在打开的【Word 选项】对话框中❸选择【开发工具】选项，❹单击【确定】按钮完成添加。

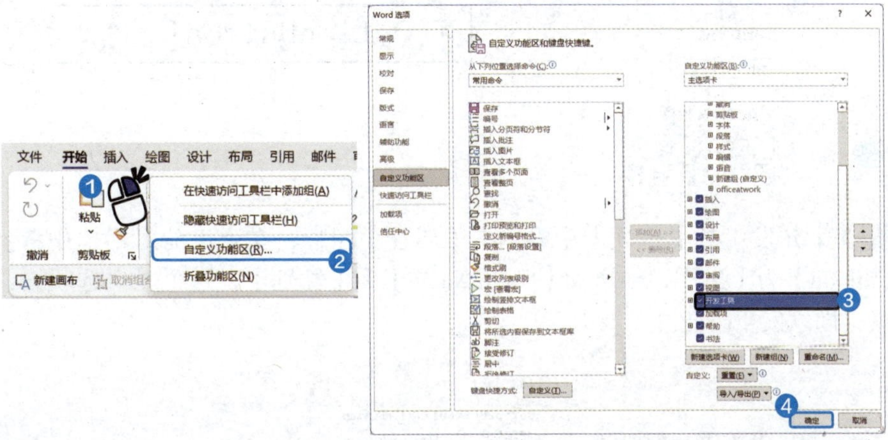


## 3.2.2 在调查问卷中添加控件

利用【开发工具】选项卡中的控件功能，可以为调查问卷添加不同功能的控件，不同控件的参数设置方式不同，具体操作如下。

### 1. 为调查问卷添加日期选择器内容控件

将光标定位到“填写日期：”右侧，在【开发工具】选项卡中❶单击【日期选择器内容控件】图标，即可插入日期选择器内容控件，❷单击控件右侧的下拉按钮，就可以在展开的菜单中选择日期。

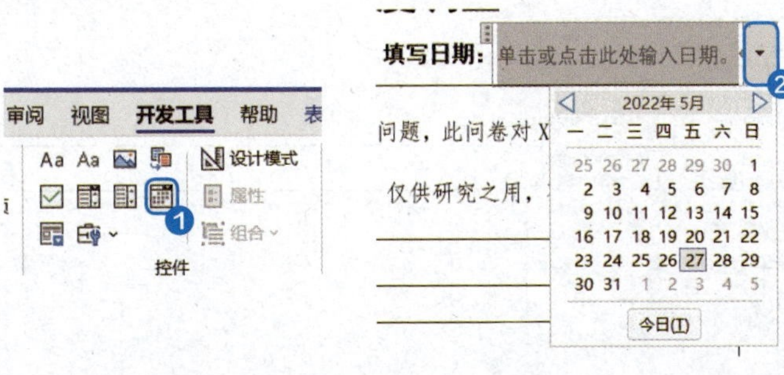

### 2. 为单选题添加选项按钮控件

选项按钮控件是调查问卷中最常用的控件之一，它的作用是让调查对象可以从多个选项中选择一个选项，这里以“性别”为例进行演示，具体操作如下。

01 将光标放在“您的性别是：”右侧的空白单元格中，在【开发工具】选项卡中❶单击【旧式工具】图标右侧的下拉按钮，❷选择【选项按钮】选项，即可在单元格中插入一个选项按钮控件。

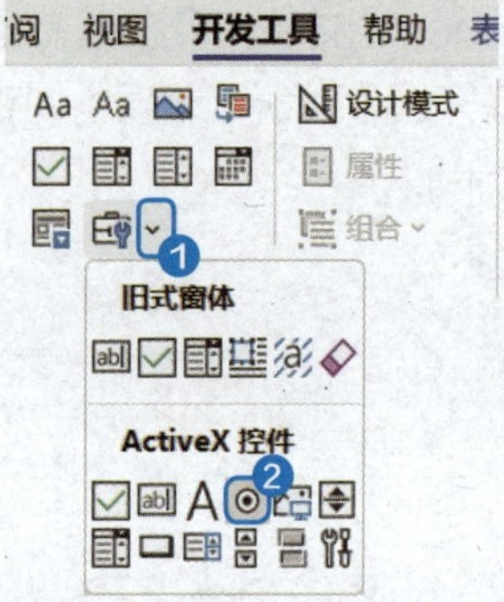


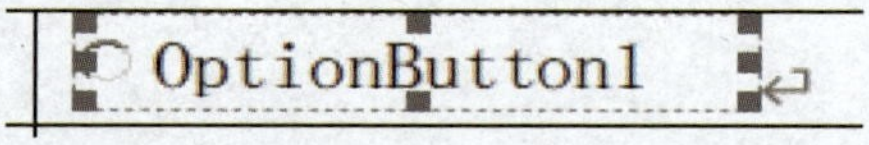


02 在【开发工具】选项卡中❶单击【属性】图标，在弹出的对话框中❷修改【Caption】为【男】，❸修改【GroupName】为【性别】，这个时候选项按钮控件就会随之发生改变。

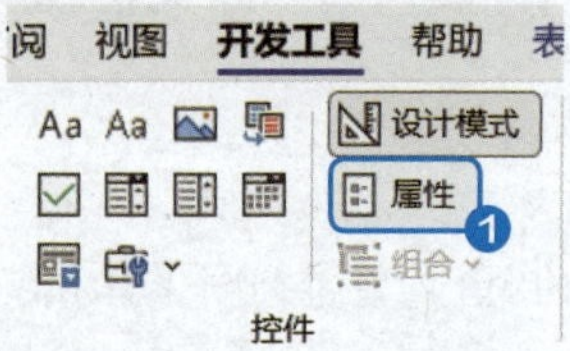


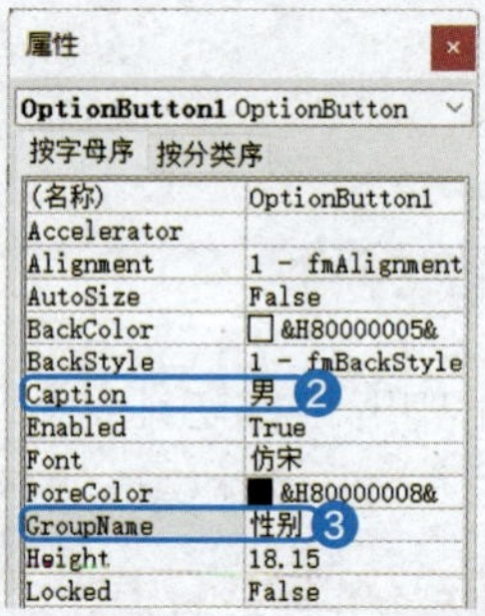


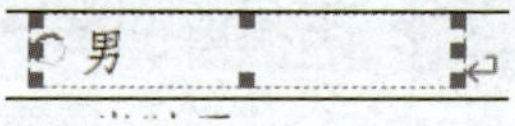


03 将修改好属性的选项按钮控件复制一个，选中复制得到的控件，按照步骤 02 的操作，修改【Caption】为【女】。

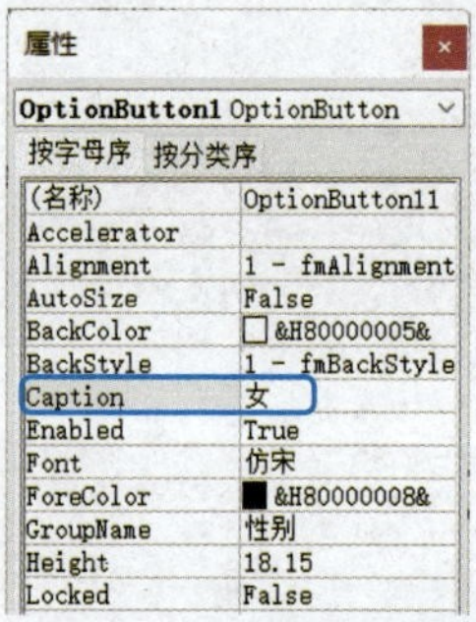

> • **小贴士** 在制作单选题的选项按钮控件时，要保证相同题目下选项按钮控件的【GroupName】一致，这样才能保证在选择的时候只能选择其中一个。

**04** 参照上述 3 个步骤，为其他单选题设置选项按钮控件，设置完成后的效果如下图所示。

| | |
|---|---|
| 您的年龄是： | ◉18 岁以下<br>○18~22 岁<br>○23~30 岁<br>○31~35 岁<br>○35 岁以上 |

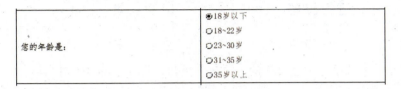

### 3. 为单选题添加下拉列表内容控件

当问卷表格中空间不够，或者选项文字过多的时候，就可以选择将选项制作为下拉列表，供调查对象自行选择作答，具体操作如下。

**01** 将光标放在“您能够接受的咖啡价格是（下拉选择）：”问题右侧的空白单元格中，❶单击【下拉列表内容控件】图标，❷即可在单元格中插入一个下拉列表内容控件。

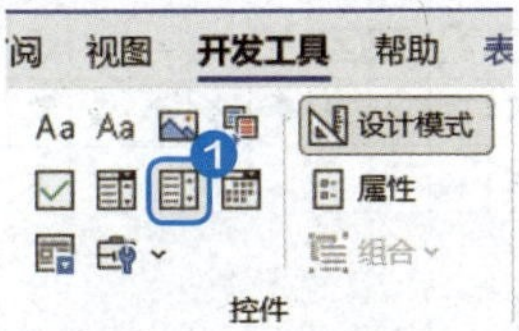

**02** 单击【属性】图标，在弹出的对话框中❶单击【添加】按钮，❷在弹出的【添加选项】对话框中的【显示名称】文本框中输入选项的文字，❸单击【确定】按钮，即可完成一个选项的添加。重复添加选项的操作，完成所有选项的添加，❹单击【确定】按钮，完成内容控件属性的设置。

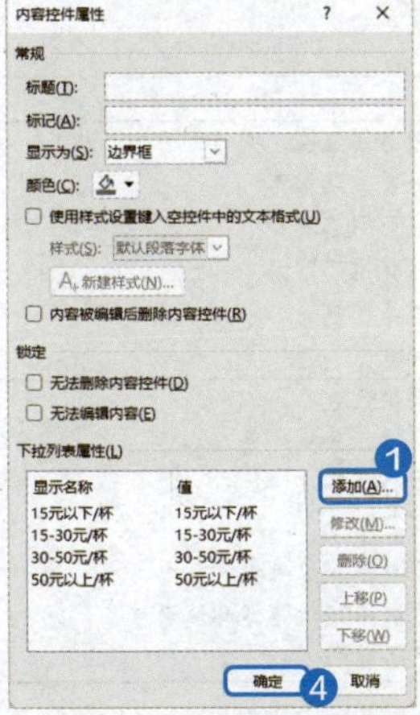


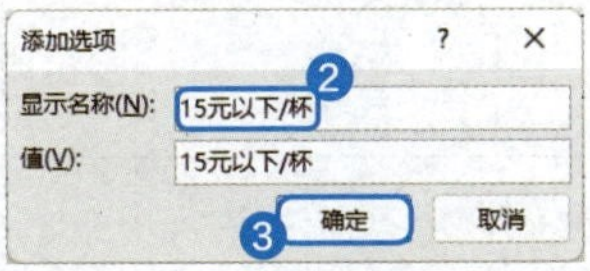

### 4．为多选题选项添加复选框内容控件

01 将光标放在待添加复选框内容控件的选项左侧，❶单击【复选框内容控件】图标☑插入控件，❷单击【属性】图标，打开【内容控件属性】对话框。

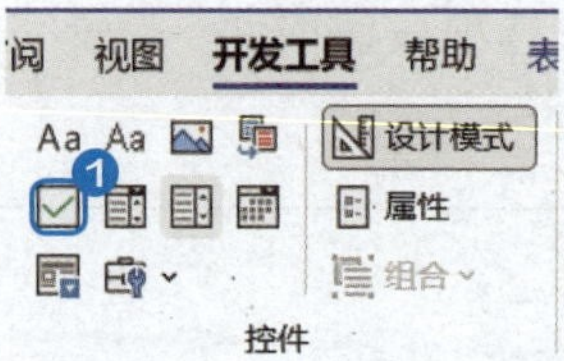


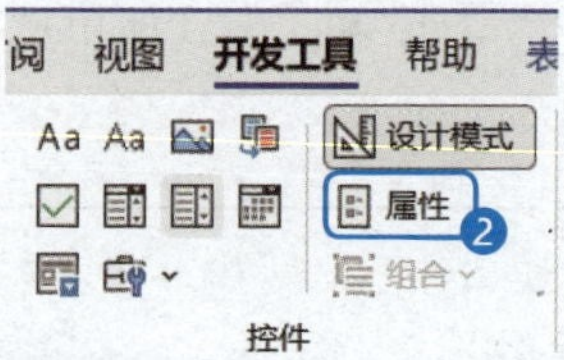


02 ❶单击【选中标记】右侧的【更改】按钮，打开【符号】对话框，拖曳导航条到最后，❷选中倒数第二个带框对勾图标，❸单击【确定】按钮，完成标记的修改，❹单击【确定】按钮，完成控件属性的调整。

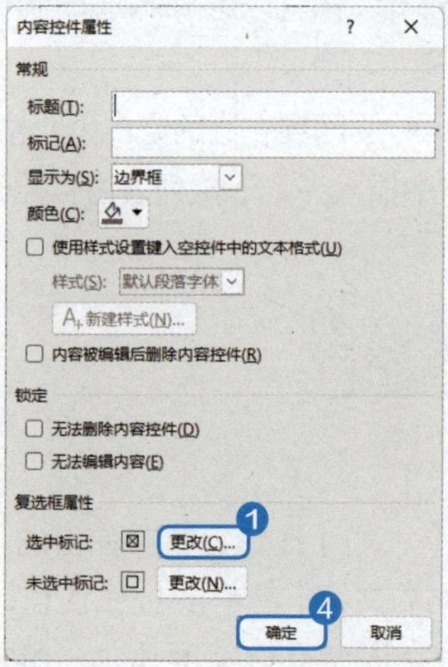


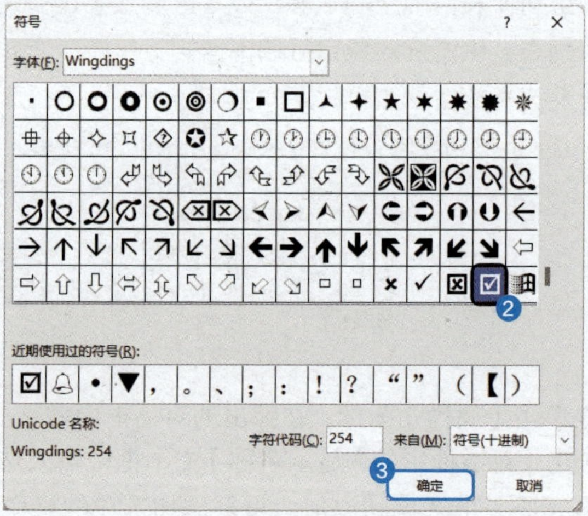


03 将设置好属性的复选框内容控件选中，将其复制粘贴到其他选项左侧，即可完成问卷中多选题选项的设置。

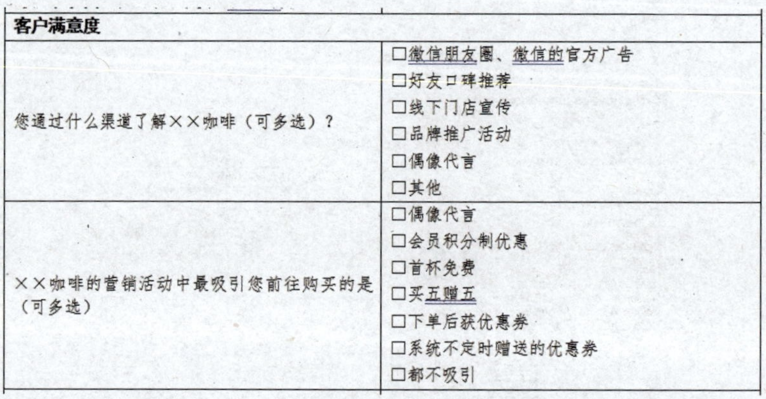

| 客户满意度 | |
|---|---|
| 您通过什么渠道了解××咖啡（可多选）？ | ☐微信朋友圈、微信的官方广告<br>☐好友口碑推荐<br>☐线下门店宣传<br>☐品牌推广活动<br>☐偶像代言<br>☐其他 |
| ××咖啡的营销活动中最吸引您前往购买的是（可多选） | ☐偶像代言<br>☐会员积分制优惠<br>☐首杯免费<br>☐买五赠五<br>☐下单后获优惠券<br>☐系统不定时赠送的优惠券<br>☐都不吸引 |

### 5．为问答题添加格式文本内容控件

如果想让调查对象输入特定格式的文字，可以借助格式文本内容控件来实现。

将光标放在“您对 × × 咖啡的产品或服务还有哪些建议或意见（文字填写）？”问题右侧的空白单元格中，单击【开发工具】选项卡中的【格式文本内容控件】图标 Aa，即可完成控件的插入。

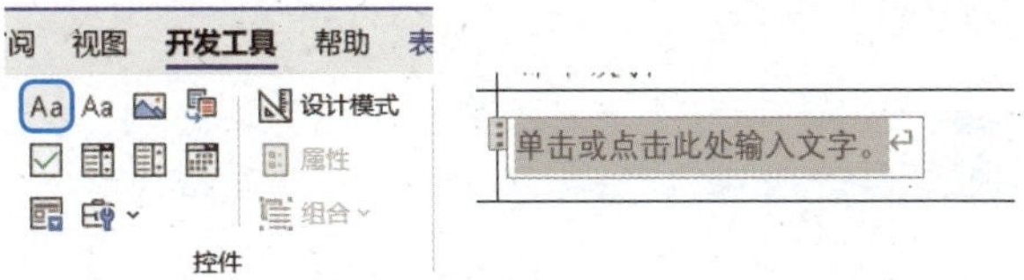


至此，表格型调查问卷的所有问题及选项所要用到的控件就全部设置完毕了，最后保存的时候记得将文件类型更改为【启用宏的 Word 文档（*.docm）】。

## 职场拓展

### 制作个人求职简历

制作简历的目的是向用人单位展示自己，以获得面试的机会，因此简历要尽可能制作得精美，进而引起用人单位的注意。

本案例中，个人求职简历制作完成后的效果如下图所示。

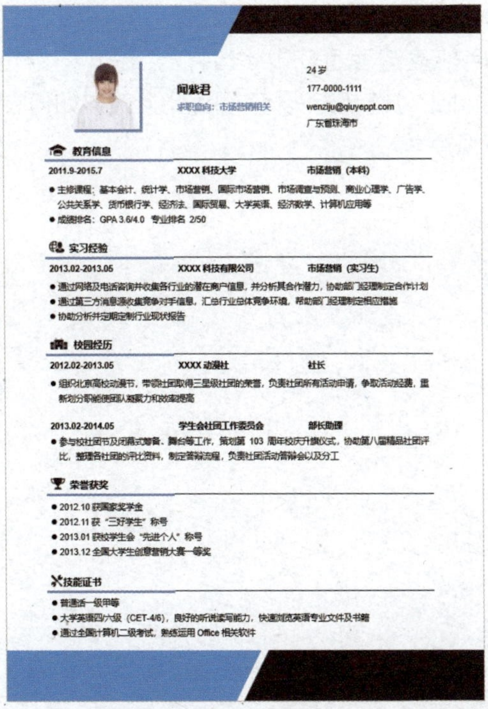

24岁
闻紫君
177-0000-1111
求职意向：市场营销相关
wenziju@qiuyeppt.com
广东省珠海市

教育信息

2011.9-2015.7　XXXX 科技大学　市场营销（本科）
- 主修课程：基本会计、统计学、市场营销、国际市场营销、市场调查与预测、商业心理学、广告学、公共关系学、货币银行学、经济法、国际贸易、大学英语、经济数学、计算机应用等
- 成绩排名：GPA 3.6/4.0　专业排名 2/50

实习经验

2013.02-2013.05　XXXX 科技有限公司　市场营销（实习生）
- 通过网络及电话咨询并收集各行业的潜在商户信息，并分析其合作潜力，协助部门经理制定合作计划
- 通过第三方消息源收集竞争对手信息，汇总行业总体竞争环境，帮助部门经理制定相应措施
- 协助分析并定期定制行业现状报告

校园经历

2012.02-2013.05　XXXX 动漫社　社长
- 组织北京高校动漫节，带领社团取得三星级社团的荣誉，负责社团所有活动申请，争取活动经费，重新划分职能使团队凝聚力和效率提高

2013.02-2014.05　学生会社团工作委员会　部长助理
- 参与校社团节及闭幕式筹备、舞台等工作，策划第 103 周年校庆升旗仪式，协助第八届精品社团评比，整理各社团的评比资料，制定答辩流程，负责社团活动答辩会以及分工

荣誉获奖

- 2012.10 获国家奖学金
- 2012.11 获“三好学生”称号
- 2013.01 获校学生会“先进个人”称号
- 2013.12 全国大学生创意营销大赛一等奖

技能证书

- 普通话一级甲等
- 大学英语四/六级（CET-4/6），良好的听说读写能力，快速浏览英语专业文件及书籍
- 通过全国计算机二级考试，熟练运用 Office 相关软件

简历的内容几乎都是模块化的，一份简历可以被拆解为个人信息、教育信息、实习经验、校园经历、荣誉获奖以及技能证书等部分。

因为表格自带框线，而且对齐操作灵活，所以非常适合用来排版简历这种模块化的文档。插入表格后，合理使用拆分、合并单元格功能可以很快完成各个模块的搭建。为了让简历更加精致美观，还可以添加图标、图片等视觉化元素。

具体操作请观看视频学习。

## 秋叶私房菜

### 1. 表格跨页后，如何在每一页开头显示标题行

当 Word 表格的内容在一页放不下的时候，为了方便跨页查看表格内容，需要让表格的标题行跨页显示，这里大多数人会选择进行复制粘贴操作，但在 Word 中可以不用进行复制粘贴操作轻松实现该效果。

具体操作请观看视频学习。

### 2. 表格跨页后，上一页出现了空白该怎么办

表格内容跨页显示的时候，上一页最后一行单元格中的内容突然全部跳转到下一页，导致上一页出现了大量空白，这个时候该怎么解决呢？

具体操作请观看视频学习。

### 3. 如何删除表格文档最后的空白页

当文档中表格底部靠近页面下边缘时，会在文档中留下一页空白页，用【Backspace】和【Delete】键都无法将其删除，此时该如何去掉这一页空白页呢？

具体操作请观看视频学习。

在制作长文档的时候，很多人经常频繁修改格式，手动给段落编号和制作目录，这些都是低效的操作。其实 Word 有着十分强大的样式和模板功能，利用这两个功能可以快速将一份文档排版为规范的文档，大大节省设置格式的时间。样式功能也为快速生成目录及给多层级标题添加编号提供了便利。本章将通过制作年终述职报告和制作商业计划书两个案例，讲解样式和模板的用法。

扫描二维码
发送关键词“秋叶五合一”
观看视频学习吧！

## 4.1 制作年终述职报告

### 案例说明

年终述职报告是公司员工对自己一年内的所有工作加以总结、分析和研究，肯定成绩，找出问题，得出经验，用于指导下一阶段工作的文档。

本案例中，年终述职报告制作完成后的效果如下图所示（只展示了部分页面）。

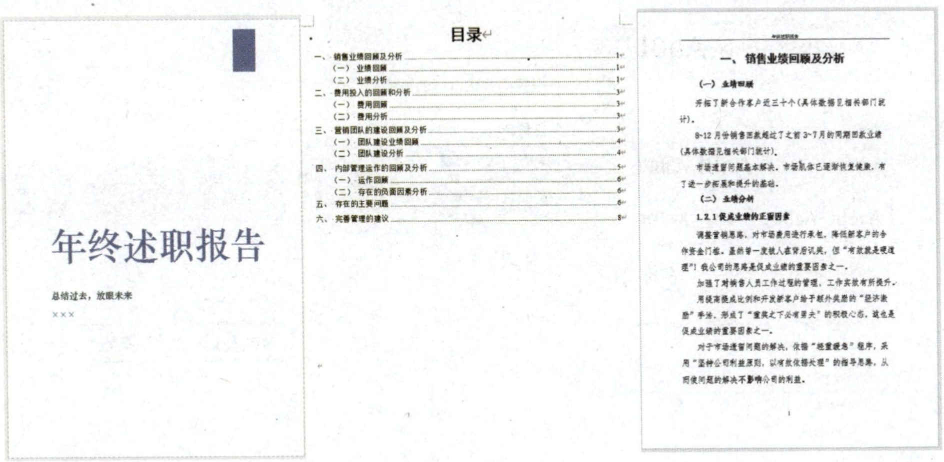


述职报告文档包含了封面、目录、正文三大部分，正文部分设计了多个层级的内容，相同层级格式统一，不同层级要有所区分。多层级内容的编号和文档的目录可以在应用样式后快速添加，另外还需要注意报告的美观度，借助页眉、页脚等功

能修饰页面，具体的制作方法如下。

## 4.1.1 使用样式快速统一排版

述职报告涉及的文字和内容层级较多，如果不利用样式进行调整，会让页面看上去杂乱无章。

Word 中内置了不少样式，如正文样式和各级标题样式，制作的时候可以根据需求新建、修改样式来达到想要的效果。

### 1. 新建正文样式

虽然 Word 内置样式中已经存在了名为“正文”的样式，但它是所有内置样式的基准，直接修改它会导致所有样式都发生改变，为了保险起见，建议新建一个名为“我的正文”的样式，用于述职报告的正文排版。以公文标准对正文的格式要求（见表 4-1）为例演示新建样式的过程，具体操作如下。

表 4-1 “我的正文”样式的格式要求

| 中文字体 | 字号 | 对齐 | 大纲级别 | 行距 | 缩进 |
|---|---|---|---|---|---|
| 仿宋 | 三号 | 两端对齐 | 正文文本 | 30 磅 | 首行缩进 2 字符 |

01 在【开始】选项卡中❶单击【样式】功能组右侧的下拉按钮，❷选择【创建样式】命令，在弹出的对话框中❸修改样式名称为“我的正文”，❹单击【修改】按钮，弹出对话框的界面会发生变化。

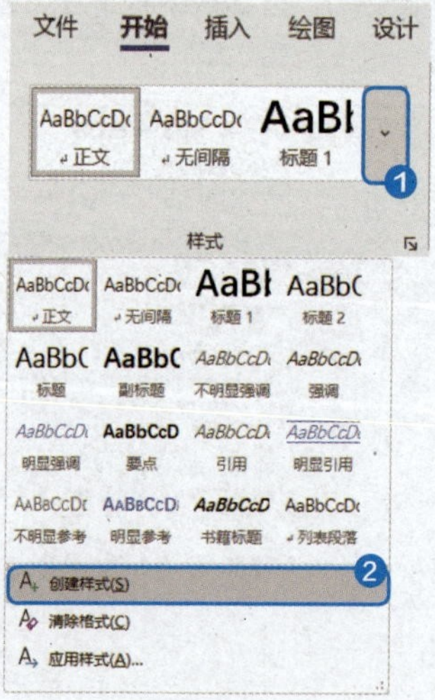


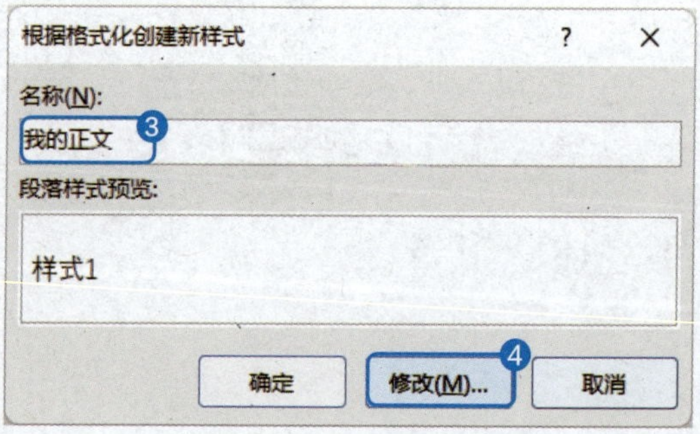


02 在对话框中❶单击【格式】按钮，❷选择【字体】命令，在弹出的【字体】对话框中❸修改【中文字体】【西文字体】为【仿宋】，❹修改【字号】为【三号】，❺单击【确定】按钮，完成字体格式的设置。

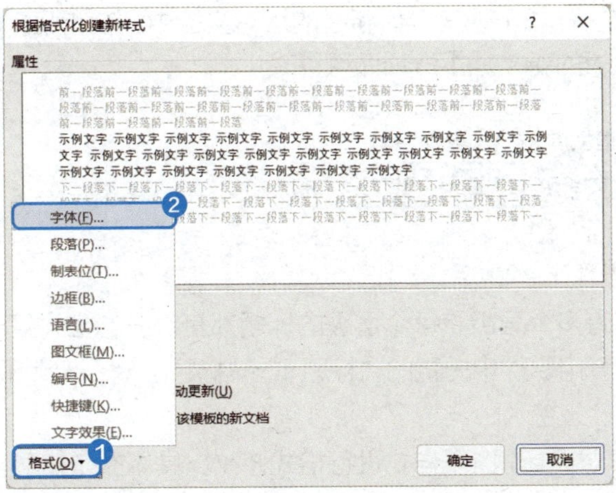


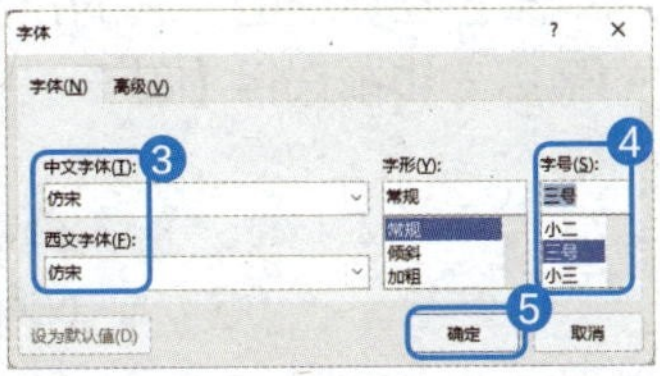


03 ❶单击【格式】按钮，❷选择【段落】命令，在弹出的【段落】对话框中❸设置【对齐方式】为【两端对齐】、【大纲级别】为【正文文本】，❹设置【特殊】为【首行】、【缩进值】为【2 字符】，❺将【行距】设置为【固定值】，将【设置值】设置为【30】，依次单击【确定】按钮，完成样式的创建。

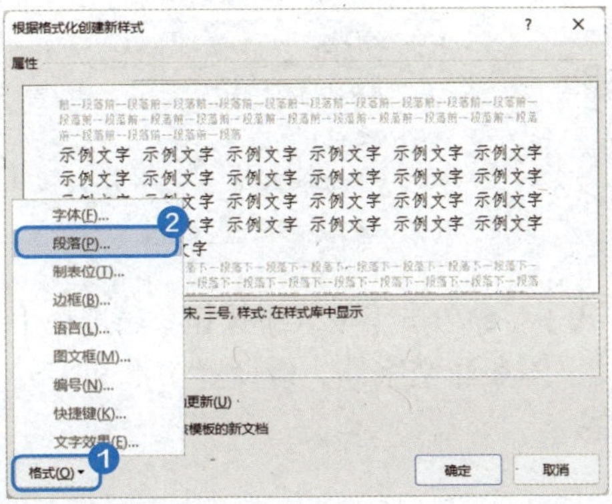


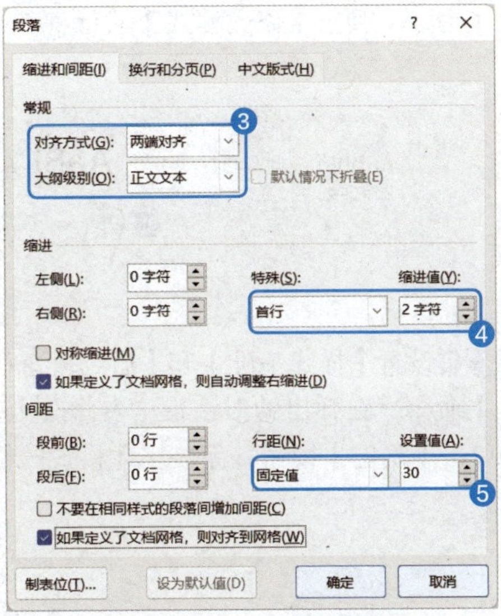


此时【样式】功能组中就会出现“我的正文”样式。

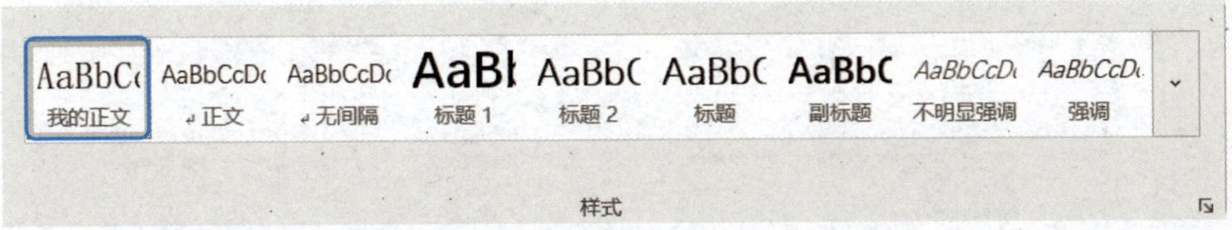

如果想让新建的“我的正文”样式出现在今后新建的所有文档中，在步骤 03 中的最后一步前选择【基于该模板的新文档】选项即可。

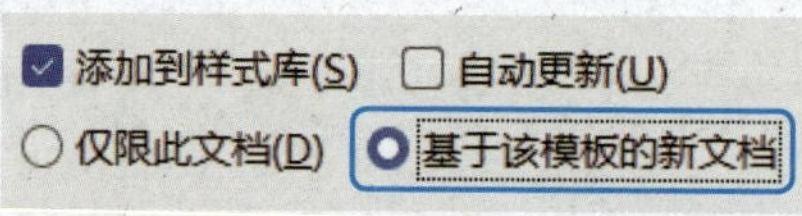


## 2. 修改 Word 内置的标题样式

述职报告中的内容通常都会有多个层级，每个层级的标题都有对应的格式且要有所区分，我们可以通过修改和套用软件中内置的“标题 1”“标题 2”“标题 3”等样式来实现。

这里按照表 4-2 的格式要求对“标题 1”样式进行格式修改，具体操作如下。

表 4-2 “标题 1”样式的格式要求

| 中文字体 | 字号 | 对齐 | 大纲级别 | 行距 | 段前、段后 |
|---|---|---|---|---|---|
| 黑体 | 二号 | 居中对齐 | 1 级 | 单倍行距 | 1 行 |

01 在【开始】选项卡的【样式】功能组中❶右键单击“标题 1”样式，❷选择【修改】命令，弹出【修改样式】对话框。

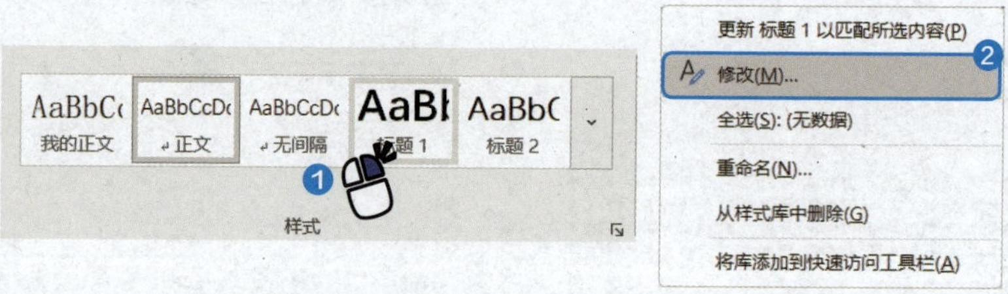


02 ❶设置【样式基准】和【后续段落样式】，❷单击【格式】按钮，❸选择【字体】命令，在弹出的对话框中❹修改中文字体和西文字体，❺设置字形和字号，❻单击【确定】按钮，完成字体格式的修改。

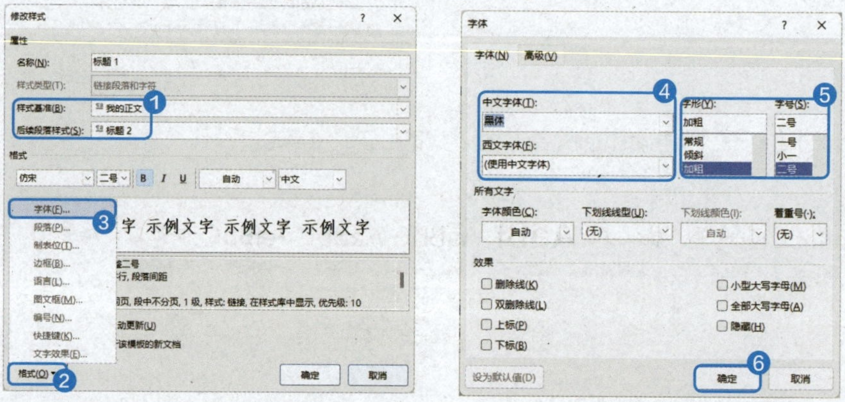

03 返回【修改样式】对话框，❶单击【格式】按钮，❷选择【段落】命令，在【段落】对话框中❸修改【对齐方式】为【居中】，设置【大纲级别】为【1 级】，❹将【段前】和【段后】都设置为【1 行】，将【行距】设置为【单倍行距】，❺单击【段落】对话框中的【确定】按钮，❻单击【修改样式】对话框中的【确定】按钮，完成样式的修改。

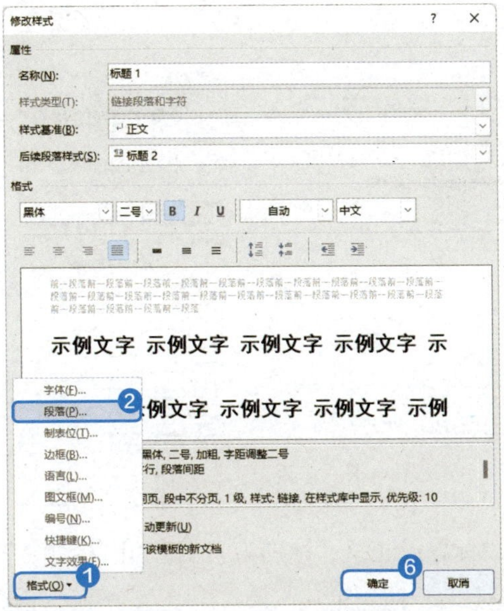


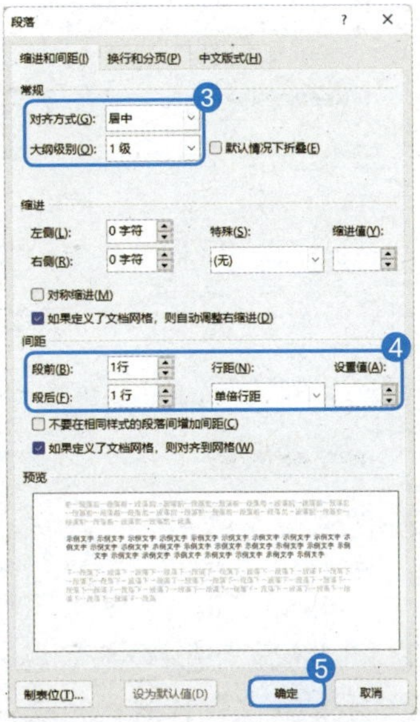


04 按照上述 3 个步骤，完成“标题 2”“标题 3”样式的修改，格式要求见表 4-3、表 4-4。

表 4-3 “标题 2”样式的格式要求

| 中文字体 | 字号 | 对齐 | 大纲级别 | 行距 | 段前、段后 | 缩进 |
|---|---|---|---|---|---|---|
| 楷体 | 三号 | 两端对齐 | 2 级 | 单倍行距 | 0.5 行 | 首行缩进 2 字符 |

表 4-4 “标题 3”样式的格式要求

| 中文字体 | 字号 | 对齐 | 大纲级别 | 行距 | 段前、段后 | 缩进 |
|---|---|---|---|---|---|---|
| 仿宋 | 三号 | 两端对齐 | 3 级 | 单倍行距 | 无 | 首行缩进 2 字符 |

### 3. 为文档套用样式，快速统一格式

完成样式的新建和修改之后，接下来要做的就是选中对应层级的内容并为其套用样式，具体操作如下。

01 ❶在文档中选中任意 1 级标题，如“销售业绩回顾分析”，在【开始】选项卡中❷单击【选择】图标，❸选择【选择格式相似的文本】命令，快速选中所有 1 级标题，❹在【样式】功能组中单击“标题 1”样式，完成样式的套用。

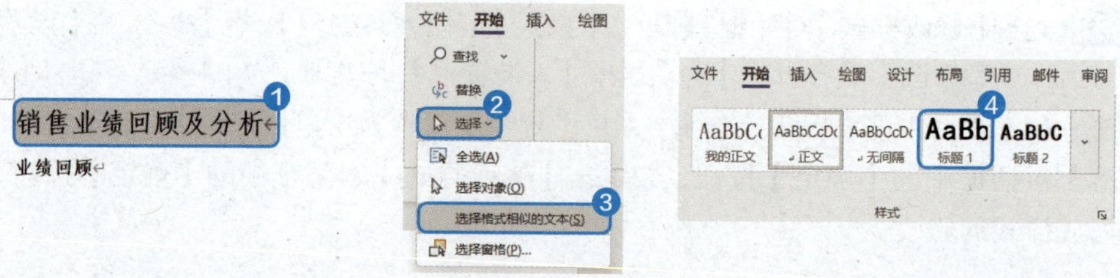


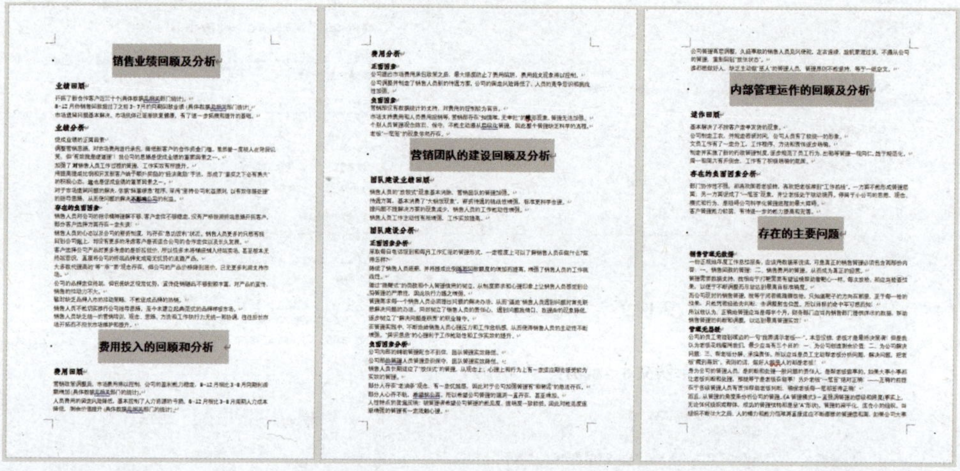


02 以相同的方式选中 2 级标题、3 级标题及正文，分别为它们套用“标题 2”“标题 3” “我的正文”样式，完成后的效果如下图所示。

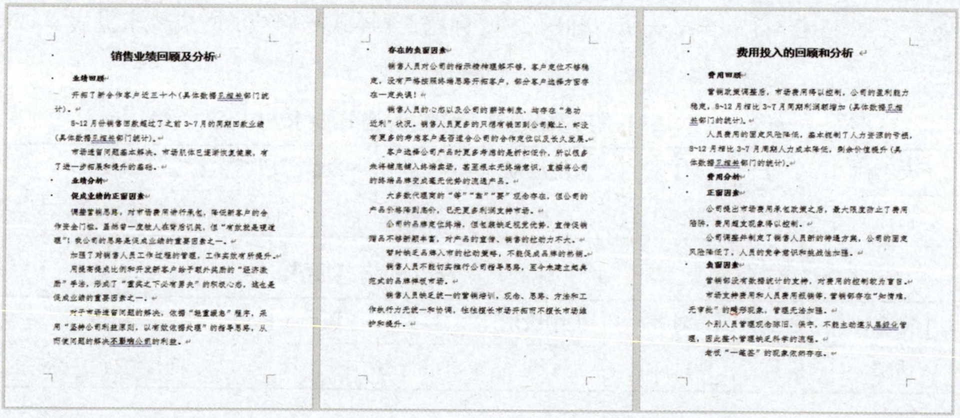


## 4.1.2 自动编号：为文档的标题、图片设置编号

### 1．利用多级列表功能批量完成标题的编号

长文档的编号要求较为复杂，每一级标题的编号之间要有联动，例如，1 级标题编号为第 1 章，2 级标题编号为 1.1，那么到了第 2 章，2 级标题编号就得从 2.1

开始，以此类推。这就需要用到编号中的高级编号功能——多级列表功能。

下面按照表 4-5 中的编号规则进行标题编号的设置。

表 4-5　标题的编号规则

| 1 级标题编号 | 2 级标题编号 | 3 级标题编号 |
| --- | --- | --- |
| 一、 | （一） | 1.1.1 |

**01** 将光标放在文档中的任意 1 级标题处，在【开始】选项卡中❶单击【多级列表】图标 ，❷选择【定义新的多级列表】命令，打开【定义新多级列表】对话框，❸单击【更多】按钮，展开更完整的界面。

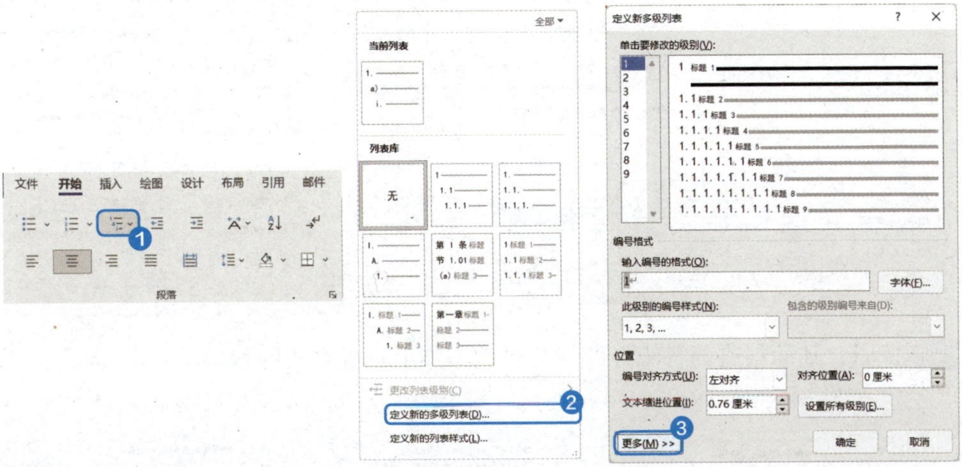


**02** ❶选择级别【1】，❷将【此级别的编号样式】更改为【一，二，三（简）...】，这时在【输入编号的格式】文本框中自动出现“一”，❸在其后输入“、”，❹设置【编号之后】为【空格】，❺设置【文本缩进位置】为【0 厘米】，❻单击【设置所有级别】按钮，❼在弹出的对话框中将所有参数修改为【0 厘米】，❽单击【确定】按钮，完成 1 级标题编号的设置。

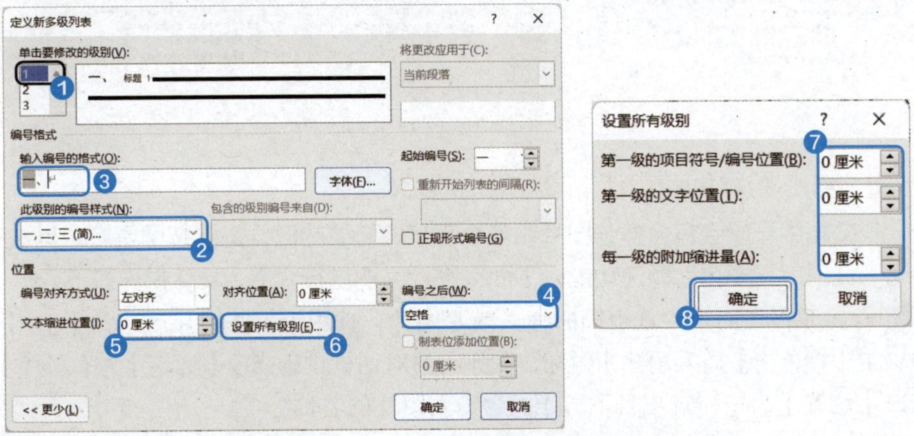

03 ❶选择级别【2】，❷修改【此级别的编号样式】为【一，二，三（简）...】，❸删除【输入编号的格式】文本框中原来的内容，输入“（一）”，❹设置【编号之后】为【空格】，❺单击【确定】按钮，完成 2 级标题编号的设置。❻选择级别【3】，❼勾选【正规形式编号】复选框，❽设置【编号之后】为【空格】，完成 3 级标题编号的设置，❾单击【确定】按钮，完成多级编号的设置。

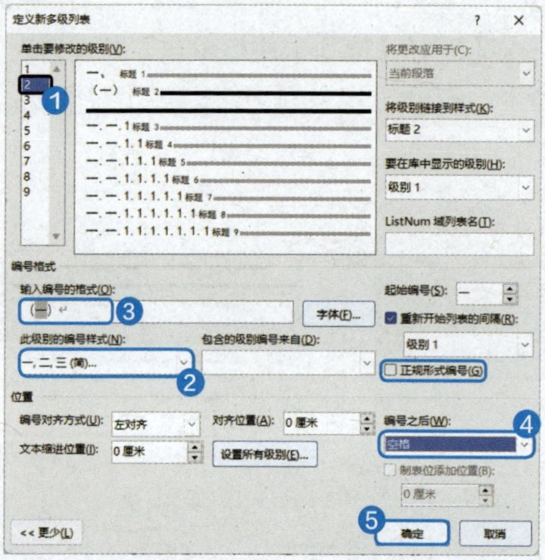


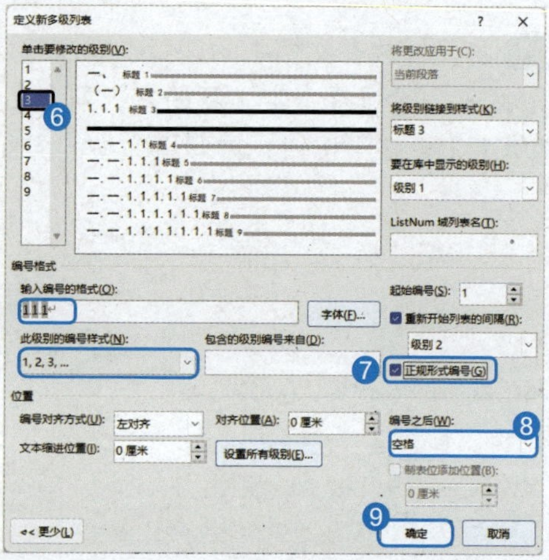


04 此时，述职报告的各级标题就会自动添加上正确格式的编号。

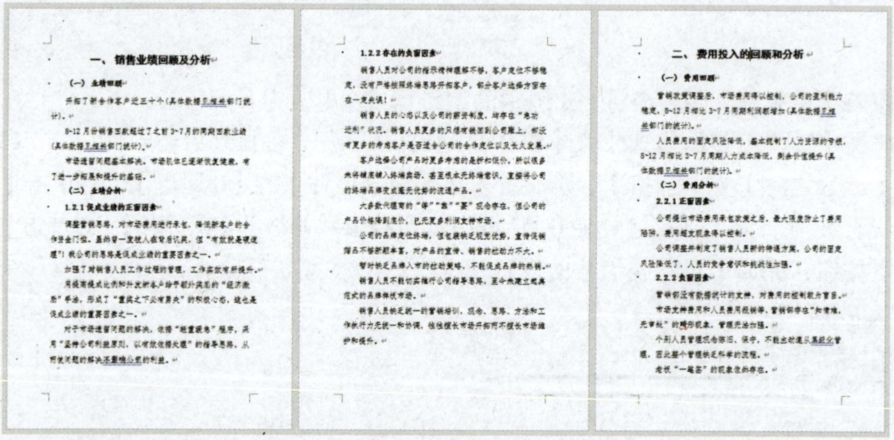


## 2. 利用题注功能为图片、表格添加编号

长文档中一般会包含多张图片和多个表格，必要的时候需要按照章节对其进行编号，此时就需要借助题注功能。下面以图片为例进行介绍，具体操作如下。

01 在述职报告的第一章中同时插入两张图片，选中第一张图片后，在【引用】选项卡中❶单击【插入题注】图标，在弹出的对话框中❷修改【标签】为【图片】，修改【位置】为【所选项目下方】，❸输入图片的名称。

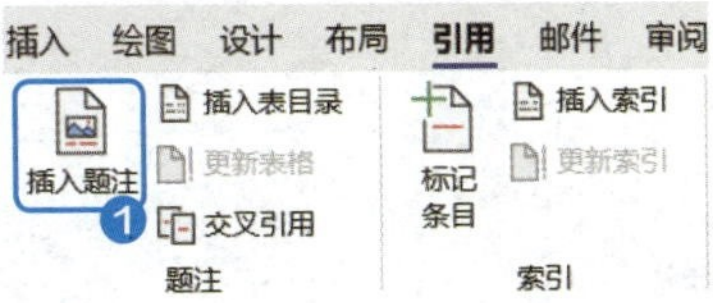


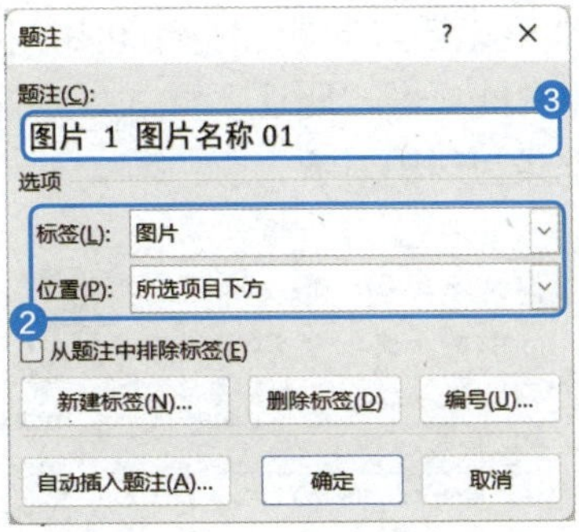


> • **小贴士** 如果【标签】下拉列表中没有需要的标签，可以单击对话框中的【新建标签】按钮，创建新的标签。一般情况下，图片的题注位于图片下方，表格的题注位于表格上方。

**02** ❶单击【编号】按钮，在打开的【题注编号】对话框中❷勾选【包含章节号】复选框，将【章节起始样式】设置为【标题 1】，将【使用分隔符】设置为【-（连字符）】，❸单击【确定】按钮，完成编号的设置，❹单击【确定】按钮，完成图片的编号，此时图片的编号显示为“图片 一 -1”。

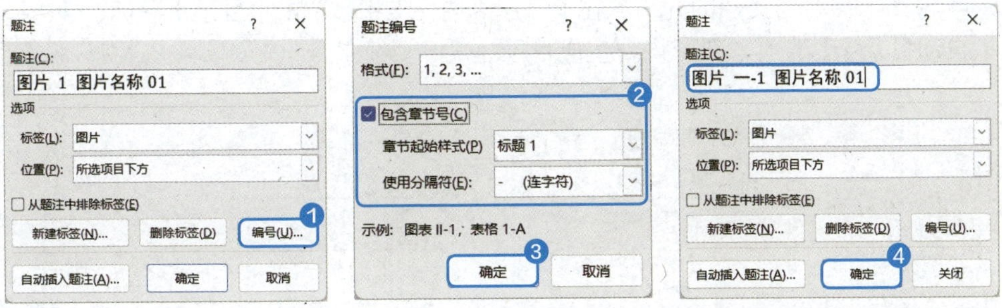


**03** 选中第二张图片，重复上述操作，图片会自动完成编号，编号显示为“图片 一 -2”。

图片 一 1 图片名称 01

图片 一 2 图片名称 02

04 如果想让插入的题注自动居中对齐，可以在【开始】选项卡的【样式】功能组中❶右键单击“题注”样式，❷选择【修改】命令，在打开的对话框中❸修改对齐方式为居中对齐。

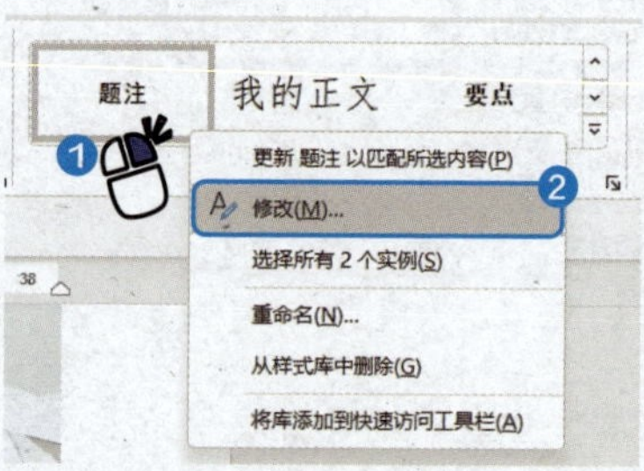


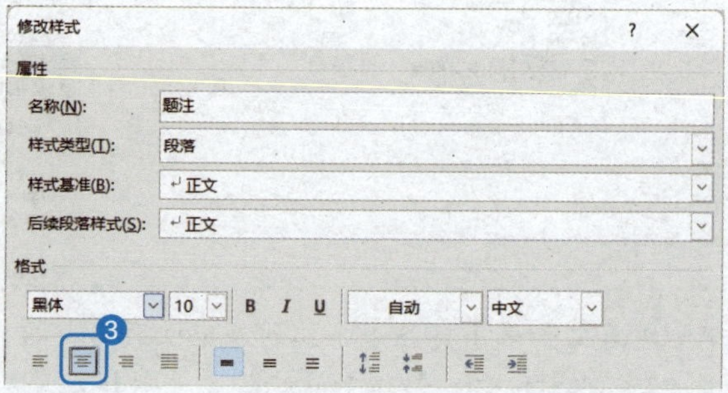


## 4.1.3 为文档快速生成目录

### 1. 不用手敲，自动生成目录

完成样式的套用和编号的添加之后，就可以快速完成文档目录的制作，具体操作如下。

01 将光标移动到文档的开头，在【引用】选项卡中❶单击【目录】图标，❷选择【自动目录 1】选项，即可自动生成目录。

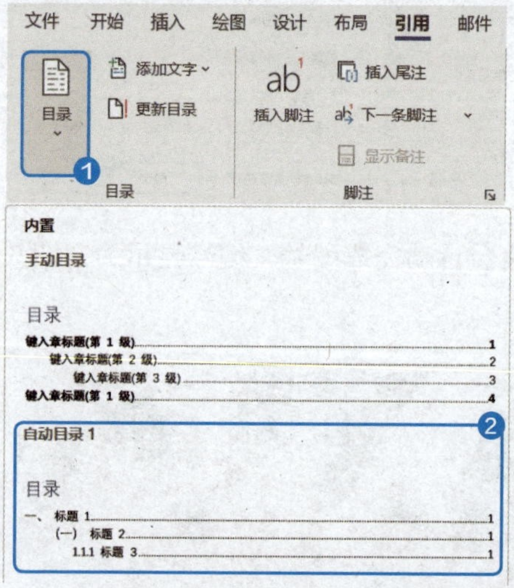


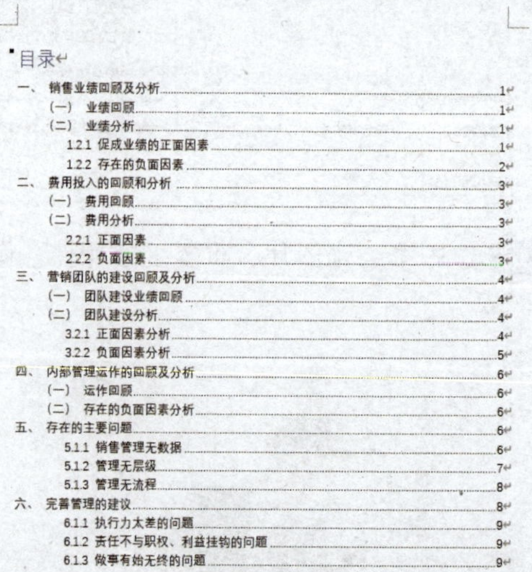


02 选中“目录”二字，❶设置字体格式，❷设置文字颜色为【自动】，❸将对齐方式设置为居中对齐，这样目录就制作完成了。

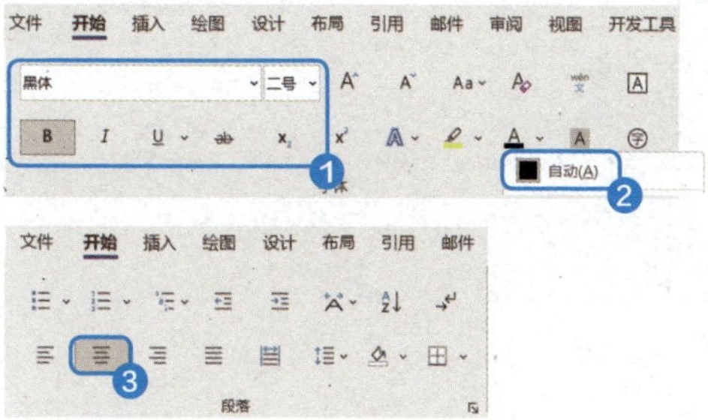


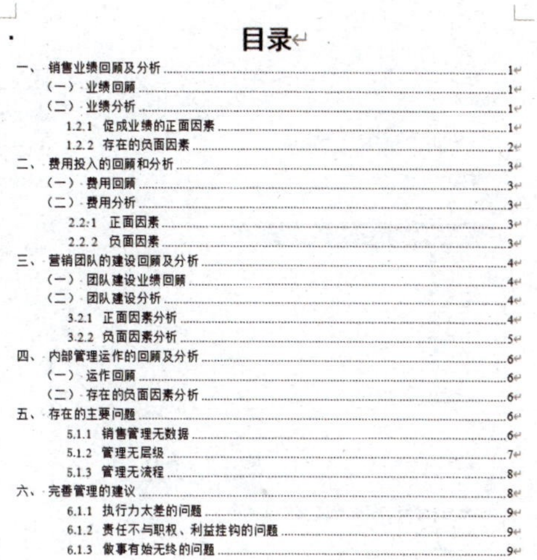

目录

一、 销售业绩回顾及分析 ......1
（一） 业绩回顾 ......1
（二） 业绩分析 ......1
1.2.1 促成业绩的正面因素 ......1
1.2.2 存在的负面因素 ......2
二、 费用投入的回顾和分析 ......3
（一） 费用回顾 ......3
（二） 费用分析 ......3
2.2.1 正面因素 ......3
2.2.2 负面因素 ......3
三、 营销团队的建设回顾及分析 ......4
（一） 团队建设业绩回顾 ......4
（二） 团队建设分析 ......4
3.2.1 正面因素分析 ......4
3.2.2 负面因素分析 ......5
四、 内部管理运作的回顾及分析 ......6
（一） 运作回顾 ......6
（二） 存在的负面因素分析 ......6
五、 存在的主要问题 ......6
5.1.1 销售管理无数据 ......6
5.1.2 管理无层级 ......7
5.1.3 管理无流程 ......8
六、 完善管理的建议 ......8
6.1.1 执行力太差的问题 ......9
6.1.2 责任不与职权、利益挂钩的问题 ......9
6.1.3 做事有始无终的问题 ......9

## 2. 自定义目录格式，美化目录显示效果

一般情况下仅要求目录显示到 2 级标题，而且对目录的格式也有一定要求；但 Word 自动生成的目录会将所有级别的标题全部显示出来，格式也不符合要求，因此需要对目录格式进行自定义设置。

**01** 将光标放在目录中，在【引用】选项卡中❶单击【目录】图标，❷选择【自定义目录】命令，在弹出的对话框中❸将【显示级别】修改为【2】，❹单击【修改】按钮，进入【样式】对话框。

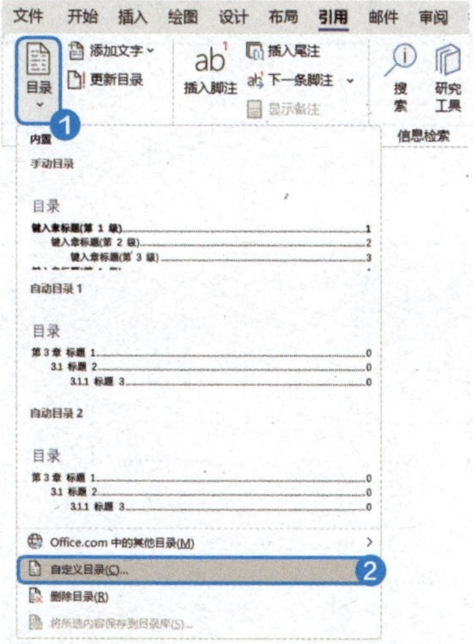


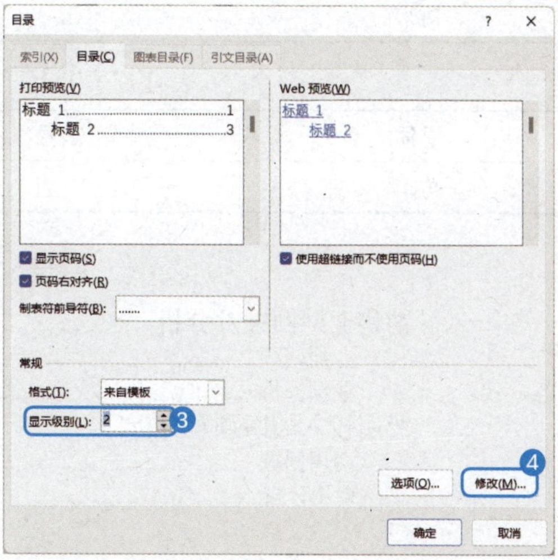


**02** 在【样式】对话框中，TOC 1 ～ TOC 9 代表着目录中大纲级别为 1 到 9 的标题样式，❶选中对应级别的样式，这里选择【TOC 1】，❷单击【修改】按钮即可对目录样式进行修改，其操作和前面的样式修改操作一致。

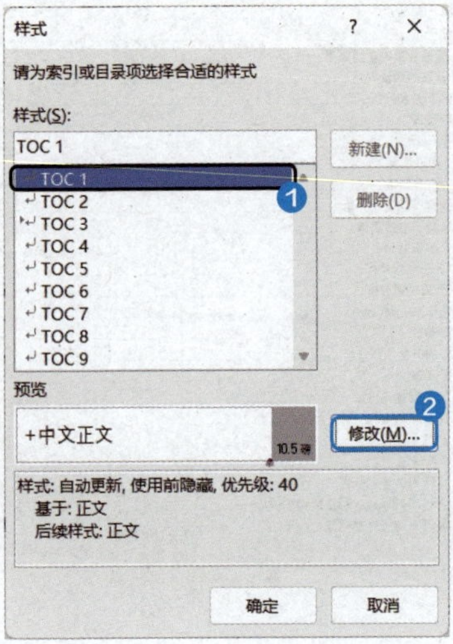


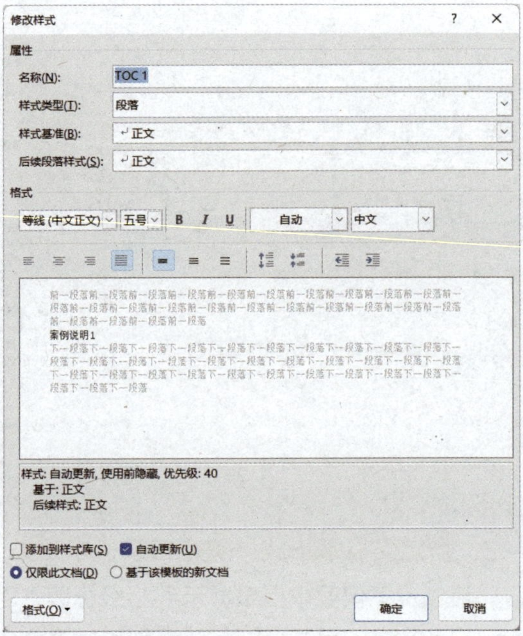


**03** 参照表 4-6、表 4-7 中的要求完成 TOC 1 和 TOC 2 样式的修改，得到需要的目录效果。

表 4-6 TOC 1 样式

| 字体 | 字号 | 缩进 |
|---|---|---|
| 仿宋 | 四号 | 无缩进 |

表 4-7 TOC 2 样式

| 字体 | 字号 | 缩进 |
|---|---|---|
| 仿宋 | 小四 | 左缩进 2 字符 |

目录↵



## 4.1.4 为年终述职报告添加页眉和页码

页眉和页码作为文档不可或缺的一部分，可以起到装饰和导航的作用，这里将按照表 4-8、表 4-9 所示的要求完成页眉和页码的设置。

表 4-8 页眉要求

| 项目 | 奇数页页眉 | 偶数页页眉 |
|---|---|---|
| 内容 | 年终述职报告 | 武汉 ×× 科技有限公司 |

表 4-9 页码要求

| 项目 | 目录所在页页码 | 正文所在页页码 |
|---|---|---|
| 格式 | 大写罗马数字 I、II、III | 阿拉伯数字 1、2、3 |

### 1. 为奇偶页设置不同的页眉

❶双击文档第一页的页眉区域，进入页眉、页脚编辑状态，在【页眉和页脚】选项卡中❷勾选【奇偶页不同】复选框，此时页眉左下角的角标就会从“页眉”变为“奇数页页眉”和“偶数页页眉”，❸在奇数页页眉处输入“年终述职报告”，❹在偶数页页眉处输入“武汉 ×× 科技有限公司”，即可完成奇偶页不同页眉的设置，按【Esc】键退出页眉、页脚编辑状态。

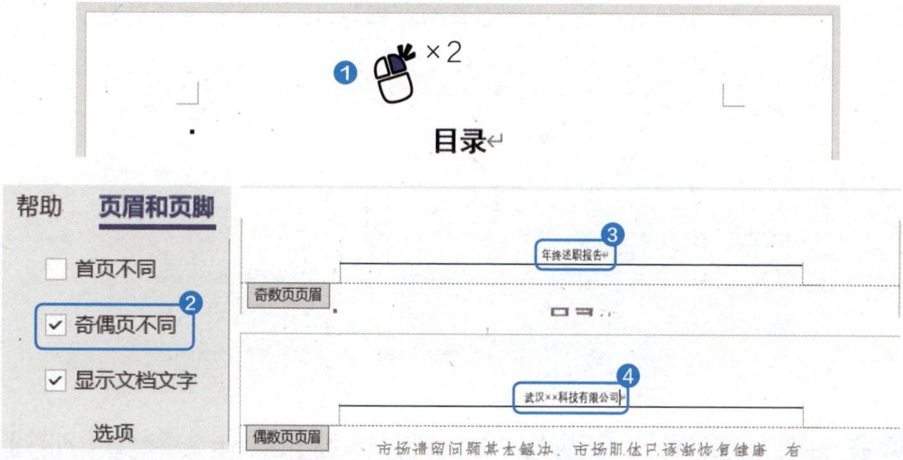


### 2. 为目录和正文设置不同的页码

想要在一份文档中设置不同的页码格式，需要将不同的内容划分到不同的节中，断开节与节之间页脚的链接后，再添加页码并修改页码格式。

> • **小贴士** 很多读者以为页面的参数是以“页”为单位进行设置的，其实此类参数的设置是以“节”为单位的。一节可以包含多个页面，可以单独设置每一节页面的尺寸、边距、方向，甚至是页眉和页码的格式。

**01** ❶将光标放在正文开头，在【布局】选项卡中❷单击【分隔符】图标，❸选择【下一页】命令，即可将目录和正文拆分到不同的节和不同的页面中。

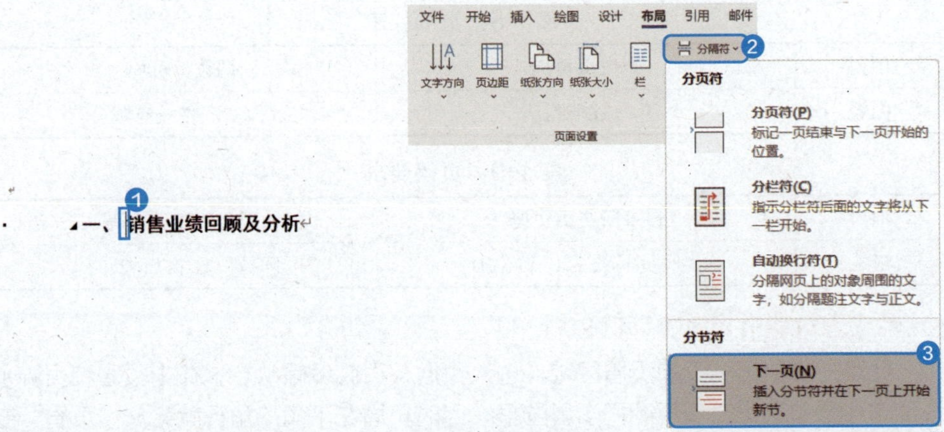


02 ❶双击正文的页脚部分，进入页眉、页脚编辑状态，此时页脚的右侧存在角标“与上一节相同”。在【页眉和页脚】选项卡中❷单击【链接到前一节】图标，此时偶数页页脚右侧的“与上一节相同”角标将会消失。对奇数页页脚执行一遍相同的操作，这样就可以彻底让正文部分的页脚与目录的页脚断开链接。

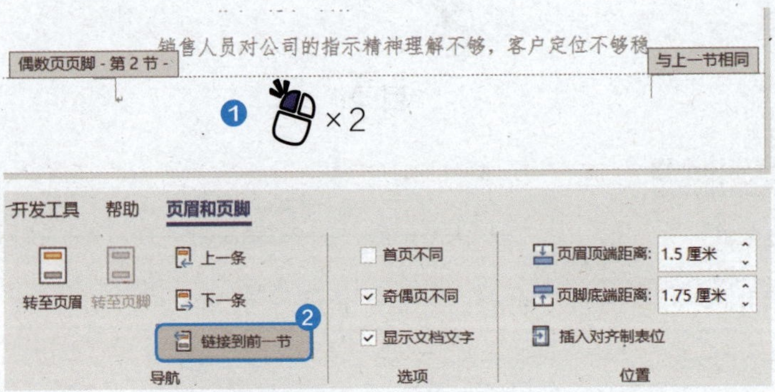


03 将光标定位在目录页的页脚处，在【页眉和页脚】选项卡中❶单击【页码】图标，❷在【页面底端】子菜单中❸选择【普通数字 2】选项。

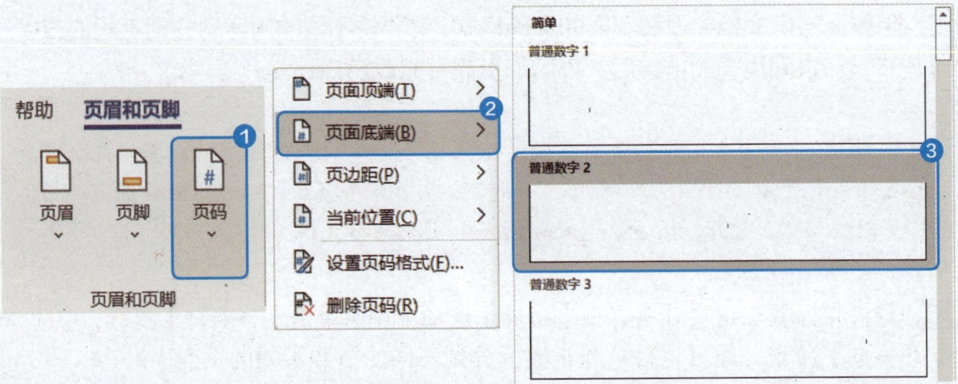

**04** 在【页眉和页脚】选项卡中❶单击【页码】图标，❷选择【设置页码格式】命令，❸在弹出的对话框中单击【编号格式】右侧的下拉按钮，❹在下拉列表中选择【I,II,III,…】选项，❺选择【起始页码】选项，并设置值为【I】，❻单击【确定】按钮，完成目录页码格式的设置。

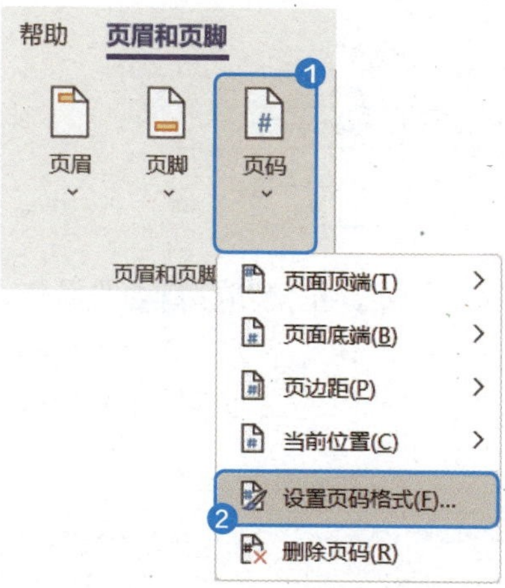


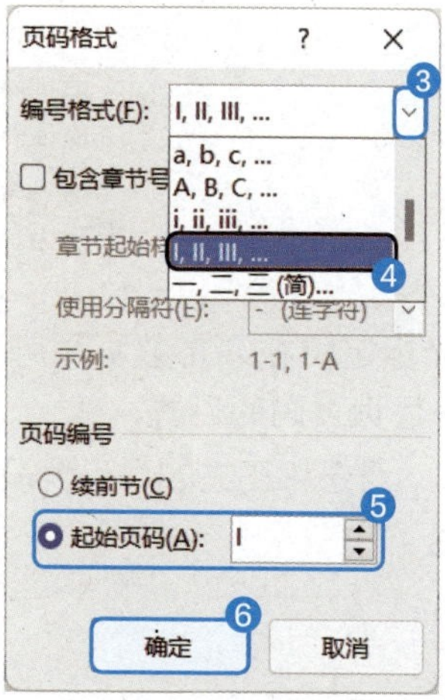


**05** 将光标定位在“偶数页页脚 - 第 2 节 -”处，在【页眉和页脚】选项卡中❶单击【页码】图标，❷在【页面底端】子菜单中❸选择【普通数字 2】选项，为正文偶数页添加页码。

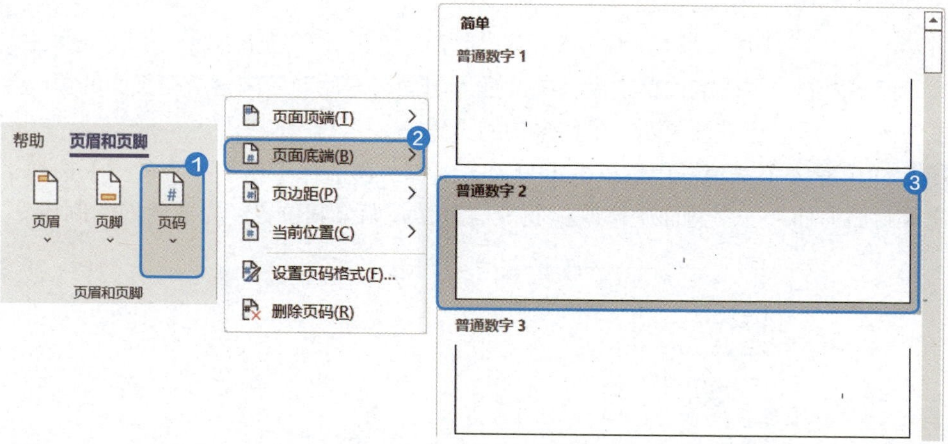


**06** 在【页眉和页脚】选项卡中❶单击【页码】图标，❷选择【设置页码格式】命令，在弹出的对话框中设置❸【编号格式】为【1,2,3,…】，❹选择【起始页码】选项，并设置值为【1】，❺单击【确定】按钮，完成正文偶数页页码格式的设置。

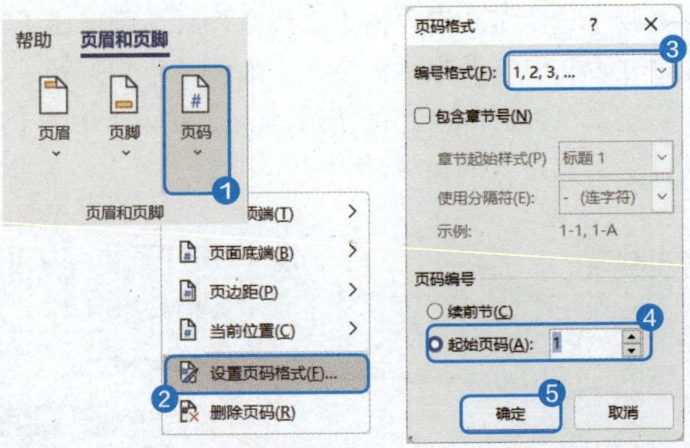


07 将光标定位在“奇数页页脚 – 第 2 节 –”处，重复步骤 05 的操作，即可完成正文奇数页页码的设置。

至此，目录和正文的页码就设置完成了，完成后的文档效果如下图所示。

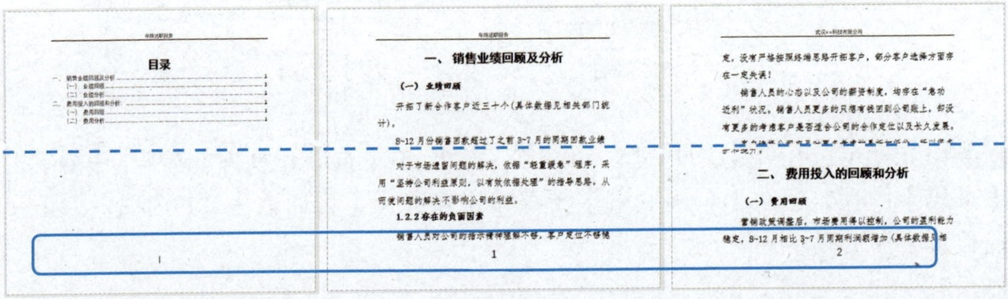


## 3. 插入封面，更新目录

完成页眉、页码的设置之后，需要插入封面，之后对应内容所在页面的页码会发生改变，所以还需要更新一下目录中的页码。

01 在【插入】选项卡中❶单击【封面】图标，❷选择【离子（浅色）】选项，完成封面的插入。在封面中修改标题等信息，并调整其位置，完成封面的制作。

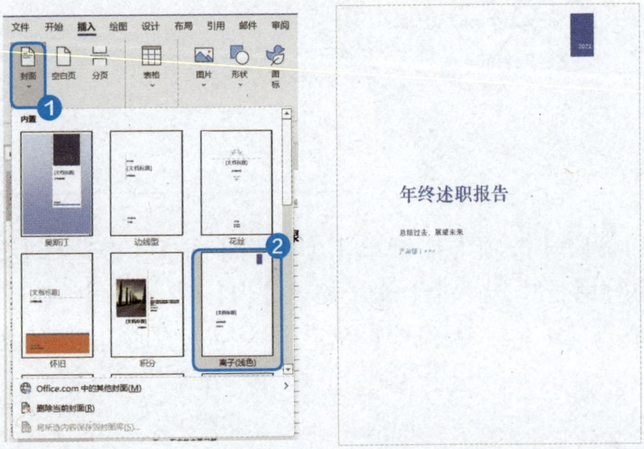

02 将光标放在目录中，在【引用】选项卡中❶单击【更新目录】图标，❷在弹出的对话框中选择【更新整个目录】选项，❸单击【确定】按钮，目录就会更新。至此，一整份年终述职报告就制作完成了。

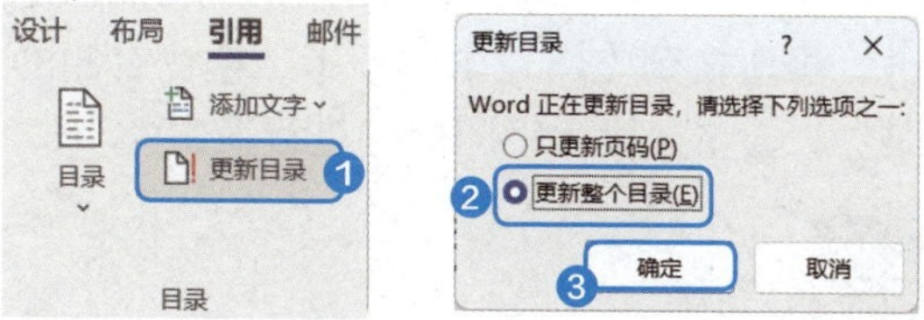


• **小贴士** 如果文档的正文部分有删减或者标题有修改，在执行更新目录操作的时候需要选择【更新整个目录】选项。

## 4.2 制作商业计划书

商业计划书是为了展现项目商业前景，帮助公司勾画项目蓝图，获得投资方融资的一份全方位的项目计划。一份好的商业计划书几乎包括投资商感兴趣的所有内容。除了内容之外，好的排版效果也很重要。

本案例中，商业计划书制作完成后的效果如下图所示。

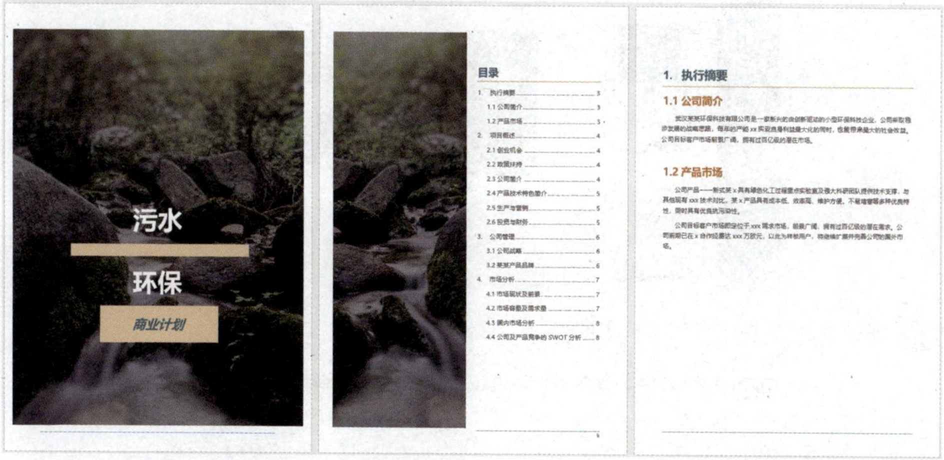


对于不擅长使用 Word 软件的用户来说，想要从零开始制作精美计划书还是很困难的，这个时候就可以使用 Word 软件的联机搜索功能，只需要搜索并下载合适的模板，然后将对应的文字、图片替换成自己公司的，就可以得到一份精美的计划书。

## 4.2.1 用模板快速创建工作计划文件

Word 提供了多种实用的文档模板，如工作清单、简历、工作报告、计划书等。用户可以直接搜索并下载模板，以创建自己的文档，具体操作如下。

01 打开 Word 软件，❶切换到【新建】选项卡，❷在右侧的【搜索联机模板】搜索框中输入“计划”，❸单击放大镜图标 ⌕ 进行搜索。

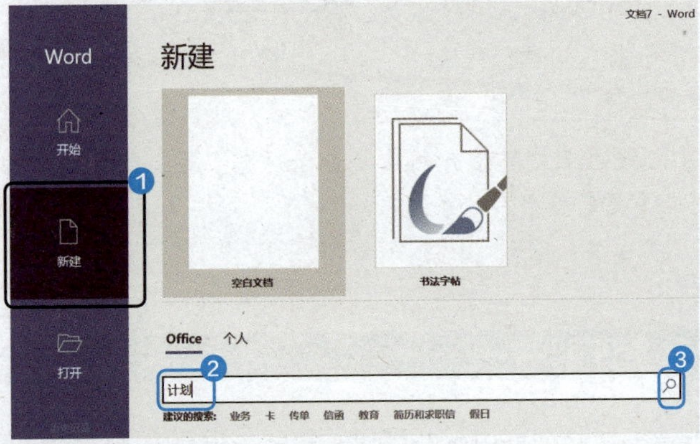


02 ❶在搜索结果中找到并单击【专业服务商业计划】选项，❷在弹出的对话框中单击【创建】图标，完成文档的新建。

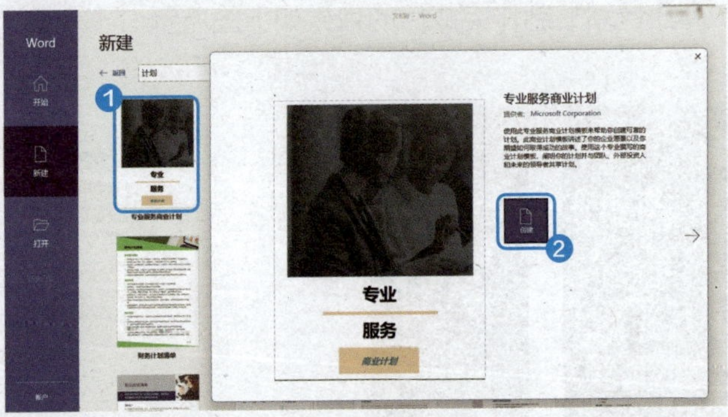


03 创建完成后的效果如下图所示。

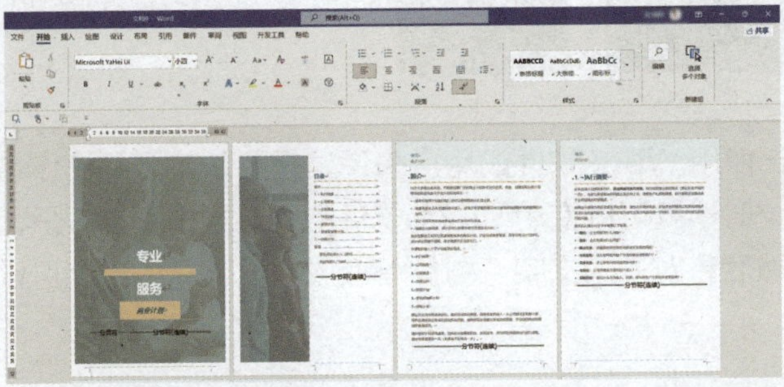

> • **小贴士** Word 提供的联机模板基本都会给出相应内容的编写建议，如果是从零开始制作，可以参考其中的建议进行内容的编写。本案例仅对已有文档内容的美化进行讲解。

在创建文档之后，还需要删除模板正文中不需要的部分，将自己的内容替换进去并调整格式，最后更新目录，具体的操作如下。

## 4.2.2 删除模板中不需要的内容

**01** 在【视图】选项卡中勾选【导航窗格】复选框，在窗口左侧即会显示【导航】窗格。

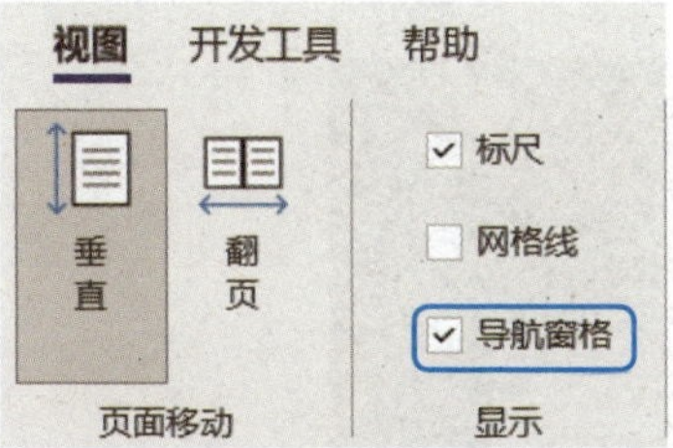


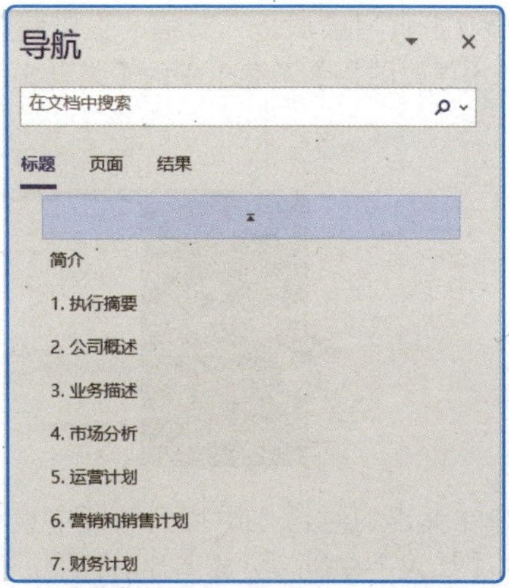


**02** ❶在【导航】窗格中需要删除的内容上单击鼠标右键，❷选择【删除】命令，即可快速将对应的内容删除，这里删除“运营计划”“营销和销售计划”“财务计划”“附录”等部分。

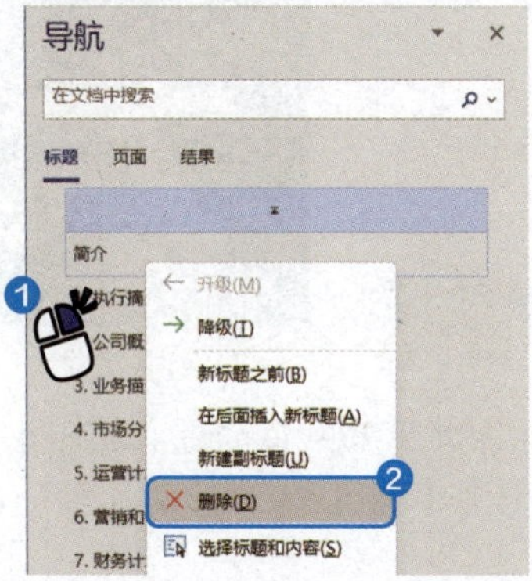


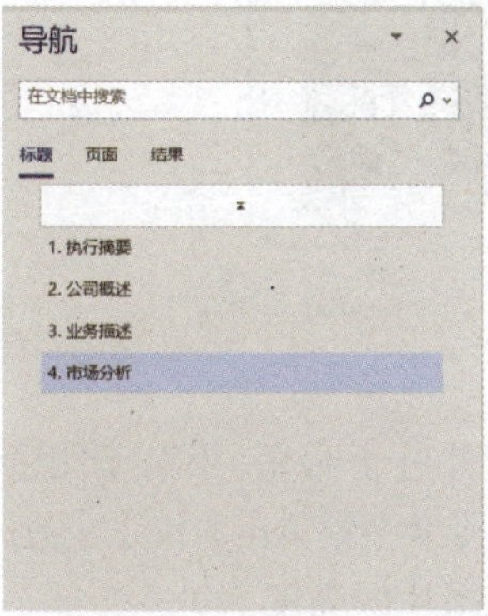

## 4.2.3 替换和调整内容并更新目录

➢ 更换封面信息

01 在封面中替换标题内容，完成后的效果如下图所示。

02 ❶双击页眉区域进入页眉、页脚编辑状态，❷选中图片后单击鼠标右键，❸选择【更改图片】子菜单中的【来自文件】命令。

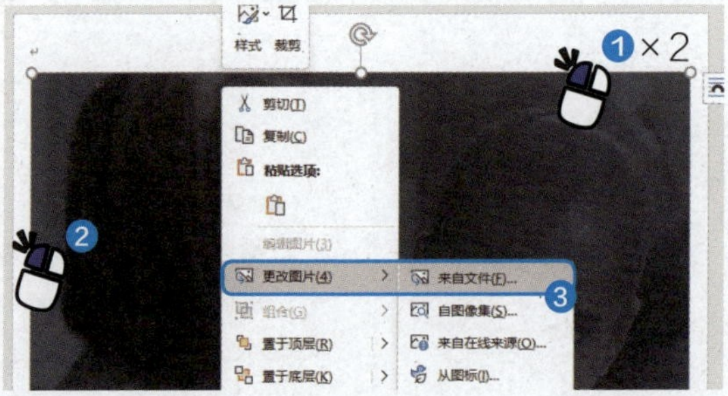


03 ❶在弹出的对话框中找到并选中素材文件夹中的“污水治理.jpg”图片，❷单击【插入】按钮，完成图片的替换。

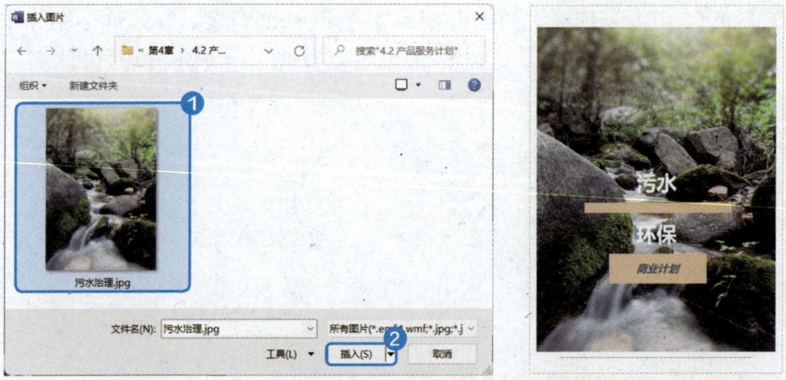


04 由于图片过于明亮，不利于阅读标题，因此需要降低亮度。选中图片后，在【图片格式】选项卡中❶单击【校正】图标，❷选择【亮度：-40% 对比度：0%（正常）】选项，降低图片的亮度。

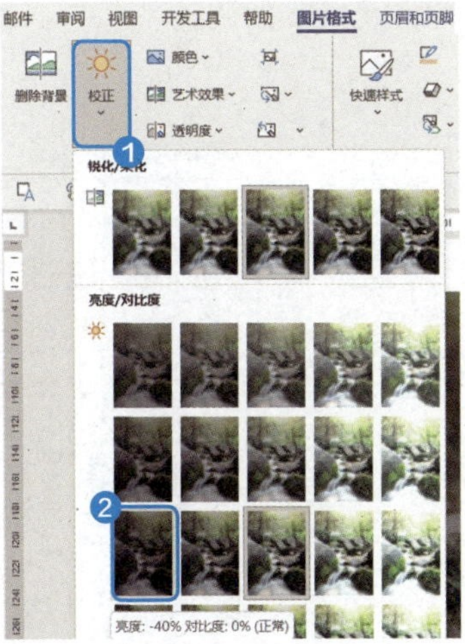

## ➢ 替换内容并调整格式

在将不需要的内容删除之后，就可以对留下来的内容进行替换和对格式进行调整了。这里以“执行摘要”部分为例，来讲解具体的操作。

01 删除“执行摘要”标题下原来的所有内容。

02 打开素材文件夹中的“项目计划书.docx”文件，全选从“执行摘要”标题后到“项目概述”标题前的文本，❶单击鼠标右键，❷选择【复制】命令，返回模板文档中，❸在“执行摘要”标题下单击鼠标右键，❹选择【仅保留文本】命令，这样可以使复制的文字和模板中的文字格式一致。

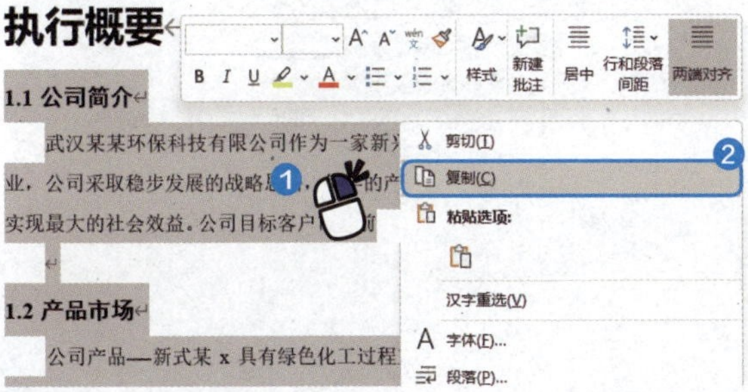


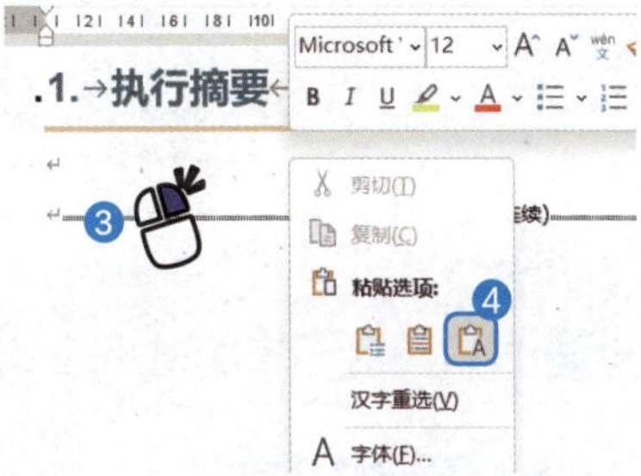


03 为小标题“公司简介”和“产品市场”应用“标题 2”样式，为正文设置首行缩进 2 字符的效果，完成后的效果如下图所示。

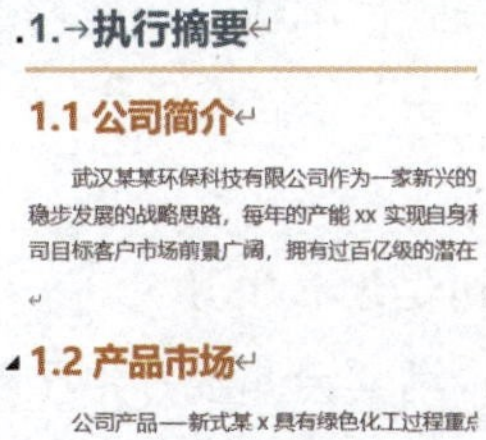

04 按照上述方法，完成其他部分内容的替换及格式的调整。

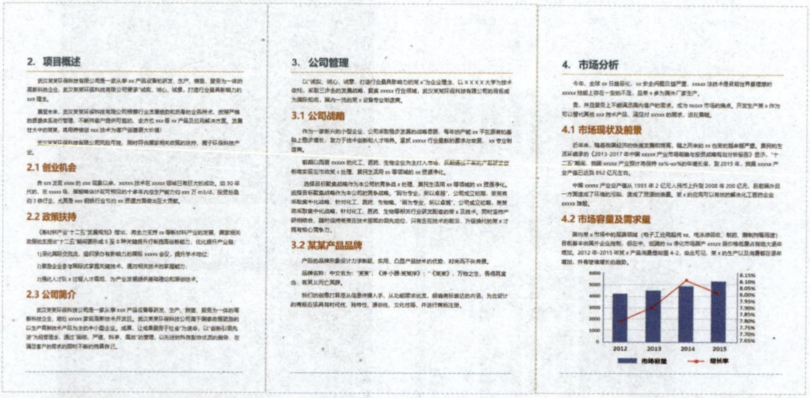


➢ **更新商业计划书的目录**

下载的模板本身自带目录，虽然修改内容后，左侧的【导航】窗格中的内容已经实时更新了，但是目录还是原来的状态，所以需要对目录进行更新，具体操作如下。

01 将光标放置在目录中的任意位置，在上方的状态栏中单击【更新目录】图标，即可完成目录的更新。

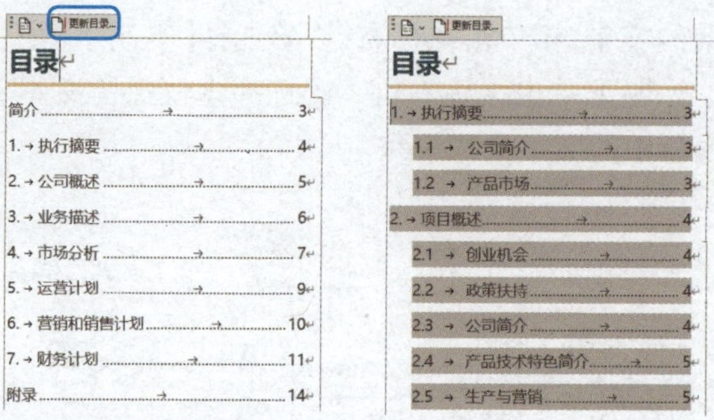


02 按快捷键【Ctrl+S】保存文档。

## 秋叶私房菜

### 1. 如何将设计好的样式应用到其他文档

看到其他长文档中应用的样式很精致，想要将其套用到自己的文档中，甚至想将文档的样式保存到自己的软件中，该怎么办？

具体操作请观看视频学习。

### 2. 多级编号没有自动更新是怎么回事

在使用多级编号的过程中，常常会遇到开始了新的一级编号后，二级标题并没有从 1 开始重新编号，反而是接着上一章节继续编号的问题，有没有什么方法可以从根源上解决这一问题呢？

具体操作请观看视频学习。

### 3．如何让文档清爽有层次

一份层次分明、条理清晰的文档不仅能让观看者赏心悦目，还能体现制作者良好的编辑能力，那么该如何让文档看起来清爽又有层次呢？

具体操作请观看视频学习。

在完成了文档的编辑后，我们还需要对文档进行检查、修改、打印及导出。如果直接使用截图 + 文字描述的方式进行反馈，效率非常低；如果不了解打印的参数设置，很容易造成打印出错，浪费纸张。本章就用审阅绩效考核制度文档、打印与导出文档为例来讲解文档的审阅、打印与导出。

扫描二维码
发送关键词 **"秋叶五合一"**
观看视频学习吧！

## 5.1 审阅绩效考核制度文档

### 案例说明

绩效考核制度是指对员工工作的质量和数量进行评价，并根据员工完成工作任务的态度以及完成工作任务的程度给予奖惩的一整套科学、合理、全面的考核制度。制度初稿制作完成之后，上级负责人需要进行审核并提出修改意见或建议，甚至直接在制度上进行修改。

审核绩效考核制度文档时，负责人可选中需要调整的内容，通过添加批注的方式对内容的修改提出意见或建议。在负责修改的同事拿到修改建议后，为了保留修改痕迹，可以开启修订模式，在文档中直接修改。批注与修订的具体操作如下。

### 5.1.1 利用 Word 自动检查文档中的错别字、语法错误

在编写文档的时候，有时会因一时疏忽或者误操作，导致文档中出现错别字或错别词，而利用 Word 的拼写和语法检查功能可以快速找到这些错误并将其解决。

**01** 打开素材文件之后，在【审阅】选项卡中❶单击【编辑器】图标，此时窗口右侧会弹出【编辑器】窗格。如果有错误，会显示【更正项】功能组，❷单击对应的项目，❸进行更正即可；❹如果没有错误，单击【忽略一次】按钮即可。

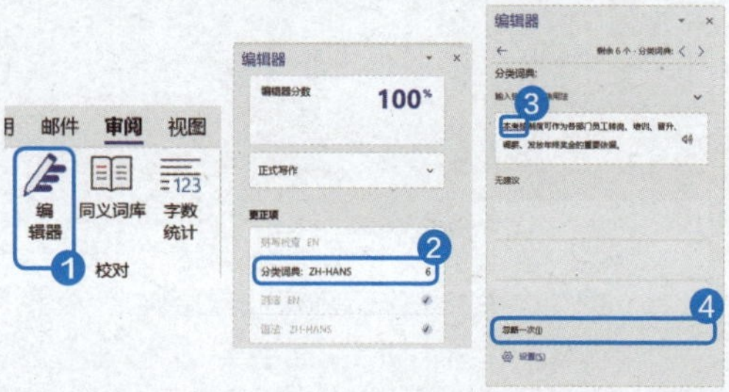

02 文档会自动进行下一个错误的查找，重复上一步操作，直到完成文档中所有错误的更正。

## 5.1.2 善用批注，标注修改意见或者疑问

批注是指为可能有问题的内容添加修改意见或提出疑问，而非直接修改。在其他人在文档中添加批注后，文档的原作者可以浏览批注并对批注进行回复或者删除。

01 添加批注：❶选中需要添加批注的内容，❷在【审阅】选项卡中单击【新建批注】图标，❸在批注框中输入批注内容后，❹单击纸飞机图标即可。

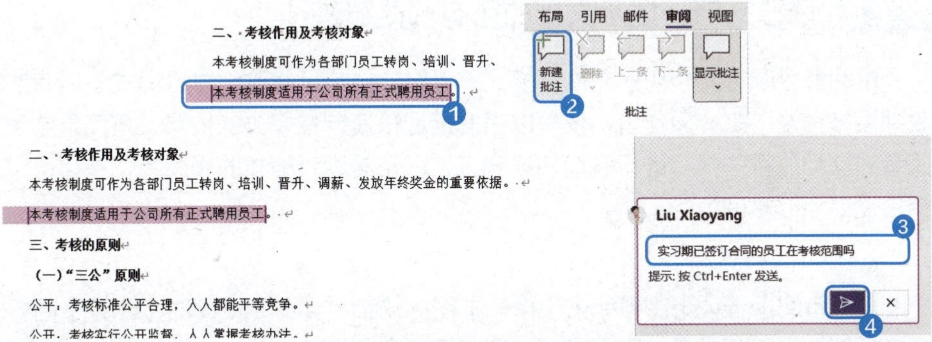


02 编辑批注：单击批注框右上角的铅笔图标可以对批注进行修改。

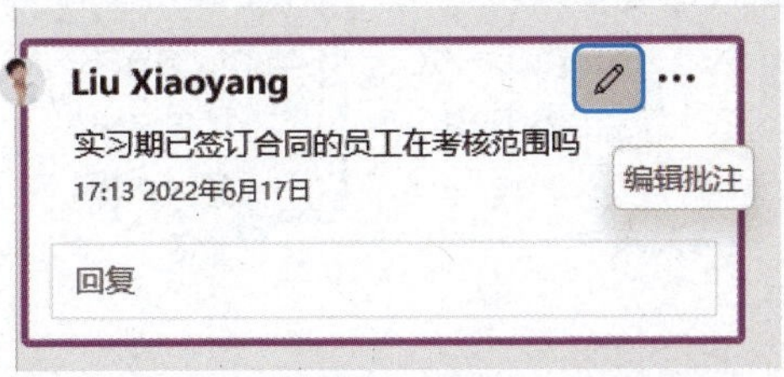


03 回复批注：将光标放在批注的回复文本框中，❶输入回复的内容，❷单击纸飞机图标或者按快捷键【Ctrl+Enter】，完成批注的答复。

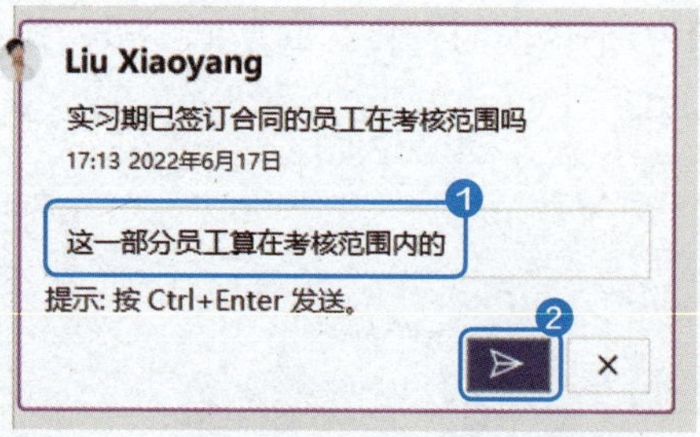


04 删除批注：选中批注后，❶单击批注框右上角的 ··· 图标，❷选择【删除会话】命令。

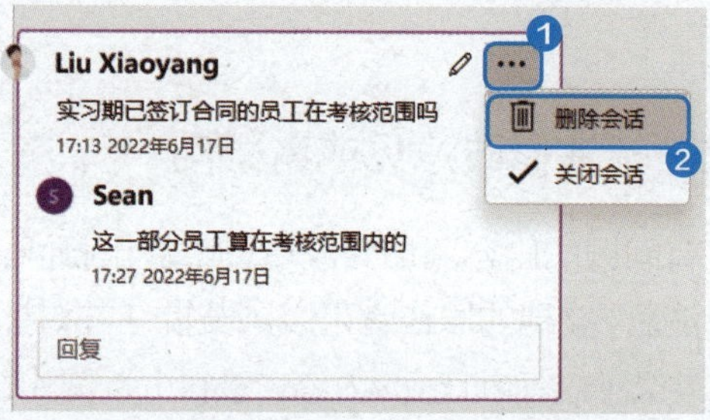


## 5.1.3 修订文档，显示文档的所有修改痕迹

审阅者可以将文档切换到修订模式，以对文档进行修改。修订模式下所有的修改都会被记录下来，原作者不仅可以根据标记快速定位修改的位置，还可以看到审阅者对文档的哪些内容进行了增加或删减，以及看到对格式的修改等，并且可以选择接受或拒绝修订。

### 1. 开启修订模式

在【审阅】选项卡中❶单击【修订】图标的上半部分，❷此时【修订】图标就会被添加上深灰色背景，表示已经开启了修订模式。

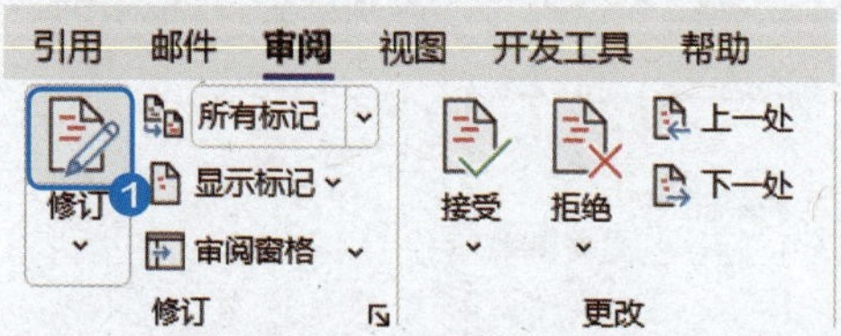


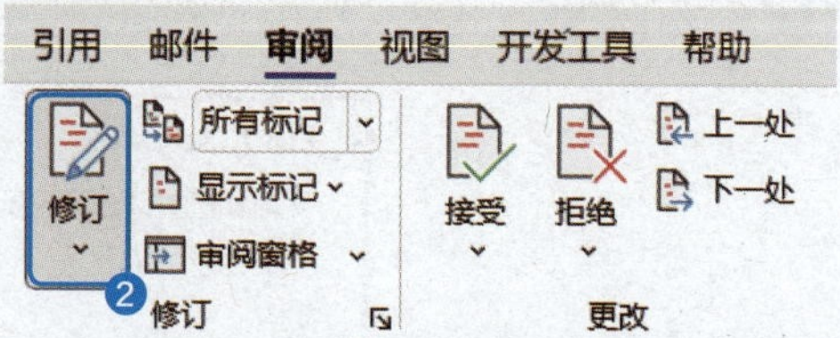


### 2. 进行不同类型的修订操作

不同类型的修订操作在文档中的显示状态是不一样的。

01 ❶选中“四、考核范围”的所有内容，❷并按【Delete】键删除。

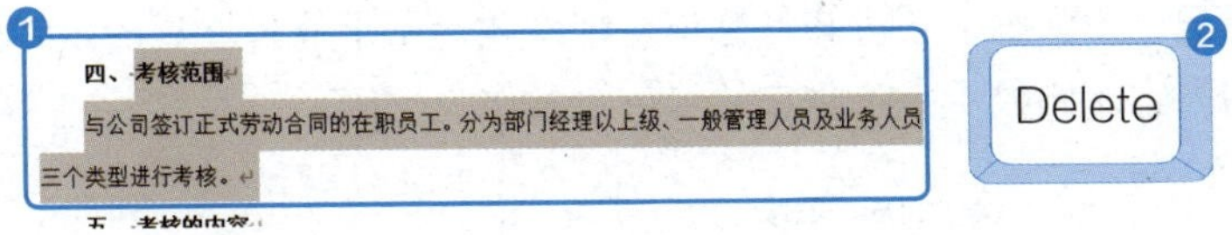


**02** 此时，在右侧的【审阅】窗格中可以看到审阅者删除了什么内容。

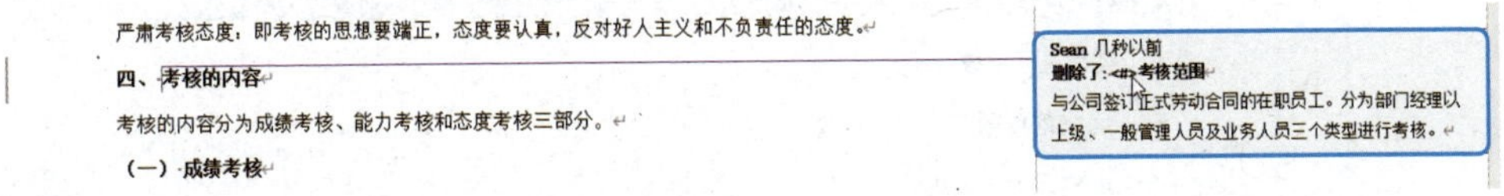


**03** 将光标放置在“二、考核作用及考核对象”内容的末尾，然后输入文字，此时输入的文字就会以带颜色和带下划线的格式显示在文档中，将鼠标指针移动到插入的文字的上方时，悬浮窗中会显示审阅者插入的内容。

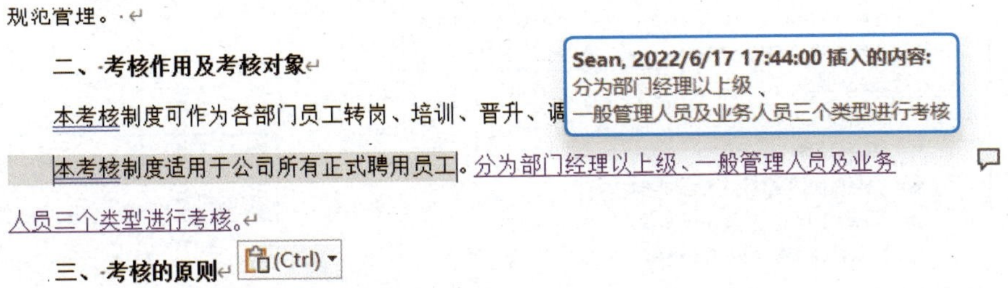


**04** 选中（一）“‘三公’原则”中“公平：……”的正文内容，将字体修改为【微软雅黑】，将字号修改为【小四】，并进行加粗操作，再修改整个段落的行距为2倍，此时在【审阅】窗格中就会按照文本格式和段落格式分别显示审阅者设置了哪些格式。

### 3. 设置修订的显示状态

软件默认将所有修订标记都显示出来，如果不想被这些修订标记所干扰，可以通过调整修订的显示状态对修订标记进行隐藏。

在【审阅】选项卡中❶单击【所有标记】右侧的下拉按钮，即可❷修改修订的显示状态。

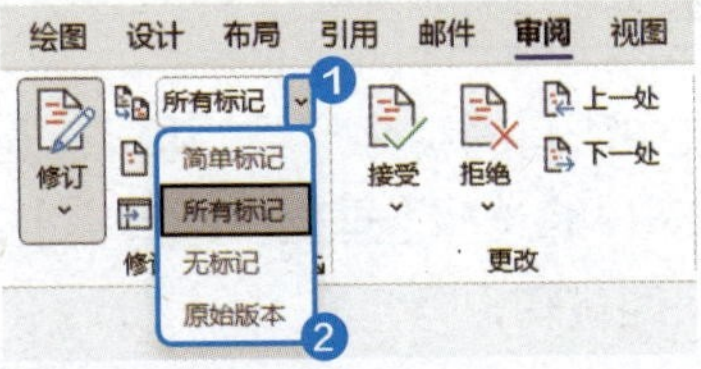

**简单标记**：该状态下会将修订标记全部隐藏，留下修订之后的最终效果，但是会在修订的内容左侧显示一条竖直的红色线条作为标记。

**二、考核作用及考核对象**

本考核制度可作为各部门员工转岗、培训、晋升、调薪、发放年终奖金的重要依据。

本考核制度适用于公司所有正式聘用员工。分为部门经理以上级、一般管理人员及业务人员三个类型进行考核。

**三、考核的原则**

**（一）“三公”原则**

公平：考核标准公平合理，人人都能平等竞争。

**所有标记**：该状态下修订标记会完整地显示在文档中。

本考核制度可作为各部门员工转岗、培训、晋升、调薪、发放年终奖金的重要依据。

本考核制度适用于公司所有正式聘用员工。分为部门经理以上级、一般管理人员及业务人员三个类型进行考核。

**三、考核的原则**

**（一）“三公”原则**

公平：考核标准公平合理，人人都能平等竞争。

公开：考核实行公开监督，人人掌握考核办法。

公正：考核做到公正客观，考核结果必须准确。

Sean 3 分钟以前
设置了格式：字体：(默认) 微软雅黑，(中文) 微软雅黑，小四

Sean 4 分钟以前
带格式的：缩进：首行缩进：2 字符，行距：2 倍行距

**无标记**：该状态下文档会直接显示修订之后的最终效果。

**二、考核作用及考核对象**

本考核制度可作为各部门员工转岗、培训、晋升、调薪、发放年终奖金的重要依据。

本考核制度适用于公司所有正式聘用员工。分为部门经理以上级、一般管理人员及业务人员三个类型进行考核。

**三、考核的原则**

**（一）“三公”原则**

**原始版本**：该状态下文档会显示为修订前最后一次保存的效果。

**二、考核作用及考核对象**

本考核制度可作为各部门员工转岗、培训、晋升、调薪、发放年终奖金的重要依据。

本考核制度适用于公司所有正式聘用员工。

**三、考核的原则**

**（一）“三公”原则**

如果想要看到整份文档中所有的修订条目，可以在【审阅】选项卡中❶单击【审阅窗格】图标右侧的下拉按钮，❷选择【垂直审阅窗格】命令，❸打开【修订】窗格，单击对应的条目即可完成快速跳转。

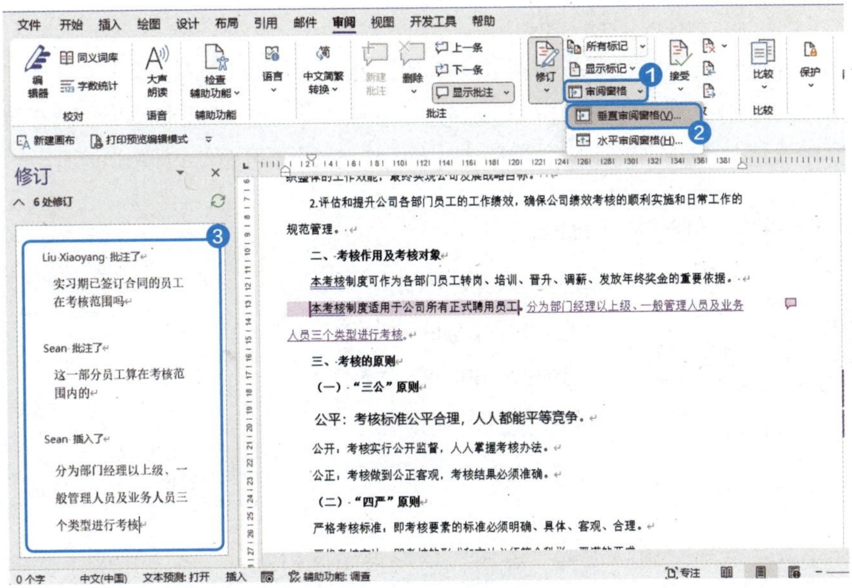

## 4．接受或拒绝修订

对于审阅者对文档做出的修改，原作者可以接受也可以拒绝，具体操作如下。

将光标定位在做出修订的位置，在【审阅】选项卡中单击【接受】或【拒绝】图标，根据需要选择对应的命令。

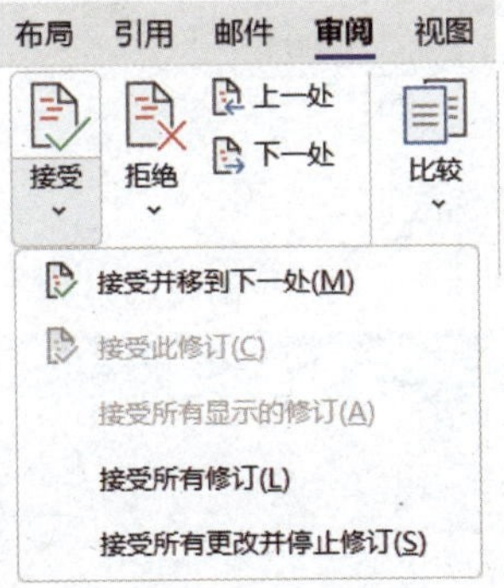


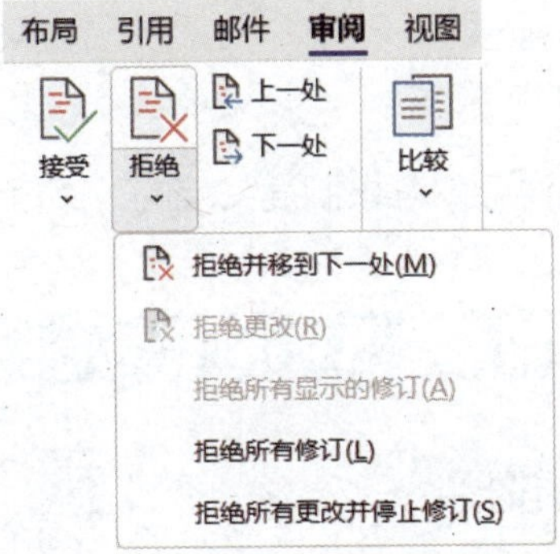


如果要一条一条地进行处理，则选择【接受并移到下一处】或【拒绝并移到下一处】命令。

如果要接受或拒绝当前批注，则选择【接受此修订】或【拒绝更改】命令。

如果要接受或拒绝所有显示的批注，则选择【接受所有显示的修订】或【拒绝所有显示的修订】命令。

如果要接受或拒绝所有批注，则选择【接受所有修订】或【拒绝所有修订】命令。

如果要接受或拒绝所有批注并退出修订模式，则选择【接受所有更改并停止修订】或【拒绝所有更改并停止修订】命令。

### 5. 锁定修订或退出修订模式

如果想让文档一直处于修订模式，则可以将文档的修订模式锁定。在【审阅】选项卡中❶单击【修订】图标的下半部分，❷选择【锁定修订】命令，❸在弹出的对话框中设置关闭修订的密码，❹单击【确定】按钮即可将修订模式锁定。

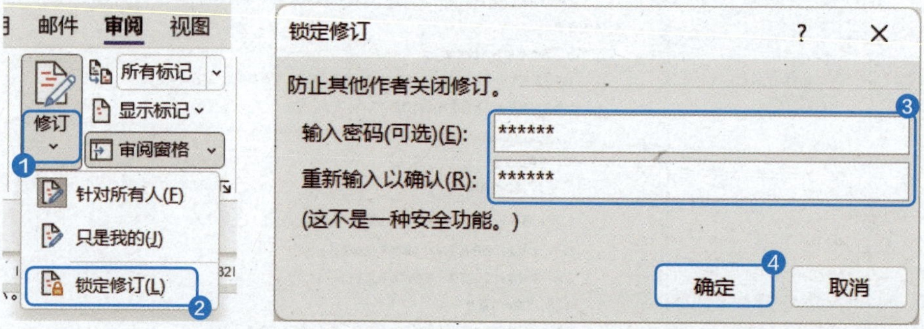


如果已经完成了修订操作，就可以选择退出修订模式。在【审阅】选项卡中❶单击【修订】图标的上半部分，❷当【修订】图标不再显示深灰色背景时，则表示退出了修订模式。

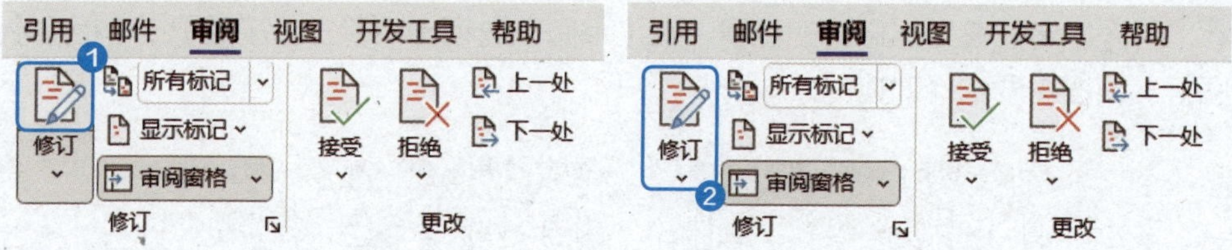


至此，对绩效考核制度文档的审阅就全部完成了。

## 5.2 打印与导出文档

### 案例说明

在工作文档定稿之后，就可以将文档打印出来了，在打印之前还需要预览文档，并根据需求进行打印设置。本节重点讲解如何实现各类打印需求。

### 5.2.1 打印前预览文档

为了避免打印文档时内容、格式出错，最好在打印前对文档进行预览。

打开文档后，❶按快捷键【Ctrl+P】进入打印预览模式，在界面右侧可以看到当前文档页面的预览效果，❷单击下方的翻页按钮即可对文档进行预览。

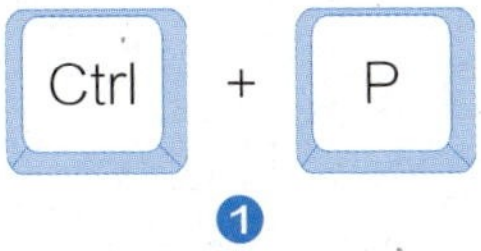


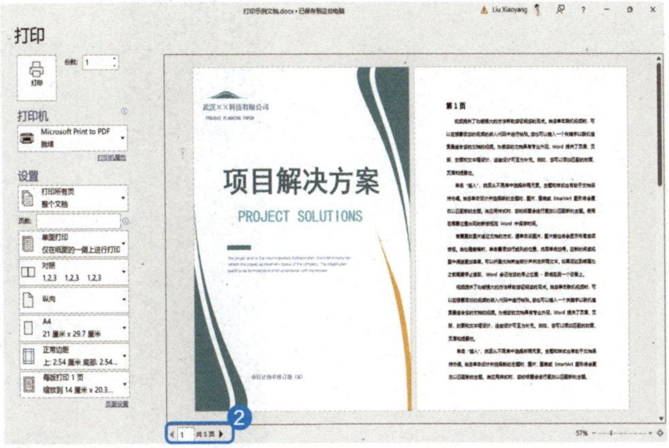


## 5.2.2 设置打印份数和范围

进入打印预览模式后，在右侧界面中❶设置打印的份数，❷选择对应的打印机。软件默认打印整份文档，如果想设置打印范围，❸单击【设置】功能组中的【打印所有页】选项，在下拉列表中根据需求选择【打印选定区域】【打印当前页面】【自定义打印范围】【仅打印奇数页】【仅打印偶数页】选项。

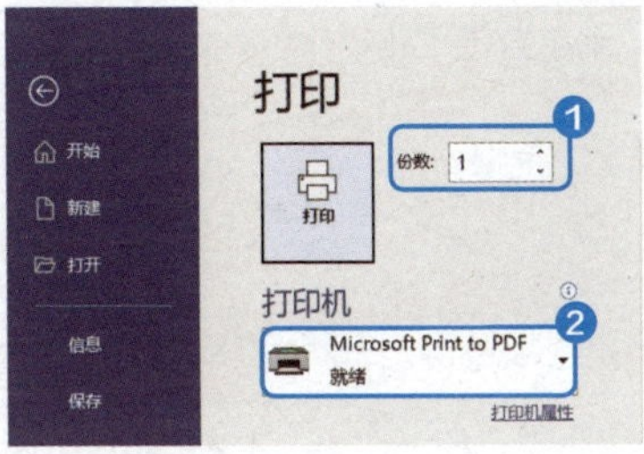


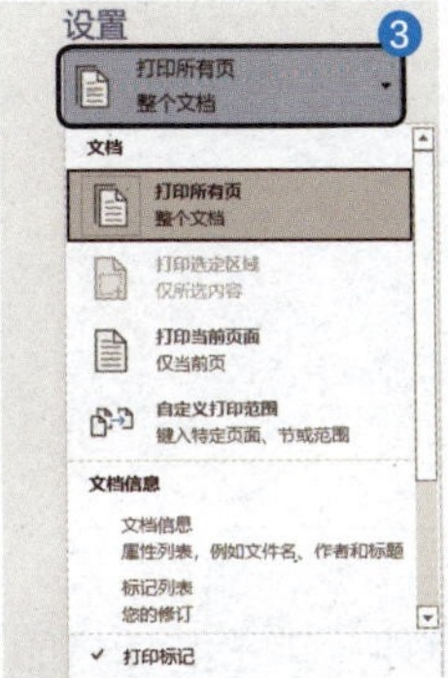


## 5.2.3 双面打印

软件默认进行单面打印，比较浪费纸张，所以我们要学会对文档进行双面打印，以提高纸张的利用率。

有部分老式打印机不支持自动双面打印，这个时候就需要人工手动调整纸张，具体操作如下。

打开文档，❶按快捷键【Ctrl+P】进入打印预览模式，在右侧界面中将❷【单面打印】改为❸【手动双面打印】，❹单击【打印】图标进行打印。

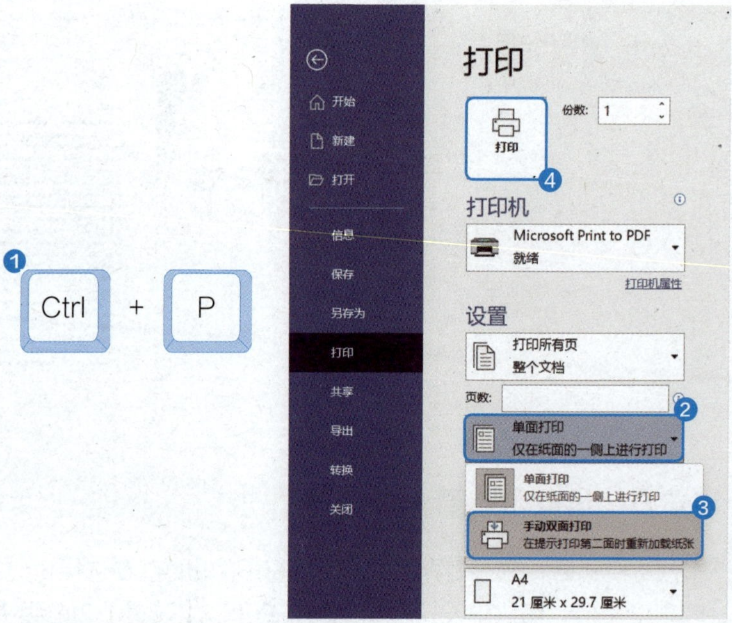


此时打印机会先将奇数页打印在纸张上，印有文字的那一面会朝向地面，且页码小的页面会在下方。打印完后将纸张抽出，然后进行水平翻转，将第一页翻转到最上面，接着再水平放回打印机中。

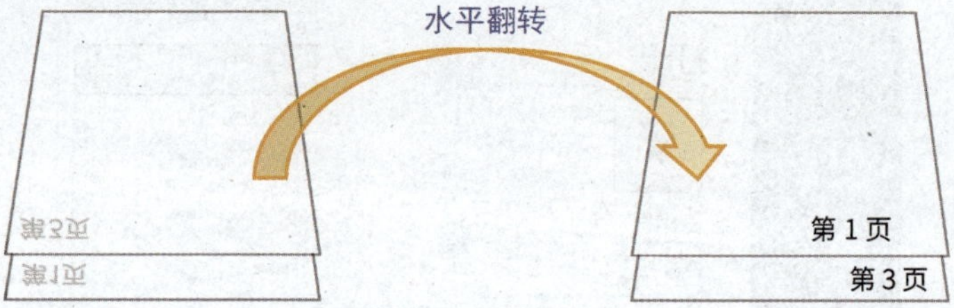


返回 Word 中，单击继续打印对话框中的【确定】按钮继续完成偶数页的打印。这样就完成了手动双面打印的操作。

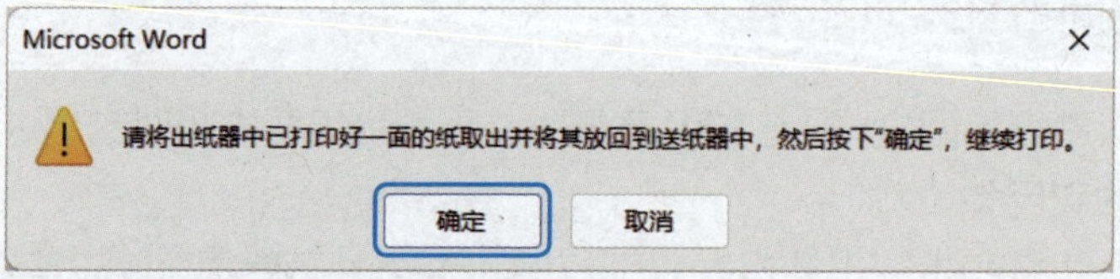


## 5.2.4 将文档导出为 PDF 格式

将排版好的 Word 文档直接发送给他人，可能会出现排版错乱的情况，如果想要让文档效果完美呈现在他人的计算机上，就可以将 Word 文档导出为 PDF 格式。

01 打开文档，❶单击左上角的【文件】选项卡，❷在新界面中选择【导出】命令，❸在右侧单击【创建 PDF/XPS】图标。

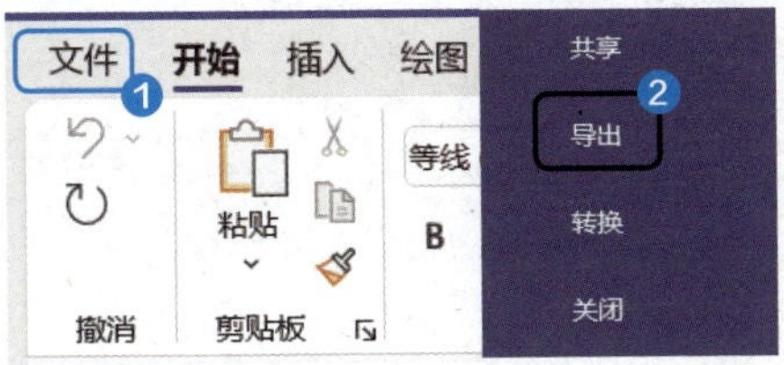


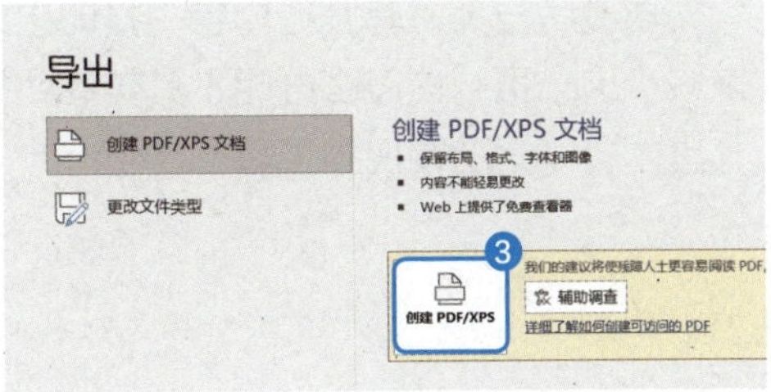


02 在弹出的对话框中修改文件名，选择合适的文件夹，单击【发布】按钮，软件就会自动将 Word 文档保存为 PDF 格式。

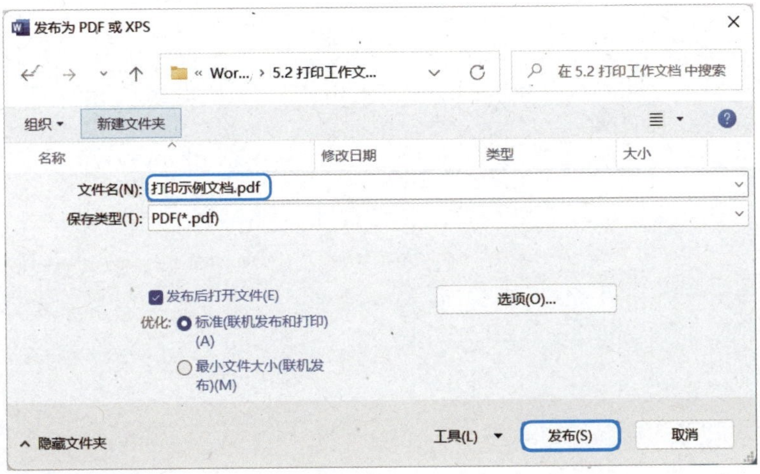


## 秋叶私房菜

### 1．用审阅中的编辑限制功能保护工作文档

为了保证文档的安全，防止他人恶意篡改已经定稿的文档，我们需要对文档进行权限限制，比如只允许他人阅读文档而无法修改文档、只允许添加批注或者修订等，甚至为文档设置密码，你知道该怎么实现吗？

具体操作请观看视频学习。

### 2．忘记打开修订模式，如何快速比对两份相似文档的不同

有时将文档发送给审阅者，审阅者忘记了打开修订模式，直接在原始文档中进行了修改，如果原作者想要知道哪里修改过，靠肉眼很难分辨。其实在 Word 的

【审阅】选项卡中有一个功能，利用该功能可以快速完成两份相似文档的比对。

具体操作请观看视频学习。

### 3. 文档最后一页内容很少，如何快速减少这一页

文档最后一页只有几行内容，打印出来会浪费纸张，如果不通过调整字号等格式来减少这一页，该怎么办呢？其实借助打印预览模式就可以解决。

具体操作请观看视频学习。

在工作中，经常需要大量制作一些主题内容相同、只有个别信息有差别的文档，如信函、桌签（台卡）、员工工资单、邀请函、奖状或证书等。如果逐一编辑，烦琐且耗时。如果想快速批量制作出这类文档，就可以使用邮件合并功能。本章将以批量制作桌签及批量制作带照片的工作证为例来讲解邮件合并功能的用法。

扫描二维码
发送关键词 **“秋叶五合一”**
观看视频学习吧！

## 6.1 批量制作桌签

### 案例说明

桌签就是在会议桌等上面用于标记与会人姓名的标识，多用于重要的会议、活动现场。其结构简单，但是数量众多。

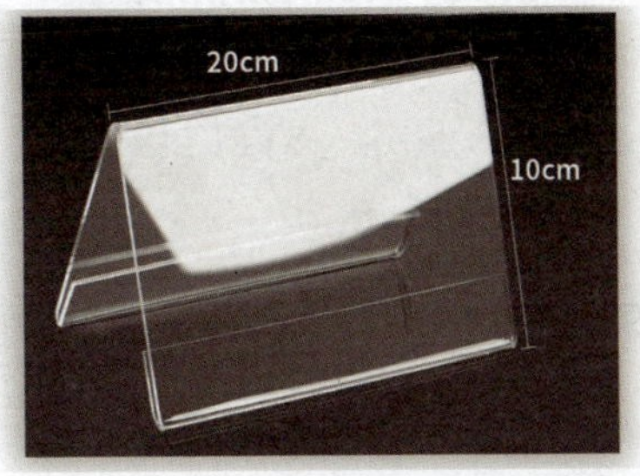

本案例中，桌签制作完毕后的效果如下图所示。

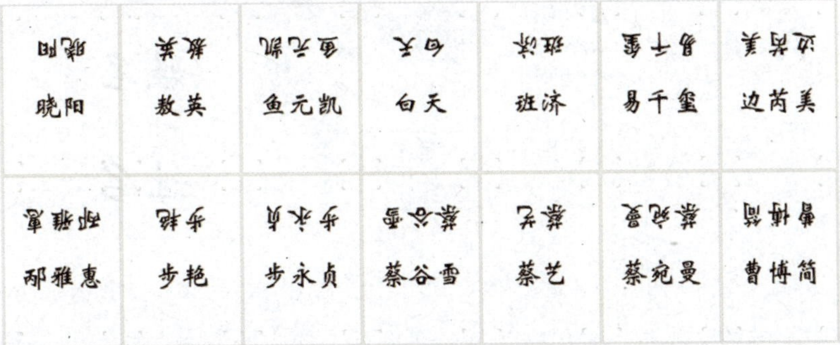

晓阳
敖英
鱼元凯
白天
班济
易千玺
边芮美
邴雅惠
步艳
步永贞
蔡谷雪
蔡艺
蔡宛曼
曹博简

桌签的结构简单，但需要保证将桌签从中间折叠之后，两侧均可以正确显示姓名，所以需要正确地制作桌签模板文档。因为桌签需要被大量制作，进行普通的复制、粘贴效率过低，所以可以将与会人姓名输入 Excel 表格中，然后借助邮件合并功能实现批量制作。

## 6.1.1 插入文本框，制作桌签模板

**01** 在【插入】选项卡中❶单击【文本框】图标，❷选择【绘制横排文本框】命令，在文档中单击即可插入文本框。选中文本框，❸在【形状格式】选项卡中根据桌签的实际尺寸修改文本框的尺寸。本案例中文本框的尺寸为高 10 厘米、宽 21 厘米。

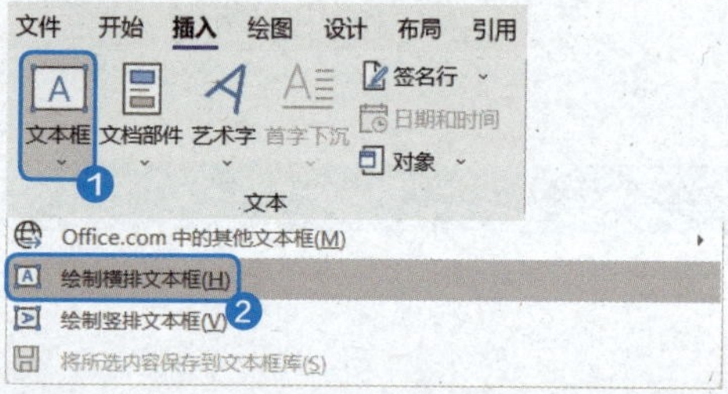


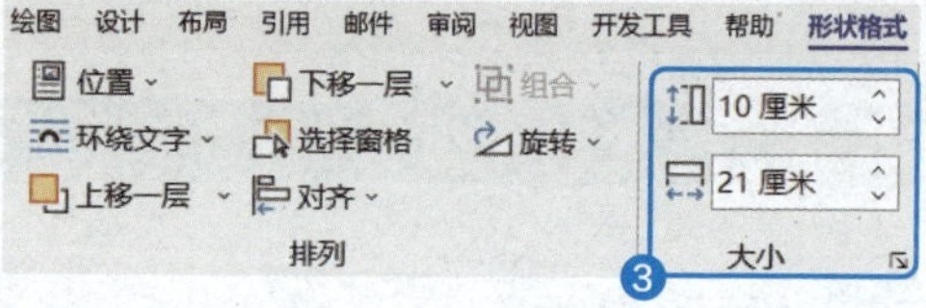


**02** 在文本框中输入“姓名”，❶设置字体、字号，❷设置对齐方式为居中对齐。

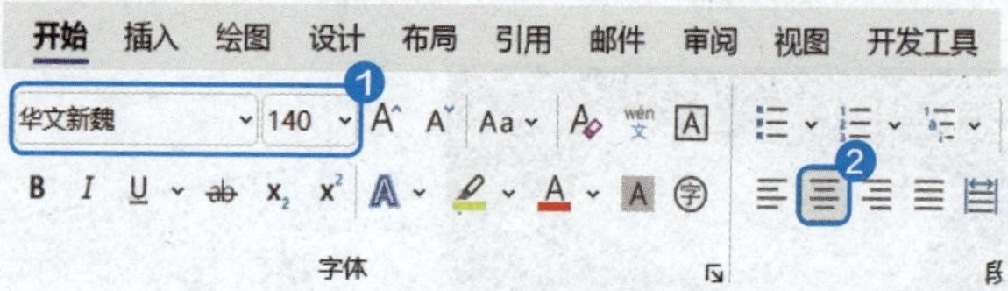


**03** 切换到【形状格式】选项卡中，❶单击【对齐文本】图标，❷选择【中部对齐】命令，完成文本格式的设置。❸选中文本框，按住快捷键【Ctrl+Shift】向下拖曳复制一个相同的文本框。

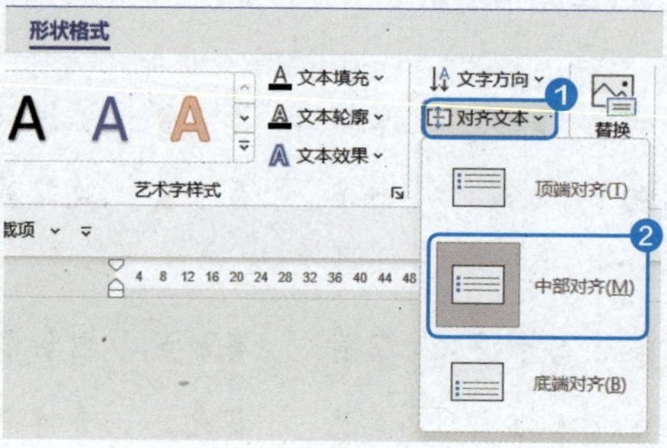


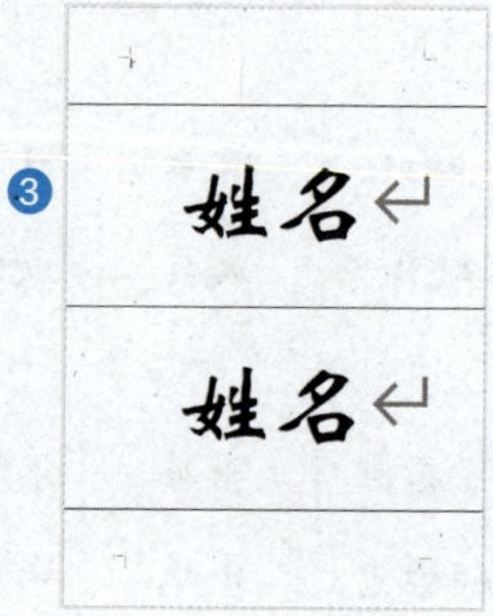


**04** 选中上方的文本框，❶单击【旋转】图标，❷选择【垂直翻转】命令，将上

方的文本框垂直翻转。同时选中两个文本框，❸单击【形状轮廓】图标，❹选择【无轮廓】命令，完成桌签模板的制作。

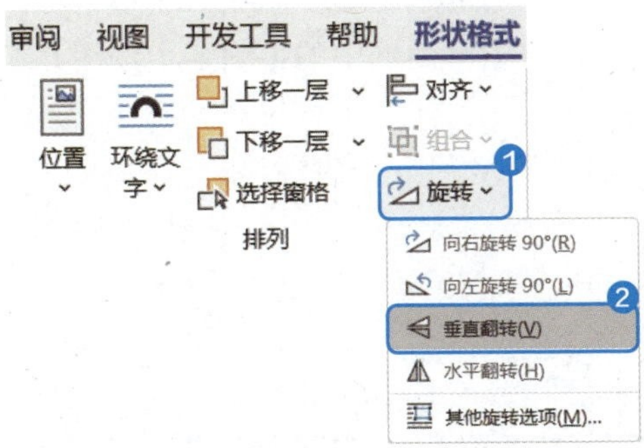


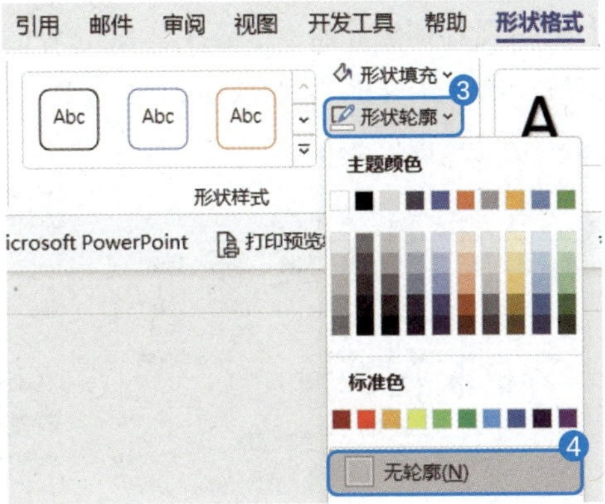


## 6.1.2 规范制作并保存数据源表格

制作好桌签模板后，需要制作标准的数据源表格，表格的第一行必须为表头（列标题），每一列的数据不能重复。下面以此为标准制作与会人姓名的表格。

01 打开 Excel，❶单击【空白工作簿】选项，快速创建空白工作簿，❷在 A1 单元格中输入“姓名”作为列标题，❸从 A2 单元格开始输入与会人姓名。

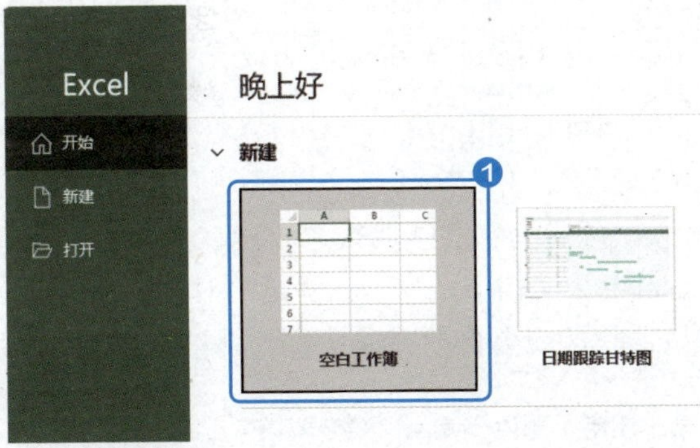

02 ❶按【F12】键打开【另存为】对话框，选择合适的文件夹，❷修改文件名和文件类型，❸单击【保存】按钮，完成表格的制作和保存。

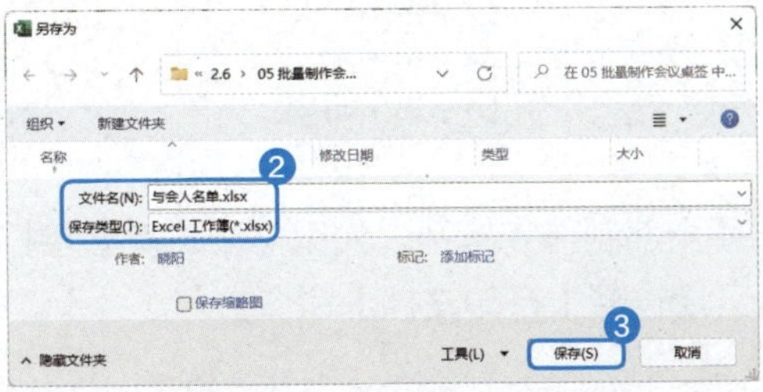

## 6.1.3 执行邮件合并，批量制作桌签

01 返回 Word 模板文档，在【邮件】选项卡中❶单击【选择收件人】图标，❷选择【使用现有列表】命令，❸在弹出的对话框中找到刚刚保存的“与会人名单.xlsx”表格，❹单击【打开】按钮，再单击【选择表格】对话框中的【确定】按钮，完成表格与模板的关联。

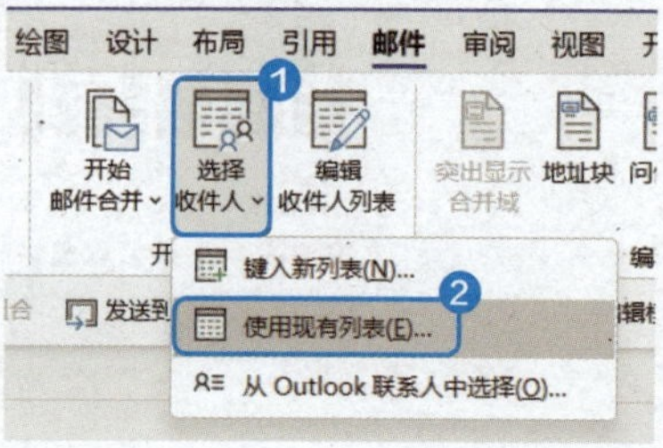


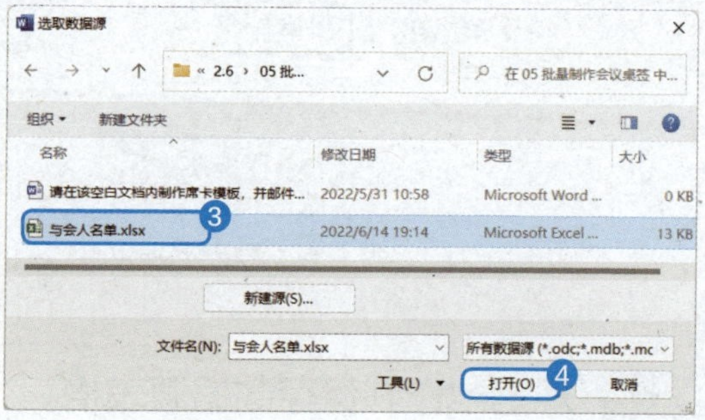


02 选中上方文本框中的文字，在【邮件】选项卡中❶单击【插入合并域】图标，❷选择【姓名】命令，此时文本框中文字的格式将变为“«姓名»”。选中下方文本框中的文字，重复上述操作。

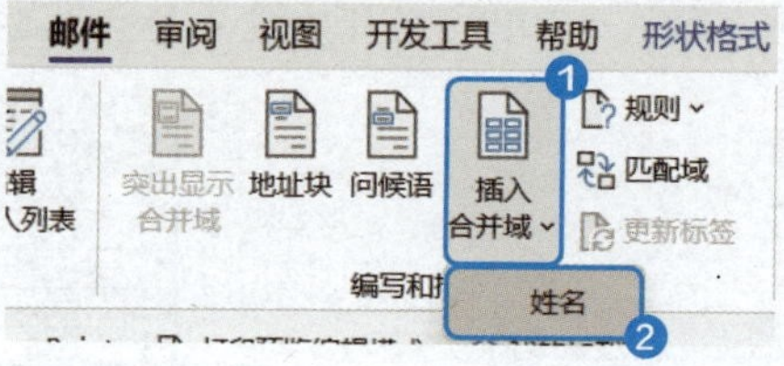


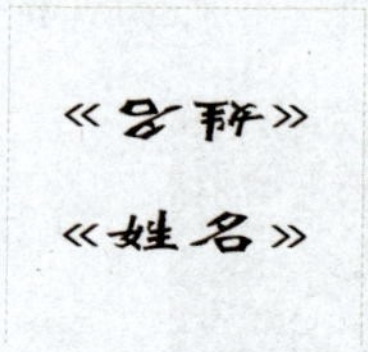


03 单击【预览结果】图标，预览桌签的生成效果，确认无误后，❶单击【完成并合并】图标，❷选择【编辑单个文档】命令，在弹出的对话框中❸选择【全部】选项，❹单击【确定】按钮，软件就会自动完成桌签的批量制作。

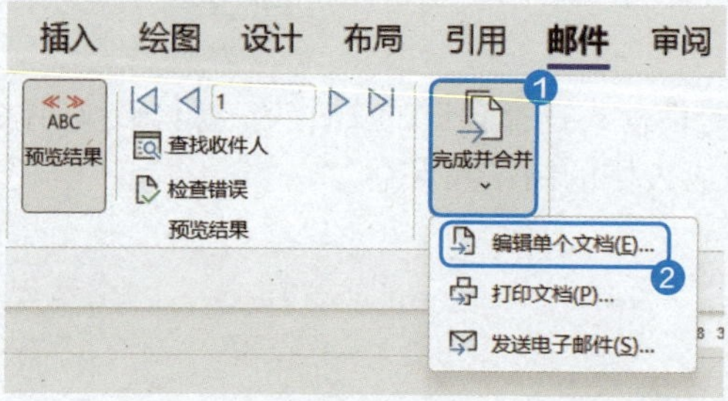


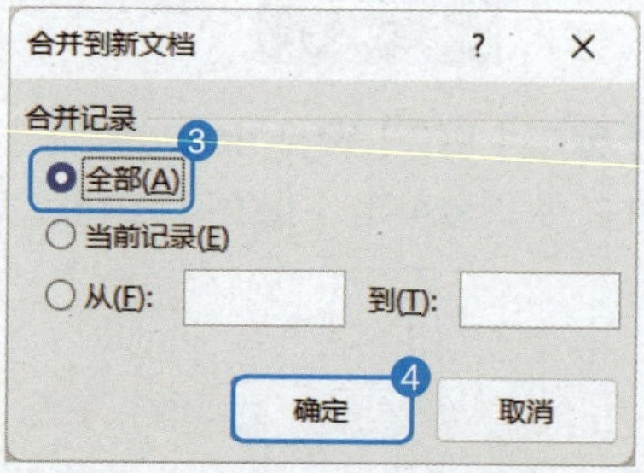


至此，桌签就全部制作完毕了。如果需要将其直接打印出来，可以❶单击【完成并合并】图标，❷选择【打印文档】命令。

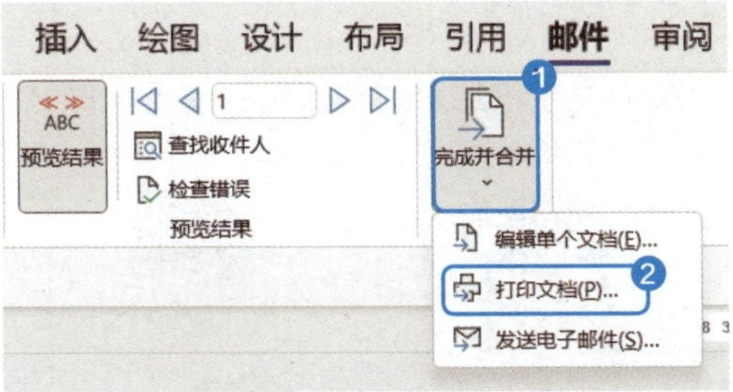


## 6.2 批量制作带照片的工作证

### 案例说明

工作证是员工在公司工作的凭证，是公司形象和认证的一种标志。

本案例中，工作证制作完毕后的效果如下图所示。

制作带照片的工作证同样需要将 Word 模板和信息表格关联，但需要解决的核心问题是如何将员工照片引用到文档中。这里就需要用到 Word 中的图片域功能。

### 6.2.1 在工作证中引用照片

本案例重点讲解照片的引用，因此提前准备好了工作证模板和员工信息表。

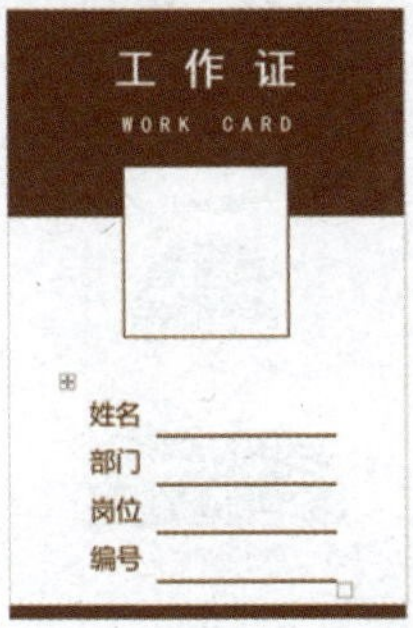


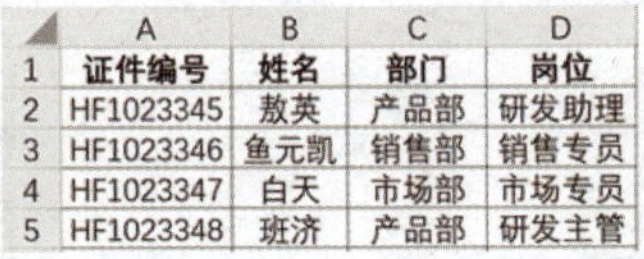

| | A | B | C | D |
|---|---|---|---|---|
| 1 | 证件编号 | 姓名 | 部门 | 岗位 |
| 2 | HF1023345 | 敖英 | 产品部 | 研发助理 |
| 3 | HF1023346 | 鱼元凯 | 销售部 | 销售专员 |
| 4 | HF1023347 | 白天 | 市场部 | 市场专员 |
| 5 | HF1023348 | 班济 | 产品部 | 研发主管 |

### 1. 按照员工信息表重命名员工照片

在素材文件夹中，按照员工信息表对员工照片进行重命名。

敖英.png

白天.png

班济.png

鱼元凯.png

### 2. 在工作证中插入图片域并引用照片

**01** 将光标放在放置照片的文本框中，在【插入】选项卡中❶单击【文档部件】图标，❷选择【域】命令，在弹出的【域】对话框中❸设置【类别】为【链接和引用】，❹在【域名】列表框中选择【IncludePicture】选项。

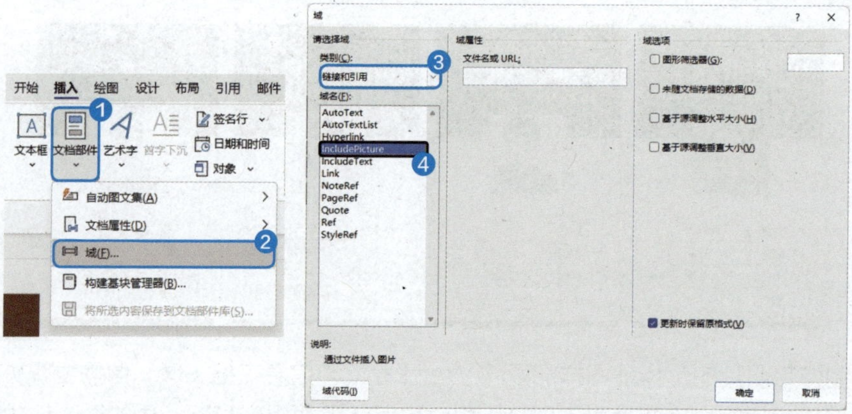


**02** 打开存放员工照片的素材文件夹，按住【Shift】键，❶右键单击任意一张照片（这里选择白天的照片），❷选择【复制文件地址】命令，获取照片的文件路径。

03 返回工作证的模板文档，❶在【域】对话框的【文件名或 URL】文本框中粘贴文件路径，并删除文件路径前后的引号，❷单击【确定】按钮。第一次引用照片时，会弹出【安全声明】对话框，单击【是】按钮，模板中就会正常显示照片。

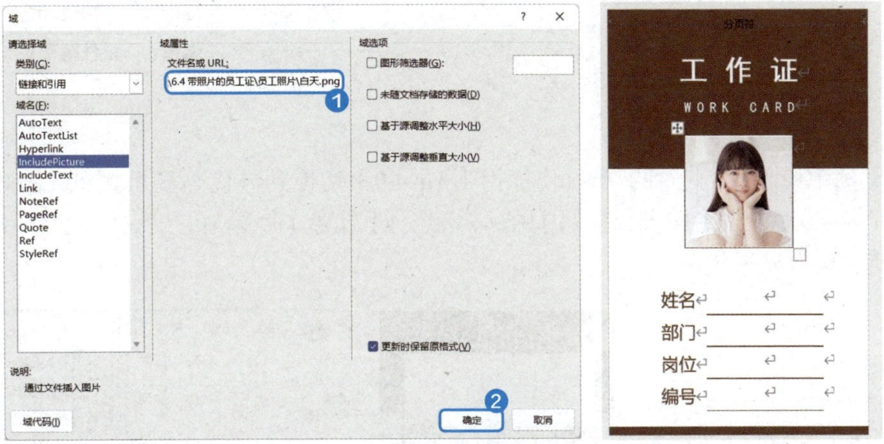


## 6.2.2 执行邮件合并，批量制作工作证

完成了照片的引用之后，就可以按照邮件合并的流程进行工作证的批量制作了。

### 1. 将员工信息表与工作证模板关联

在【邮件】选项卡中❶单击【选择收件人】图标，❷选择【使用现有列表】命令，在弹出的对话框中❸选择"新员工信息 .xlsx"表格，❹单击【打开】按钮，再单击【选择表格】对话框中的【确定】按钮，完成表格与模板的关联。

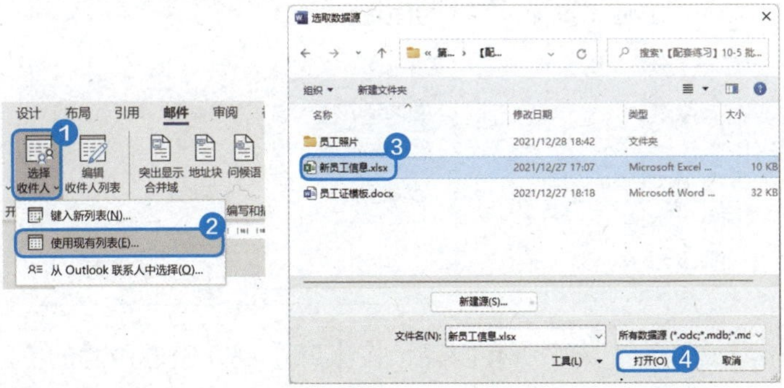


### 2. 在模板中插入合并域

01 ❶将光标放在"姓名"后，❷单击【插入合并域】图标，❸选择【姓名】命令，完成"姓名"合并域的插入。再依次完成其余合并域的插入。

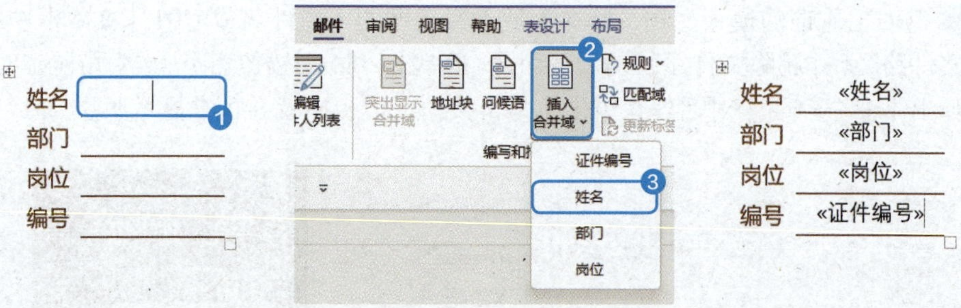


02 选中模板中的照片，❶按快捷键【Alt+F9】切换到域代码显示状态，❷选中照片名字，❸单击【插入合并域】图标，❹选择【姓名】命令。再按快捷键【Alt+F9】切换回正常显示状态。

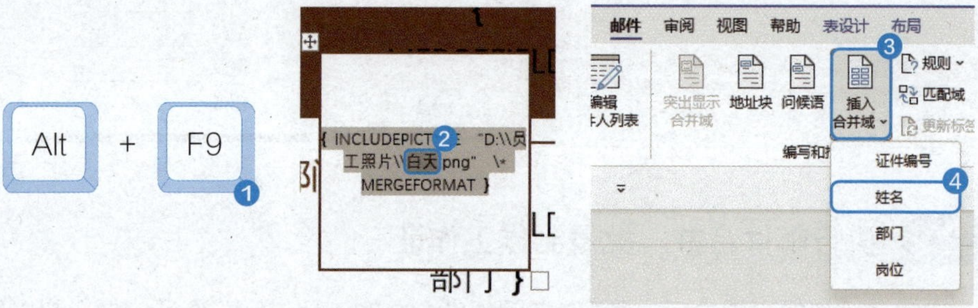


## 3．批量制作带照片的工作证并更新照片

01 ❶单击【完成并合并】图标，❷选择【编辑单个文档】命令，在弹出的对话框中❸选择【全部】选项，❹单击【确定】按钮，软件就会完成带照片的工作证的批量制作。

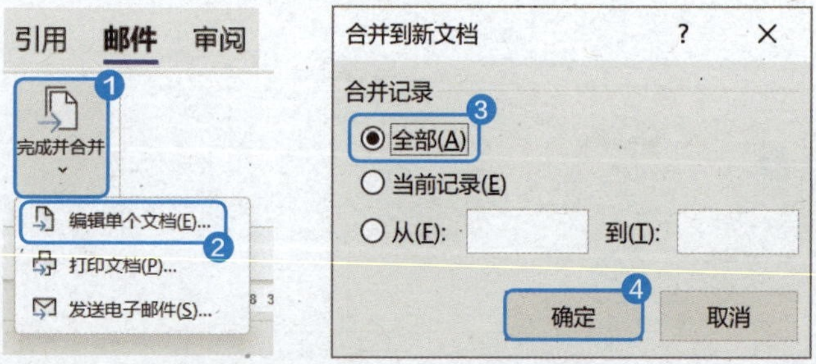


02 按快捷键【Ctrl+A】选中所有内容，按【F9】键，完成照片的更新。

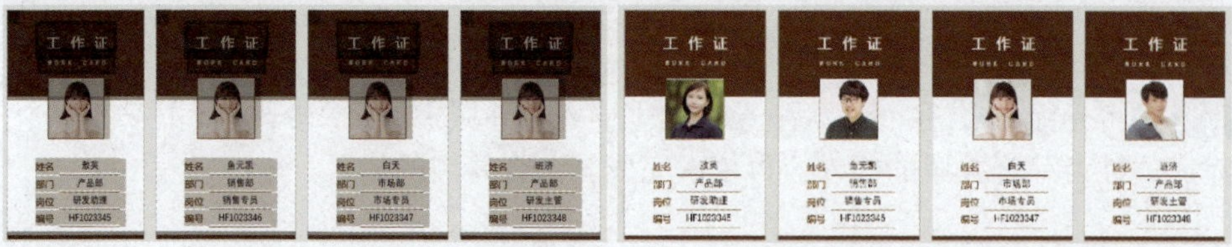

## 职场拓展

### 1. 批量制作公司活动邀请函

公司活动邀请函主要用来邀请客户、合作伙伴、内部员工等人参加活动。公司活动邀请函的主要内容一般包含受邀人的姓名、邀请的目的、活动时间和地点以及邀请方的信息。

公司活动邀请函制作完成后的效果如下图所示。

### 2. 批量制作公司设备标签

员工变动会导致设备管理变动，而使用设备标签可以很清楚地了解到设备的保管人和其他相关的信息。设备标签制作完成后的效果如下图所示。

| | | | |
|---|---|---|---|
| 编号 | IT076 | | |
| 日期 | 2021/12/18 | 类型 | 一体机 |
| 保管人 | 吴书云 | 部门 | 销售部 |

| | | | |
|---|---|---|---|
| 编号 | IT109 | | |
| 日期 | 2021/12/17 | 类型 | 笔记本 |
| 保管人 | 余幼怡 | 部门 | 总务部 |

请观看视频学习批量制作设备标签的详细操作吧！

## 秋叶私房菜

### 1. 批量删除文档中的空白和空行

从网页上复制文字并粘贴到 Word 文档中时经常会出现一些空白和空行，一个个地删除太浪费时间，该如何才能批量删除这些空白和空行呢？

具体操作请观看视频学习。

### 2. 批量隐藏特定格式文本

有时，文档中有一些用特殊格式标注出来的要隐藏的内容，有没有方法可以一次性将它们隐藏呢？

具体操作请观看视频学习。

### 3. 批量统一文档中图片的宽度

文档中存在多张尺寸不一的图片时，为了排版的美观，需要对图片宽度进行统一，有没有方法可以一次性调整所有图片的宽度呢？

具体操作请观看视频学习。

# 第二篇

# Excel办公应用



E

信息化时代产生了大量的数据信息，这些数据信息的收集和整理离不开电子表格软件的辅助。本章将会通过制作与美化员工信息表及规范输入员工基本信息两个案例，系统讲解如何在 Excel 中创建表格、美化表格和规范地输入数据信息。

扫描二维码
发送关键词**"秋叶五合一"**
观看视频学习吧！

## 7.1 制作与美化员工信息表

### 案例说明

在日常办公中，可以用 Excel 表格来制作员工信息表、员工考勤表、工资表、销售报表等。其中，员工信息表是公司快速了解员工、对员工进行管理的好工具。

本案例中，员工信息表制作完成后的效果如下图所示。员工信息表的结构比较简单，只包含一行列标题，制作起来也相对比较容易。整个表格的制作包含了表格的创建及表格的快速美化。

| 工号 | 姓名 | 性别 | 部门 | 学历 | 入职时间 | 联系电话 |
|---|---|---|---|---|---|---|
| | | | | | | |
| | | | | | | |
| | | | | | | |
| | | | | | | |
| | | | | | | |
| | | | | | | |
| | | | | | | |
| | | | | | | |
| | | | | | | |
| | | | | | | |
| | | | | | | |
| | | | | | | |
| | | | | | | |
| | | | | | | |

### 7.1.1 创建员工信息表

开始输入员工信息之前，需要创建对应的表格。

#### 1．新建员工信息表工作簿

01 打开 Excel，单击【空白工作簿】选项，即可创建一个空白工作簿。

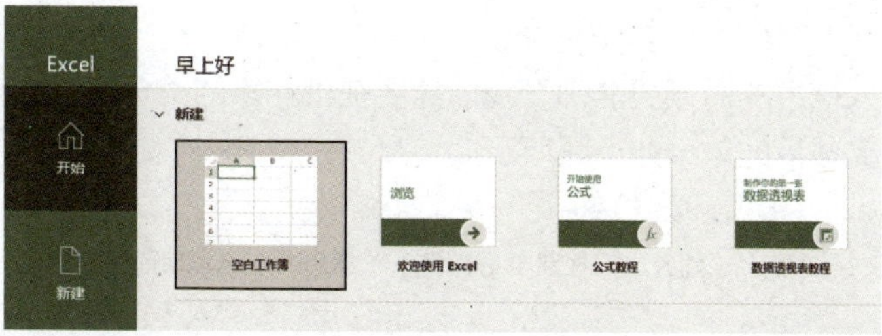


工作表就是我们平时看到的表格区域，可以在软件界面左下角看到其初始名为“Sheet1”。

**02** ❶右键单击“Sheet1”工作表标签，❷选择【重命名】命令，❸将“Sheet1”修改为“员工信息表”。

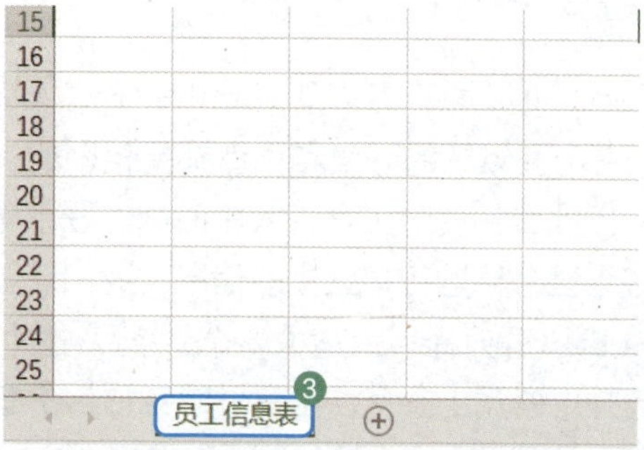


> • **小贴士** 一个工作簿可以包含多个工作表，不同的工作表中可以存放不同的数据。可以右键单击工作表标签，进行插入、删除、隐藏等操作。

**03** ❶按【F12】键打开【另存为】对话框，在对话框中打开对应的文件夹，然后❷在【文件名】文本框中输入“员工信息表”，❸在【保存类型】下拉列表中选择【Excel 工作簿（*.xlsx）】选项，❹单击【保存】按钮，完成信息表的保存。

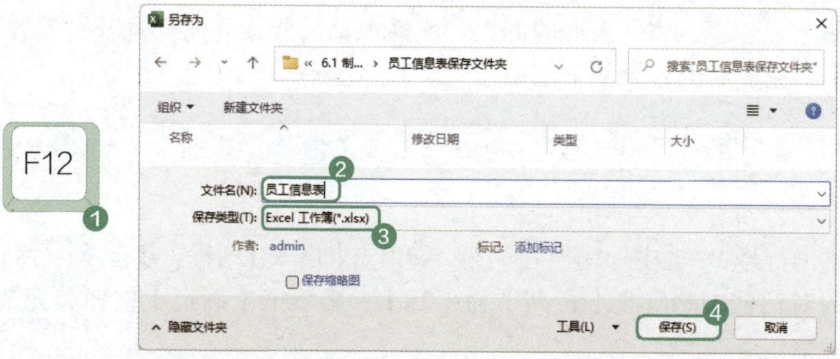

### 2. 输入员工信息表的文本标题

为了在输入信息的时候更准确，我们需要在工作表的第一行依次输入员工信息的类目，输入完成后的效果如下图所示。

| | A | B | C | D | E | F | G |
|---|---|---|---|---|---|---|---|
| 1 | 工号 | 姓名 | 性别 | 部门 | 学历 | 入职时间 | 联系电话 |
| 2 | | | | | | | |
| 3 | | | | | | | |

> **小贴士** 输入完一个词语后，我们往往习惯按【Enter】键，但是这样会使光标自动定位到下一行的单元格中。这里我们希望光标能"横着走"，所以输入完一个词语后，需要按小键盘的方向键【→】。

## 7.1.2 美化员工信息表

### 1. 布局调整，优化表格的行高与列宽

Excel 默认的行高和列宽都是相同的，如果遇到较多的信息，就无法完整地显示，因此我们要对工号、入职时间、联系电话这几列的列宽进行调整。同时，为了更好地区分标题行和正文的信息，我们还要对表格标题行的行高进行调整。

**01** ❶单击列标 A，选中整个 A 列，在【开始】选项卡中❷单击【格式】图标，❸选择【列宽】命令，在弹出的对话框中❹修改【列宽】为【10】，❺单击【确定】按钮，完成列宽的调整。

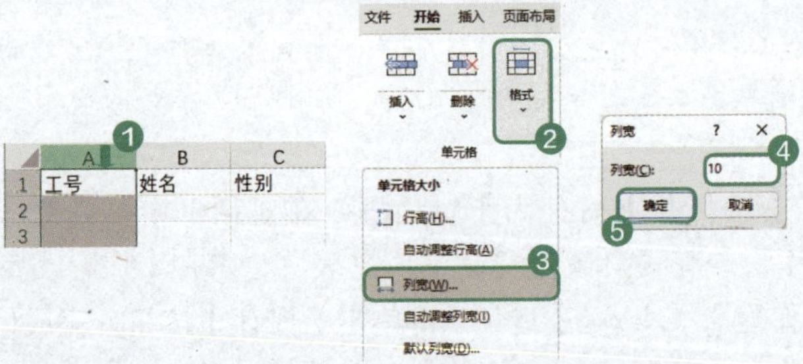


**02** 重复上述步骤，将"入职时间""联系电话"所在列的列宽分别设置为【15】和【20】，完成后的效果如下图所示。

| | A | B | C | D | E | F | G |
|---|---|---|---|---|---|---|---|
| 1 | 工号 | 姓名 | 性别 | 部门 | 学历 | 入职时间 | 联系电话 |
| 2 | | | | | | | |
| 3 | | | | | | | |
| 4 | | | | | | | |

**03** ❶单击行号 1，选中标题所在的行，❷单击【格式】图标，❸选择【行高】命令，在弹出的对话框中❹修改【行高】为【25】，❺单击【确定】按钮，完成标题行行高的调整。

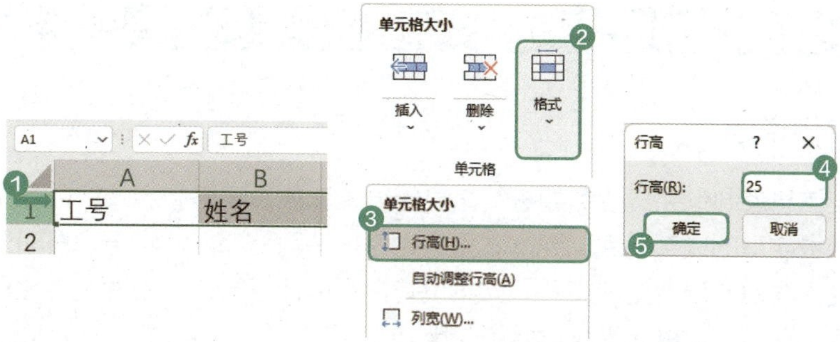


## 2. 一键美化，套用表格样式美化表格

表格可以按照行、列进行美化，但是依次设置的效率太低了，我们可以直接套用软件预置的表格样式快速实现表格的美化，具体操作如下。

**01** 按住鼠标左键拖曳选中包含标题行的前 15 行单元格，在【开始】选项卡中❶单击【套用表格格式】图标，❷选择【中等色】组的第一个样式，在弹出的【创建表】对话框中❸勾选【表包含标题】复选框，❹单击【确定】按钮，完成表格的一键美化。

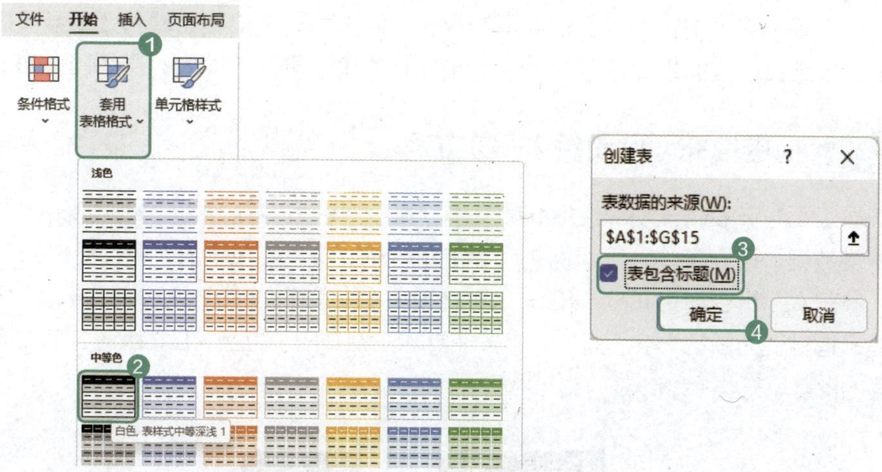


**02** 选中美化后的表格区域，在【开始】选项卡中设置对齐方式为居中对齐。

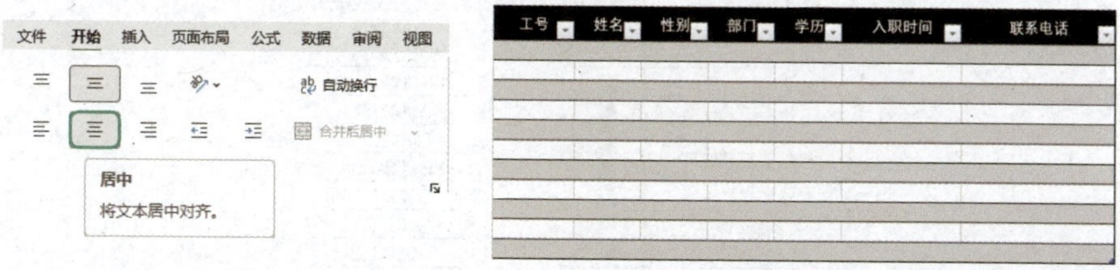


至此，一份员工信息表就制作好了，最后记得按快捷键【Ctrl+S】保存文件。

## 7.2 规范输入员工基本信息

### 案例说明

员工信息表制作完成后需要进行信息的输入，但是表格中涉及的数据比较多，包含了纯数字型的联系电话，纯文本型的姓名、性别、部门、学历，日期型的入职时间，文本与数字混合型的工号，如果没有提前设计好输入的格式，就会导致在记录的时候出现错误，进而影响日后的使用。

本案例中，员工基本信息规范输入之后的效果如下图所示。

| 工号 | 姓名 | 性别 | 部门 | 学历 | 入职时间 | 联系电话 |
|---|---|---|---|---|---|---|
| YG00001 | 杨聪 | 男 | 销售部 | 本科 | 2019年1月18日 | 133****0445 |
| YG00002 | 何静 | 女 | 财务部 | 本科 | 2019年1月23日 | 137****2654 |
| YG00003 | 吴成龙 | 男 | 市场部 | 本科 | 2019年2月17日 | 138****7606 |
| YG00004 | 朱迎曼 | 女 | 客服部 | 大专 | 2019年3月27日 | 138****5894 |
| YG00005 | 吕秋 | 女 | 客服部 | 中专 | 2019年5月3日 | 134****1573 |
| YG00006 | 水香薇 | 女 | 人资部 | 硕士 | 2019年5月24日 | 135****9926 |
| YG00007 | 东方问筑 | 女 | 研发部 | 博士 | 2019年6月13日 | 133****0613 |
| YG00008 | 钱纨 | 男 | 财务部 | 硕士 | 2019年6月26日 | 135****4897 |
| YG00009 | 郎幻波 | 男 | 研发部 | 硕士 | 2019年7月21日 | 138****8043 |

员工基本信息中包含了多种类型的数据，如果每一个都手动输入效率会很低，我们可以结合数据的规律性与 Excel 功能实现准确、高效的输入，具体操作如下。

### 7.2.1 拖曳填充，批量输入员工工号

员工工号一般属于规律性很强的文本与数字混合型数据，如“YG000001”，像这类数据，可以在输入了示例之后，借助填充柄快速完成输入，具体操作如下。

❶在 A2 单元格中输入“YG000001”，将鼠标指针移动到 A2 单元格右下角，当鼠标指针变为黑色十字形状时，❷按住鼠标左键并向下拖曳，Excel 就会自动完成工号的批量填充。

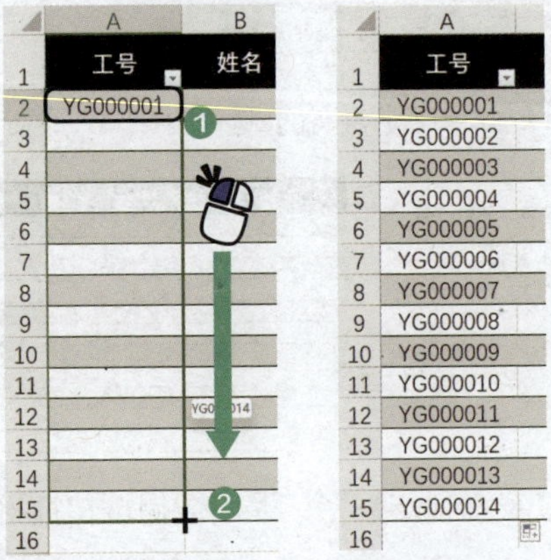

## 7.2.2 输入入职时间及调整单元格格式

工作中，经常可以在 Excel 中见到类似“2022.01.01”“20220101”的日期，这些都是格式不规范的日期，如果想让 Excel 识别日期，就必须规范输入日期。

### ➢ 规范输入员工的入职时间

按照规范的日期格式，如“2022/01/01”或“2022-01-01”，输入员工的入职时间，完成后的效果如下图所示。

| 工号 | 姓名 | 性别 | 部门 | 学历 | 入职时间 |
|---|---|---|---|---|---|
| YG00001 | 杨聪 | | | | 2019/1/18 |
| YG00002 | 何静 | | | | 2019/1/23 |
| YG00003 | 吴成龙 | | | | 2019/2/17 |
| YG00004 | 朱迎曼 | | | | 2019/3/27 |
| YG00005 | 吕秋 | | | | 2019/5/3 |
| YG00006 | 水香薇 | | | | 2019/5/24 |
| YG00007 | 东方问筠 | | | | 2019/6/13 |
| YG00008 | 钱纨 | | | | 2019/6/26 |
| YG00009 | 郎幻波 | | | | 2019/7/21 |

### ➢ 调整单元格显示日期的格式

可以调整单元格的数据格式，具体操作如下。

❶选中所有入职时间所在的单元格，在【开始】选项卡的【数字】功能组中❷单击【日期】右侧的下拉按钮，❸选择【长日期】命令，即可调整单元格的数据格式。

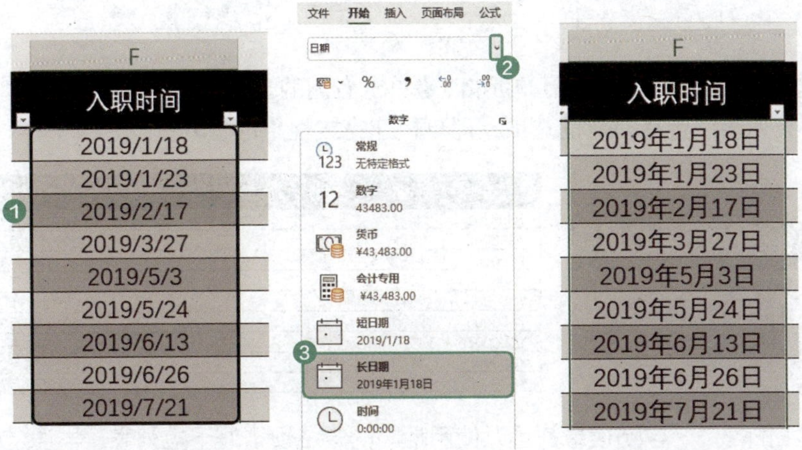


## 7.2.3 高效输入有固定选项的信息

在员工信息表中，性别、部门、学历这些信息都是有固定选项的，这样的信息完全可以制作成下拉列表，直接从下拉列表中选择并输入。下面以设置“性别”一列为例进行演示，具体操作如下。

01 ❶选中“性别”列，在【数据】选项卡中❷单击【数据验证】图标的上半部分，

❸在弹出的对话框的【允许】下拉列表中选择【序列】选项，❹在【来源】文本框中输入“男,女”（“男”“女”用半角逗号“,”分隔），❺单击【确定】按钮，完成下拉列表的制作。

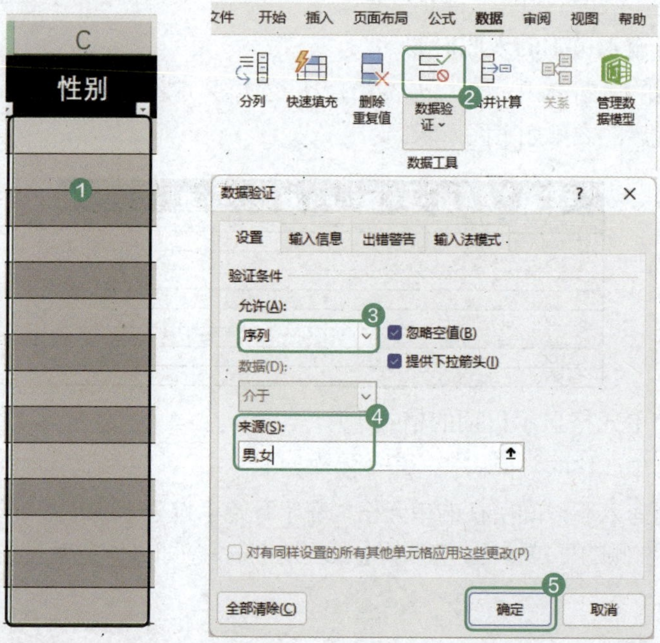


02 选中“性别”列中的任意单元格，❶单击右侧的下拉按钮，即可展开下拉列表，❷在下拉列表中选择对应的选项，即可快速完成性别的输入。

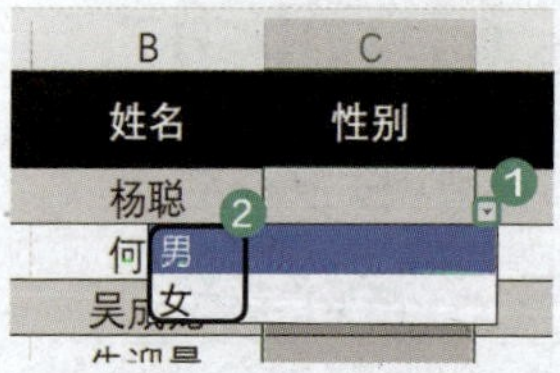


| 工号 | 姓名 | 性别 | 部门 | 学历 | 入职时间 |
|---|---|---|---|---|---|
| YG00001 | 杨聪 | 男 | | | 2019年1月18日 |
| YG00002 | 何静 | 女 | | | 2019年1月23日 |
| YG00003 | 吴成龙 | 男 | | | 2019年2月17日 |
| YG00004 | 朱迎曼 | 女 | | | 2019年3月27日 |
| YG00005 | 吕秋 | 女 | | | 2019年5月3日 |
| YG00006 | 水香薇 | 女 | | | 2019年5月24日 |
| YG00007 | 东方问筠 | 女 | | | 2019年6月13日 |
| YG00008 | 钱纨 | 男 | | | 2019年6月26日 |
| YG00009 | 郎幻波 | 男 | | | 2019年7月21日 |

剩下的部门、学历信息都可以使用相同的方法设置好下拉列表，再通过选择快速输入，完成后的效果如下图所示。

| 工号 | 姓名 | 性别 | 部门 | 学历 | 入职时间 |
|---|---|---|---|---|---|
| YG00001 | 杨聪 | 男 | 销售部 | 本科 | 2019年1月18日 |
| YG00002 | 何静 | 女 | 财务部 | 本科 | 2019年1月23日 |
| YG00003 | 吴成龙 | 男 | 市场部 | 本科 | 2019年2月17日 |
| YG00004 | 朱迎曼 | 女 | 客服部 | 大专 | 2019年3月27日 |
| YG00005 | 吕秋 | 女 | 客服部 | 中专 | 2019年5月3日 |
| YG00006 | 水香薇 | 女 | 人资部 | 硕士 | 2019年5月24日 |
| YG00007 | 东方问筠 | 女 | 研发部 | 博士 | 2019年6月13日 |
| YG00008 | 钱纨 | 男 | 财务部 | 硕士 | 2019年6月26日 |
| YG00009 | 郎幻波 | 男 | 研发部 | 硕士 | 2019年7月21日 |

## 7.2.4 数据验证，预防手机号多输、漏输

在表格中输入手机号的时候经常会出现输入错误的情况，如果数据量较大，很难发现哪里出了问题，因此可以借助数据验证功能，通过限制单元格中输入的字符的长度来预防输错，具体操作如下。

01 ❶选中“联系电话”列，在【数据】选项卡中❷单击【数据验证】图标的上半部分，在弹出的对话框中❸将【允许】改为【文本长度】，将【数据】改为【等于】，在【长度】文本框中输入“11”；❹单击【出错警告】选项卡，❺修改【样式】为【警告】，❻在【标题】文本框中输入“数据错误”，❼在【错误信息】文本框中输入警告信息，❽单击【确定】按钮完成设置。

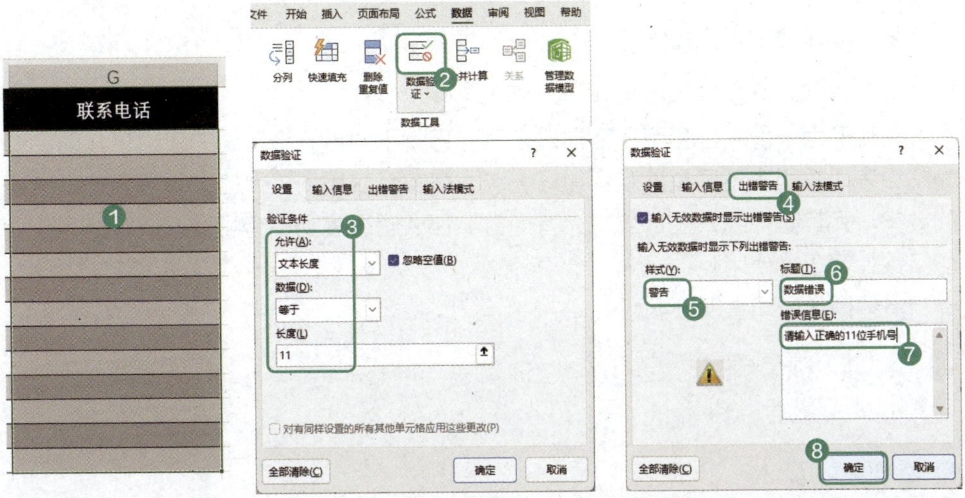


02 在“联系电话”列的任意单元格中输入错误位数的数字，按【Enter】键，此时软件就会自动弹出警告信息。只有输入 11 位手机号，才能完成输入（为保护隐私，这里用 * 替换了部分数字）。

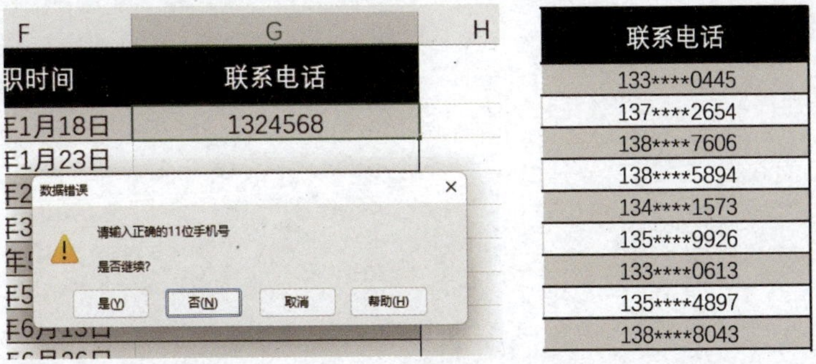


完成以上所有的操作后，一份员工信息表就制作完成了。如果需要新增数据，只需拖曳填充工号，设置过的表格格式就会自动扩展。

## 秋叶私房菜

### 1. 设置单元格格式，输入以 0 开头的数字

当我们在单元格中输入类似“01”“001”的数字时，软件会自动将数字修改为“1”，我们该如何设置才能实现输入以 0 开头的数字呢？

具体操作请观看视频学习。

### 2. 在不相邻的单元格中填充相同的数据

一个签到表中可能存在很多未填写的单元格，如果我们想在这些不相邻的单元格中统一填写“缺勤”二字，一个一个地输入效率太低了，有没有什么方法可以实现批量填充呢？

具体操作请观看视频学习。

### 3. Excel 中的“超级英雄”——超级表

在我们为一份表格套用表格样式之后，它就不再是一个普通的表格了，而会变为超级表。超级表不只是外观变得好看了，在实际应用中更是能大大提高处理数据的效率，尤其是对编辑函数公式大有裨益。那么超级表到底有哪些神奇之处呢？我们又该如何正确使用呢？

具体操作请观看视频学习。

工作中充斥着大量的数据，只有从这些复杂、无序的数据中得到有价值的信息，才能帮助公司发现问题、解决问题。本章将通过工资表数据的排序与汇总及仓储记录表数据的筛选两个案例来讲解数据的排序、汇总与筛选。

扫描二维码
发送关键词“秋叶五合一”
观看视频学习吧！

## 8.1 工资表数据的排序与汇总

### 案例说明

公司每个月都会为不同部门的员工发放工资，财务部门就需要对员工的工资进行统计。工资表包含员工的部门、班组、人员名单、性别、入职时间及各项工资明细等信息。在完成工资表的填写之后，需要根据需求对数据进行排序和汇总，以方便领导查看。本案例中，工资表数据的排序和汇总结果如下图所示。

| | A | B | C | D | E | F | G | H | I | J | K | L | M |
|---|---|---|---|---|---|---|---|---|---|---|---|---|---|
| 1 | NO | 部门 | 班组 | 人员名单 | 性别 | 入职时间 | 基础工资 | 岗位工资 | 工龄工资 | 交通补助 | 住房津贴 | 伙食补助 | 工资总额 |
| 2 | 1 | 工程部 | 1组 | 马春娇 | 女 | 2016/12/19 | 3850 | 1150 | 655 | 430 | 655 | 430 | 7170 |
| 3 | 13 | 工程部 | 1组 | 贾若南 | 女 | 2005/12/11 | 2360 | 1141 | 560 | 638 | 660 | 430 | 5789 |
| 4 | 12 | 工程部 | 3组 | 叶小珍 | 女 | 2008/7/20 | 2338 | 1132 | 540 | 460 | 467 | 430 | 5367 |
| 5 | 15 | 工程部 | 4组 | 卢晓筠 | 男 | 2011/11/30 | 2320 | 1227 | 733 | 394 | 824 | 430 | 5928 |
| 6 | 10 | 工程部 | 4组 | 冯清润 | 女 | 2014/3/10 | 4660 | 961 | 460 | 560 | 370 | 430 | 7441 |
| 7 | | 工程部 汇总 | | | | | | | | | | | 31695 |
| 8 | 21 | 品质部 | 1组 | 丁乐正 | 女 | 2007/12/11 | 3310 | 1168 | 822 | 553 | 570 | 430 | 6853 |
| 9 | 19 | 品质部 | 1组 | 杨晴丽 | 男 | 2007/7/19 | 2338 | 1290 | 645 | 388 | 704 | 430 | 5795 |
| 10 | 17 | 品质部 | 1组 | 蔡阳秋 | 男 | 2014/1/13 | 2320 | 1318 | 839 | 404 | 408 | 430 | 5719 |
| 11 | 22 | 品质部 | 2组 | 张依秋 | 男 | 2006/1/11 | 3310 | 964 | 742 | 646 | 719 | 430 | 6811 |
| 12 | 2 | 品质部 | 2组 | 郑瀚海 | 男 | 2015/7/17 | 3670 | 1051 | 457 | 457 | 560 | 430 | 6625 |
| 13 | 3 | 品质部 | 2组 | 薛痴香 | 女 | 2013/6/17 | 2320 | 1060 | 754 | 556 | 838 | 430 | 5958 |
| 14 | 18 | 品质部 | 3组 | 丁清霁 | 女 | 2010/2/3 | 2320 | 1143 | 628 | 441 | 756 | 430 | 5718 |
| 15 | | 品质部 汇总 | | | | | | | | | | | 43479 |
| 16 | 71 | 生产部 | 1组 | 于夏山 | 男 | 2017/5/8 | 2338 | 1322 | 796 | 454 | 710 | 430 | 6050 |
| 17 | 4 | 生产部 | 1组 | 朱梦旋 | 男 | 2011/5/13 | 5290 | 1078 | 853 | 460 | 460 | 430 | 8571 |
| 18 | 36 | 生产部 | 1组 | 许秀丽 | 男 | 2013/1/12 | 3310 | 1101 | 513 | 726 | 578 | 430 | 6658 |
| 19 | 66 | 生产部 | 1组 | 许凝安 | 男 | 2002/12/19 | 3850 | 1179 | 478 | 469 | 636 | 430 | 7042 |

如果工资表按照最后的工资总额进行排序，就只需要对单列数据进行升序或降序排列。如果排序比较复杂，如先按部门进行顺序，然后按班组进行顺序，再按性别进行顺序，最后按工资总额进行排序，就需要用自定义排序功能对条件的优先级进行设置。如果想要按照某个条件对数据进行汇总，就可以用汇总功能来实现。

## 8.1.1 将基础工资数据按照大小进行排序

如果只将表格中的某一列数据按照大小进行排序，就可以对这一列数据进行简单排序。这里以对工资表中的“基础工资”列的数据按照从大到小的顺序进行排序为例进行演示，具体操作如下。

❶选择“基础工资”列中的任意一个单元格，在【开始】选项卡中❷单击【排序和筛选】图标，❸选择【降序】命令，此时“基础工资”列的数据就会按从大到小的顺序进行排列，同时对应的其他列数据也会随之发生变化。

| 入职时间 | 基础工资 | 岗位工资 |
|---|---|---|
| 2016/12/19 | 3850 | 1150 |
| 2015/7/17 | 3670 | 1051 |
| 2013/6/17 | 2320 | 1060 |
| 2011/5/13 | 5290 | 1078 |
| 2017/9/11 | 3310 | 1123 |
| 2012/12/29 | 3310 | 1330 |
| 2015/12/29 | 4390 | 952 |
| 2014/10/9 | 2320 | 1240 |
| 2005/8/1 | 3310 | 952 |
| 2014/3/10 | 4660 | 961 |
| 2012/9/27 | 2320 | 1051 |
| 2008/7/20 | 2338 | 1132 |

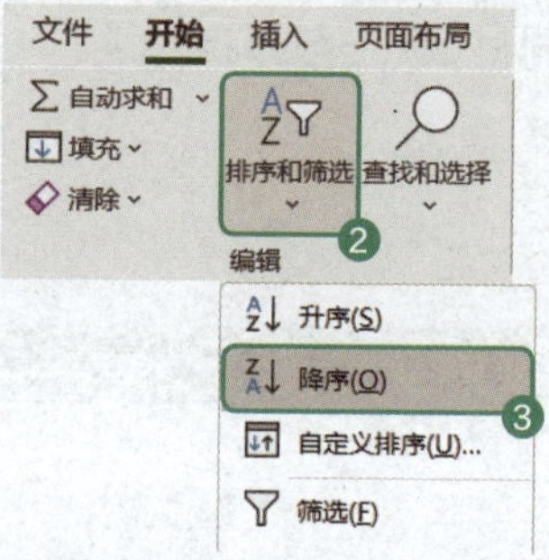


| 入职时间 | 基础工资 | 岗位工资 |
|---|---|---|
| 2011/5/13 | 5290 | 1078 |
| 2012/2/17 | 5290 | 1137 |
| 2015/11/27 | 5290 | 1222 |
| 2013/12/9 | 5290 | 1172 |
| 2014/3/10 | 4660 | 961 |
| 2008/6/4 | 4660 | 1212 |
| 2005/11/15 | 4660 | 1122 |
| 2009/5/22 | 4660 | 1074 |
| 2002/12/15 | 4660 | 1234 |
| 2016/2/22 | 4660 | 1086 |
| 2007/9/12 | 4660 | 1213 |
| 2017/3/27 | 4660 | 1162 |
| 2005/2/28 | 4660 | 1195 |
| 2015/12/29 | 4390 | 952 |
| 2009/4/5 | 4390 | 1227 |

## 8.1.2 对工资数据进行自定义排序

在 Excel 表格中，数据的排序不仅涉及简单的升、降序排列，还涉及更为复杂的排序。比如在基础工资都相同的情况下，再按岗位工资进行排序；又比如一些没有明显大小关系的文本型数据的排序。如果按照部门进行排序，需要对这些进行更进阶的排序操作。

### 1. 对纯数字型数据进行多条件排序

如果想要按照多个条件对工资表进行排序，只需要在【排序】对话框中添加主要条件和次要条件即可。这里以主要条件为按“基础工资”降序排列，次要条件为按“岗位工资”升序排列为例进行演示，具体操作如下。

01 选中任意一个有数据的单元格，在【数据】选项卡中❶单击【排序】图标，在弹出的对话框中❷将【主要关键字】设置为【基础工资】，将【次序】设置为【降序】。

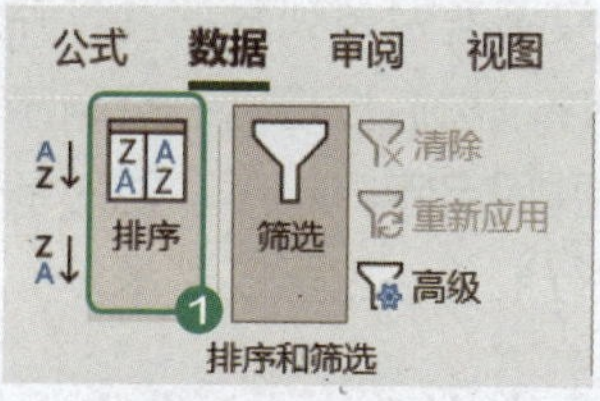


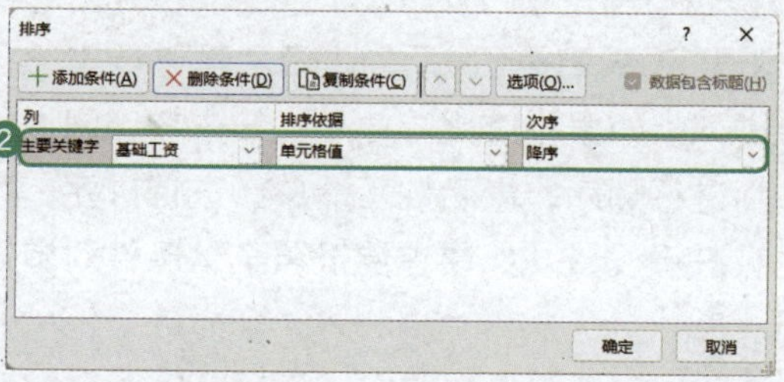

02 ❶单击【添加条件】按钮，❷将【次要关键字】设置为【岗位工资】，将【次序】设置为【升序】，❸单击【确定】按钮，即可完成自定义排序。

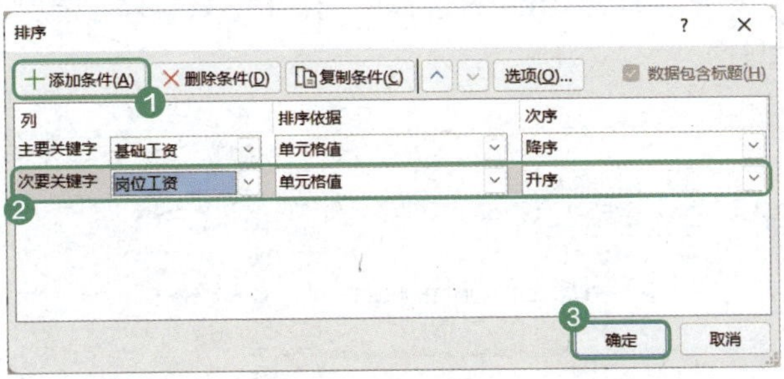


| F | G | H | I |
|---|---|---|---|
| 入职时间 | 基础工资 | 岗位工资 | 工龄工资 |
| 2011/5/13 | 5290 | 1078 | 853 |
| 2012/2/17 | 5290 | 1137 | 705 |
| 2013/12/9 | 5290 | 1172 | 678 |
| 2015/11/27 | 5290 | 1222 | 714 |
| 2014/3/10 | 4660 | 961 | 460 |
| 2009/5/22 | 4660 | 1074 | 852 |
| 2016/2/22 | 4660 | 1086 | 648 |
| 2005/11/15 | 4660 | 1122 | 831 |
| 2017/3/27 | 4660 | 1162 | 696 |
| 2005/2/28 | 4660 | 1195 | 719 |
| 2008/6/4 | 4660 | 1212 | 688 |

### 2. 为文本型数据创建自定义序列

像“部门”“岗位”这样的文本型数据，无法通过大小关系进行排序，如果想让它们按照一定的顺序排列，就需要用到自定义序列这一功能。这里以“部门”为主要关键字，按照“工程部”“品质部”“生产部”“销售部”的顺序排列，“班组”按升序排列，“人员名单”按笔画升序排列，下面进行演示，具体操作如下。

01 选中任意一个有数据的单元格，❶单击【排序】图标，在弹出的对话框中❷将【主要关键字】设置为【部门】，❸单击【次序】文本框右侧的下拉按钮，❹在下拉列表中选择【自定义序列】选项。

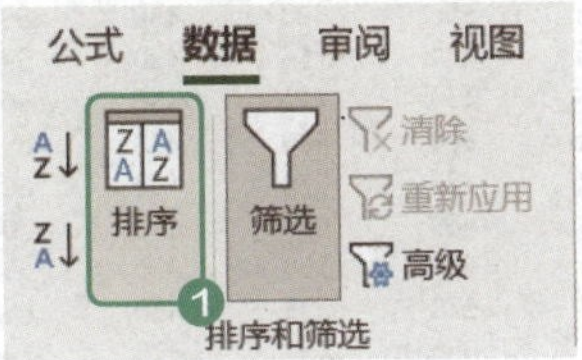


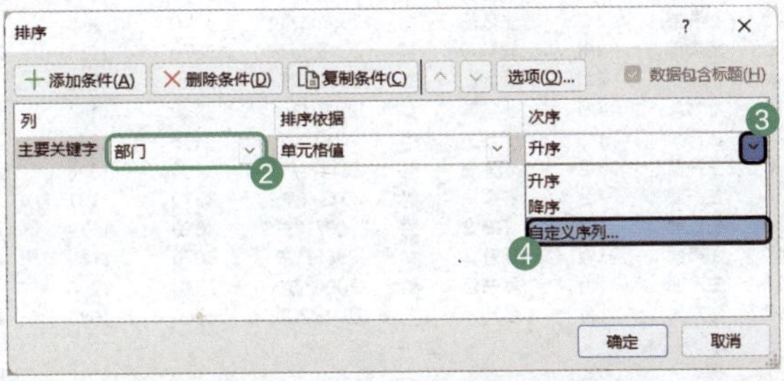


02 ❶在弹出的对话框的【输入序列】列表框中输入部门信息，❷单击【添加】按钮，完成序列的添加，❸选择新添加的序列，❹单击【确定】按钮，完成序列的选择。

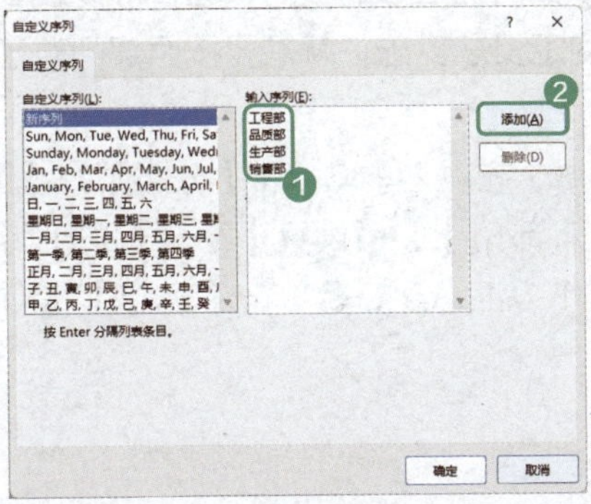


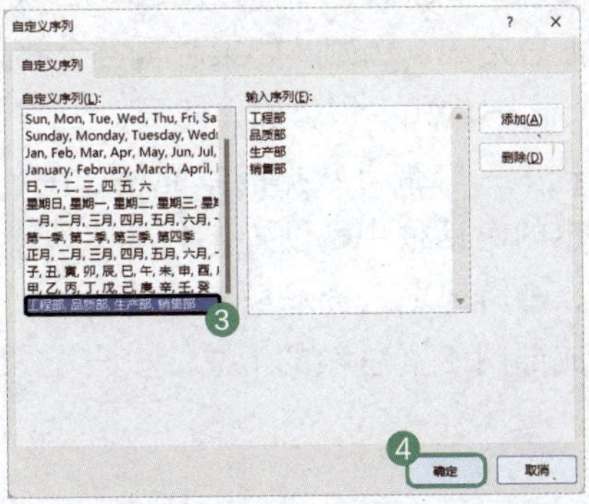

03 ❶双击【添加条件】按钮，❷将第一个【次要关键字】修改为【班组】，将【次序】修改为【升序】，❸将第二个【次要关键字】修改为【人员名单】，将【次序】修改为【升序】，❹单击【选项】按钮，❺在弹出的对话框中选择【笔划排序】选项，依次单击【确定】按钮，完成排序。

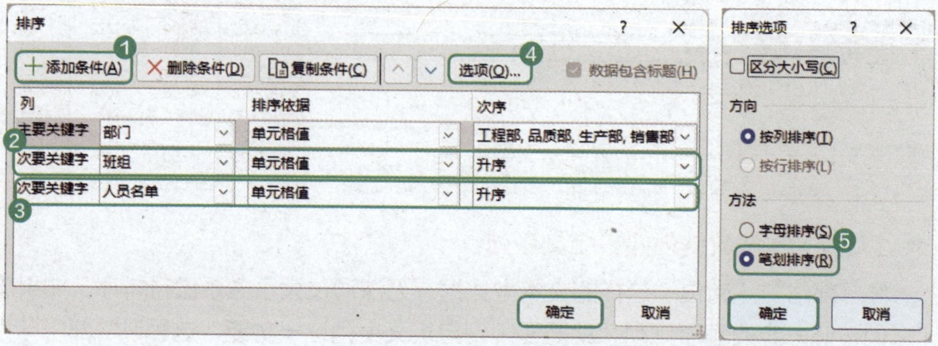


| | A | B | C | D | E | F | G | H | I | J | K | L | M |
|---|---|---|---|---|---|---|---|---|---|---|---|---|---|
| 1 | N | 部门 | 班组 | 人员名单 | 性 | 入职时间 | 基础工 | 岗位工 | 工龄工 | 交通补 | 住房津 | 伙食补 | 工资总 |
| 2 | 1 | 工程部 | 1组 | 马春娇 | 女 | 2016/12/19 | 3850 | 1150 | 655 | 430 | 655 | 430 | 7170 |
| 3 | 13 | 工程部 | 1组 | 贾若南 | 女 | 2005/12/11 | 2360 | 1141 | 560 | 638 | 660 | 430 | 5789 |
| 4 | 12 | 工程部 | 3组 | 叶小珍 | 女 | 2008/7/20 | 2338 | 1132 | 540 | 460 | 467 | 430 | 5367 |
| 5 | 15 | 工程部 | 4组 | 卢晓筠 | 男 | 2011/11/30 | 2320 | 1227 | 733 | 394 | 824 | 430 | 5928 |
| 6 | 10 | 工程部 | 4组 | 冯清润 | 女 | 2014/3/10 | 4660 | 961 | 460 | 560 | 370 | 430 | 7441 |
| 7 | 21 | 品质部 | 1组 | 丁乐正 | 女 | 2007/12/11 | 3310 | 1168 | 822 | 553 | 570 | 430 | 6853 |
| 8 | 19 | 品质部 | 1组 | 杨晴丽 | 男 | 2007/7/19 | 2338 | 1290 | 645 | 388 | 704 | 430 | 5795 |
| 9 | 17 | 品质部 | 1组 | 蔡阳秋 | 男 | 2014/1/13 | 2320 | 1318 | 839 | 404 | 408 | 430 | 5719 |
| 10 | 22 | 品质部 | 2组 | 张依秋 | 男 | 2006/1/11 | 3310 | 964 | 742 | 646 | 719 | 430 | 6811 |
| 11 | 2 | 品质部 | 2组 | 郑瀚海 | 男 | 2015/7/17 | 3670 | 1051 | 457 | 457 | 560 | 430 | 6625 |
| 12 | 3 | 品质部 | 2组 | 薛痴香 | 女 | 2013/6/17 | 2320 | 1060 | 754 | 556 | 838 | 430 | 5958 |
| 13 | 18 | 品质部 | 3组 | 丁清霁 | 女 | 2010/2/3 | 2320 | 1143 | 628 | 441 | 756 | 430 | 5718 |
| 14 | 71 | 生产部 | 1组 | 于夏山 | 男 | 2017/5/8 | 2338 | 1322 | 796 | 454 | 710 | 430 | 6050 |
| 15 | 4 | 生产部 | 1组 | 朱梦旋 | 男 | 2011/5/13 | 5290 | 1078 | 853 | 460 | 460 | 430 | 8571 |
| 16 | 36 | 生产部 | 1组 | 许秀丽 | 男 | 2013/1/12 | 3310 | 1101 | 513 | 726 | 578 | 430 | 6658 |
| 17 | 66 | 生产部 | 1组 | 许凝安 | 男 | 2002/12/19 | 3850 | 1179 | 478 | 469 | 636 | 430 | 7042 |
| 18 | 47 | 生产部 | 1组 | 杨奇文 | 女 | 2005/1/9 | 3670 | 1169 | 495 | 630 | 588 | 430 | 6982 |
| 19 | 31 | 生产部 | 1组 | 吴书云 | 男 | 2006/7/9 | 3310 | 1266 | 756 | 578 | 585 | 430 | 6925 |
| 20 | 57 | 生产部 | 1组 | 吴问筠 | 男 | 2016/2/22 | 4660 | 1086 | 648 | 658 | 454 | 430 | 7936 |

## 8.1.3 对工资表的数据进行汇总

在完成排序后，在对数据进行汇总前，要明确汇总的目的，这样才能找到最适合的汇总方式。例如，如果想看各个部门的工资总支出，就需要按照部门对工资总额进行汇总求和，具体操作如下。

01 选中一个带有数据的单元格，在【数据】选项卡中❶单击【分类汇总】图标，在弹出的对话框中❷设置【分类字段】为【部门】，❸设置【汇总方式】为【求和】，❹勾选【工资总额】复选框，将其作为汇总项，❺单击【确定】按钮，即可完成部门工资总额的汇总。

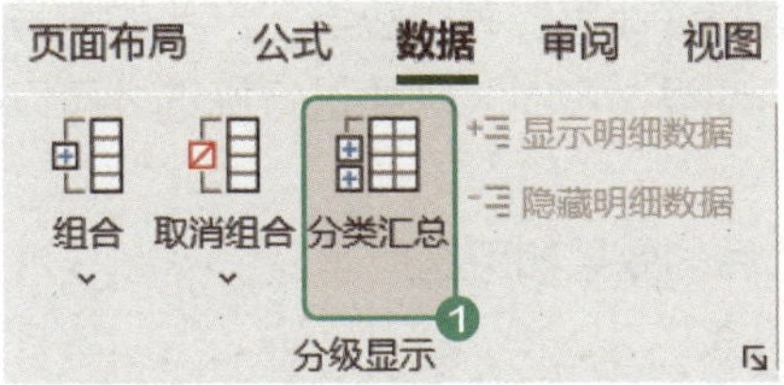


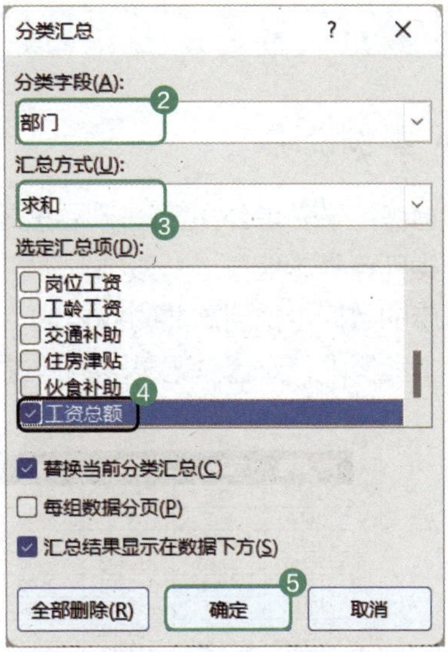


| | A | B | C | D | E | F | G | H | I | J | K | L | M |
|---|---|---|---|---|---|---|---|---|---|---|---|---|---|
| 1 | NO | 部门 | 班组 | 人员名单 | 性别 | 入职时间 | 基础工资 | 岗位工资 | 工龄工资 | 交通补助 | 住房津贴 | 伙食补助 | 工资总额 |
| 2 | 1 | 工程部 | 1组 | 马春娇 | 女 | 2016/12/19 | 3850 | 1150 | 655 | 430 | 655 | 430 | 7170 |
| 3 | 13 | 工程部 | 1组 | 贾若南 | 女 | 2005/12/11 | 2360 | 1141 | 560 | 638 | 660 | 430 | 5789 |
| 4 | 12 | 工程部 | 3组 | 叶小珍 | 女 | 2008/7/20 | 2338 | 1132 | 540 | 460 | 467 | 430 | 5367 |
| 5 | 15 | 工程部 | 4组 | 卢晓筠 | 男 | 2011/11/30 | 2320 | 1227 | 733 | 394 | 824 | 430 | 5928 |
| 6 | 10 | 工程部 | 4组 | 冯清润 | 女 | 2014/3/10 | 4660 | 961 | 460 | 560 | 370 | 430 | 7441 |
| 7 | | **工程部 汇总** | | | | | | | | | | | 31695 |
| 8 | 21 | 品质部 | 1组 | 丁乐正 | 女 | 2007/12/11 | 3310 | 1168 | 822 | 553 | 570 | 430 | 6853 |
| 9 | 19 | 品质部 | 1组 | 杨晴丽 | 男 | 2007/7/19 | 2338 | 1290 | 645 | 388 | 704 | 430 | 5795 |
| 10 | 17 | 品质部 | 1组 | 蔡阳秋 | 男 | 2014/1/13 | 2320 | 1318 | 839 | 404 | 408 | 430 | 5719 |
| 11 | 22 | 品质部 | 2组 | 张依秋 | 男 | 2006/1/11 | 3310 | 964 | 742 | 646 | 719 | 430 | 6811 |
| 12 | 2 | 品质部 | 2组 | 郑瀚海 | 男 | 2015/7/17 | 3670 | 1051 | 457 | 457 | 560 | 430 | 6625 |
| 13 | 3 | 品质部 | 2组 | 薛痴香 | 女 | 2013/6/17 | 2320 | 1060 | 754 | 556 | 838 | 430 | 5958 |
| 14 | 18 | 品质部 | 3组 | 丁清霁 | 女 | 2010/2/3 | 2320 | 1143 | 628 | 441 | 756 | 430 | 5718 |
| 15 | | **品质部 汇总** | | | | | | | | | | | 43479 |

02 单击界面左上角的【1】【2】【3】按钮，可以分别查看 3 个级别的汇总数据。

| | A | B | M |
|---|---|---|---|
| 1 | N | 部门 | 工资总额 |
| 80 | | **总计** | 493019 |
| 81 | | | |

| | A | B | M |
|---|---|---|---|
| 1 | N | 部门 | 工资总额 |
| 7 | | **工程部 汇总** | 31695 |
| 15 | | **品质部 汇总** | 43479 |
| 50 | | **生产部 汇总** | 239678 |
| 74 | | **销售部 汇总** | 152760 |
| 79 | | **采购部 汇总** | 25407 |
| 80 | | **总计** | 493019 |

| | A | B | M |
|---|---|---|---|
| 1 | N | 部门 | 工资总额 |
| 2 | 1 | 工程部 | 7170 |
| 3 | 13 | 工程部 | 5789 |
| 4 | 12 | 工程部 | 5367 |
| 5 | 15 | 工程部 | 5928 |
| 6 | 10 | 工程部 | 7441 |
| 7 | | **工程部 汇总** | 31695 |
| 8 | 21 | 品质部 | 6853 |
| 9 | 19 | 品质部 | 5795 |
| 10 | 17 | 品质部 | 5719 |
| 11 | 22 | 品质部 | 6811 |
| 12 | 2 | 品质部 | 6625 |
| 13 | 3 | 品质部 | 5958 |
| 14 | 18 | 品质部 | 5718 |
| 15 | | **品质部 汇总** | 43479 |

# 8.2 仓储记录表数据的筛选

## 案例说明

仓储记录表是公司管理产品进货与销售的统计表，表中包含了产品的编号、名称、类别等基本信息。一般情况下，当产品种类过多时，需要进行筛选才可以在密密麻麻的数据中找到需要的数据。

本案例中，对仓储记录表数据进行筛选后的效果如下图所示。

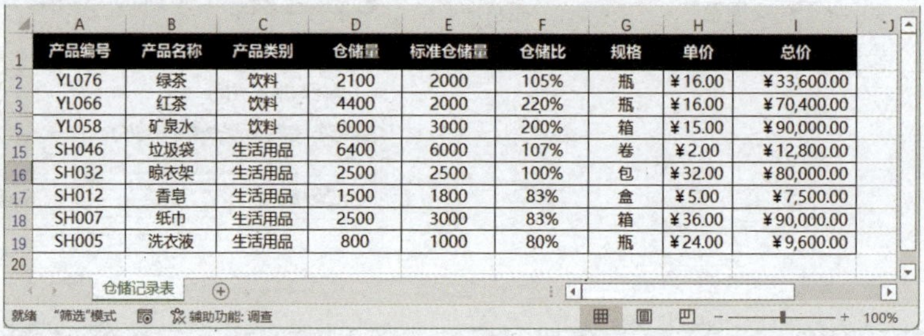

| 产品编号 | 产品名称 | 产品类别 | 仓储量 | 标准仓储量 | 仓储比 | 规格 | 单价 | 总价 |
|---|---|---|---|---|---|---|---|---|
| YL076 | 绿茶 | 饮料 | 2100 | 2000 | 105% | 瓶 | ¥16.00 | ¥33,600.00 |
| YL066 | 红茶 | 饮料 | 4400 | 2000 | 220% | 瓶 | ¥16.00 | ¥70,400.00 |
| YL058 | 矿泉水 | 饮料 | 6000 | 3000 | 200% | 箱 | ¥15.00 | ¥90,000.00 |
| SH046 | 垃圾袋 | 生活用品 | 6400 | 6000 | 107% | 卷 | ¥2.00 | ¥12,800.00 |
| SH032 | 晾衣架 | 生活用品 | 2500 | 2500 | 100% | 包 | ¥32.00 | ¥80,000.00 |
| SH012 | 香皂 | 生活用品 | 1500 | 1800 | 83% | 盒 | ¥5.00 | ¥7,500.00 |
| SH007 | 纸巾 | 生活用品 | 2500 | 3000 | 83% | 箱 | ¥36.00 | ¥90,000.00 |
| SH005 | 洗衣液 | 生活用品 | 800 | 1000 | 80% | 瓶 | ¥24.00 | ¥9,600.00 |



如果只是简单筛选，例如筛选出大于或小于某个数值的数据，就直接用简单筛选功能；如果需要筛选出符合某些条件的数据，就需要用到自定义筛选功能或者高级筛选功能。

## 8.2.1 对仓储记录表数据进行简单筛选

公司的产品种类繁多，如果只想看某一种产品的仓储信息，就可以用简单筛选功能快速实现。这里以仅查看“生活用品”为例进行演示，具体操作如下。

01 选中带有数据的任意一个单元格，在【数据】选项卡中❶单击【筛选】图标，为标题行添加筛选按钮，❷单击“产品类别”单元格右侧的筛选按钮，❸只勾选【生活用品】复选框，❹单击【确定】按钮，即可完成数据的筛选。

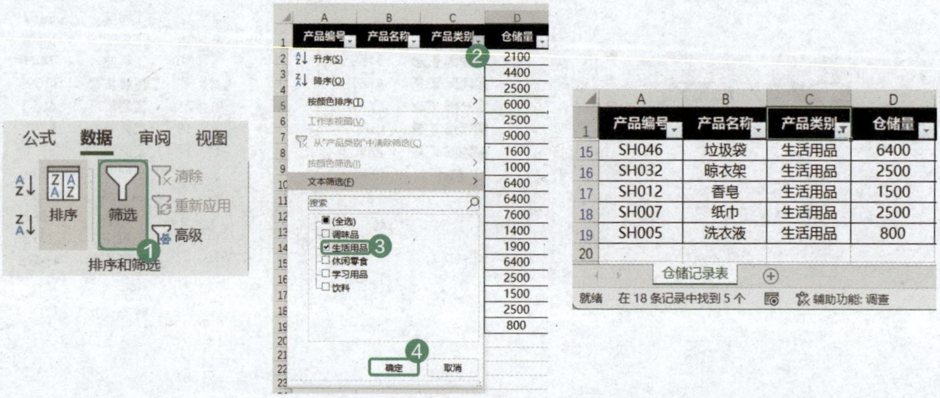

02 如果想要恢复原始数据，在【数据】选项卡中单击【清除】图标即可。

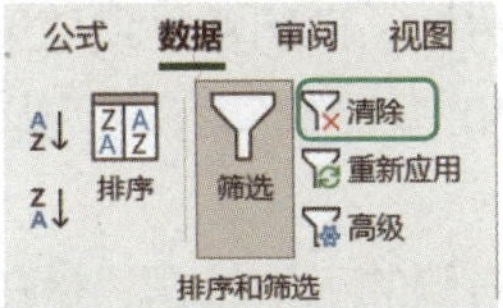


## 8.2.2 对仓储记录表数据进行自定义筛选

自定义筛选是指利用筛选预设的条件功能设置筛选条件，筛选出小于、等于、大于某个数值的数据。自定义筛选允许使用“与”和“或”这样的逻辑来组合出多重条件进行筛选。

### 1. 筛选小于等于某一数值的数据

当产品库存与标准库存的比例小于一定数值的时候，就需要及时补充产品。这里以筛选出仓储比小于等于 120% 的数据为例进行演示，具体操作如下。

❶单击“仓储比”单元格右侧的下拉按钮，❷在【数字筛选】子菜单中❸选择【小于或等于】命令，在弹出的对话框的【小于或等于】文本框中❹输入“120%”，❺单击【确定】按钮，完成自定义筛选。

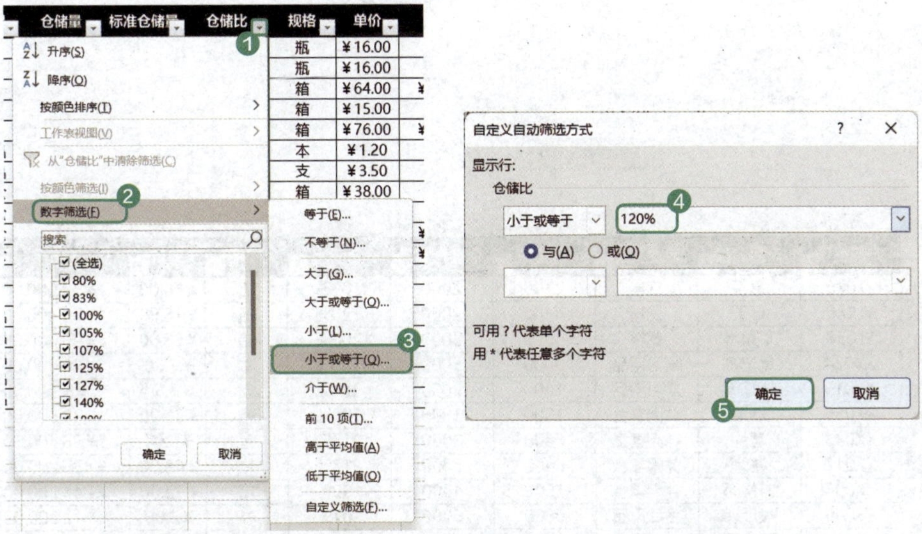


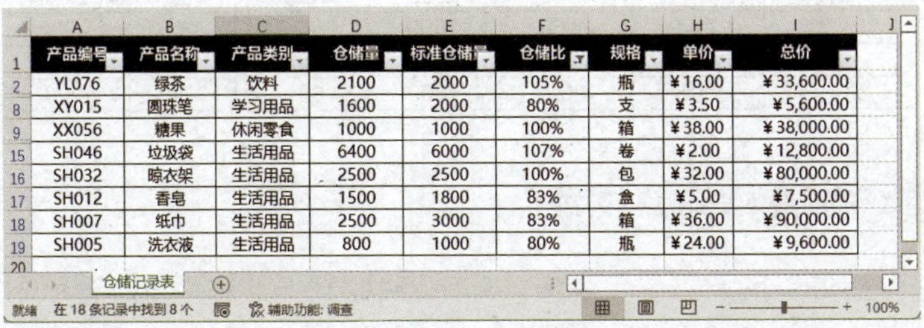

| 产品编号 | 产品名称 | 产品类别 | 仓储量 | 标准仓储量 | 仓储比 | 规格 | 单价 | 总价 |
|---|---|---|---|---|---|---|---|---|
| YL076 | 绿茶 | 饮料 | 2100 | 2000 | 105% | 瓶 | ¥16.00 | ¥33,600.00 |
| XY015 | 圆珠笔 | 学习用品 | 1600 | 2000 | 80% | 支 | ¥3.50 | ¥5,600.00 |
| XX056 | 糖果 | 休闲零食 | 1000 | 1000 | 100% | 箱 | ¥38.00 | ¥38,000.00 |
| SH046 | 垃圾袋 | 生活用品 | 6400 | 6000 | 107% | 卷 | ¥2.00 | ¥12,800.00 |
| SH032 | 晾衣架 | 生活用品 | 2500 | 2500 | 100% | 包 | ¥32.00 | ¥80,000.00 |
| SH012 | 香皂 | 生活用品 | 1500 | 1800 | 83% | 盒 | ¥5.00 | ¥7,500.00 |
| SH007 | 纸巾 | 生活用品 | 2500 | 3000 | 83% | 箱 | ¥36.00 | ¥90,000.00 |
| SH005 | 洗衣液 | 生活用品 | 800 | 1000 | 80% | 瓶 | ¥24.00 | ¥9,600.00 |

### 2. 筛选小于等于或大于等于某一数值的数据

当仓储比大于某个数值的时候，说明货物积压过多，需要尽快消耗库存。如果我们想要同时筛选出需要补仓和消耗的产品，就可以用自定义筛选中的“或”逻辑来实现，具体操作如下。

❶单击“仓储比”单元格右侧的下拉按钮，❷在【数字筛选】子菜单中❸选择【自定义筛选】命令，在弹出的对话框的【小于或等于】文本框中❹输入“120%”，❺选择【或】选项，❻在下方的条件下拉列表中选择【大于或等于】选项，在右侧的文本框中输入“150%”，❼单击【确定】按钮，完成自定义筛选。

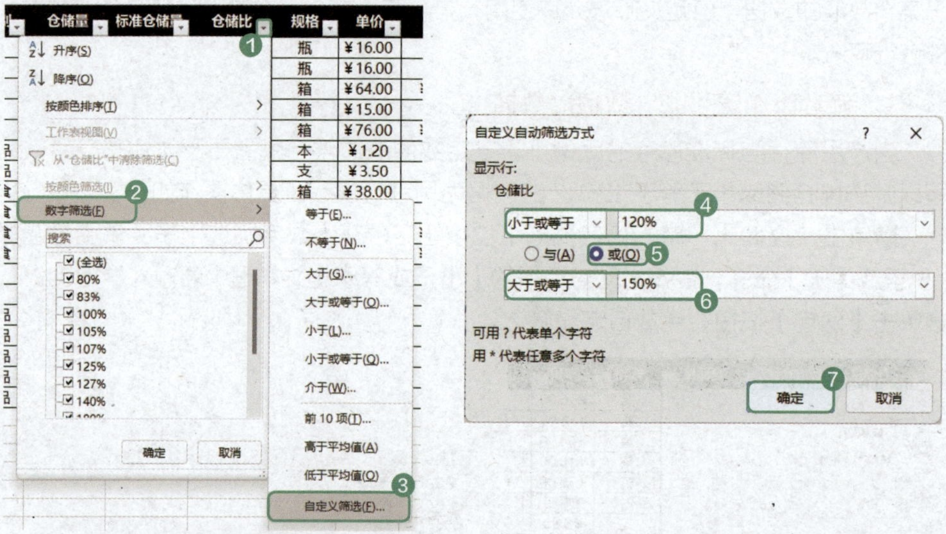


| | A | B | C | D | E | F | G | H | I |
|---|---|---|---|---|---|---|---|---|---|
| 1 | 产品编号 | 产品名称 | 产品类别 | 仓储量 | 标准仓储量 | 仓储比 | 规格 | 单价 | 总价 |
| 2 | YL076 | 绿茶 | 饮料 | 2100 | 2000 | 105% | 瓶 | ¥16.00 | ¥33,600.00 |
| 3 | YL066 | 红茶 | 饮料 | 4400 | 2000 | 220% | 瓶 | ¥16.00 | ¥70,400.00 |
| 5 | YL058 | 矿泉水 | 饮料 | 6000 | 3000 | 200% | 箱 | ¥15.00 | ¥90,000.00 |
| 7 | XY024 | 笔记本 | 学习用品 | 9000 | 5000 | 180% | 本 | ¥1.20 | ¥10,800.00 |
| 8 | XY015 | 圆珠笔 | 学习用品 | 1600 | 2000 | 80% | 支 | ¥3.50 | ¥5,600.00 |
| 9 | XX056 | 糖果 | 休闲零食 | 1000 | 1000 | 100% | 箱 | ¥38.00 | ¥38,000.00 |
| 10 | XX033 | 薯片 | 休闲零食 | 6400 | 3000 | 213% | 包 | ¥6.00 | ¥38,400.00 |
| 11 | XX017 | 火腿肠 | 休闲零食 | 6400 | 3000 | 213% | 箱 | ¥68.00 | ¥435,200.00 |
| 12 | XX008 | 方便面 | 休闲零食 | 7600 | 4000 | 190% | 箱 | ¥32.00 | ¥243,200.00 |
| 15 | SH046 | 垃圾袋 | 生活用品 | 6400 | 6000 | 107% | 卷 | ¥2.00 | ¥12,800.00 |
| 16 | SH032 | 晾衣架 | 生活用品 | 2500 | 2500 | 100% | 包 | ¥32.00 | ¥80,000.00 |
| 17 | SH012 | 香皂 | 生活用品 | 1500 | 1800 | 83% | 盒 | ¥5.00 | ¥7,500.00 |
| 18 | SH007 | 纸巾 | 生活用品 | 2500 | 3000 | 83% | 箱 | ¥36.00 | ¥90,000.00 |
| 19 | SH005 | 洗衣液 | 生活用品 | 800 | 1000 | 80% | 瓶 | ¥24.00 | ¥9,600.00 |

## 8.2.3 表格数据的高级筛选

自定义筛选最多能设置两个条件，如果遇到复杂的筛选就没办法使用自定义筛选了。这个时候就需要用到高级筛选，通过创建条件表格（在数据区域以外的区域创建），一次性完成多条件筛选。这里以查看“饮料”和“生活用品”中仓储比小于等于 120% 及仓储比大于等于 150% 的产品为例，演示高级筛选的用法。

| | M | N |
|---|---|---|
| 1 | 产品类别 | 仓储比 |
| 2 | 饮料 | >=150% |
| 3 | 饮料 | <=120% |
| 4 | 生活用品 | >=150% |
| 5 | 生活用品 | <=120% |

> **• 小贴士** 条件表格的列标题要和待筛选数据区域的列标题一致，否则无法完成筛选。

选中任意一个带有数据的单元格，在【数据】选项卡中❶单击【高级】图标，在弹出的对话框中❷选择【在原有区域显示筛选结果】选项，【列表区域】文本框中会自动填充内容，❸将光标放在【条件区域】文本框中，❹拖曳鼠标选中条件表格区域，❺单击【确定】按钮，完成筛选。

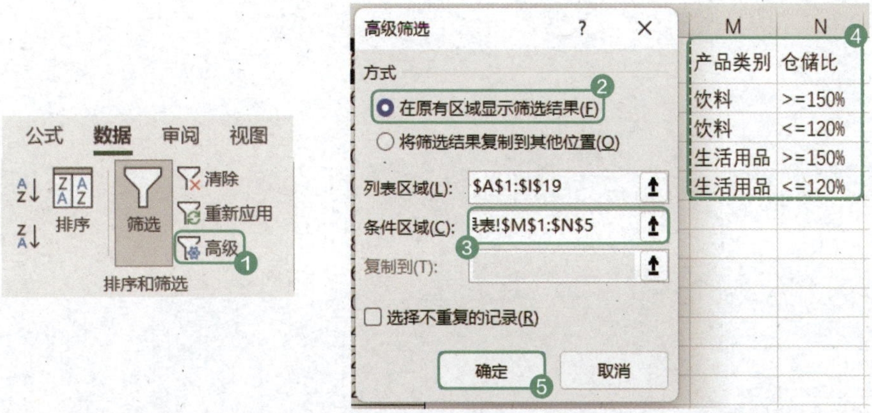


| | A | B | C | D | E | F | G | H | I |
|---|---|---|---|---|---|---|---|---|---|
| 1 | 产品编号 | 产品名称 | 产品类别 | 仓储量 | 标准仓储量 | 仓储比 | 规格 | 单价 | 总价 |
| 2 | YL076 | 绿茶 | 饮料 | 2100 | 2000 | 105% | 瓶 | ¥16.00 | ¥33,600.00 |
| 3 | YL066 | 红茶 | 饮料 | 4400 | 2000 | 220% | 瓶 | ¥16.00 | ¥70,400.00 |
| 5 | YL058 | 矿泉水 | 饮料 | 6000 | 3000 | 200% | 箱 | ¥15.00 | ¥90,000.00 |
| 15 | SH046 | 垃圾袋 | 生活用品 | 6400 | 6000 | 107% | 卷 | ¥2.00 | ¥12,800.00 |
| 16 | SH032 | 晾衣架 | 生活用品 | 2500 | 2500 | 100% | 包 | ¥32.00 | ¥80,000.00 |
| 17 | SH012 | 香皂 | 生活用品 | 1500 | 1800 | 83% | 盒 | ¥5.00 | ¥7,500.00 |
| 18 | SH007 | 纸巾 | 生活用品 | 2500 | 3000 | 83% | 箱 | ¥36.00 | ¥90,000.00 |
| 19 | SH005 | 洗衣液 | 生活用品 | 800 | 1000 | 80% | 瓶 | ¥24.00 | ¥9,600.00 |
| 20 | | | | | | | | | |

仓储记录表

就绪 “筛选”模式 辅助功能: 调查 100%

## 秋叶私房菜

### 1. 造成数据排序不成功的原因有哪些

在排序数据的过程中，有时会因为一些原因造成排序不成功或者无法达到预期的效果，那么这些原因有哪些呢？

具体原因请观看视频学习。

### 2. 利用通配符实现数据的模糊筛选

前面讲解的都是具体数据的筛选，如果想通过某一模糊条件来筛选出包含连续数字的数据，该如何实现呢？其实在 Excel 中利用通配符就可以轻松搞定。

具体操作请观看视频学习。

为了更直观地看到数据之间的关系，可以将数据表格转换为不同类型的图表。此外，当表格数据量大、类别繁多的时候，排序和筛选已经无法满足我们查看和分析数据的需求了，此时就可以根据需求创建多个数据透视表来快速分析不同数据项目的情况。本章将以创建销售数据统计图表和创建店铺销售数据透视表为例来讲解如何借助图表和数据透视表分析数据。

扫描二维码
发送关键词**“秋叶五合一”**
观看视频学习吧！

## 9.1 创建销售数据统计图表

### 案例说明

俗话说“文不如表，表不如图”，当公司的销售数据繁杂时，把数据表格转换为图表可以更直观地呈现数据之间的关系，更好地传递销售信息，以便我们做出后续的战略调整。

本案例中，销售数据统计图表创建完成后的效果如下图所示。

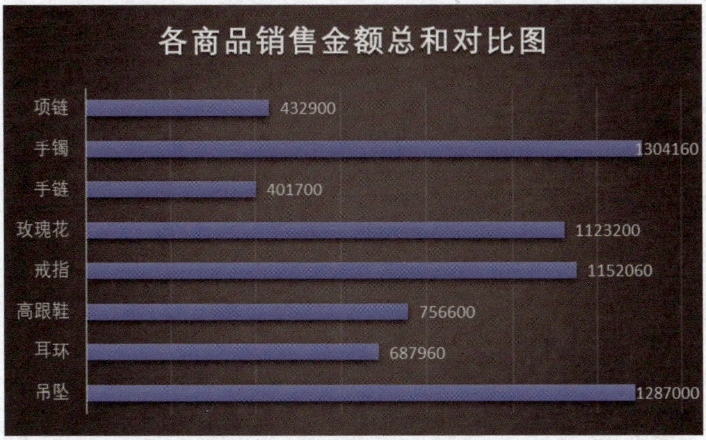


想要在 Excel 中正确地创建图表，必须先选中数据表格，再根据需求选择合适的图表类型。如果图表类型选择错误，不必重新创建，只需修改图表类型即可。为了让图表更为美观，还需要对图表的布局、格式进行调整。

## 9.1.1 创建柱形图，对比不同商品的销售金额

### 1. 不同图表类型的选择

Excel 为用户提供了非常多的图表类型，但是很多用户不知道如何根据需求去选择。这里有一些选择图表类型的方法，帮助用户从需求出发，定位关键词，确定数据关系，进而找到适合自己的图表类型，如表 9-1 所示。

表 9-1　选择图表类型的方法

| 制图需求 | 关键词 | 数据关系 | 图表类型 |
|---|---|---|---|
| 秋叶粉丝各年龄层的占比情况 | 占比、份额、比重、% | 构成 | 饼 / 圆环图 |
| 秋叶粉丝各年龄层的人数对比 | 大于、小于、排名 | 比较 | 柱 / 条形图 |
| 秋叶训练营价格和人数的关联 | 与……有关、正 / 反比 | 相关 | 散点图 |
| 秋叶粉丝近 5 年的变化 | 增长、减少、变化 | 趋势 | 折线图 |
| 不同课程在多方面的对比 | 方面、综合、多维度 | 综合 | 雷达图 |
| 秋叶粉丝在不同年龄层的分布情况 | 集中、频率、分布 | 范围 | 直方图 |

### 2. 创建柱形图

下面来创建销售金额的对比图，其关键词为“对比”，因此选择的图表类型为柱形图，具体操作如下。

打开素材文件夹中的“销售数据表格 .xlsx”文件，切换到“各商品销售金额总和”工作表，❶选中数据区域，在【插入】选项卡中❷单击【插入柱形图或条形图】图标 ，❸选择【二维柱形图】组中的第一个选项，即可完成柱形图的创建。

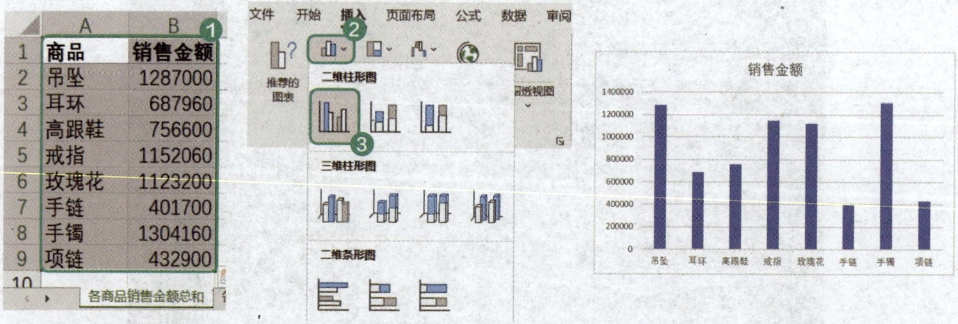


### 3. 更改图表类型

如果觉得柱形图不利于快速对比多个商品的数据，可以将柱形图修改为条形图，具体操作如下。

选中柱形图，在【图表设计】选项卡中❶单击【更改图表类型】图标，在弹出

的【更改图表类型】对话框中❷切换到【条形图】选项卡，❸在右侧选择第一个选项，❹单击【确定】按钮，即可完成图表类型的更换。

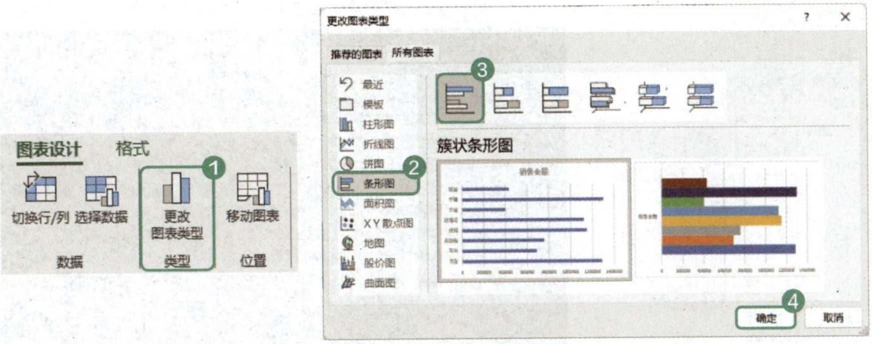


## 4．快速美化图表

Excel 中内置了多种图表样式，在创建完图表后通过选择就可以快速完成图表的美化，具体操作如下。

❶选中图表，在【图表设计】选项卡中❷选择【图表样式】功能组中的样式，即可快速完成图表的美化。

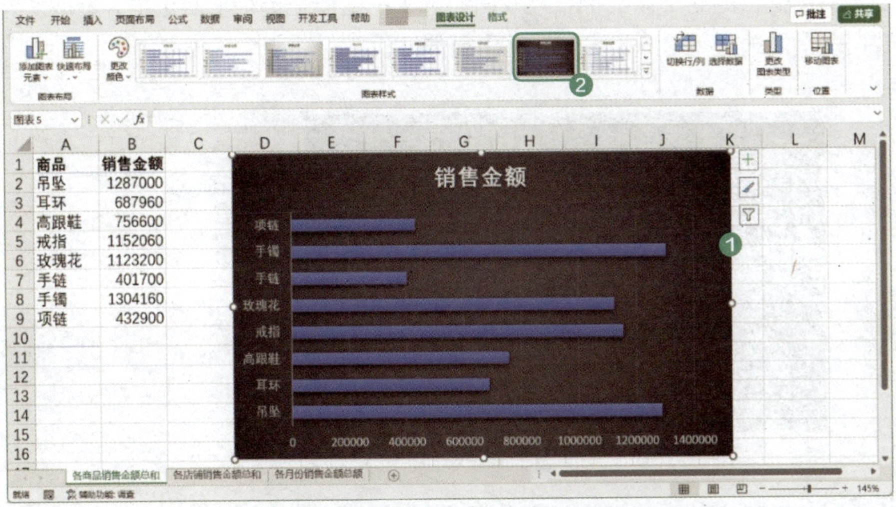


## 5．调整图表的布局

创建图表后，默认的图表缺失很多元素，比如没有显示数据的数据标签、坐标轴名称、数据表格等，此时可以根据需要进行添加。

➤ **使用软件内置的布局效果快速调整布局**

Excel 为图表内置了多种布局效果，选中图表后，在【图表设计】选项卡中

❶单击【快速布局】图标，根据预览图选择布局效果，❷这里选择第二行的第二个布局效果，完成布局的快速切换。

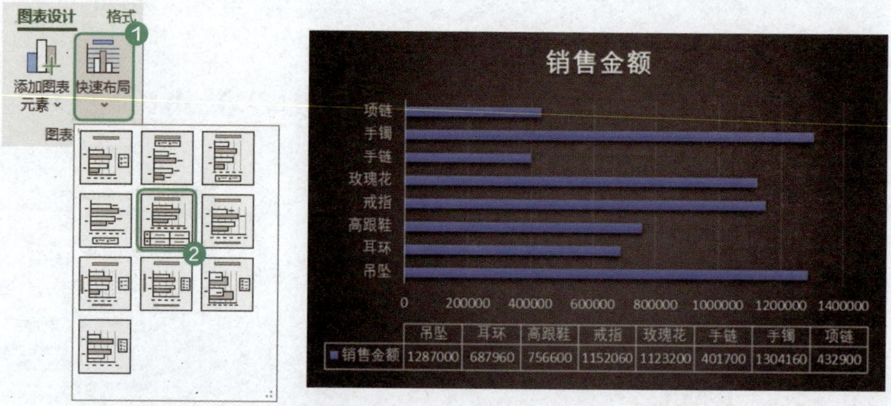


➢ **根据需求自定义调整布局**

有的时候软件内置的布局效果无法满足需求，这时就可以通过手动添加图表元素来调整图表的布局，具体操作如下。

修改图表标题后选中图表，❶单击右上角的【图表元素】图标，❷单击【坐标轴】复选框右侧的三角图标，❸取消勾选【主要横坐标轴】复选框，❹取消勾选【数据表】复选框，勾选【数据标签】复选框。

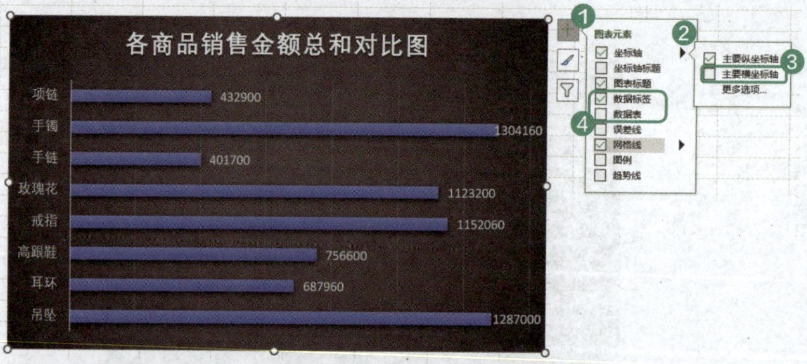


## 9.1.2 创建饼图，查看不同店铺的销售金额占比

### 1．创建饼图

❶切换到“各店铺销售金额总和”工作表，❷选中数据区域，在【插入】选项卡中❸单击【插入饼图或圆环图】图标，❹选择【二维饼图】组中的第一个选项。

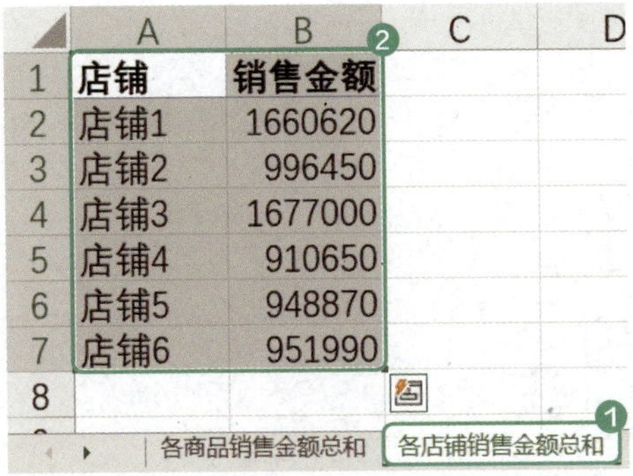


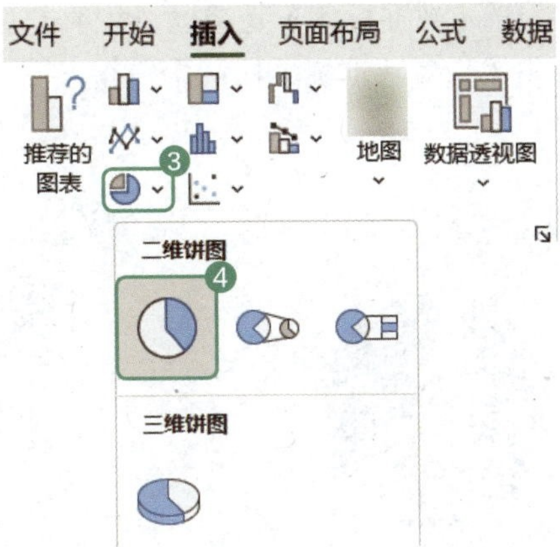


完成饼图的创建，效果如下图所示。

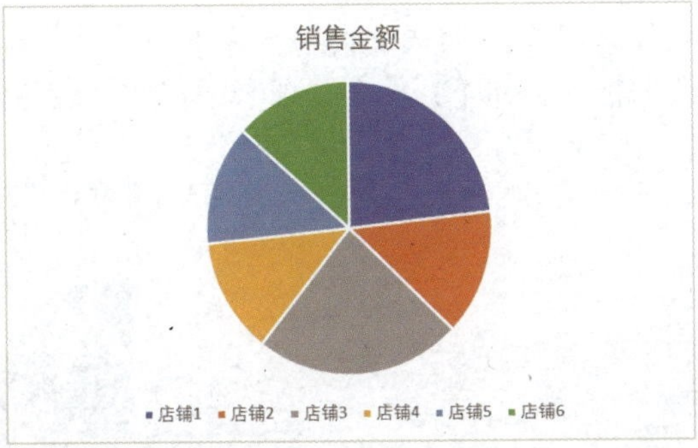


## 2. 修改饼图的颜色

❶选中饼图的标题，修改标题，在【图表设计】选项卡中❷单击【更改颜色】图标，❸选择【单色】组中的第一个选项，完成饼图颜色的修改。

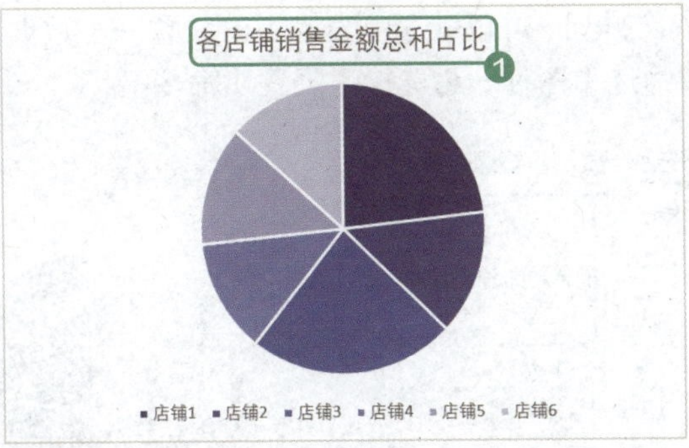

## 3. 优化饼图的布局

01 选中饼图，❶单击右上角的【图表元素】图标，❷取消勾选【图例】复选框，

❸勾选【数据标签】复选框，并单击右侧的三角图标，❹选择【更多选项】命令，弹出【设置数据标签格式】窗格。

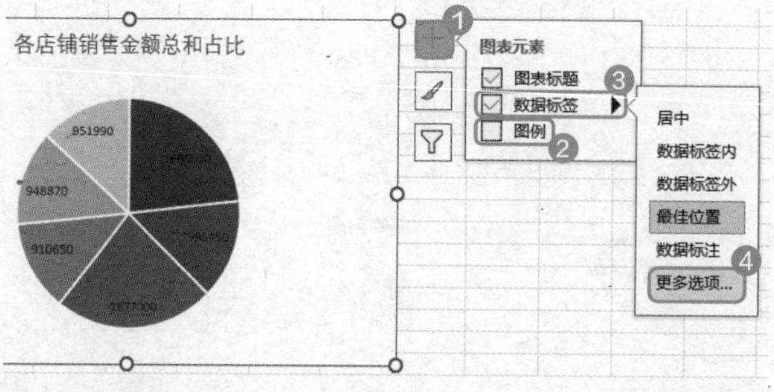


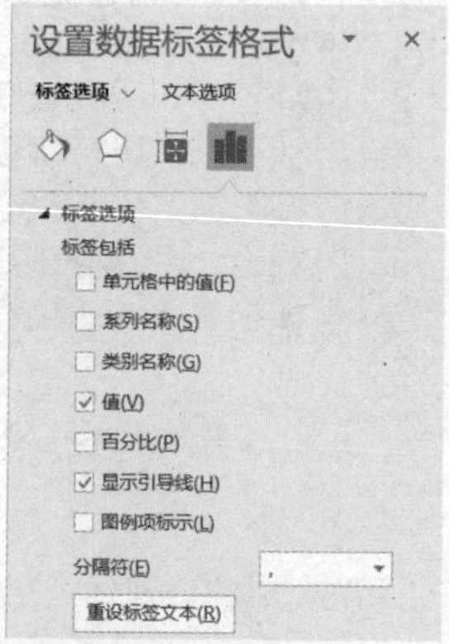


02 ❶取消勾选【值】复选框，勾选【类别名称】和【百分比】复选框，❷选中饼图中的任意一个数据标签，在【开始】选项卡中将文字颜色修改为白色。

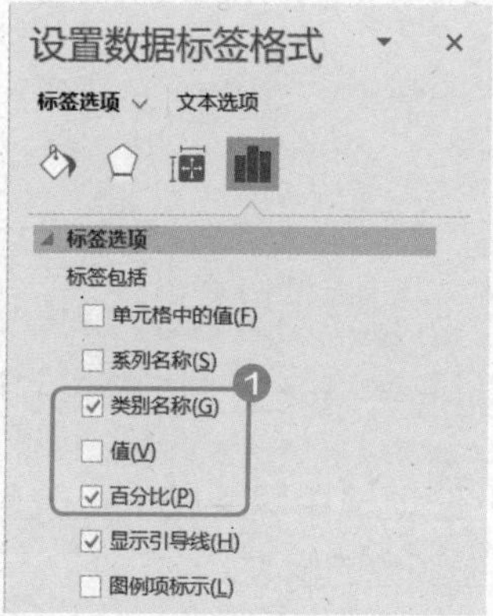


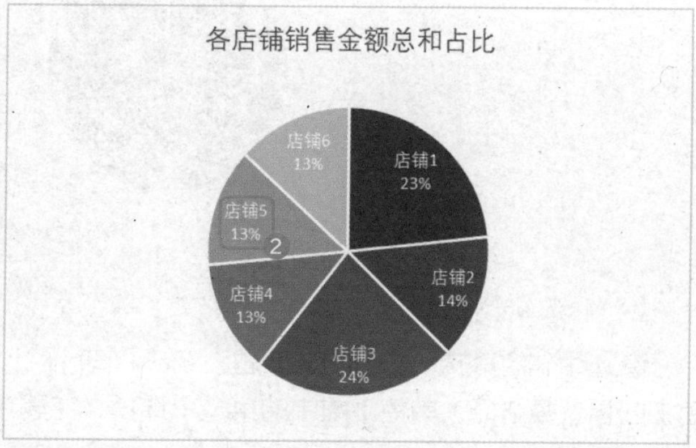


03 如果想让数据从大到小依次排列，可以❶选中表格中的任意一个数据，在【开始】选项卡中❷单击【排序和筛选】图标，❸选择【降序】命令。

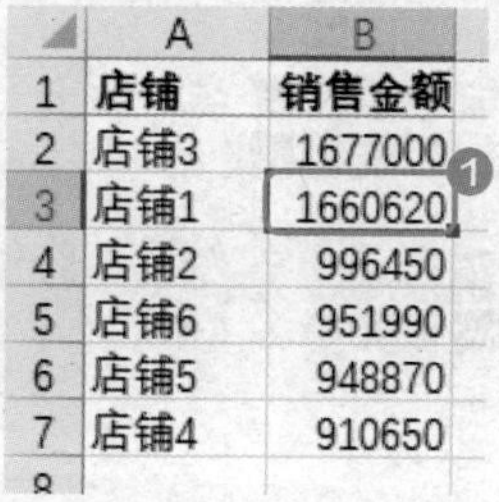


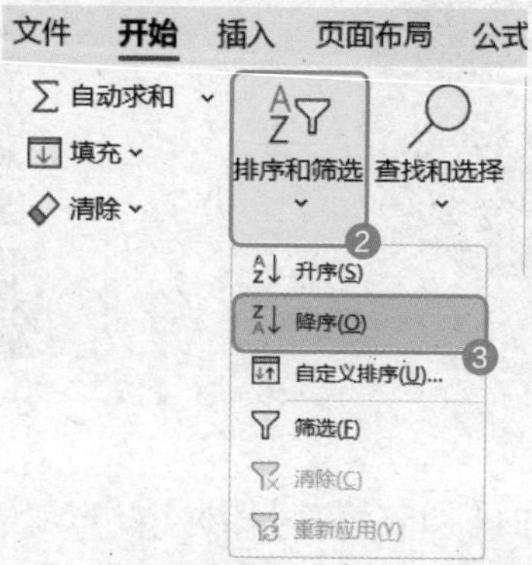


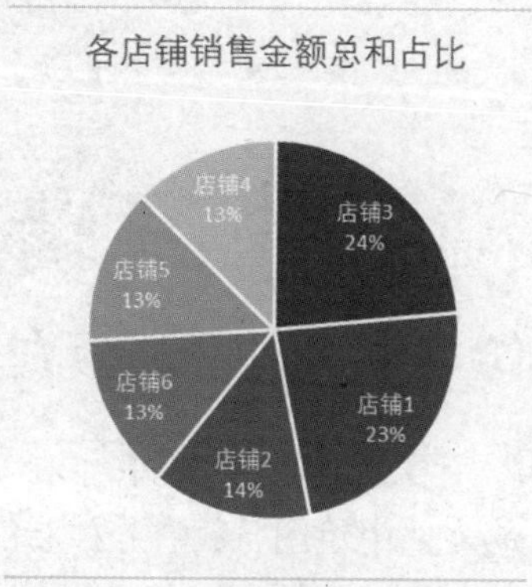

04 如果想单独突出占比最大的扇区，可以先选中整个饼图，再单击对应扇区，单独选中扇区。❶在【设置数据点格式】窗格中选择【系列选项】中的第三个选项，❷增大【点分离】数值，即可将选中的扇区分离。

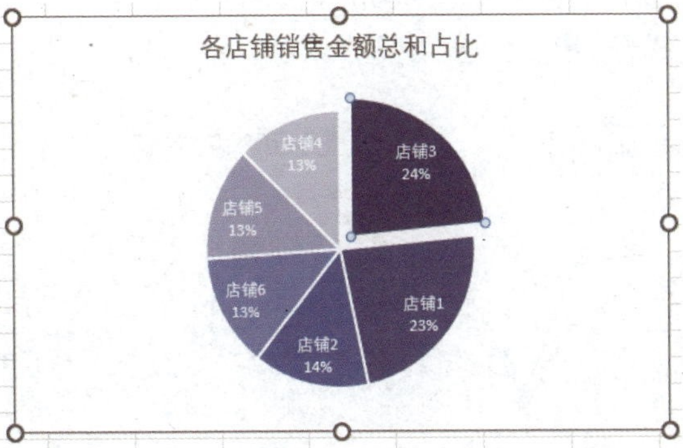


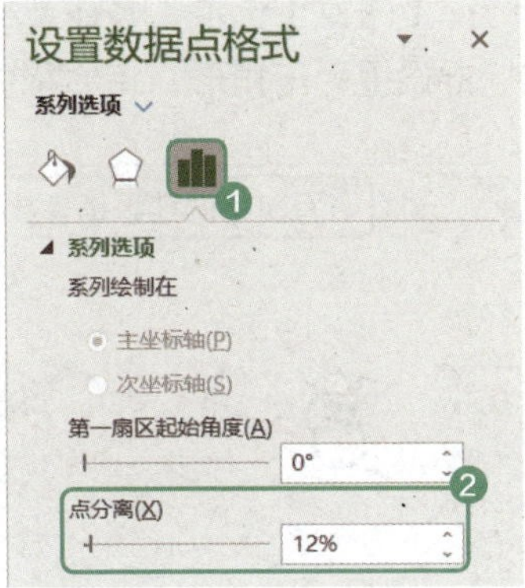


## 9.1.3 创建折线图，查看各月销售金额的变化

### 1. 创建折线图

❶切换到“各月份不同地区销售金额总和”工作表，❷选中数据区域，在【插入】选项卡中❸单击【插入折线图或面积图】图标，❹选择【带数据标记的折线图】选项。

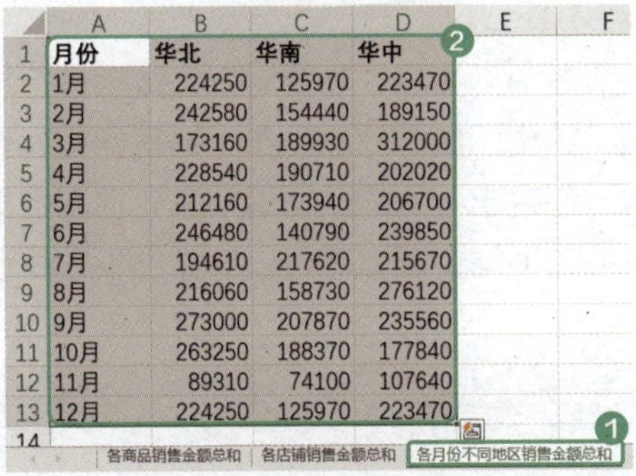

| 月份 | 华北 | 华南 | 华中 |
|---|---|---|---|
| 1月 | 224250 | 125970 | 223470 |
| 2月 | 242580 | 154440 | 189150 |
| 3月 | 173160 | 189930 | 312000 |
| 4月 | 228540 | 190710 | 202020 |
| 5月 | 212160 | 173940 | 206700 |
| 6月 | 246480 | 140790 | 239850 |
| 7月 | 194610 | 217620 | 215670 |
| 8月 | 216060 | 158730 | 276120 |
| 9月 | 273000 | 207870 | 235560 |
| 10月 | 263250 | 188370 | 177840 |
| 11月 | 89310 | 74100 | 107640 |
| 12月 | 224250 | 125970 | 223470 |



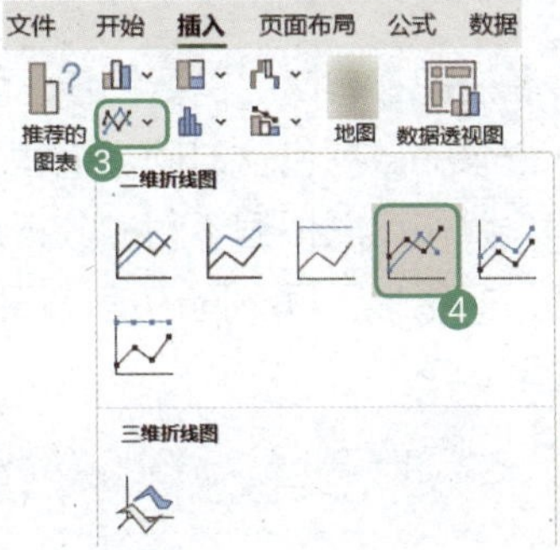


完成折线图的创建，效果如下图所示。

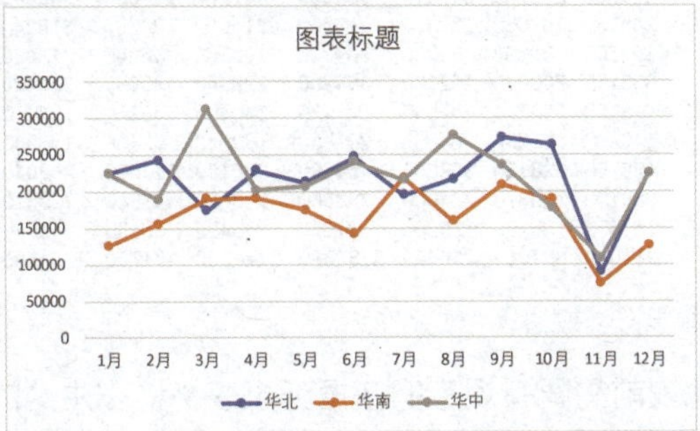

### 2．设置折线图格式

修改折线图标题；为了区分各线条，单击对应的线条，“华北”线条，❶在【设置数据系列格式】窗格中选择【系列选项】中的第一个选项，❷单击【标记】图标，❸选择【内置】选项，❹在【类型】下拉列表中选择圆形。再依次将“华南”线条的标记设置为三角形，将“华中”线条的标记设置为菱形。

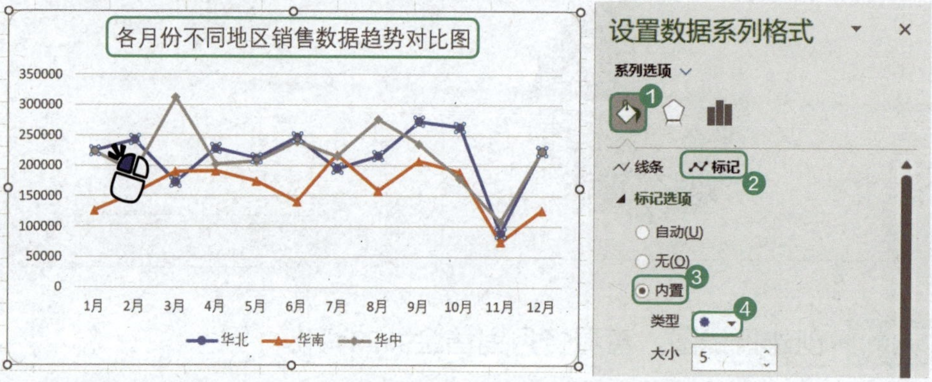


## 9.2 创建店铺销售数据透视表

### 案例说明

很多公司都有商品需要销售，为了查看销售情况，需要对销售数据进行统计与分析。记录的数据包含时间、销售区域、销售门店、商品种类、销售数量、价格、利润等。我们可以根据不同的分析需求，创建出不同的数据透视表，提高数据的分析效率。如果想了解不同店铺、不同商品的销售情况，就可以制作出下图所示的数据透视表。

| 求和项:订单金额（元） | 列标签 | | | | | | | | |
|---|---|---|---|---|---|---|---|---|---|
| 行标签 | 吊坠 | 耳环 | 高跟鞋 | 戒指 | 玫瑰花 | 手链 | 手镯 | 项链 | 总计 |
| **⊟华北** | **514800** | **259740** | **249600** | **333060** | **407160** | **154050** | **536640** | **132600** | **2587650** |
| 店铺3 | 345150 | 193050 | 183300 | 223860 | 210600 | 107250 | 318240 | 95550 | 1677000 |
| 店铺4 | 169650 | 66690 | 66300 | 109200 | 196560 | 46800 | 218400 | 37050 | 910650 |
| **⊟华南** | **333450** | **200070** | **152100** | **354900** | **329940** | **130650** | **324480** | **122850** | **1948440** |
| 店铺2 | 193050 | 84240 | 97500 | 147420 | 140400 | 68250 | 193440 | 72150 | 996450 |
| 店铺6 | 140400 | 115830 | 54600 | 207480 | 189540 | 62400 | 131040 | 50700 | 951990 |
| **⊟华中** | **438750** | **228150** | **354900** | **464100** | **386100** | **117000** | **443040** | **177450** | **2609490** |
| 店铺1 | 269100 | 129870 | 234000 | 333060 | 217620 | 83850 | 299520 | 93600 | 1660620 |
| 店铺5 | 169650 | 98280 | 120900 | 131040 | 168480 | 33150 | 143520 | 83850 | 948870 |
| **总计** | **1287000** | **687960** | **756600** | **1152060** | **1123200** | **401700** | **1304160** | **432900** | **7145580** |

Sheet1 订单明细

在创建数据透视表前需要有规范的数据记录表格。在生成的数据透视表中，可以通过修改布局美化数据透视表，还可以通过调整数据的汇总和显示方式得到不同的计算结果。

## 9.2.1 创建数据透视表

### 1. 规范记录销售数据

在创建数据透视表前需要有规范的数据记录表格，规范的数据记录表应符合这几点要求：①数据区域的第一行为列标题；②列标题不能重名；③每列数据为同一种类型；④必须是一维表格，不能是二维表格。

| | A | B | C | D | E | F | G |
|---|---|---|---|---|---|---|---|
| 1 | 订单日期 | 店铺 | 商品 | 地区 | 数量 | 订单金额（元） | 销售成本（元） |
| 2 | 2021/1/1 | 店铺1 | 戒指 | 华中 | 2 | 10920 | 9360 |
| 3 | 2021/1/2 | 店铺2 | 项链 | 华南 | 1 | 1950 | 1170 |
| 4 | 2021/1/2 | 店铺3 | 吊坠 | 华北 | 2 | 11700 | 8580 |
| 5 | 2021/1/2 | 店铺2 | 手链 | 华南 | 1 | 1950 | 1170 |
| 6 | 2021/1/2 | 店铺3 | 玫瑰花 | 华北 | 1 | 7020 | 3120 |
| 7 | 2021/1/2 | 店铺1 | 项链 | 华中 | 1 | 1950 | 1170 |
| 8 | 2021/1/3 | 店铺1 | 项链 | 华中 | 2 | 3900 | 2340 |

| 商品 | 地区 | 数量 | 订单金额（元） | 销售成本（元） |
|---|---|---|---|---|
| 戒指 | 华中 | 2 | 10920 | 9360 |
| 项链 | 华南 | 1 | 1950 | 1170 |
| 吊坠 | 华北 | 2 | 11700 | 8580 |
| 手链 | 华南 | 1 | 1950 | 1170 |
| 玫瑰花 | 华北 | 1 | 7020 | 3120 |
| 项链 | 华中 | 1 | 1950 | 1170 |

一维表格示意图

| | 吊坠 | 耳环 | 高跟鞋 | 戒指 |
|---|---|---|---|---|
| 店铺 1 | 26.9 万 | 13.0 万 | 23.4 万 | 33.3 万 |
| 店铺 2 | 19.3 万 | 8.4 万 | 9.8 万 | 14.7 万 |
| 店铺 3 | 34.5 万 | 19.3 万 | 18.3 万 | 22.4 万 |
| 店铺 4 | 17.0 万 | 6.7 万 | 6.6 万 | 10.9 万 |
| 店铺 5 | 17.0 万 | 9.8 万 | 12.1 万 | 13.1 万 |
| 店铺 6 | 14.0 万 | 11.6 万 | 5.5 万 | 20.7 万 |

二维表格示意图

### 2. 选择数据区域，创建数据透视表

选中数据区域中的任意一个单元格，在【插入】选项卡中❶单击【数据透视表】图标，弹出【选择表格或区域】对话框，【表/区域】文本框中会自动填入整个订单明细表的数据区域，❷选择【新工作表】选项，❸单击【确定】按钮。

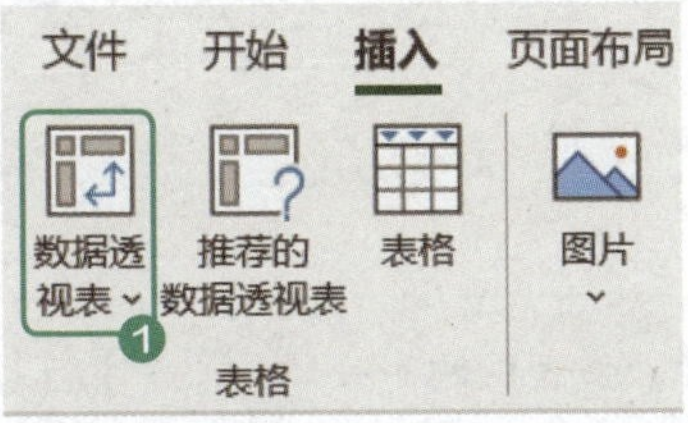


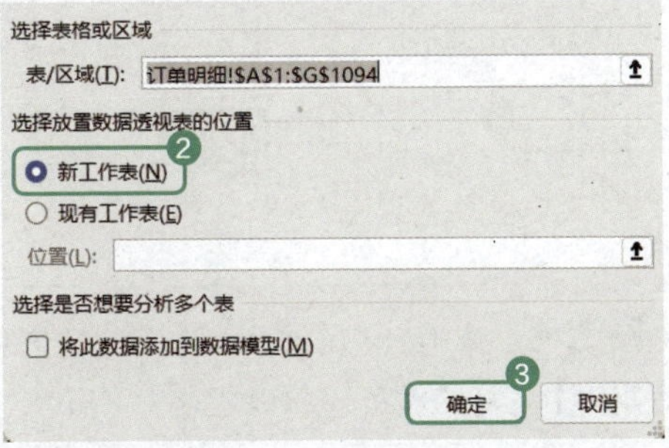

Excel 会自动新建一个工作表，并生成一个空白的数据透视表，界面右侧还会自动弹出【数据透视表字段】窗格。

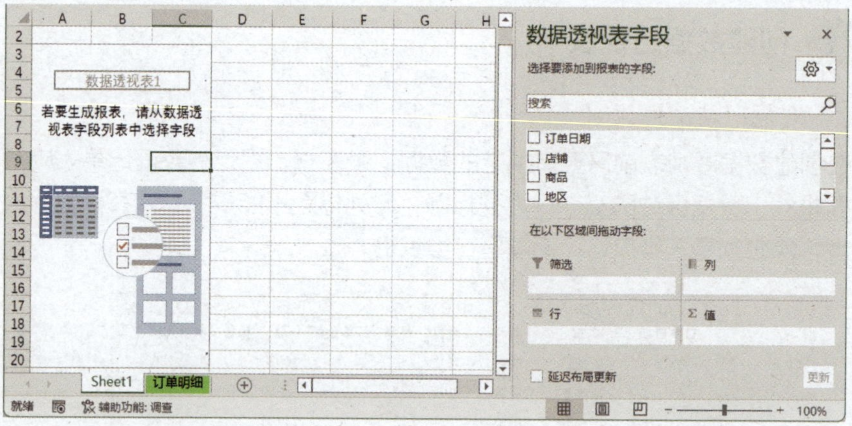


### 3．汇总各店铺 1 ～ 12 月的销售金额

创建空白的数据透视表后，需要根据需求在【数据透视表字段】窗格中选择合适的字段，并将其放置在对应的位置。这里以创建各店铺 1 ～ 12 月销售金额的数据透视表为例进行演示，具体操作如下。

01 在【数据透视表字段】窗格中，❶将【订单日期】字段拖曳到【行】区域中，❷将【订单日期】字段拖曳到【数据透视表字段】窗格之外，❸【行】区域中只保留【月】字段。

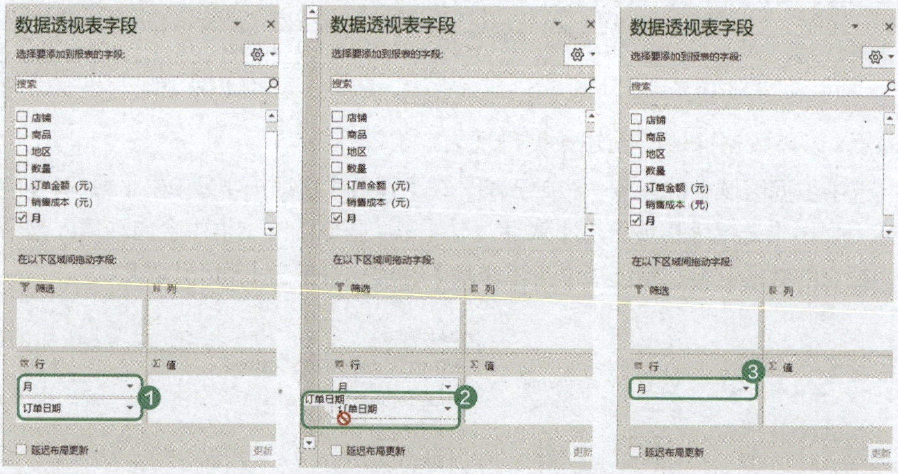


• **小贴士** 当【订单日期】拖曳到【行】区域中后，会变成两个字段：【月】和【订单日期】，这样就可以按月汇总数据了。

02 ❶将【店铺】字段拖曳到【列】区域中，❷将【订单金额（元）】字段拖曳到【值】区域中，即可按月汇总每个店铺的销售金额。

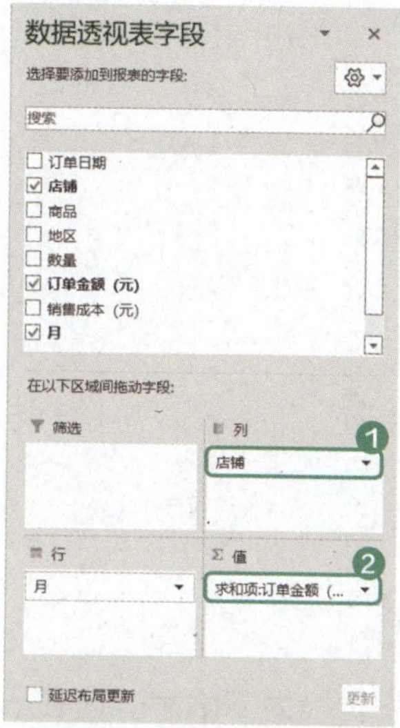


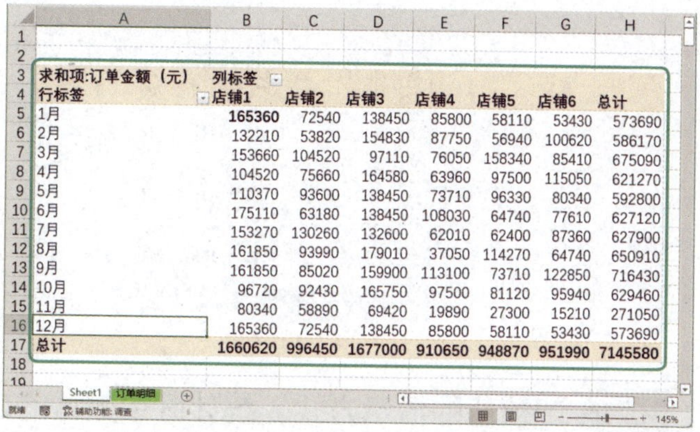

| 求和项:订单金额（元） | 列标签 | | | | | | |
|---|---|---|---|---|---|---|---|
| 行标签 | 店铺1 | 店铺2 | 店铺3 | 店铺4 | 店铺5 | 店铺6 | 总计 |
| 1月 | 165360 | 72540 | 138450 | 85800 | 58110 | 53430 | 573690 |
| 2月 | 132210 | 53820 | 154830 | 87750 | 56940 | 100620 | 586170 |
| 3月 | 153660 | 104520 | 97110 | 76050 | 158340 | 85410 | 675090 |
| 4月 | 104520 | 75660 | 164580 | 63960 | 97500 | 115050 | 621270 |
| 5月 | 110370 | 93600 | 138450 | 73710 | 96330 | 80340 | 592800 |
| 6月 | 175110 | 63180 | 138450 | 108030 | 64740 | 77610 | 627120 |
| 7月 | 153270 | 130260 | 132600 | 62010 | 62400 | 87360 | 627900 |
| 8月 | 161850 | 93990 | 179010 | 37050 | 114270 | 64740 | 650910 |
| 9月 | 161850 | 85020 | 159900 | 113100 | 73710 | 122850 | 716430 |
| 10月 | 96720 | 92430 | 165750 | 97500 | 81120 | 95940 | 629460 |
| 11月 | 80340 | 58890 | 69420 | 19890 | 27300 | 15210 | 271050 |
| 12月 | 165360 | 72540 | 138450 | 85800 | 58110 | 53430 | 573690 |
| 总计 | 1660620 | 996450 | 1677000 | 910650 | 948870 | 951990 | 7145580 |

## 9.2.2 设置值的汇总方式，按店铺统计商品的订单数量

将字段拖曳到【值】区域中之后，默认会对数据进行求和。如果想要获取其他形式的结果，就需要手动调整数据的汇总方式，根据需求进行计数、求平均值等计算。这里以统计各个月份不同店铺的订单数量为例进行演示，具体操作如下。

在【数据透视表字段】窗格中❶单击【求和项：订单金额（元）】字段，❷选择【值字段设置】命令；在打开的对话框中❸将【自定义名称】修改为【订单数】，❹将【计算类型】修改为【计数】，❺单击【确定】按钮。

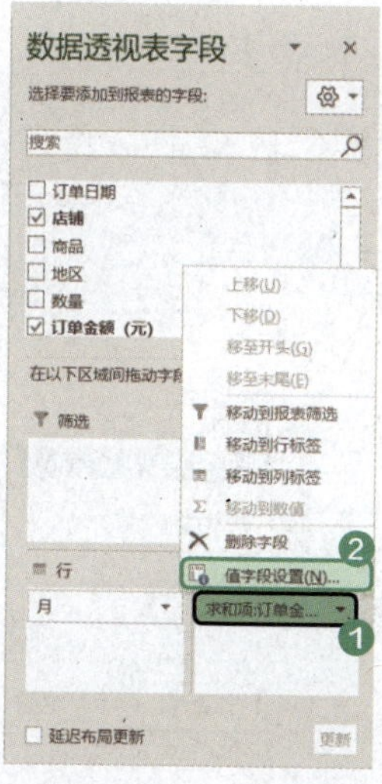


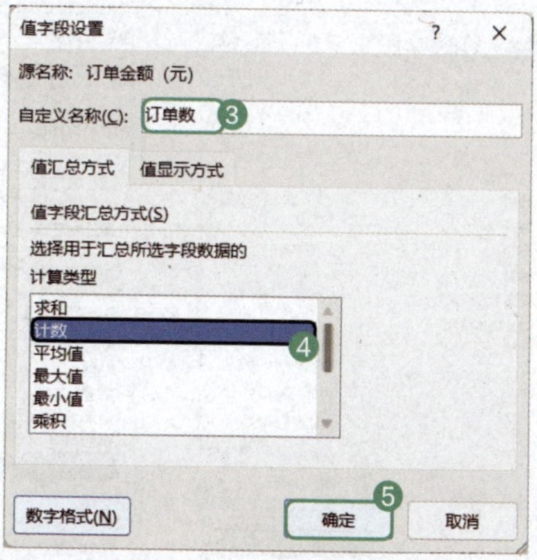

设置完成后的数据透视表如下图所示。

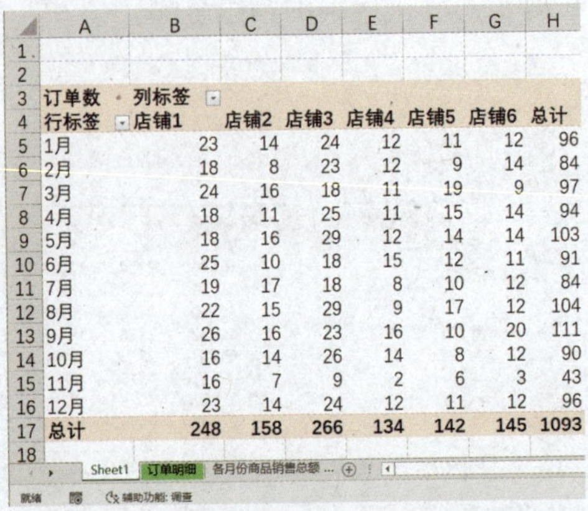

| 订单数 | 列标签 | | | | | | |
|---|---|---|---|---|---|---|---|
| 行标签 | 店铺1 | 店铺2 | 店铺3 | 店铺4 | 店铺5 | 店铺6 | 总计 |
| 1月 | 23 | 14 | 24 | 12 | 11 | 12 | 96 |
| 2月 | 18 | 8 | 23 | 12 | 9 | 14 | 84 |
| 3月 | 24 | 16 | 18 | 11 | 19 | 9 | 97 |
| 4月 | 18 | 11 | 25 | 11 | 15 | 14 | 94 |
| 5月 | 18 | 16 | 29 | 12 | 14 | 14 | 103 |
| 6月 | 25 | 10 | 18 | 15 | 12 | 11 | 91 |
| 7月 | 19 | 17 | 18 | 8 | 10 | 12 | 84 |
| 8月 | 22 | 15 | 29 | 9 | 17 | 12 | 104 |
| 9月 | 26 | 16 | 23 | 16 | 10 | 20 | 111 |
| 10月 | 16 | 14 | 26 | 14 | 8 | 12 | 90 |
| 11月 | 16 | 7 | 9 | 2 | 6 | 3 | 43 |
| 12月 | 23 | 14 | 24 | 12 | 11 | 12 | 96 |
| 总计 | 248 | 158 | 266 | 134 | 142 | 145 | 1093 |

## 9.2.3 调整值的显示方式，统计订单数量的环比

数据透视表的强大之处不仅在于它可以快速从一维表转换为二维表，还在于它可以在不借助任何函数的情况下实现多种形式的数据计算，如计算数据之间的差异、差异百分比、占总计的比例等，而这些只需要调整值的显示方式就可以实现。这里以计算各个月份订单数环比为例进行演示，各个月份订单数环比的计算公式如下。

$$各个月份订单数环比=\frac{当月订单数-上月订单数}{上月订单数}\times 100\%$$

在【数据透视表字段】窗格中❶单击【值】区域中的【订单数】字段，❷选择【值字段设置】命令，在弹出的对话框中❸切换到【值显示方式】选项卡，❹修改【值显示方式】为【差异百分比】，❺设置【基本字段】为【月】，❻设置【基本项】为【（上一个）】，❼单击【确定】按钮。

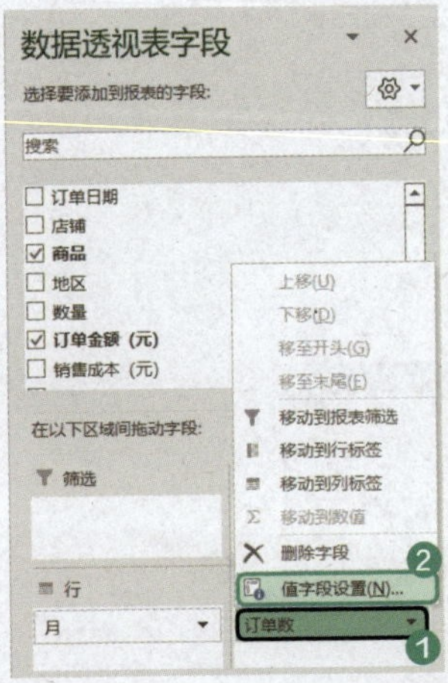


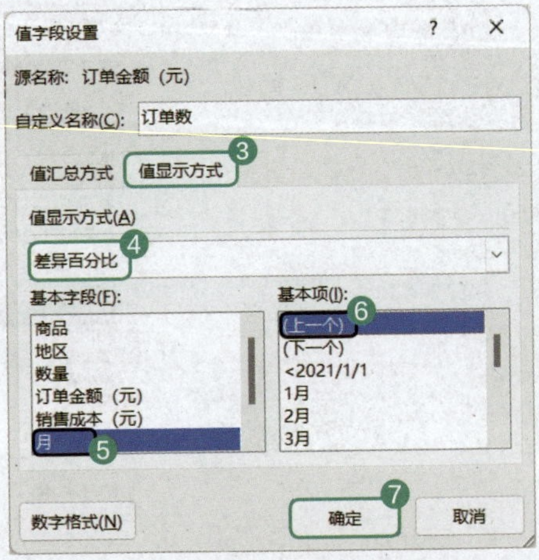

计算完成后的效果如下图所示。因为销售统计表中并没有2020年12月的数据，故1月的环比为空。

| 订单数 | 列标签 | | | | | | | | |
|---|---|---|---|---|---|---|---|---|---|
| 行标签 | 吊坠 | 耳环 | 高跟鞋 | 戒指 | 玫瑰花 | 手链 | 手镯 | 项链 | 总计 |
| 1月 | | | | | | | | | |
| 2月 | -21.43% | -50.00% | 7.69% | -35.71% | 175.00% | -8.33% | 27.27% | -50.00% | -12.50% |
| 3月 | 27.27% | 66.67% | -14.29% | 44.44% | -36.36% | 27.27% | 21.43% | 25.00% | 15.48% |
| 4月 | -42.86% | -10.00% | -16.67% | -30.77% | 57.14% | -28.57% | 17.65% | 70.00% | -3.09% |
| 5月 | 12.50% | 88.89% | 80.00% | 55.56% | -27.27% | 70.00% | -65.00% | -23.53% | 9.57% |
| 6月 | 66.67% | -17.65% | -77.78% | 7.14% | 37.50% | -47.06% | 57.14% | -7.69% | -11.65% |
| 7月 | 26.67% | -42.86% | 175.00% | -33.33% | -18.18% | -22.22% | 9.09% | -33.33% | -7.69% |
| 8月 | -26.32% | 87.50% | 0.00% | 0.00% | -44.44% | 171.43% | 16.67% | 100.00% | 23.81% |
| 9月 | -28.57% | -13.33% | 18.18% | 90.00% | 180.00% | -15.79% | -21.43% | -6.25% | 6.73% |
| 10月 | 40.00% | -61.54% | 0.00% | -31.58% | 0.00% | -56.25% | -27.27% | 6.67% | -18.92% |
| 11月 | -57.14% | 40.00% | -84.62% | -69.23% | -50.00% | -28.57% | -50.00% | -50.00% | -52.22% |
| 12月 | 133.33% | 71.43% | 550.00% | 250.00% | -42.86% | 140.00% | 175.00% | 100.00% | 123.26% |
| 总计 | | | | | | | | | |

## 9.2.4 优化透视表布局

数据透视表默认以压缩的形式呈现，这跟普通的数据表格相比差异较大，这时我们可以通过调整数据透视表的布局，将其调整到和常规表格一致。这里以创建不同区域各店铺和各商品销售总额的数据透视表为例进行演示，具体操作如下。

01 在【数据透视表字段】窗格中，❶将【地区】【店铺】字段先后拖曳到【行】区域中，❷将【商品】字段拖曳到【列】区域中，❸将【订单金额（元）】字段拖曳到【值】区域中，得到所需的数据透视表。

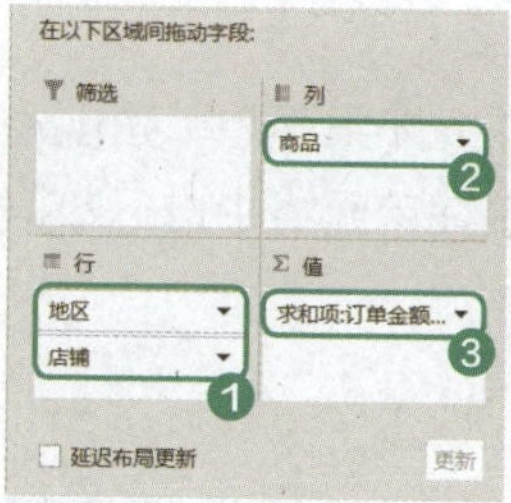


| 求和项:订单金额（元） | 列标签 | | | | | | | | |
|---|---|---|---|---|---|---|---|---|---|
| 行标签 | 吊坠 | 耳环 | 高跟鞋 | 戒指 | 玫瑰花 | 手链 | 手镯 | 项链 | 总计 |
| ⊟华北 | 514800 | 259740 | 249600 | 333060 | 407160 | 154050 | 536640 | 132600 | 2587650 |
| 店铺3 | 345150 | 193050 | 183300 | 223860 | 210600 | 107250 | 318240 | 95550 | 1677000 |
| 店铺4 | 169650 | 66690 | 66300 | 109200 | 196560 | 46800 | 218400 | 37050 | 910650 |
| ⊟华南 | 333450 | 200070 | 152100 | 354900 | 329940 | 130650 | 324480 | 122850 | 1948440 |
| 店铺2 | 193050 | 84240 | 97500 | 147420 | 140400 | 68250 | 193440 | 72150 | 996450 |
| 店铺6 | 140400 | 115830 | 54600 | 207480 | 189540 | 62400 | 131040 | 50700 | 951990 |
| ⊟华中 | 438750 | 228150 | 354900 | 464100 | 386100 | 117000 | 443040 | 177450 | 2609490 |
| 店铺1 | 269100 | 129870 | 234000 | 333060 | 217620 | 83850 | 299520 | 93600 | 1660620 |
| 店铺5 | 169650 | 98280 | 120900 | 131040 | 168480 | 33150 | 143520 | 83850 | 948870 |
| 总计 | 1287000 | 687960 | 756600 | 1152060 | 1123200 | 401700 | 1304160 | 432900 | 7145580 |

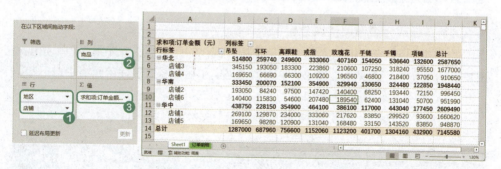

02 在【设计】选项卡中❶单击【报表布局】图标，❷分别选择【以表格形式显示】命令和【重复所有项目标签】命令，数据透视表就会自动转换为我们熟悉的常规表格样式。

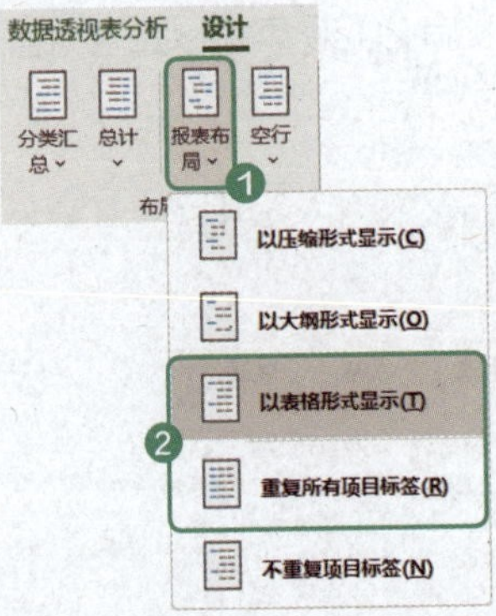


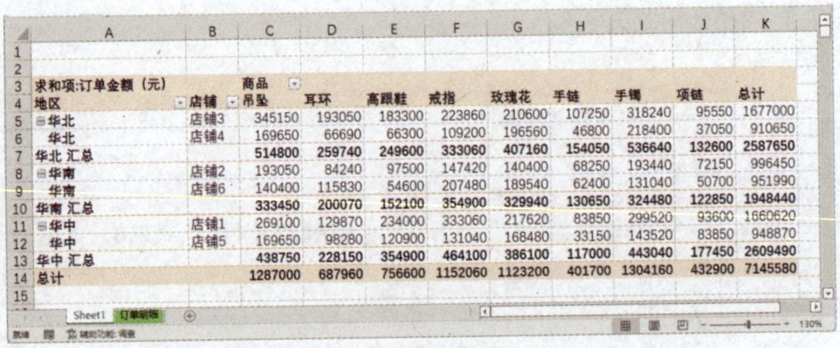

| | A | B | C | D | E | F | G | H | I | J | K |
|---|---|---|---|---|---|---|---|---|---|---|---|
| 1 | | | | | | | | | | | |
| 2 | | | | | | | | | | | |
| 3 | 求和项:订单金额（元） | | 商品 | | | | | | | | |
| 4 | 地区 | 店铺 | 吊坠 | 耳环 | 高跟鞋 | 戒指 | 玫瑰花 | 手链 | 手镯 | 项链 | 总计 |
| 5 | ⊟华北 | 店铺3 | 345150 | 193050 | 183300 | 223860 | 210600 | 107250 | 318240 | 95550 | 1677000 |
| 6 | 华北 | 店铺4 | 169650 | 66690 | 66300 | 109200 | 196560 | 46800 | 218400 | 37050 | 910650 |
| 7 | 华北 汇总 | | 514800 | 259740 | 249600 | 333060 | 407160 | 154050 | 536640 | 132600 | 2587650 |
| 8 | ⊟华南 | 店铺2 | 193050 | 84240 | 97500 | 147420 | 140400 | 68250 | 193440 | 72150 | 996450 |
| 9 | 华南 | 店铺6 | 140400 | 115830 | 54600 | 207480 | 189540 | 62400 | 131040 | 50700 | 951990 |
| 10 | 华南 汇总 | | 333450 | 200070 | 152100 | 354900 | 329940 | 130650 | 324480 | 122850 | 1948440 |
| 11 | ⊟华中 | 店铺1 | 269100 | 129870 | 234000 | 333060 | 217620 | 83850 | 299520 | 93600 | 1660620 |
| 12 | 华中 | 店铺5 | 169650 | 98280 | 120900 | 131040 | 168480 | 33150 | 143520 | 83850 | 948870 |
| 13 | 华中 汇总 | | 438750 | 228150 | 354900 | 464100 | 386100 | 117000 | 443040 | 177450 | 2609490 |
| 14 | 总计 | | 1287000 | 687960 | 756600 | 1152060 | 1123200 | 401700 | 1304160 | 432900 | 7145580 |
| 15 | | | | | | | | | | | |

03 如果不想让表格中出现各个地区的汇总数据和总计数据，❶可以单击【分类汇总】图标，❷选择【不显示分类汇总】命令；❸单击【总计】图标，❹选择【对行和列禁用】命令。

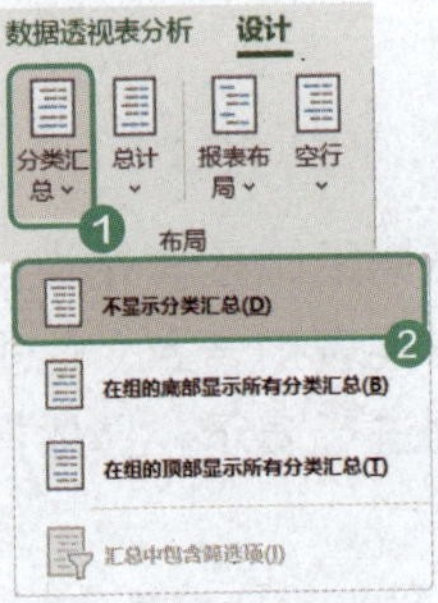


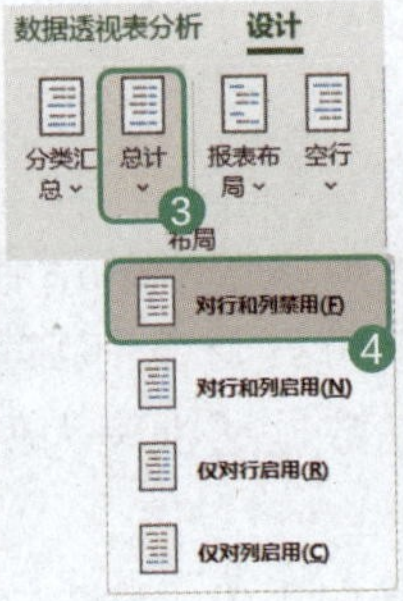


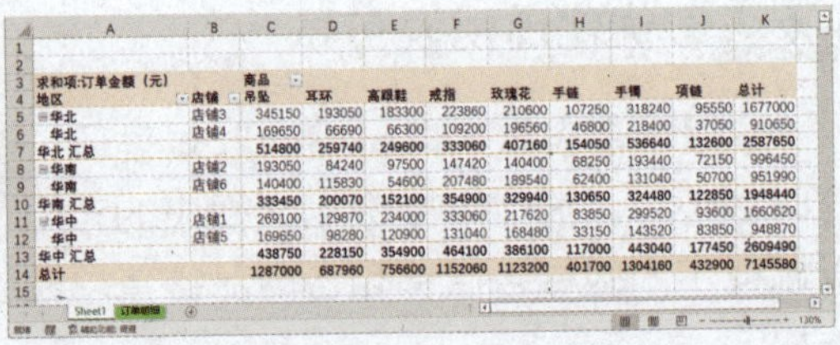

# 职场拓展

## 用条件格式与迷你图快速分析销售业绩

通过创建图表来分析销售数据是使数据可视化的一种方法，如果不想单独创建图表来呈现数据，可以借助 Excel 中的条件格式和迷你图直接在单元格中进行数据分析。

使用条件格式和迷你图分析数据的效果如下图所示。

2020-2022上半年杂志媒体刊例花费TOP10品类变化

| 花费排名 | 种类 | 2020上半年增幅 | 2020上半年占比 | 种类 | 2021上半年增幅 | 2021上半年占比 | 种类 | 2022上半年增幅 | 2022上半年占比 |
|---|---|---|---|---|---|---|---|---|---|
| 1 | 个人系列用品 | 10.50% | 15.60% | 个人系列用品 | -9.80% | 15.30% | 护肤用品 | -18.40% | 12.70% |
| 2 | 护肤用品 | -40.00% | 14.30% | 护肤用品 | -4.40% | 14.60% | 个人系列用品 | -23.80% | 12.40% |
| 3 | 交通工具 | 39.40% | 9.80% | 交通工具 | -18.40% | 8.60% | 交通工具 | 15.30% | 10.50% |
| 4 | 钟表 | 35.50% | 6.20% | 钟表 | 21.60% | 8.10% | 钟表 | 2.60% | 8.90% |
| 5 | 珠宝/首饰 | -21.50% | 5.80% | 珠宝/首饰 | -13.40% | 5.40% | 珠宝/首饰 | 19.90% | 6.90% |
| 6 | 彩妆 | 15.10% | 5.20% | 彩妆 | -8.30% | 5.10% | 彩妆 | 3.50% | 5.70% |
| 7 | 衣着系列产品 | -30.00% | 4.50% | 衣着系列产品 | -19.20% | 3.90% | 衣着系列产品 | -10.60% | 4.60% |
| 8 | 家具/装饰材料 | 5.00% | 2.50% | 香水 | 36.10% | 2.70% | 香水 | 5.60% | 2.70% |
| 9 | 体育用品 | 12.00% | 2.40% | 家具/装饰材料 | -6.50% | 2.50% | 家具/装饰材料 | -11.30% | 2.40% |
| 10 | 房地产 | 6.50% | 2.40% | 体育用品 | -20.20% | 2.10% | 服装 | 12.60% | 2.00% |

| 月份 | 华北 | 华南 | 华中 | 数据对比 |
|---|---|---|---|---|
| 1月 | 224250 | 125970 | 223470 | |
| 2月 | 242580 | 154440 | 189150 | |
| 3月 | 173160 | 189930 | 312000 | |
| 4月 | 228540 | 190710 | 202020 | |
| 5月 | 212160 | 173940 | 206700 | |
| 6月 | 246480 | 140790 | 239850 | |
| 7月 | 194610 | 217620 | 215670 | |
| 8月 | 216060 | 158730 | 276120 | |
| 9月 | 273000 | 207870 | 235560 | |
| 10月 | 263250 | 188370 | 177840 | |
| 11月 | 89310 | 74100 | 107640 | |
| 12月 | 224250 | 125970 | 223470 | |

| 商品 | 第一季 | 第二季 | 第三季 | 第四季 | 变化趋势 |
|---|---|---|---|---|---|
| 吊坠 | 58 | 46 | 66 | 50 | |
| 耳环 | 41 | 65 | 57 | 33 | |
| 高跟鞋 | 58 | 46 | 49 | 41 | |
| 戒指 | 55 | 53 | 58 | 45 | |
| 玫瑰花 | 30 | 47 | 45 | 38 | |
| 手链 | 54 | 50 | 65 | 37 | |
| 手镯 | 66 | 53 | 56 | 34 | |
| 项链 | 50 | 60 | 56 | 56 | |

具体操作请观看视频学习。

## 秋叶私房菜

### 1．如何让折线图的线条变得平滑

默认的折线图的线条在数据拐点处并不平滑，能否让折线图的线条在数据拐点处变得平滑呢？

具体操作请观看视频学习。

### 2．在数据透视表中实现各个字段之间的相互计算

在默认情况下，数据透视表中包含的字段只有原始记录表格中的字段，如果想要实现不同字段之间的相互计算，难道只能手动输入公式进行引用计算吗？其实在数据透视表中可以通过自定义新的计算项来实现字段间的相互计算。

具体操作请观看视频学习。

### 3．添加切片器让数据透视表“动”起来

创建的数据透视表往往包含过多的数据，如果想要筛选出符合自己需求的数据，用筛选功能又过于麻烦，有没有什么方法可以快速实现多条件筛选呢？其实可以借助 Excel 中的切片器功能来实现。

具体操作请观看视频学习。

在使用 Excel 制作表格并整理数据时，常常要用函数与公式来自动统计或处理表格中的数据。掌握函数与公式的使用方法和技巧不仅能提高工作效率，还能提高对数据的处理与分析能力。本章将讲解函数和公式在工作中的应用，并以制作员工工资条为例讲解函数的综合应用。

扫描二维码
发送关键词“秋叶五合一”
观看视频学习吧！

## 10.1 求和函数在工作中的应用

对数据进行汇总求和需要用到求和函数，如果待求和的数据分布在多个工作表中，还需要进行跨表求和。

### 10.1.1 快速完成各部门数据的求和

每个月公司都会对各个部门的数据进行统计汇总，如果想要知道各部门的数据小计和整个公司的业绩总和，可以手动输入计算公式来实现，也可以使用 SUM 函数快速实现，具体操作如下。

#### 1. 手动输入计算公式完成求和

01 打开素材文件夹中的“部门数据小计和总计 .xlsx”文件，❶将光标定位到 F2 单元格，输入公式“=B2+C2+D2+E2”，❷按【Enter】键即可得到阎初阳前 4 个月的业绩总和。

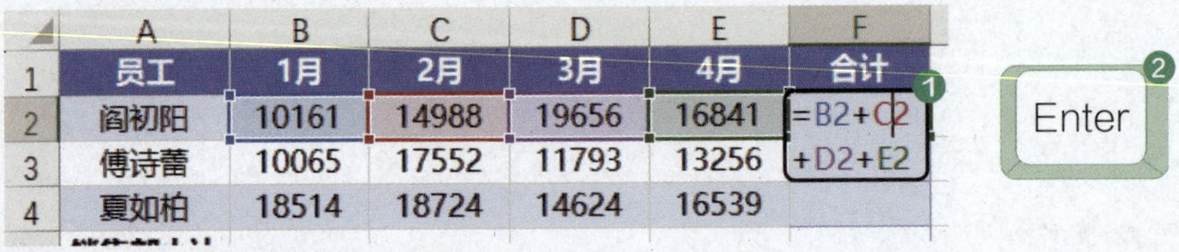


02 将鼠标指针放在 F2 单元格的右下角，当鼠标指针变为黑色十字形状时，按住鼠标左键并向下拖曳到 F17 单元格，这样就可以快速完成所有员工前 4 个月的业绩统计。

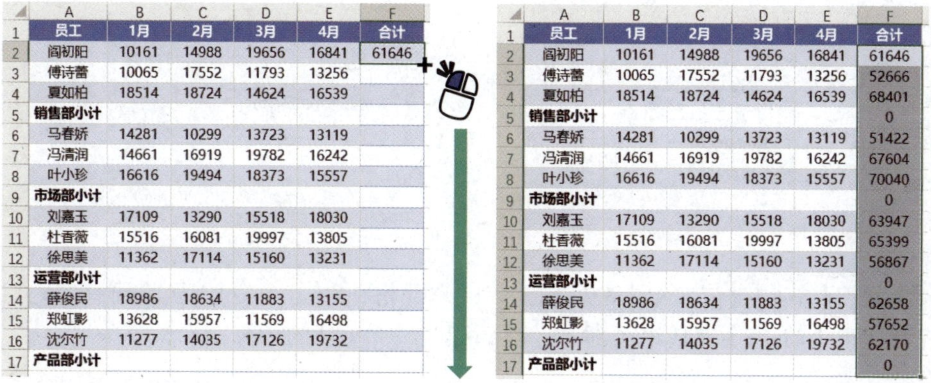

| | A | B | C | D | E | F |
|---|---|---|---|---|---|---|
| 1 | 员工 | 1月 | 2月 | 3月 | 4月 | 合计 |
| 2 | 阎初阳 | 10161 | 14988 | 19656 | 16841 | 61646 |
| 3 | 傅诗蕾 | 10065 | 17552 | 11793 | 13256 | |
| 4 | 夏如柏 | 18514 | 18724 | 14624 | 16539 | |
| 5 | 销售部小计 | | | | | |
| 6 | 马春娇 | 14281 | 10299 | 13723 | 13119 | |
| 7 | 冯清润 | 14661 | 16919 | 19782 | 16242 | |
| 8 | 叶小珍 | 16616 | 19494 | 18373 | 15557 | |
| 9 | 市场部小计 | | | | | |
| 10 | 刘嘉玉 | 17109 | 13290 | 15518 | 18030 | |
| 11 | 杜香薇 | 15516 | 16081 | 19997 | 13805 | |
| 12 | 徐思美 | 11362 | 17114 | 15160 | 13231 | |
| 13 | 运营部小计 | | | | | |
| 14 | 薛俊民 | 18986 | 18634 | 11883 | 13155 | |
| 15 | 郑虹影 | 13628 | 15957 | 11569 | 16498 | |
| 16 | 沈尔竹 | 11277 | 14035 | 17126 | 19732 | |
| 17 | 产品部小计 | | | | | |

| | A | B | C | D | E | F |
|---|---|---|---|---|---|---|
| 1 | 员工 | 1月 | 2月 | 3月 | 4月 | 合计 |
| 2 | 阎初阳 | 10161 | 14988 | 19656 | 16841 | 61646 |
| 3 | 傅诗蕾 | 10065 | 17552 | 11793 | 13256 | 52666 |
| 4 | 夏如柏 | 18514 | 18724 | 14624 | 16539 | 68401 |
| 5 | 销售部小计 | | | | | 0 |
| 6 | 马春娇 | 14281 | 10299 | 13723 | 13119 | 51422 |
| 7 | 冯清润 | 14661 | 16919 | 19782 | 16242 | 67604 |
| 8 | 叶小珍 | 16616 | 19494 | 18373 | 15557 | 70040 |
| 9 | 市场部小计 | | | | | 0 |
| 10 | 刘嘉玉 | 17109 | 13290 | 15518 | 18030 | 63947 |
| 11 | 杜香薇 | 15516 | 16081 | 19997 | 13805 | 65399 |
| 12 | 徐思美 | 11362 | 17114 | 15160 | 13231 | 56867 |
| 13 | 运营部小计 | | | | | 0 |
| 14 | 薛俊民 | 18986 | 18634 | 11883 | 13155 | 62658 |
| 15 | 郑虹影 | 13628 | 15957 | 11569 | 16498 | 57652 |
| 16 | 沈尔竹 | 11277 | 14035 | 17126 | 19732 | 62170 |
| 17 | 产品部小计 | | | | | 0 |

## 2. 插入 SUM 函数完成求和

SUM 函数是求和函数，可以将数字、单元格引用或单元格区域相加，也可以将三者的组合相加。

**语法规则：**

SUM(number1, [number2],…)

- number1：要相加的第一个数字，可以是数字、单元格引用（如 A1）或单元格区域（如 A2:A8）。
- number2：可选参数，要相加的第二个数字。

**01** ❶将光标定位到 F5 单元格，删除原有的公式，❷单击编辑栏中的【fx】图标，打开【插入函数】对话框，❸将函数类别修改为【数学与三角函数】，❹选择【SUM】函数，❺单击【确定】按钮，打开【函数参数】对话框。

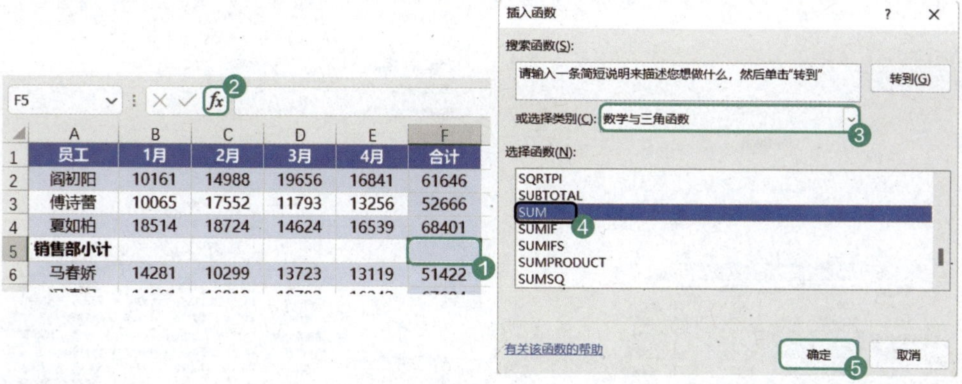

| | A | B | C | D | E | F |
|---|---|---|---|---|---|---|
| 1 | 员工 | 1月 | 2月 | 3月 | 4月 | 合计 |
| 2 | 阎初阳 | 10161 | 14988 | 19656 | 16841 | 61646 |
| 3 | 傅诗蕾 | 10065 | 17552 | 11793 | 13256 | 52666 |
| 4 | 夏如柏 | 18514 | 18724 | 14624 | 16539 | 68401 |
| 5 | 销售部小计 | | | | | |
| 6 | 马春娇 | 14281 | 10299 | 13723 | 13119 | 51422 |



**02** ❶【Number1】文本框中会自动填充"F2:F4"作为求和的数据区域，❷单击【确定】按钮，完成销售部小计的计算。

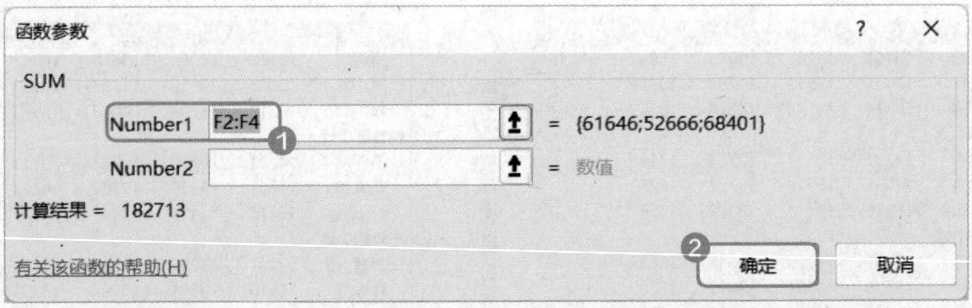


**03** 按住【Ctrl】键依次单击F9、F13、F17单元格，按【Delete】键删除原有的内容，按快捷键【Alt+=】完成市场部、运营部和产品部小计的计算。

| | A | B | C | D | E | F |
|---|---|---|---|---|---|---|
| 8 | 叶小珍 | 16616 | 19494 | 18373 | 15557 | 70040 |
| 9 | 市场部小计 | | | | | |
| 10 | 刘嘉玉 | 17109 | 13290 | 15518 | 18030 | 63947 |
| 11 | 杜香薇 | 15516 | 16081 | 19997 | 13805 | 65399 |
| 12 | 徐思美 | 11362 | 17114 | 15160 | 13231 | 56867 |
| 13 | 运营部小计 | | | | | |
| 14 | 薛俊民 | 18986 | 18634 | 11883 | 13155 | 62658 |
| 15 | 郑虹影 | 13628 | 15957 | 11569 | 16498 | 57652 |
| 16 | 沈尔竹 | 11277 | 14035 | 17126 | 19732 | 62170 |
| 17 | 产品部小计 | | | | | |

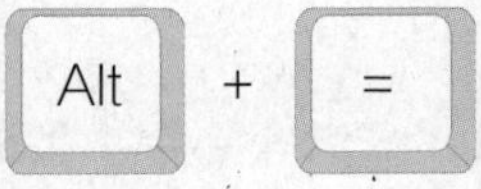


| | A | B | C | D | E | F |
|---|---|---|---|---|---|---|
| 8 | 叶小珍 | 16616 | 19494 | 18373 | 15557 | 70040 |
| 9 | 市场部小计 | | | | | 189066 |
| 10 | 刘嘉玉 | 17109 | 13290 | 15518 | 18030 | 63947 |
| 11 | 杜香薇 | 15516 | 16081 | 19997 | 13805 | 65399 |
| 12 | 徐思美 | 11362 | 17114 | 15160 | 13231 | 56867 |
| 13 | 运营部小计 | | | | | 186213 |
| 14 | 薛俊民 | 18986 | 18634 | 11883 | 13155 | 62658 |
| 15 | 郑虹影 | 13628 | 15957 | 11569 | 16498 | 57652 |
| 16 | 沈尔竹 | 11277 | 14035 | 17126 | 19732 | 62170 |
| 17 | 产品部小计 | | | | | 182480 |

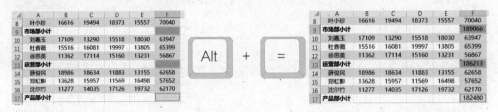

如果还需要计算各部门每个月的业绩，有更简单的方法。按快捷键【Ctrl+A】选中整个表格区域，❶按快捷键【Ctrl+G】弹出【定位】对话框，❷单击【定位条件】按钮，在弹出的对话框中❸选择【空值】选项，❹单击【确定】按钮，即可选中所有空单元格，按快捷键【Alt+=】即可完成所有部门每个月小计的计算。

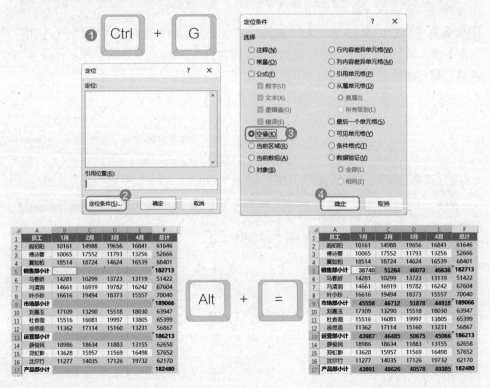

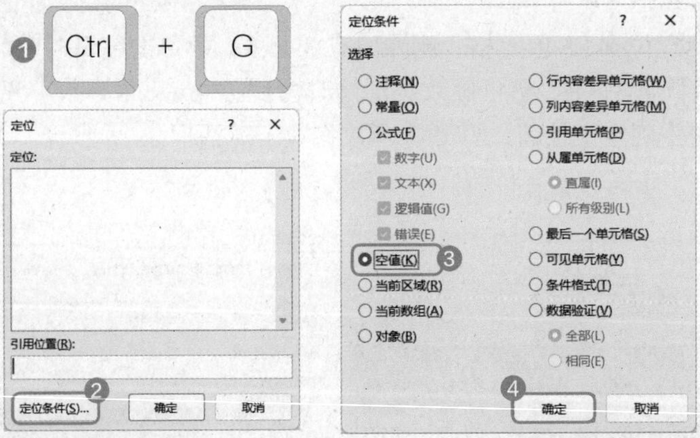


| | A | B | C | D | E | F |
|---|---|---|---|---|---|---|
| 1 | 员工 | 1月 | 2月 | 3月 | 4月 | 总计 |
| 2 | 阎初阳 | 10161 | 14988 | 19656 | 16841 | 61646 |
| 3 | 傅诗蕾 | 10065 | 17552 | 11793 | 13256 | 52666 |
| 4 | 夏如柏 | 18514 | 18724 | 14624 | 16539 | 68401 |
| 5 | 销售部小计 | | | | | 182713 |
| 6 | 马春娇 | 14281 | 10299 | 13723 | 13119 | 51422 |
| 7 | 冯清润 | 14661 | 16919 | 19782 | 16242 | 67604 |
| 8 | 叶小珍 | 16616 | 19494 | 18373 | 15557 | 70040 |
| 9 | 市场部小计 | | | | | 189066 |
| 10 | 刘嘉玉 | 17109 | 13290 | 15518 | 18030 | 63947 |
| 11 | 杜香薇 | 15516 | 16081 | 19997 | 13805 | 65399 |
| 12 | 徐思美 | 11362 | 17114 | 15160 | 13231 | 56867 |
| 13 | 运营部小计 | | | | | 186213 |
| 14 | 薛俊民 | 18986 | 18634 | 11883 | 13155 | 62658 |
| 15 | 郑虹影 | 13628 | 15957 | 11569 | 16498 | 57652 |
| 16 | 沈尔竹 | 11277 | 14035 | 17126 | 19732 | 62170 |
| 17 | 产品部小计 | | | | | 182480 |

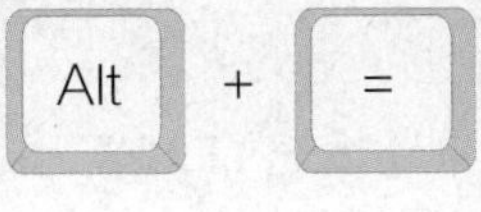


| | A | B | C | D | E | F |
|---|---|---|---|---|---|---|
| 1 | 员工 | 1月 | 2月 | 3月 | 4月 | 总计 |
| 2 | 阎初阳 | 10161 | 14988 | 19656 | 16841 | 61646 |
| 3 | 傅诗蕾 | 10065 | 17552 | 11793 | 13256 | 52666 |
| 4 | 夏如柏 | 18514 | 18724 | 14624 | 16539 | 68401 |
| 5 | 销售部小计 | 38740 | 51264 | 46073 | 46636 | 182713 |
| 6 | 马春娇 | 14281 | 10299 | 13723 | 13119 | 51422 |
| 7 | 冯清润 | 14661 | 16919 | 19782 | 16242 | 67604 |
| 8 | 叶小珍 | 16616 | 19494 | 18373 | 15557 | 70040 |
| 9 | 市场部小计 | 45558 | 46712 | 51878 | 44918 | 189066 |
| 10 | 刘嘉玉 | 17109 | 13290 | 15518 | 18030 | 63947 |
| 11 | 杜香薇 | 15516 | 16081 | 19997 | 13805 | 65399 |
| 12 | 徐思美 | 11362 | 17114 | 15160 | 13231 | 56867 |
| 13 | 运营部小计 | 43987 | 46485 | 50675 | 45066 | 186213 |
| 14 | 薛俊民 | 18986 | 18634 | 11883 | 13155 | 62658 |
| 15 | 郑虹影 | 13628 | 15957 | 11569 | 16498 | 57652 |
| 16 | 沈尔竹 | 11277 | 14035 | 17126 | 19732 | 62170 |
| 17 | 产品部小计 | 43891 | 48626 | 40578 | 49385 | 182480 |

## 10.1.2 完成部门各月业绩的跨表求和

很多时候公司内部记录数据不是很规范，会将每个月的数据记录到不同的工作表中，如果想要查看一整年的汇总数据，一个一个进行求和计算太麻烦了，这个时候可以借助 Excel 进行跨工作表求和。

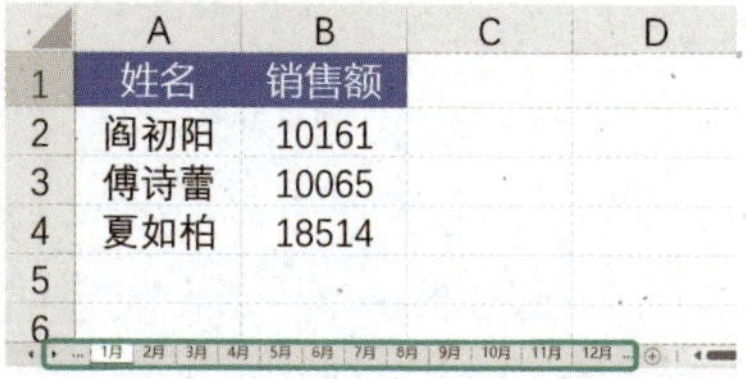


01 打开素材文件夹中的“跨工作表求和 .xlsx”文件，❶切换到“年度销售数据汇总”工作表，❷选中 B2 单元格，❸在单元格中输入“=SUM('1月:12月'!B2)”，❹按【Enter】键即可快速完成第一位员工的业绩汇总。

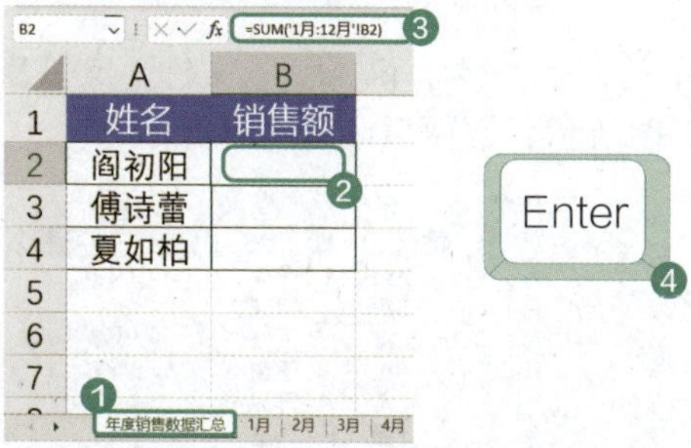


02 将鼠标指针移动到 B2 单元格的右下角，当指针变为黑色十字形状时，按住鼠标左键向下拖曳到 B4 单元格，就可以完成另外两位员工的业绩汇总。

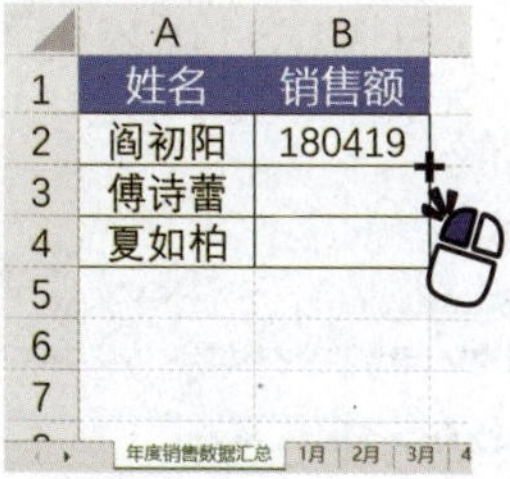


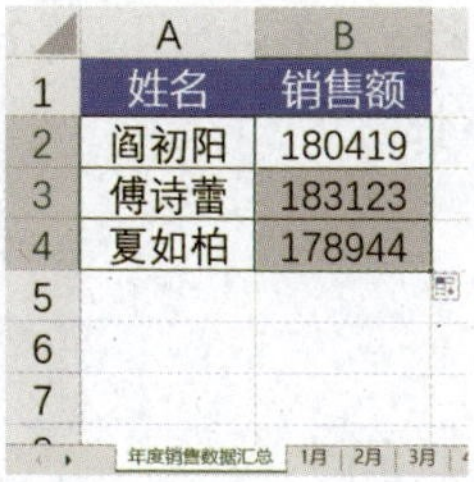


• **小贴士** 在引用同一个工作簿的不同工作表中的数据时，会以“工作表名称！数据区域”的格式表示，例如“Sheet1!B1”就表示工作表 Sheet1 中的 B1 单元格。如果工作表名称中包含中文，Excel 会用单引号将其括起来，例如本例中的“'1月:12月'!B2”就表示工作表 1 月到 12 月的 B2 单元格。

## 10.1.3 统计 3 月 A 组手镯的销售总额

销售记录表中详细记录了每一笔订单的数据，如果想要统计 3 月 A 组卖出手镯的总金额，除了使用数据透视表外，还可以借助 SUMIFS 函数进行多条件求和。

**SUMIFS 函数**用于计算满足多个条件的全部参数的总量。

**语法规则：**

SUMIFS(sum_range, criteria_range1, criteria1, [criteria_range2, criteria2],…)

- sum_range：要求和的单元格区域。
- criteria_range1：计算关联条件 1 的第 1 个区域。
- criteria1：条件 1，条件的形式为数字、表达式、单元格引用或者文本，可用来确定将对第 1 个区域中的哪些单元格数据进行求和。
- criteria_range2、criteria2：可选参数，分别为第 2 个区域、条件 2。

01 打开素材文件夹中的“多条件求和 .xlsx”文件，文件中的销售记录表已经被转换成超级表了，如下图所示，方便后续进行计算。

| | A | B | C | D |
|---|---|---|---|---|
| 1 | 月份 | 小组 | 商品 | 订单金额 |
| 2 | 1月 | A组 | 耳环 | 3510 |
| 3 | 1月 | B组 | 高跟鞋 | 7800 |
| 4 | 1月 | C组 | 手链 | 1950 |
| 5 | 1月 | B组 | 手镯 | 12480 |
| 6 | 1月 | C组 | 耳环 | 3510 |
| 7 | 1月 | B组 | 吊坠 | 5850 |
| 8 | 1月 | B组 | 高跟鞋 | 3900 |
| 9 | 1月 | A组 | 手镯 | 6240 |
| 10 | 1月 | A组 | 戒指 | 10920 |

02 ❶选中 J2 单元格，❷单击编辑栏中的【fx】图标，在弹出的对话框中❸将函数类别修改为【数学与三角函数】，❹选择【SUMIFS】函数，❺单击【确定】按钮，弹出【函数参数】对话框。

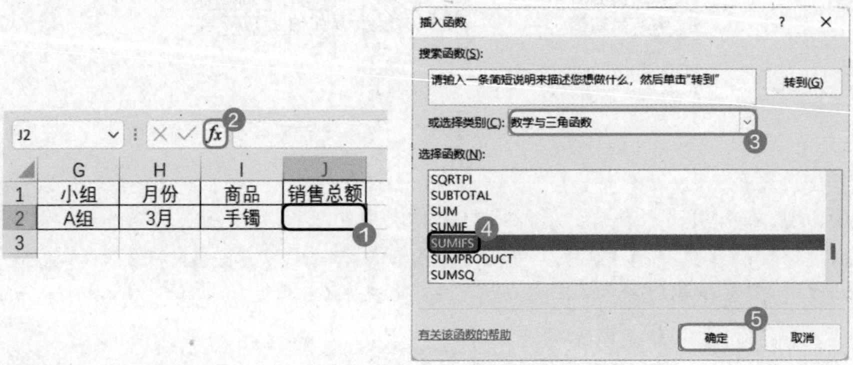


03 将光标定位在【Sum_range】文本框中，选中“订单金额”列的所有数据，

因为提前将表格设置为了超级表，所以文本框中会显示“表 1[ 订单金额 ]”，❶按下图所示完成参数的输入，❷单击【确定】按钮后即可快速统计出 A 组 3 月卖出手镯的总金额。

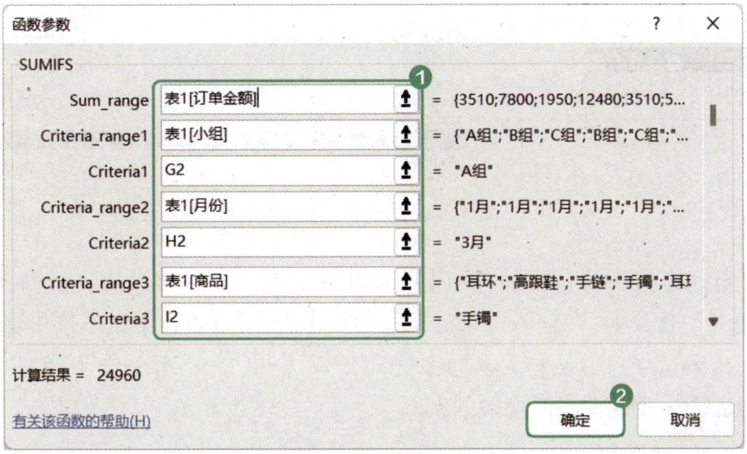


## 10.2 逻辑函数在工作中的应用

如果需要判断数据是否符合条件，就需要用到逻辑函数。

### 10.2.1 判断员工在技能考核中是否合格

公司会定期举行员工职业技能考核，并会通过最后的总分来判断员工是否合格，如果总分未达到 325 则视为不合格。由于员工人数过多，一个一个去看不太现实，这个时候就可以借助逻辑函数 IF 来快速判断，并进行标注。

**IF 函数**是条件判断函数，如果指定条件的计算结果为 TRUE（真），则将返回某个值；如果该条件的计算结果为 FALSE（假），则返回另一个值。

**语法规则：**

```
IF(logical_test, value_if_true, value_if_false)
```

- logical_test：进行判断的条件。
- value_if_true：当条件的值为“真”时返回的值。
- value_if_false：当条件的值为“假”时返回的值。

01 打开素材文件夹中的“员工考评成绩表 .xlsx”文件，❶将光标定位在 I3 单元格中，❷单击编辑栏中的【fx】图标，在弹出的对话框中❸将函数类别修改为【逻辑】，❹选择【IF】函数，❺单击【确定】按钮，弹出【函数参数】对话框。

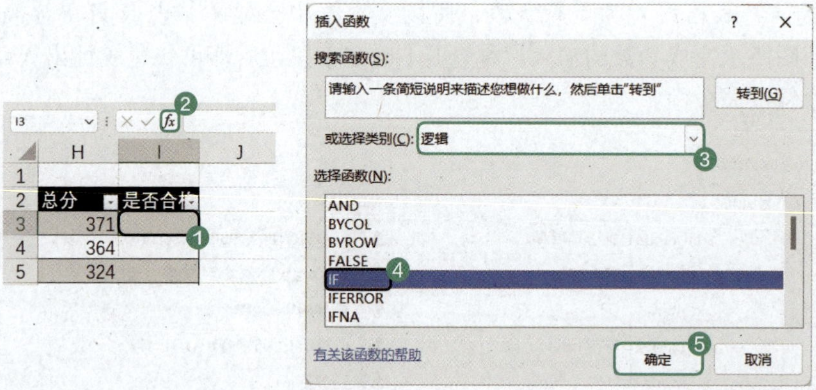


**02** ❶将光标定位在【Logical_test】文本框中，单击 H3 单元格，此时该文本框中会显示“[@ 总分 ]”，输入“>325”；❷在【Value_if_true】文本框中输入“"合格"”，在【Value_if_false】文本框中输入“"不合格"”；❸单击【确定】按钮，即可完成所有员工成绩是否合格的判断。

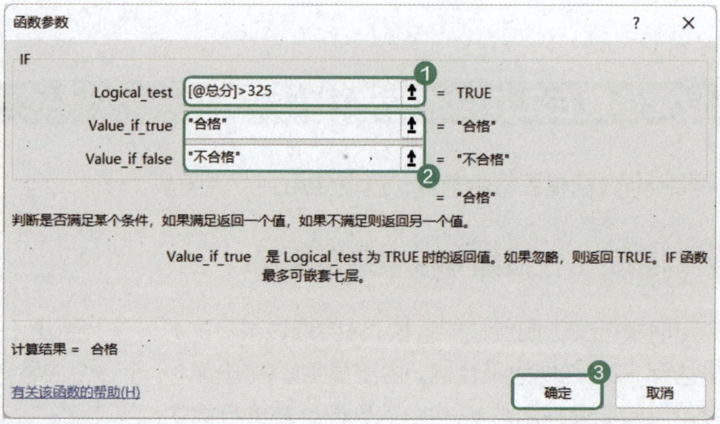


## 10.2.2 判断员工的提成比例

公司对员工有销售激励，在员工的销售额达到一定数量后员工会有相应的提成，不同档位的提成比例不同，用 IF 函数无法实现判断，这个时候就可以利用 IFS 函数来实现。

**IFS 函数**是多条件判断函数，判断是否满足一个或多个条件，且返回符合第一个计算结果为“真”的值。IFS 函数可以取代多个嵌套 IF 函数。

**语法规则：**

IFS(logical_test1, value_if_true1, [logical_test2, value_if_true2],…)

➤ logical_test1：进行判断的条件 1。

> ➢ value_if_true1：当条件 1 的计算结果为“真”时返回的值。
> ➢ logical_test2、value_if_true2：可选参数，分别表示进行判断的条件 2 与当条件 2 的计算结果为“真”时返回的值。

本例中提成比例的设置规则见表 10-1。

**表 10-1 提成比例的设置规则**

| 分段 | 超额部分 | 提成比例 | 累进金额 |
|---|---|---|---|
| 50000 以下 | 0 | 30% | 0 |
| 50000 ～ 100000 | 50000 | 6% | 1500 |
| 100000 以上 | 100000 | 10% | 5500 |

01 打开素材文件夹中的“判断提成比例 .xlsx”文件，❶选中 C2 单元格，❷单击编辑栏中的【fx】图标，在弹出的对话框中❸将函数类别修改为【逻辑】，❹选择【IFS】函数，❺单击【确定】按钮，弹出【函数参数】对话框。

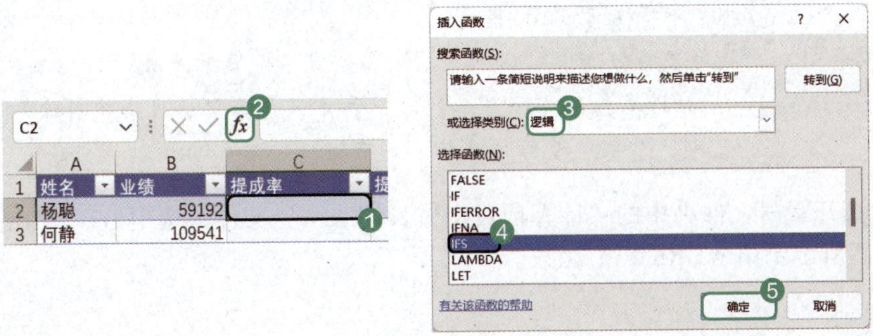


02 将光标定位在【Logical_test1】文本框中，单击 B2 单元格，输入“<50000”，在【Valua_if_true1】文本框中输入“3%”，❶完成参数的设置，❷单击【确定】按钮，即可完成所有员工提成比例的判断。

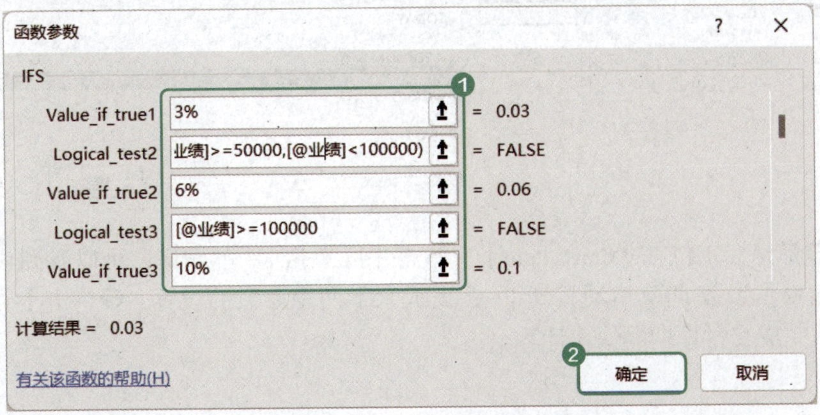

# 10.3 日期与时间函数、文本函数在工作中的应用

如果涉及日期的计算，就需要用到日期函数。如果需要对数据本身进行提取、拆分等操作，就需要用到文本函数。

## 10.3.1 计算项目交付日期

公司很多项目的交付日期都是以工作日为单位来进行计算的，不包含周末和法定节假日。如果想根据项目的启动日期及工期快速获取项目交付日期，就可以用 Excel 中的 WORKDAY 函数来快速计算。

**WORKDAY 函数**用于返回与某日期相隔指定工作日的日期（工作日不包括周末和法定节假日）。

**语法规则：**

```
WORKDAY(start_date, days, [holidays])
```

- start_date：代表启动的日期。
- days：指定日期之前或之后不含周末和法定节假日的天数。
- holidays：可选参数，一个可选列表，其中包含需要从日历中排除的一个或多个日期，如法定节假日及非法定节假日。

01 打开素材文件夹中的“计算项目交付日期.xlsx”文件，选中 D2 单元格，按照下图所示调用 WORKDAY 函数。

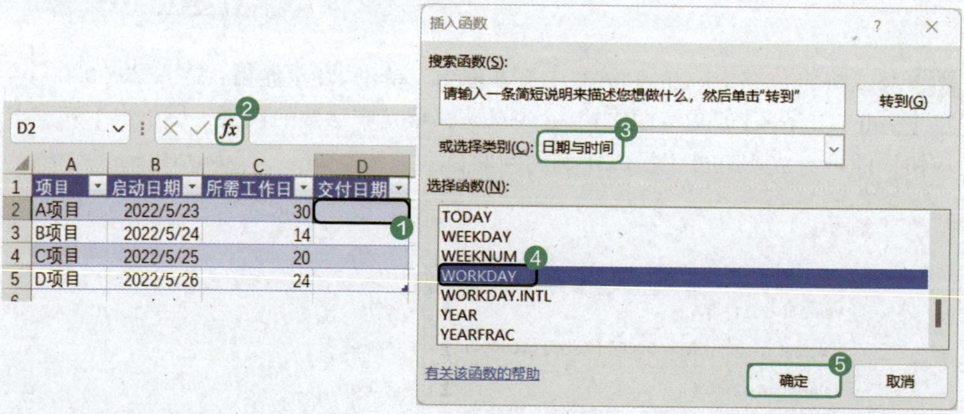


02 ❶将光标定位在【Start_date】文本框中，单击 B2 单元格，可以看到该文本框中输入了参数“[@ 启动日期 ]”，完成余下两个参数的设置，❷单击【确定】按钮，完成交付日期的快速计算。

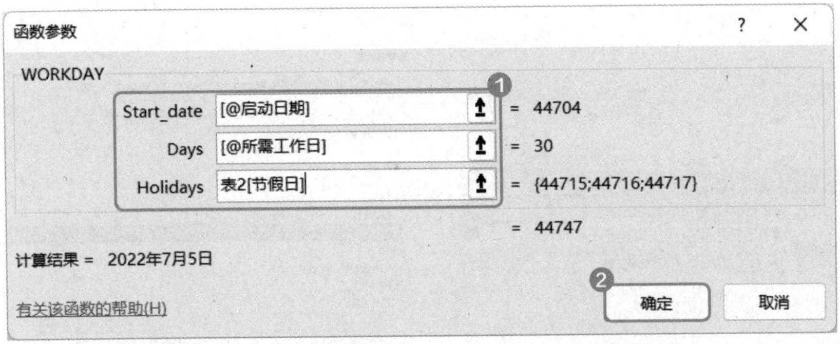


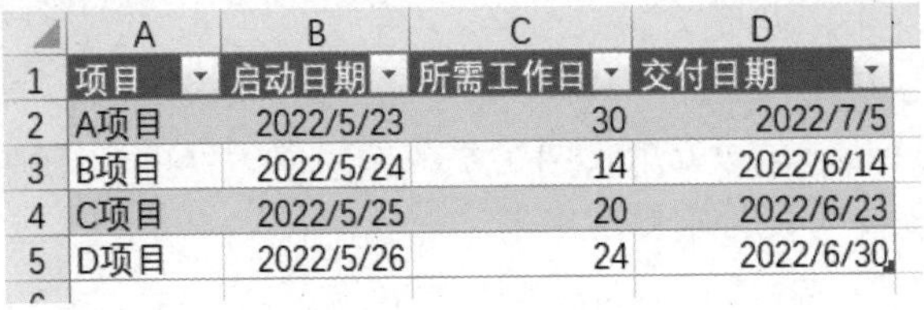

| | A | B | C | D |
|---|---|---|---|---|
| 1 | 项目 | 启动日期 | 所需工作日 | 交付日期 |
| 2 | A项目 | 2022/5/23 | 30 | 2022/7/5 |
| 3 | B项目 | 2022/5/24 | 14 | 2022/6/14 |
| 4 | C项目 | 2022/5/25 | 20 | 2022/6/23 |
| 5 | D项目 | 2022/5/26 | 24 | 2022/6/30 |

## 10.3.2 从身份证号中快速提取出生日期

身份证号中包含了很多信息，我们可以用文本函数 MID 直接从身份证号中提取出对应的出生日期（身份证号中的第 7 位到第 14 位），然后用文本连接函数 TEXTJOIN 将年、月、日连接起来，得到格式正确的出生日期。

**MID 函数**用于从一个文本字符串中提取出指定数量的字符。

**语法规则：**

```
MID(text, start_num, num_chars)
```

- text：包含要提取字符的文本字符串。
- start_num：文本字符串中要提取的第一个字符的位置。
- num_chars：指定返回字符的个数。

**TEXTJOIN 函数**用于将两个或两个以上的文本字符串合并，并用指定的分隔符分开。如果省略分隔符，则直接合并文本字符串。

**语法规则：**

```
TEXTJOIN(delimiter, ignore_empty, text1…)
```

- delimiter：分隔符，用英文双引号引起来，内容可以为空。
- ignore_empty：如果参数值为 TRUE，则会忽略空白的单元格。
- text1…：要合并的文本字符串。

01 打开素材文件夹中的“提取出生日期 .xlsx”文件，选中 C2 单元格，按照下页图所示调用 MID 函数。

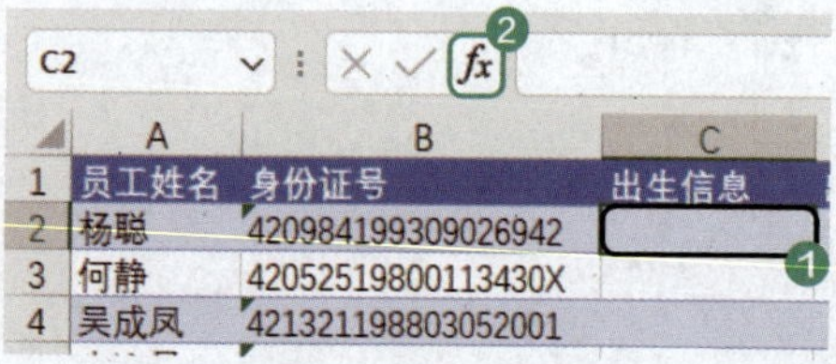


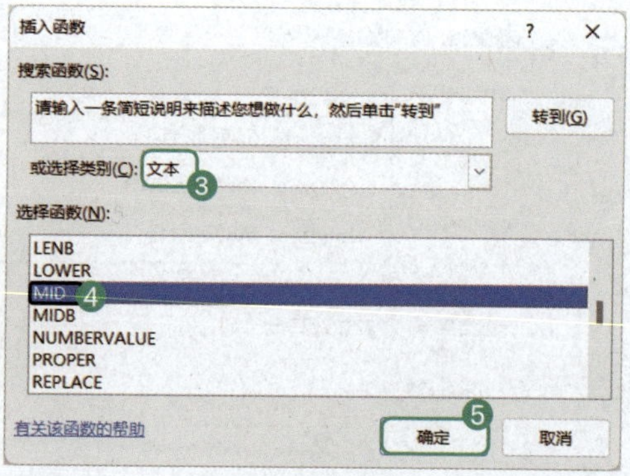


02 ❶将光标定位在【Text】文本框中，单击 B2 单元格，可以看到该文本框中输入了“[@身份证号]”，完成余下两个参数的设置，❷单击【确定】按钮，即可快速将出生信息从身份证号中提取出来。

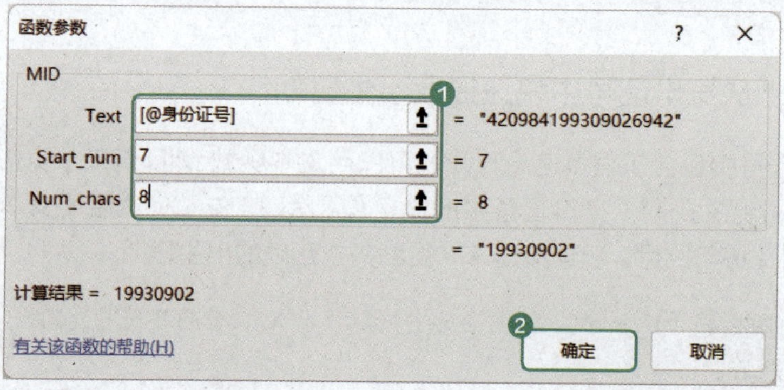


03 选中 D2 单元格，单击编辑栏中的【fx】图标，打开【插入函数】对话框，按照下图操作调用 TEXTJOIN 函数。

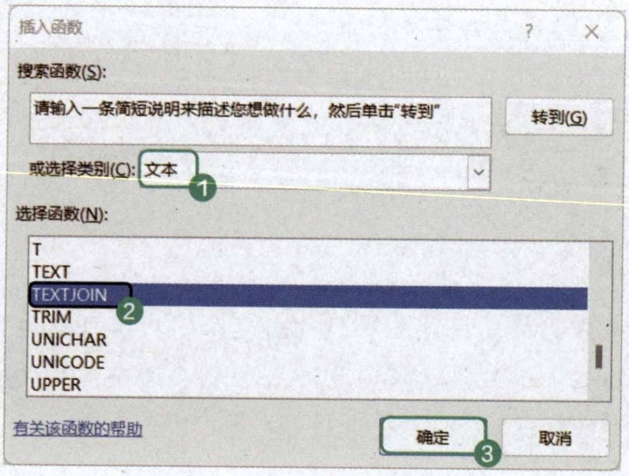


04 ❶设置参数，❷单击【确定】按钮，即可完成出生日期的提取。

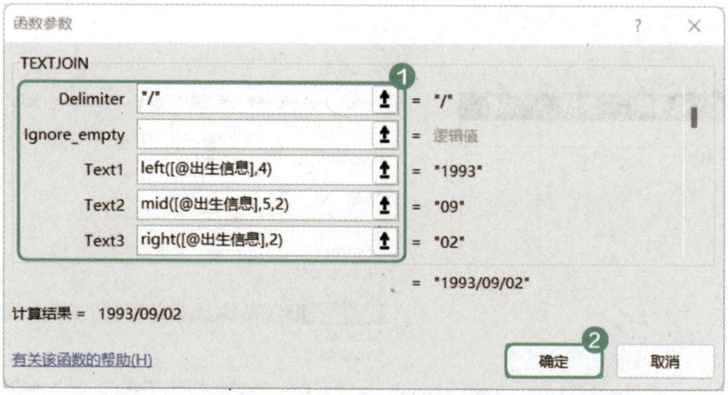


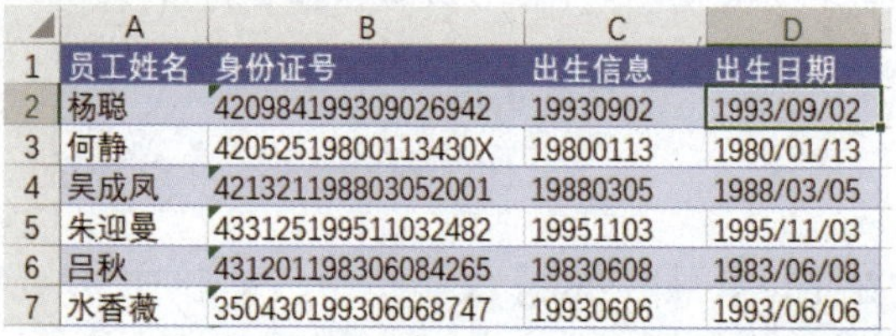

| | A | B | C | D |
|---|---|---|---|---|
| 1 | 员工姓名 | 身份证号 | 出生信息 | 出生日期 |
| 2 | 杨聪 | 420984199309026942 | 19930902 | 1993/09/02 |
| 3 | 何静 | 42052519800113430X | 19800113 | 1980/01/13 |
| 4 | 吴成凤 | 421321198803052001 | 19880305 | 1988/03/05 |
| 5 | 朱迎曼 | 433125199511032482 | 19951103 | 1995/11/03 |
| 6 | 吕秋 | 431201198306084265 | 19830608 | 1983/06/08 |
| 7 | 水香薇 | 350430199306068747 | 19930606 | 1993/06/06 |

## 10.4 查找与引用函数在工作中的应用

如果需要进行数据的查询和引用，就可以用查找与引用函数来实现。

### 10.4.1 快速查询产品信息

公司的产品库比较丰富，如果想要根据产品的编号快速从产品信息记录表中查询到产品的详细信息，就需要借助查找与引用函数来实现。

**VLOOKUP 函数**是查找与引用函数，使用该函数可以在表格或数值数组的首列中查找指定的数值，并由此返回表格或数值数组当前行中指定列处的数值。

**语法规则：**

VLOOKUP ( lookup_value, table_array, col_index_num, [range_lookup] )

- lookup_value：需要在查找区域的首列中进行查找的数值。
- table_array：被查找的区域。
- col_index_num：查找的数值在数据表中的列的序号。
- range_lookup：可选参数，逻辑值，指明使用函数 VLOOKUP 查找时是精确匹配，还是近似匹配。

01 打开素材文件夹中的“匹配商品信息 .xlsx”文件，选中 I2 单元格，按照下页图所示调用 VLOOKUP 函数。

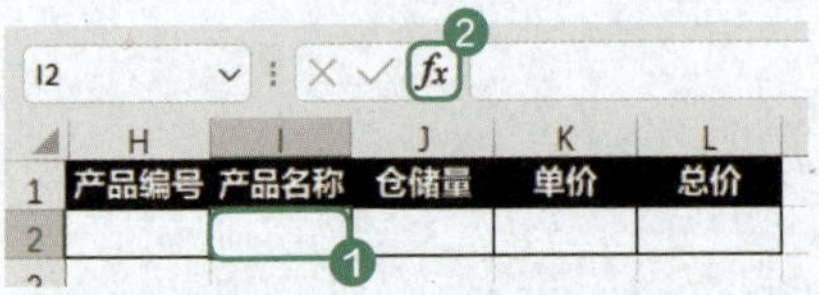


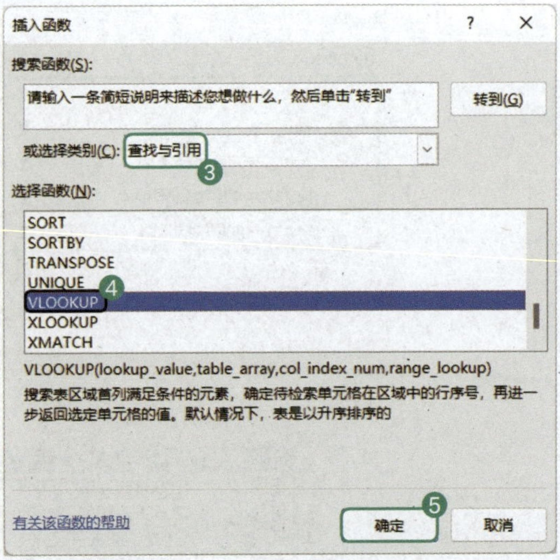


02 ❶将光标定位在【Lookup_value】文本框中，单击 H2 单元格，该文本框中将输入“H2”，选中文本框中的“H2”，按【F4】键将其变为绝对引用形式“$H$2”；同理，设置【Table_array】参数；因为产品名称在产品信息表的第二列，所以在【Col_index_num】文本框中输入“2”；在【Range_lookup】文本框中输入“0”。❷单击【确定】按钮，就可以快速完成函数的设置。

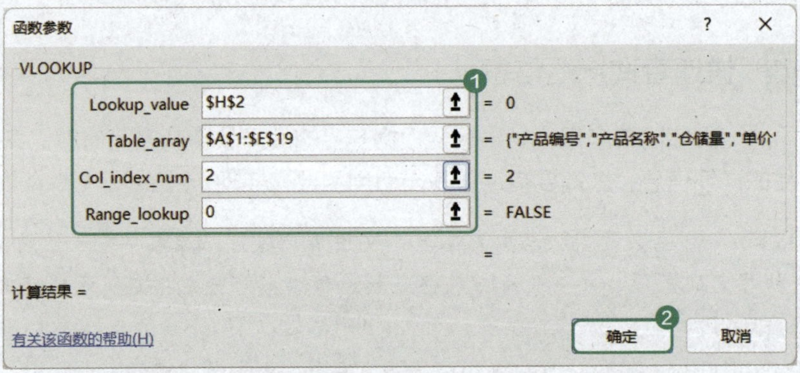


此时，因为 H2 单元格中没有数据，故 I2 单元格中显示为“#N/A”。

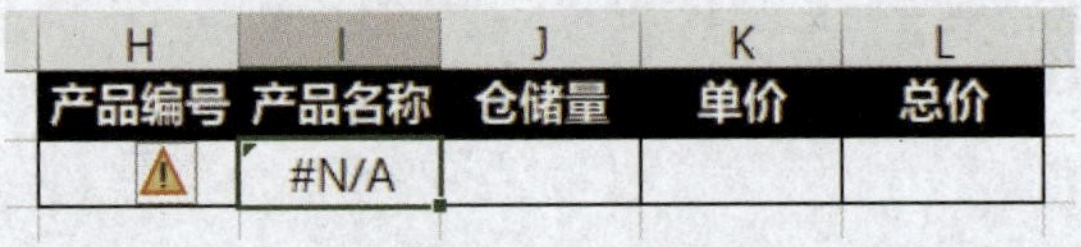


03 将鼠标指针移动到 I2 单元格的右下角，当鼠标指针变为黑色十字形状时，按住鼠标左键向右拖曳到 L2 单元格中，然后依次修改 J2、K2、L2 单元格中函数的第三个参数为“3”“4”“5”。

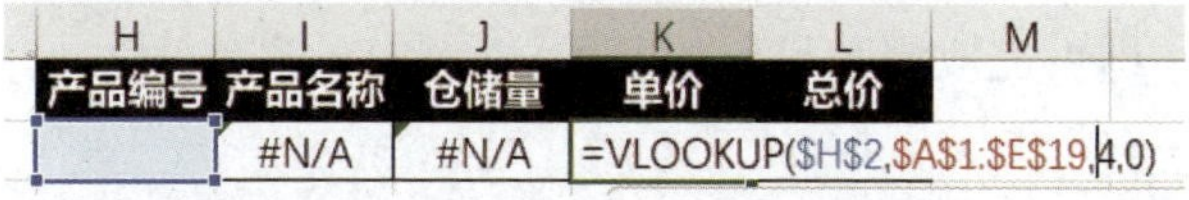


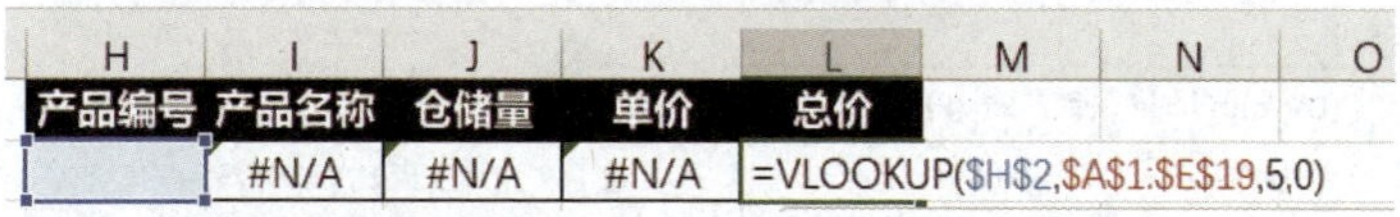


04 单击 H2 单元格右侧的下拉按钮，选择对应的产品编号，如“YL066”，就可以快速查询到对应的产品信息。

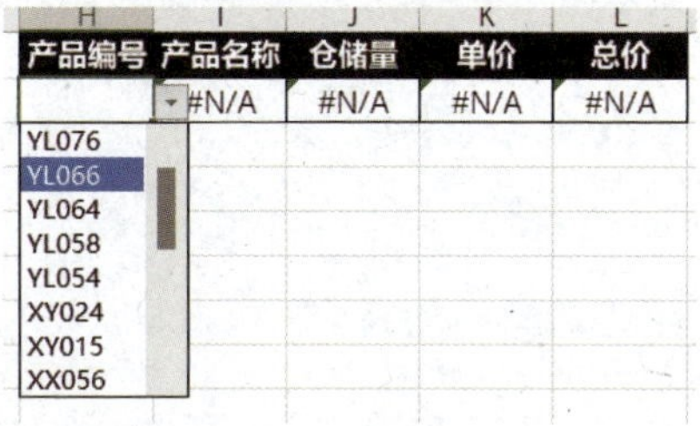

## 10.4.2 根据员工体重快速匹配工作服尺码

工作服有不同的尺码，利用 VLOOKUP 函数可以快速根据体重为员工匹配尺码合适的工作服。

01 打开素材文件夹中的“匹配工作服尺码 .xlsx”文件，选中 C2 单元格，按照下图所示调用 VLOOKUP 函数。

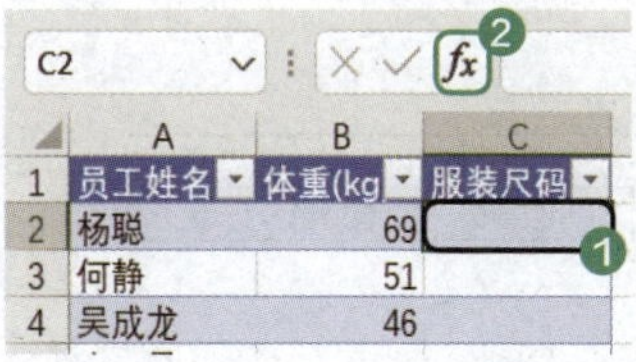


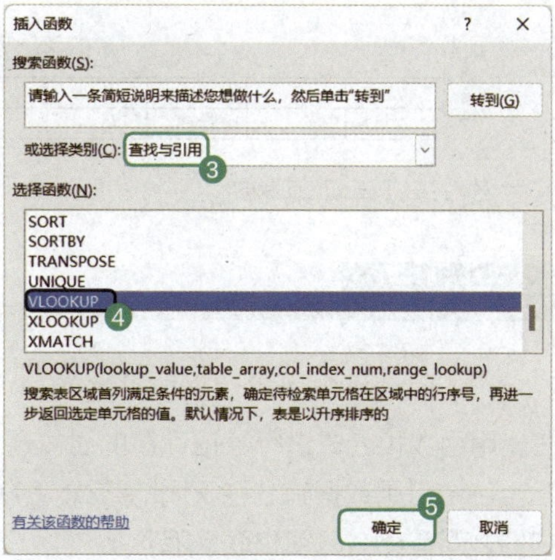

02 ❶将光标定位在【Lookup_value】文本框中，然后单击 B2 单元格，可以看到该文本框中输入了“[@[ 体重 (kg)]]”；将光标定位在【Table_array】文本框中，选中 F1:G6 区域，该文本框中输入了“表 2[# 全部 ]”；设置余下的两个参数。❷单击【确定】按钮，即可完成服装尺码的匹配。

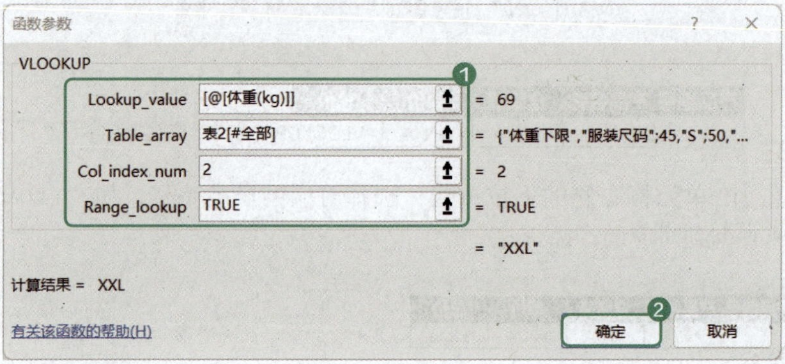


## 职场拓展

### 制作员工工资条

公司每个月都会给员工发放工资，不少公司还有工龄补贴和绩效奖金，因此需要制作员工工资条。

本案例中，员工工资条制作完成后的效果如下图所示。

| | A | B | C | D | E | F | G | H |
|---|---|---|---|---|---|---|---|---|
| 1 | 工资条 | | | | | | | |
| 2 | 工号 | 姓名 | 部门 | 职务 | 工龄补贴 | 绩效奖金 | 岗位工资 | 工资总额 |
| 3 | YG00001 | 朱迎曼 | 总经办 | 秘书 | 1200 | 2000 | 6000 | 9200 |
| 4 | | | | | | | | |
| 5 | 工资条 | | | | | | | |
| 6 | 工号 | 姓名 | 部门 | 职务 | 工龄补贴 | 绩效奖金 | 岗位工资 | 工资总额 |
| 7 | YG00002 | 何静 | 运营部 | 组员 | 1500 | 2000 | 6000 | 9500 |

具体操作请观看视频学习。

## 秋叶私房菜

### 1. 了解 Excel 中引用数据的 3 种方式

在使用函数和公式进行数据计算的时候通常需要对单元格中的数据进行引用，而在 Excel 中引用数据有 3 种不同的方式，分别是相对引用、绝对引用和混合引用，那么它们之间有什么区别和联系呢？

具体讲解请观看视频学习。

## 2. 使用函数时常见的错误与解决方案

在使用函数的时候常常会出现一些错误，有名称错误、值错误、引用错误、找不到数据等，如“####”“#DIV/0!”，那么遇到这些错误该如何解决呢？

具体操作请观看视频学习。

Excel 中的公式与函数可根据变量值求出结果，而模拟分析可以分析变量值与结果之间的关系，并且可以在预先知道结果的情况下求解变量值，它被视为公式和函数的反向操作。模拟分析中被广泛运用的有预算分析、投资分析等。本章将以预测产品销售利润与制作产品销售计划表为例，讲解如何恰当地运用规划求解完成复杂的数据分析和计算。

扫描二维码
发送关键词**“秋叶五合一”**
观看视频学习吧！

## 11.1 预测产品销售利润

### 案例说明

产品在上市之前，公司往往会制作产品利润预测表来预测产品销量及利润。在进行预测之前，需要先列出固定成本、变动成本、单价以及一个假设的销量，再利用模拟运算功能完成预测。

本案例中，产品销售利润预测完成后的效果如下面两张图所示。左图中的 F4:F8 单元格区域显示了销量不同时的利润，右图中的 J4:N8 单元格区域显示了销量相同、单价不同时的利润。

| | E | F |
|---|---|---|
| 1 | 产品销售利润预测表 | |
| 2 | 销量 | 利润 |
| 3 | | 10000 |
| 4 | 100 | 10000 |
| 5 | 200 | 120000 |
| 6 | 500 | 450000 |
| 7 | 800 | 780000 |
| 8 | 1200 | 1220000 |

| | H | I | J | K | L | M | N |
|---|---|---|---|---|---|---|---|
| 1 | 产品销售利润预测表 | | | | | | |
| 2 | | | 单价 | | | | |
| 3 | | 10000 | 799 | 999 | 1299 | 1599 | 1799 |
| 4 | | 100 | -70000 | -50000 | -20000 | 10000 | 30000 |
| 5 | | 200 | -40000 | 0 | 60000 | 120000 | 160000 |
| 6 | 销量 | 500 | 50000 | 150000 | 300000 | 450000 | 550000 |
| 7 | | 800 | 140000 | 300000 | 540000 | 780000 | 940000 |
| 8 | | 1200 | 260000 | 500000 | 860000 | 1220000 | 1460000 |

### 11.1.1 单价相同时，不同销量下产品的利润

#### 1. 列出产品的基本信息

01 打开素材文件夹中的“产品利润预测表 .xlsx”文件，按照下页图所示列出产品的基本信息。

| | A | B |
|---|---|---|
| 1 | 产品基本信息 | |
| 2 | 单价（元） | 1599 |
| 3 | 固定成本（元） | 100000 |
| 4 | 单位变动成本（元） | 499 |
| 5 | 销量（件） | 100 |

02 这里需要预测产品销量分别为 100、200、500、800、1200 时的销售利润，故在 E4:F8 单元格区域中输入下图所示的表格数据。

| | E | F |
|---|---|---|
| 1 | 产品销售利润预测表 | |
| 2 | 销量 | 利润 |
| 3 | | |
| 4 | 100 | |
| 5 | 200 | |
| 6 | 500 | |
| 7 | 800 | |
| 8 | 1200 | |

Sheet1

03 选中 F3 单元格，输入公式“=(B2-B4)*B5-B3”，按【Enter】键完成利润的计算。

| | A | B | C | D | E | F | G |
|---|---|---|---|---|---|---|---|
| 1 | 产品基本信息 | | | | 产品销售利润预测表 | | |
| 2 | 单价（元） | 1599 | | | 销量 | 利润 | |
| 3 | 固定成本（元） | 100000 | | | | =(B2-B4)*B5-B3 | |
| 4 | 单位变动成本（元） | 499 | | | 100 | | |
| 5 | 销量（件） | 100 | | | 200 | | |
| 6 | | | | | 500 | | |
| 7 | | | | | 800 | | |
| 8 | | | | | 1200 | | |

| | E | F |
|---|---|---|
| 1 | 产品销售利润预测表 | |
| 2 | 销量 | 利润 |
| 3 | | 10000 |
| 4 | 100 | |
| 5 | 200 | |
| 6 | 500 | |
| 7 | 800 | |
| 8 | 1200 | |

### 2．利用模拟运算功能完成利润的预测

01 ❶选中需要进行模拟运算的单元格区域 E3:F8，在【数据】选项卡中❷单击【模拟分析】图标，❸选择【模拟运算表】命令。

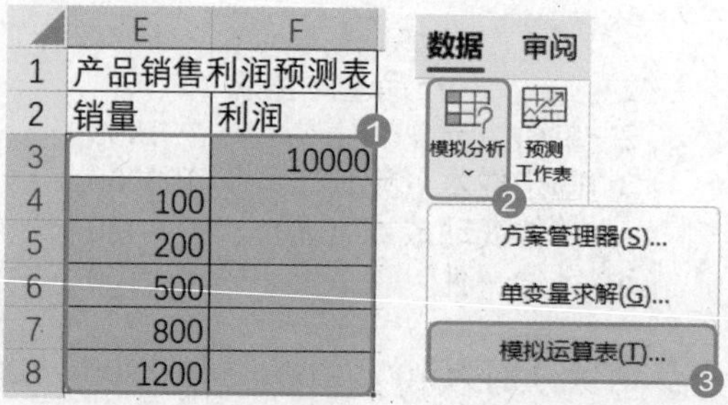

| | E | F |
|---|---|---|
| 1 | 产品销售利润预测表 | |
| 2 | 销量 | 利润 |
| 3 | | 10000 |
| 4 | 100 | |
| 5 | 200 | |
| 6 | 500 | |
| 7 | 800 | |
| 8 | 1200 | |



02 在弹出的对话框中将光标定位在【输入引用列的单元格】文本框中，单击 B5 单元格，该文本框中将会输入【$B$S】，再单击【确定】按钮，即可得出预测结果。

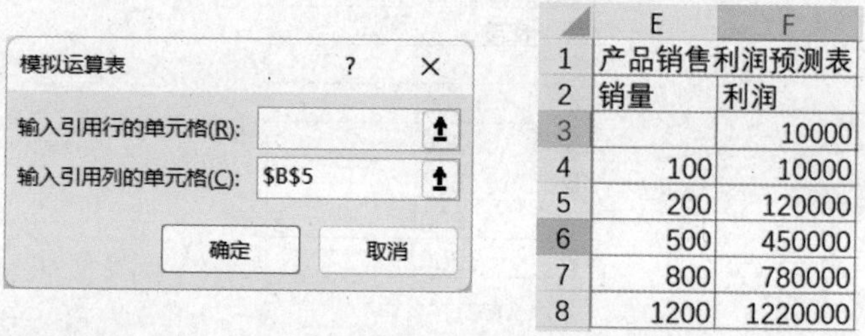



| | E | F |
|---|---|---|
| 1 | 产品销售利润预测表 | |
| 2 | 销量 | 利润 |
| 3 | | 10000 |
| 4 | 100 | 10000 |
| 5 | 200 | 120000 |
| 6 | 500 | 450000 |
| 7 | 800 | 780000 |
| 8 | 1200 | 1220000 |

## 11.1.2 单价不同时，不同销量下产品的利润

产品的利润不仅和销量有关，还和单价有关，因此应在同时考虑销量和单价两个因素的情况下进行利润预测。本例将在销量分别为 100、200、500、800、1200，单价分别为 799、999、1299、1599、1799 元的情况下进行预测。

01 在 H1:N8 单元格区域中利用合并单元格功能创建下图所示的利润预测表。

| | H | I | J | K | L | M | N |
|---|---|---|---|---|---|---|---|
| 1 | 产品销售利润预测表 | | | | | | |
| 2 | | | 单价 | | | | |
| 3 | | | 799 | 999 | 1299 | 1599 | 1799 |
| 4 | 销量 | 100 | | | | | |
| 5 | | 200 | | | | | |
| 6 | | 500 | | | | | |
| 7 | | 800 | | | | | |
| 8 | | 1200 | | | | | |

02 选中 I3 单元格，输入公式“=(B2−B4)*B5−B3”，按【Enter】键完成利润的计算。

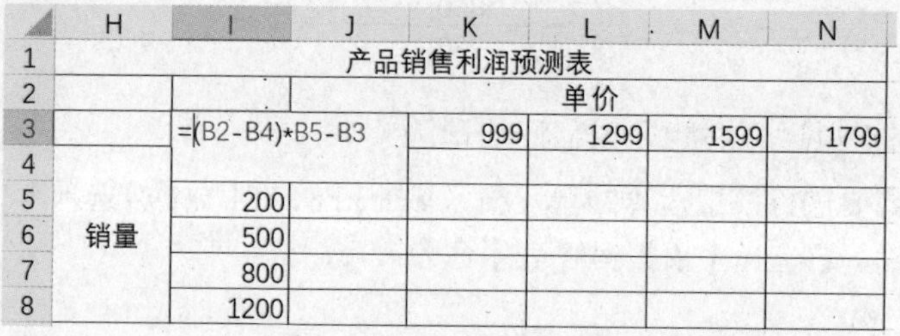

| | H | I | J | K | L | M | N |
|---|---|---|---|---|---|---|---|
| 1 | 产品销售利润预测表 | | | | | | |
| 2 | | | 单价 | | | | |
| 3 | | =(B2-B4)*B5-B3 | | 999 | 1299 | 1599 | 1799 |
| 4 | 销量 | | | | | | |
| 5 | | 200 | | | | | |
| 6 | | 500 | | | | | |
| 7 | | 800 | | | | | |
| 8 | | 1200 | | | | | |

03 ❶选中 I3:N8 单元格区域，在【数据】选项卡中❷单击【模拟分析】图标，❸选择【模拟运算表】命令，❹在弹出的对话框中设置参数，❺单击【确定】按钮，即可完成利润的预测。

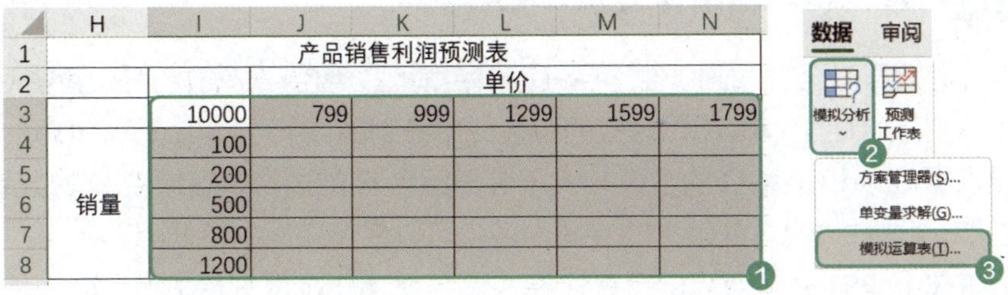

| | H | I | J | K | L | M | N |
|---|---|---|---|---|---|---|---|
| 1 | 产品销售利润预测表 | | | | | | |
| 2 | | | 单价 | | | | |
| 3 | | 10000 | 799 | 999 | 1299 | 1599 | 1799 |
| 4 | 销量 | 100 | | | | | |
| 5 | | 200 | | | | | |
| 6 | | 500 | | | | | |
| 7 | | 800 | | | | | |
| 8 | | 1200 | | | | | |



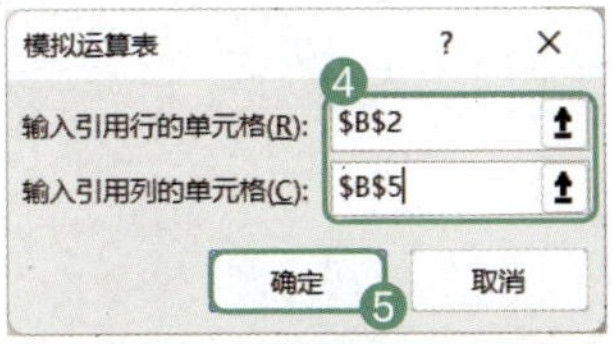


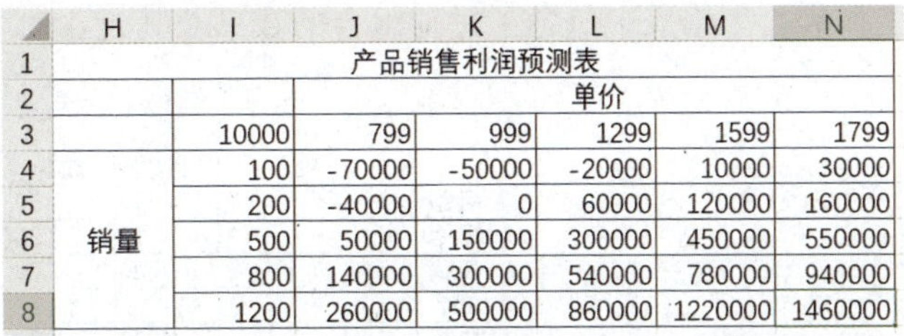

| | H | I | J | K | L | M | N |
|---|---|---|---|---|---|---|---|
| 1 | 产品销售利润预测表 | | | | | | |
| 2 | | | 单价 | | | | |
| 3 | | 10000 | 799 | 999 | 1299 | 1599 | 1799 |
| 4 | 销量 | 100 | -70000 | -50000 | -20000 | 10000 | 30000 |
| 5 | | 200 | -40000 | 0 | 60000 | 120000 | 160000 |
| 6 | | 500 | 50000 | 150000 | 300000 | 450000 | 550000 |
| 7 | | 800 | 140000 | 300000 | 540000 | 780000 | 940000 |
| 8 | | 1200 | 260000 | 500000 | 860000 | 1220000 | 1460000 |

## 11.2 制作产品销售计划表

### 案例说明

为了在激烈的竞争环境中生存，公司在保证产品质量的前提下，都会对生产经营过程的各个环节进行科学合理的管理，力求实现成本最小化、利润最大化。在 Excel 中利用规划求解便可以高效分析出使得成本最小化、利润最大化的最佳方案。

本案例中，产品销售计划表和生产计划表制作好后的效果如下面各图所示。

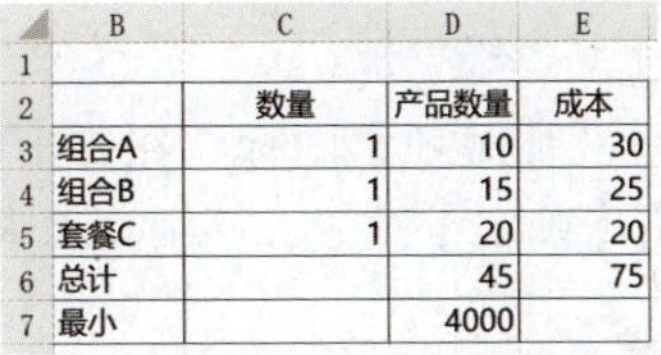

| | B | C | D | E |
|---|---|---|---|---|
| 1 | | | | |
| 2 | | 数量 | 产品数量 | 成本 |
| 3 | 组合A | 1 | 10 | 30 |
| 4 | 组合B | 1 | 15 | 25 |
| 5 | 套餐C | 1 | 20 | 20 |
| 6 | 总计 | | 45 | 75 |
| 7 | 最小 | | 4000 | |

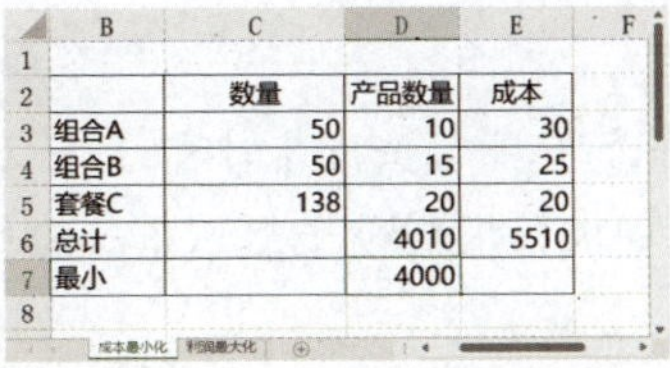

| | B | C | D | E |
|---|---|---|---|---|
| 1 | | | | |
| 2 | | 数量 | 产品数量 | 成本 |
| 3 | 组合A | 50 | 10 | 30 |
| 4 | 组合B | 50 | 15 | 25 |
| 5 | 套餐C | 138 | 20 | 20 |
| 6 | 总计 | | 4010 | 5510 |
| 7 | 最小 | | 4000 | |

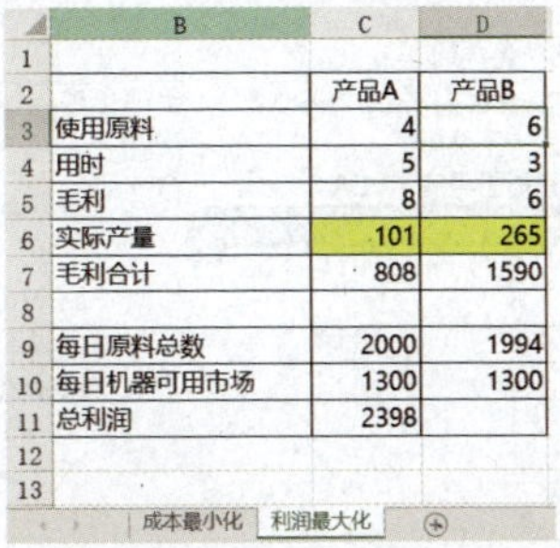

| | B | C | D |
|---|---|---|---|
| 1 | | | |
| 2 | | 产品A | 产品B |
| 3 | 使用原料 | 4 | 6 |
| 4 | 用时 | 5 | 3 |
| 5 | 毛利 | 8 | 6 |
| 6 | 实际产量 | 101 | 265 |
| 7 | 毛利合计 | 808 | 1590 |
| 8 | | | |
| 9 | 每日原料总数 | 2000 | 1994 |
| 10 | 每日机器可用市场 | 1300 | 1300 |
| 11 | 总利润 | 2398 | |
| 12 | | | |
| 13 | | | |



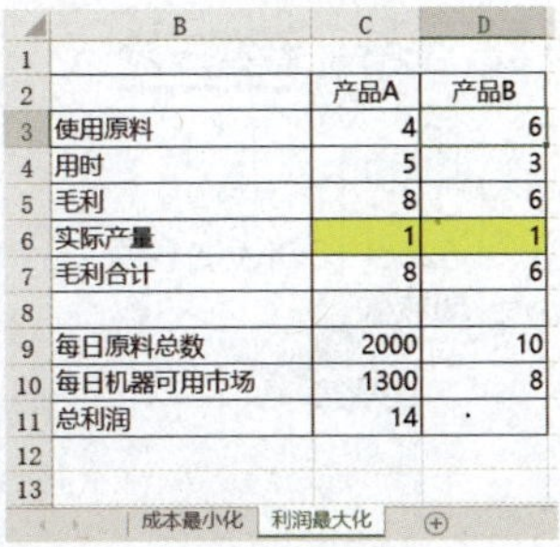

| | B | C | D |
|---|---|---|---|
| 1 | | | |
| 2 | | 产品A | 产品B |
| 3 | 使用原料 | 4 | 6 |
| 4 | 用时 | 5 | 3 |
| 5 | 毛利 | 8 | 6 |
| 6 | 实际产量 | 1 | 1 |
| 7 | 毛利合计 | 8 | 6 |
| 8 | | | |
| 9 | 每日原料总数 | 2000 | 10 |
| 10 | 每日机器可用市场 | 1300 | 8 |
| 11 | 总利润 | 14 | |
| 12 | | | |
| 13 | | | |

在进行销售计划的制定时，需要明确最终的结果是什么、计算中的变量和常量是什么、约束条件是什么，然后就可以利用规划求解功能进行解决。

## 11.2.1 通过规划求解保证成本最小化

某公司需要对至少 4000 件产品进行组合销售，组合 A、组合 B、套餐 C 的产品数量分别是 10、15 和 20，对应的包装成本分别是 30 元、25 元和 20 元，并且公司要求组合 A 和套餐 C 的数量均大于等于组合 B 的数量，且组合 B 的数量要大于等于 50，这种情况下各组合的数量为多少可以使包装成本最低呢？

01 打开素材文件夹中的“生产规划表 .xlsx”文件，在左下角选择“成本最小化”工作表，工作表中包含了每种组合的数量及其包含的产品数量和成本。

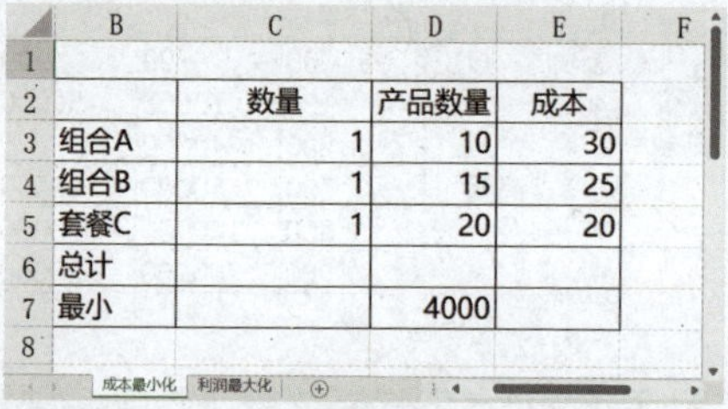

| | B | C | D | E |
|---|---|---|---|---|
| 2 | | 数量 | 产品数量 | 成本 |
| 3 | 组合A | 1 | 10 | 30 |
| 4 | 组合B | 1 | 15 | 25 |
| 5 | 套餐C | 1 | 20 | 20 |
| 6 | 总计 | | | |
| 7 | 最小 | | 4000 | |



02 在 D6 单元格中输入公式“=C3*D3+C4*D4+C5*D5”，计算出产品数量的总和；在 E6 单元格中输入公式“=C3*E3+C4*E4+C5*E5”，计算出总成本。

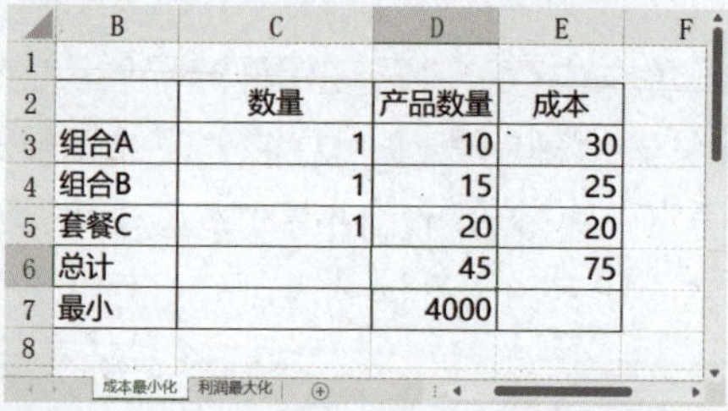

| | B | C | D | E |
|---|---|---|---|---|
| 2 | | 数量 | 产品数量 | 成本 |
| 3 | 组合A | 1 | 10 | 30 |
| 4 | 组合B | 1 | 15 | 25 |
| 5 | 套餐C | 1 | 20 | 20 |
| 6 | 总计 | | 45 | 75 |
| 7 | 最小 | | 4000 | |



03 在【开发工具】选项卡中❶单击【Excel 加载项】图标，在弹出的对话框中❷勾选【规划求解加载项】复选框，❸单击【确定】按钮，调用规划求解功能。

04 在【数据】选项卡中❶单击【规划求解】图标，在弹出的对话框中❷将光标定位在【设置目标】文本框中，单击 E6 单元格，该文本框中即可输入“$E$6”，❸选择【最小值】选项，❹将光标定位在【通过更改可变单元格】文本框中，选择 C3:C5 单元格区域，该文本框中即可输入“$C$3:$C$5”。

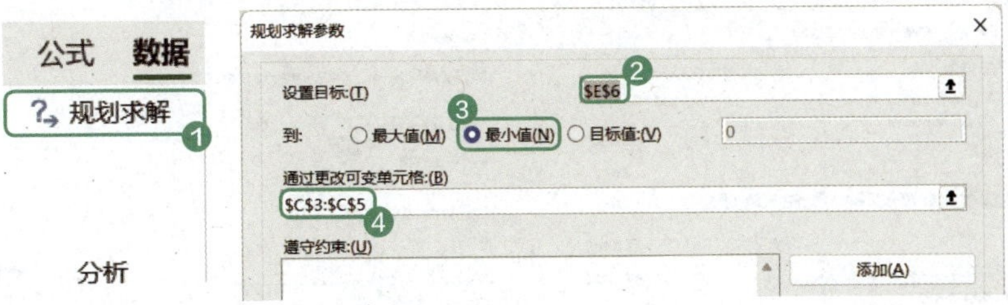


05 设置约束条件。❶单击【添加】按钮，❷在弹出的【添加约束】对话框中按照以表 11-1 所示添加约束，添加完约束后，❸单击【确定】按钮。

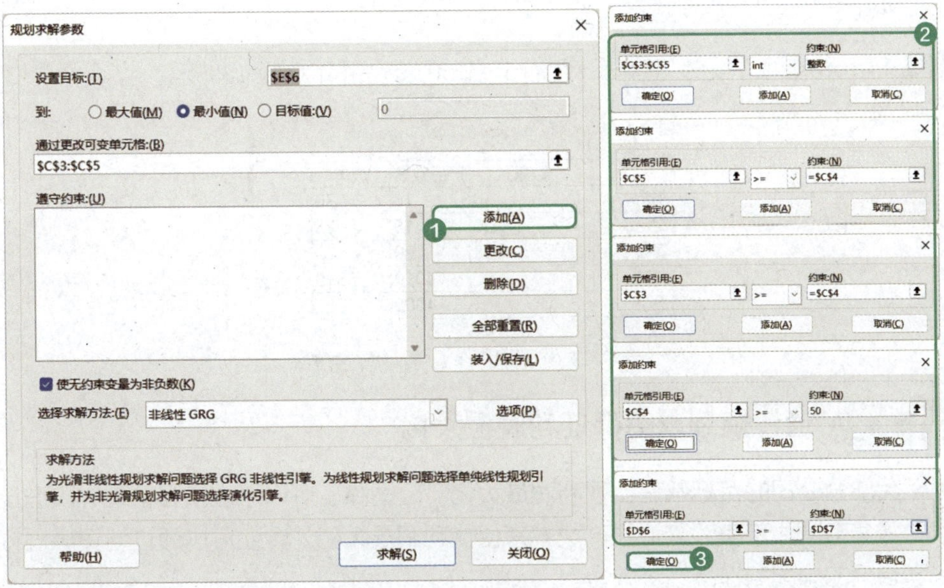


表 11-1　添加约束（一）

| 单元格引用 | 符号 | 约束 | 含义 |
|---|---|---|---|
| $C$3:$C$5 | int | 整数 | 组合数为整数 |
| $C$5 | >= | $C$4 | 套餐 C 的数量大于等于组合 B 的数量 |
| $C$3 | >= | $C$4 | 组合 A 的数量大于等于组合 B 的数量 |
| $C$4 | >= | 50 | 组合 B 的数量大于等于 50 |
| $D$6 | >= | $D$7 | 产品数量大于等于 4000 |

06 ❶单击【求解】按钮，软件就会自动完成最佳方案的计算。此时会弹出【规划求解结果】对话框，❷选择【保留规划求解的解】选项，❸单击【确定】按钮，即可将求解的值显示在表格中。

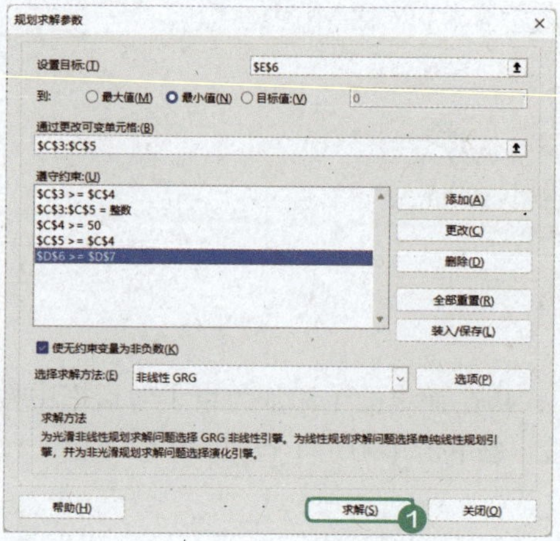


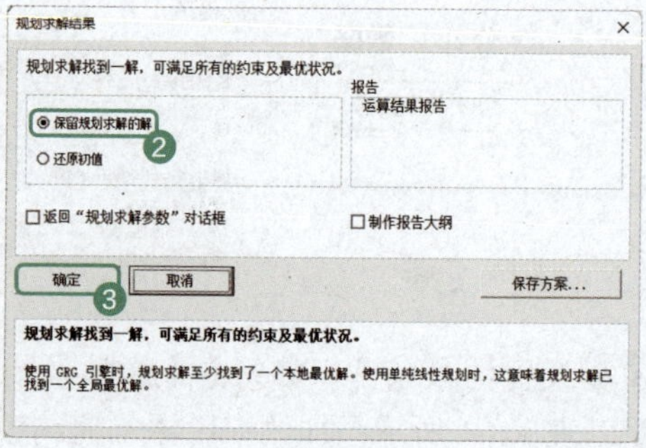


07 得出最佳的方案为组合 A、组合 B 各 50 套，组合 C 为 138 套。

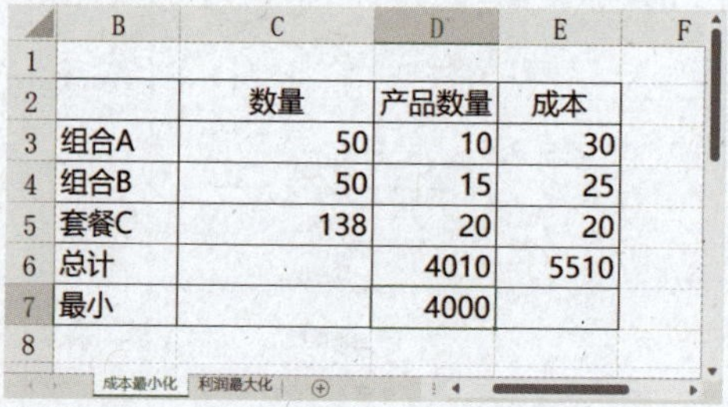

| | B | C | D | E | F |
|---|---|---|---|---|---|
| 1 | | | | | |
| 2 | | 数量 | 产品数量 | 成本 | |
| 3 | 组合A | 50 | 10 | 30 | |
| 4 | 组合B | 50 | 15 | 25 | |
| 5 | 套餐C | 138 | 20 | 20 | |
| 6 | 总计 | | 4010 | 5510 | |
| 7 | 最小 | | 4000 | | |
| 8 | | | | | |



## 11.2.2 通过规划求解保证利润最大化

大部分公司的目标都是实现利润最大化。公司除了可以通过加强管理、改进技术、提高劳动生产率、降低生产成本来促使利润最大化外，还可以通过对资源进行科学合理的分配来提高经济效益。

某工厂生产产品 A 和产品 B 两种产品。生产一个产品 A 消耗的原料为 4 个单位，机器耗时为 5 分钟，销售一个产品 A 获得的毛利为 8 元；而生产一个产品 B 消耗的原料为 6 个单位，机器耗时为 3 分钟，销售一个产品 B 获得的毛利为 6 元。

该工厂每日可用的原料总数为 2000 个单位，每日机器的总耗时为 1300 分钟。在这种情况下，假如每天生产的产品 A 和产品 B 都可以被全部售出，那该工厂每天分别生产多少个产品 A 和多少个产品 B，总利润会最大呢？

01 根据已知条件，构建关系表格与公式模型。在 C7 单元格中输入公式“=C6*C5”，在 D7 单元格中输入公式“=D6*D5”，计算出总的毛利。在 D9 单元格中输入公式“=C6*C3+D6*D3”，计算出每日总共消耗的原料数。在 D10 单元格中输入公式“=C6*C4+D6*D4”，计算出每日机器的总耗时。在 C11 单元格中输入公式“=C7+D7”，计算出总的毛利。

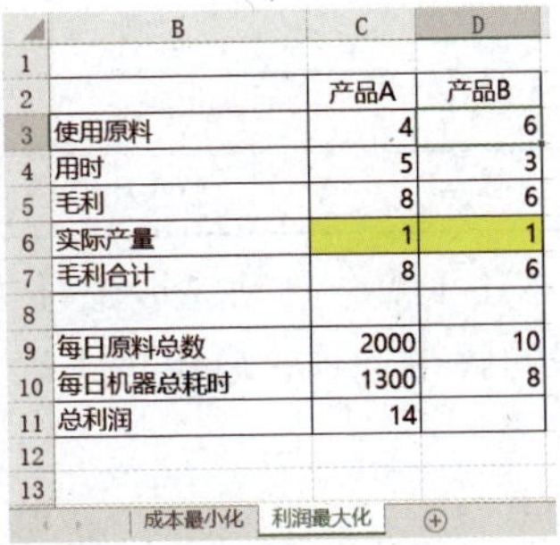

| | B | C | D |
|---|---|---|---|
| 1 | | | |
| 2 | | 产品A | 产品B |
| 3 | 使用原料 | 4 | 6 |
| 4 | 用时 | 5 | 3 |
| 5 | 毛利 | 8 | 6 |
| 6 | 实际产量 | 1 | 1 |
| 7 | 毛利合计 | 8 | 6 |
| 8 | | | |
| 9 | 每日原料总数 | 2000 | 10 |
| 10 | 每日机器总耗时 | 1300 | 8 |
| 11 | 总利润 | 14 | |
| 12 | | | |
| 13 | | | |

成本最小化 利润最大化

02 在【数据】选项卡中❶单击【规划求解】图标，在弹出的【规划求解参数】对话框中❷将光标定位在【设置目标】文本框中，单击 C11 单元格，该文本框中即可输入“$C$11”，❸选择【最大值】选项，❹将光标定位在【通过更改可变单元格】文本框中，选择 C6:D6 单元格区域，该文本框中即可输入“$C$6:$D$6”。

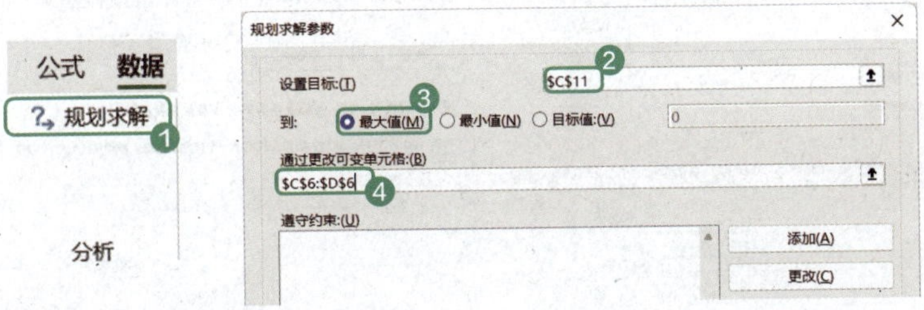


03 设置约束条件。❶单击【添加】按钮，❷按照表 11-2 所示添加约束，添加完约束后，❸单击【确定】按钮。

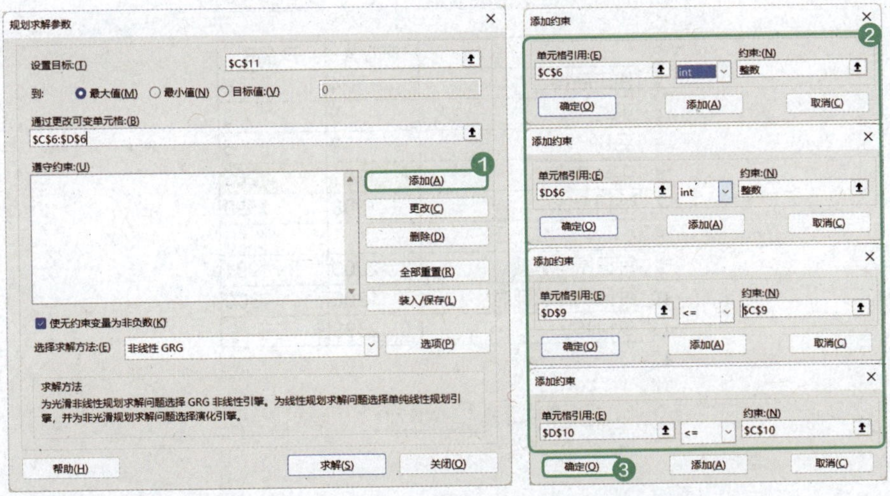

表 11-2　添加约束（二）

| 单元格引用 | 符号 | 约束 | 含义 |
|---|---|---|---|
| $C$6 | int | 整数 | 产品 A 的数量为整数 |
| $D$6 | int | 整数 | 产品 B 的数量为整数 |
| $D$9 | <= | $C$9 | 消耗的原料总数≤2000 |
| $D$10 | <= | $C$10 | 机器总耗时≤1300 |

**04** ❶单击【求解】按钮，Excel 就会自动完成最佳方案的求解。在弹出的对话框中❷选择【保留规划求解的解】选项，❸单击【确定】按钮，即可在 Excel 中显示最佳结果。

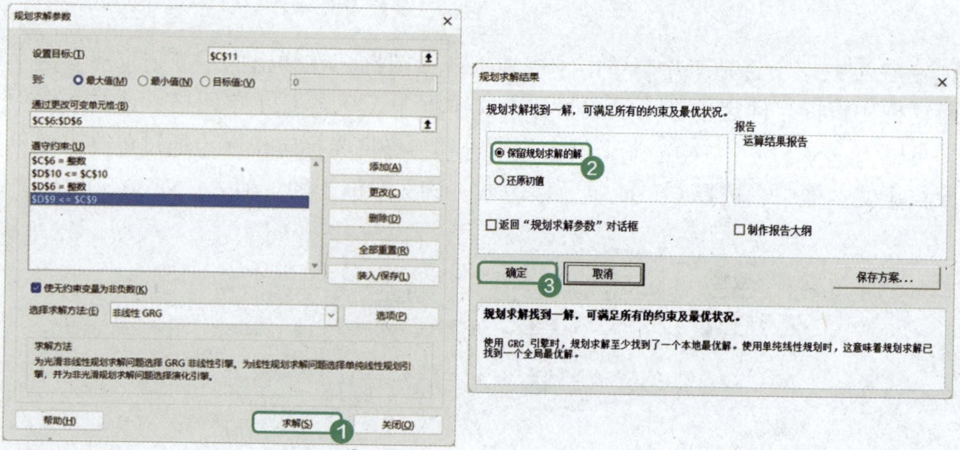


**05** 得出最佳的方案为每天生产 101 个产品 A 和 265 个产品 B，这样可以保证获得最大的利润。

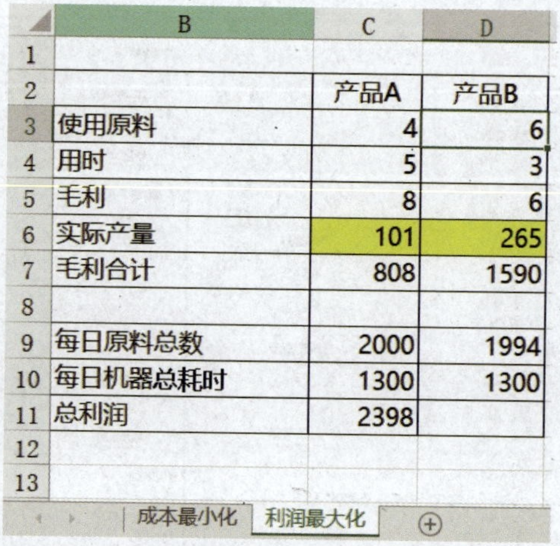

| | B | C | D |
|---|---|---|---|
| 1 | | | |
| 2 | | 产品A | 产品B |
| 3 | 使用原料 | 4 | 6 |
| 4 | 用时 | 5 | 3 |
| 5 | 毛利 | 8 | 6 |
| 6 | 实际产量 | 101 | 265 |
| 7 | 毛利合计 | 808 | 1590 |
| 8 | | | |
| 9 | 每日原料总数 | 2000 | 1994 |
| 10 | 每日机器总耗时 | 1300 | 1300 |
| 11 | 总利润 | 2398 | |
| 12 | | | |
| 13 | | | |

# 第三篇 PPT 设计与应用

# 第12章　演示文稿的编辑与设计

演示文稿作为辅助表达的工具，常在公司培训、讲解策划方案、汇报工作、介绍产品时被用到。本章将通过制作年终总结演示文稿及套用模板制作员工培训演示文稿，讲解如何快速、高效地进行演示文稿的编辑与设计。

扫描二维码
发送关键词**“秋叶五合一”**
观看视频学习吧！

## 12.1 制作年终总结演示文稿

### 案例说明

年终总结是指对一年内的工作进行一次全面、系统的回顾，分析不足，得出经验，并制定下一年的工作计划。

本案例中，年终总结演示文稿制作完成后的效果如下图所示（展示了部分效果图）。

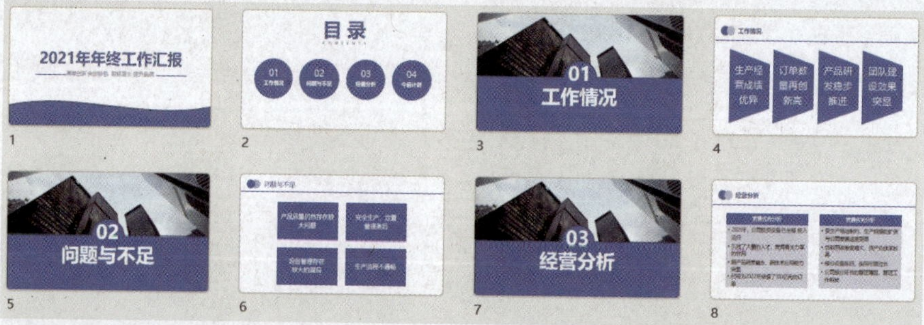


一份完整的演示文稿包含封面页、目录页、章节页、内容页与结束页。在幻灯片母版视图下设计好对应页面的基础版式，就可以在制作幻灯片时快速套用版式。设计版式会涉及占位符、形状、图片及文本框的插入，制作页面则会涉及版式的选择、文字和 SmartArt 图形的转换等。

### 12.1.1 创建并保存年终总结演示文稿

在进行年终总结演示文稿的制作之前，需要创建一份空白的演示文稿，并将其保存在对应的文件夹中，具体操作如下。

### 1．创建空白演示文稿

打开 PowerPoint 之后，在软件窗口中单击【空白演示文稿】选项，即可快速完成空白演示文稿的创建。

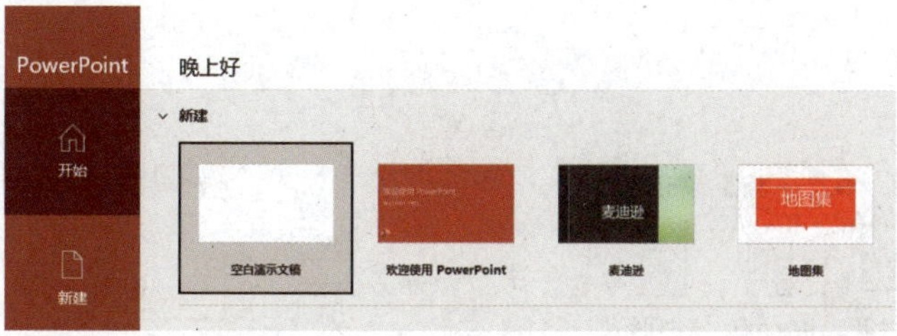


### 2．保存年终总结演示文稿

❶按【F12】键打开【另存为】对话框，在对话框中打开对应的文件夹，❷在【文件名】文本框中输入“年终总结”，❸在【保存类型】下拉列表中选择【PowerPoint 演示文稿（*.pptx）】选项，❹单击【保存】按钮，完成演示文稿的保存。

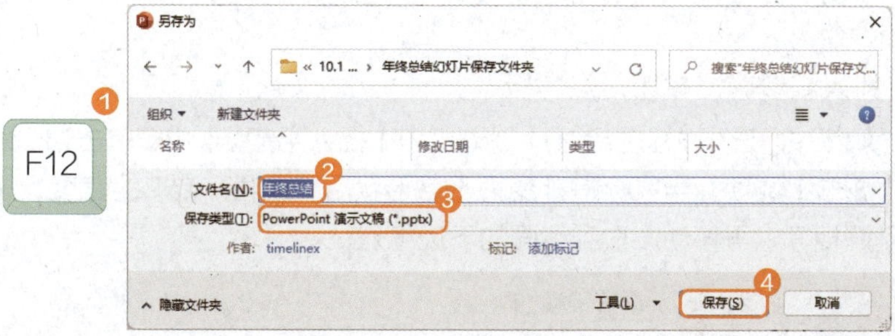


> • **小贴士** 演示文稿指的是以 *.ppt 或者 *.pptx 为扩展名的文件，而幻灯片则是演示文稿中的某一张。一份演示文稿由 N 张幻灯片组成。PPT 则是日常生活中人们对幻灯片及演示文稿的习惯叫法，其可以指一张或多张幻灯片，也可以指整个演示文稿，甚至可以指 PowerPoint。

制作幻灯片的时候，很多人喜欢把页面中的所有元素清空，从零开始制作，但下面将介绍如何借助这些内置的元素快速制作幻灯片。

## 12.1.2 设计封面页版式

空白演示文稿中的初始页面就是套用了标题幻灯片版式的封面页，但是默认的封面页太空，我们可以在幻灯片母版中使用形状和线条对版式进行修饰。

### 1．精简幻灯片母版版式

在【视图】选项卡中❶单击【幻灯片母版】图标，进入母版视图；在左侧的导航栏中选中版式，按【Delete】键删除多余版式，❷仅保留“标题幻灯片”“标题和内容”“节标题”“空白”这 4 个版式。

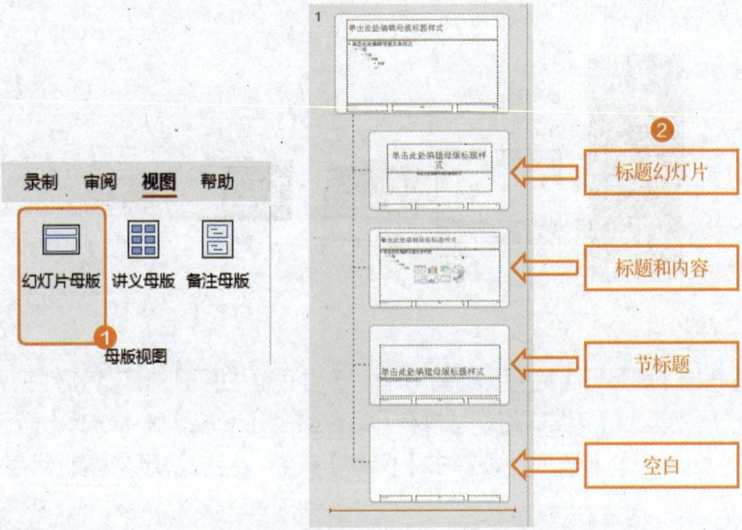


### 2. 插入波形修饰标题幻灯片版式

在导航栏中❶选中“标题幻灯片”版式，在【插入】选项卡中❷单击【形状】图标，❸选择【波形】选项，当鼠标指针变为十字形状后，❹调整波形的宽度，让其与页面宽度刚好相等，再移动波形到页面的下边缘处。

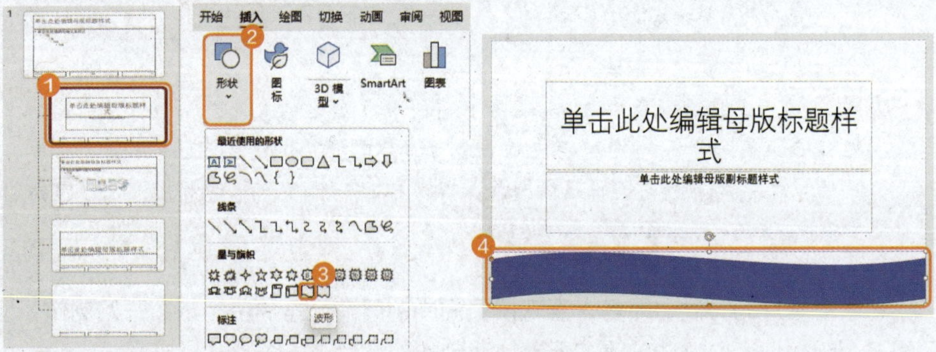


### 3. 修改标题占位符和副标题占位符的格式

01 选中标题占位符中的文字，将其更改为“点击此处输入标题”，在【开始】选项卡中❶修改字号为【72】，❷设置文字颜色为【蓝色，个性色 1】，❸为文字设置加粗效果。选中副标题占位符中的文字，将其更改为“点击此处输入副标题”，❹修改字号为【24】，❺设置文字颜色为【蓝色，个性色 1】。❻依次调整标题占位符和副标题占位符的高度。

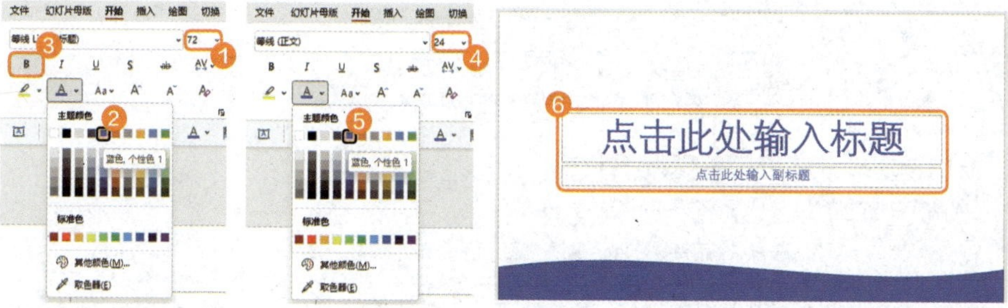


> **小贴士** 占位符是幻灯片母版视图中的一种格式固定的元素。占位符分为标题占位符、文本占位符、图片占位符、内容占位符等，利用不同占位符的组合可以得到不同的版式，以便我们在后期制作相同排版效果的幻灯片时直接调用和修改。

**02** 在【插入】选项卡中❶单击【形状】图标，❷选择【直线】选项；按住【Shift】键，❸在副标题占位符左边缘的中部位置按住鼠标左键并向右拖曳到合适位置，绘制一条直线；在绘制的直线上按住快捷键【Ctrl+Shift】，水平拖曳复制出一条直线，❹将复制得到的直线移动到副标题占位符的右侧。

## 12.1.3 设计目录页版式

目录页主要用来展示演示文稿整体的内容框架，让观众对演讲内容有一个基本的了解。在设计好基础的版式后，使用时只需填上文字内容就可以了。

### 1. 制作目录页的标题和副标题

**01** 在导航栏中❶选中“空白”版式，在【插入】选项卡中❷单击【文本框】图标的下半部分，❸选择【绘制横排文本框】命令，在页面中单击插入一个文本框，输入文字“目录”，❹修改字体为【等线 Light（标题）】，❺修改字号为【88】，❻修改文字颜色为【蓝色，个性色 1】，❼设置加粗效果，❽设置对齐方式为两端对齐。

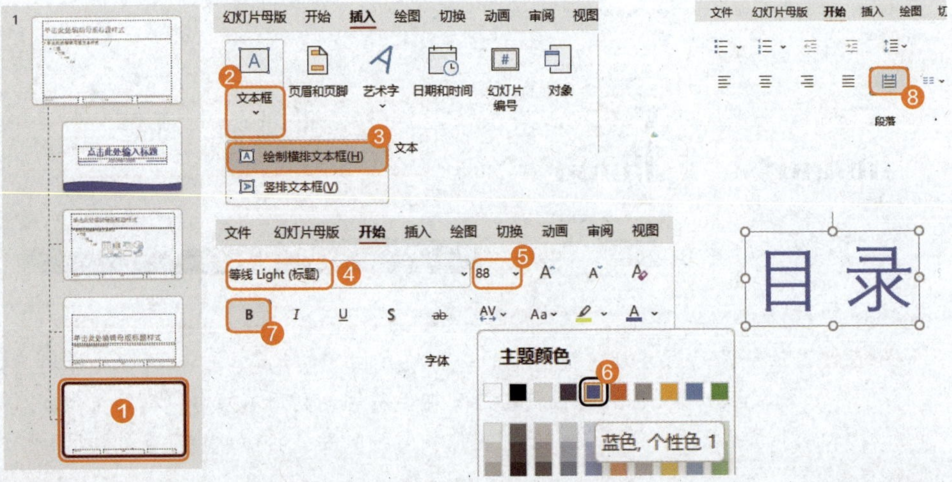


02 选中文本框，按住快捷键【Ctrl+Shift】，向下拖曳复制出一个文本框，❶将复制出的文本框中的内容修改为“CONTENTS”，❷修改字体为【等线（正文）】，❸修改字号为【18】，❹选中两个文本框，按快捷键【Ctrl+G】将其组合在一起。

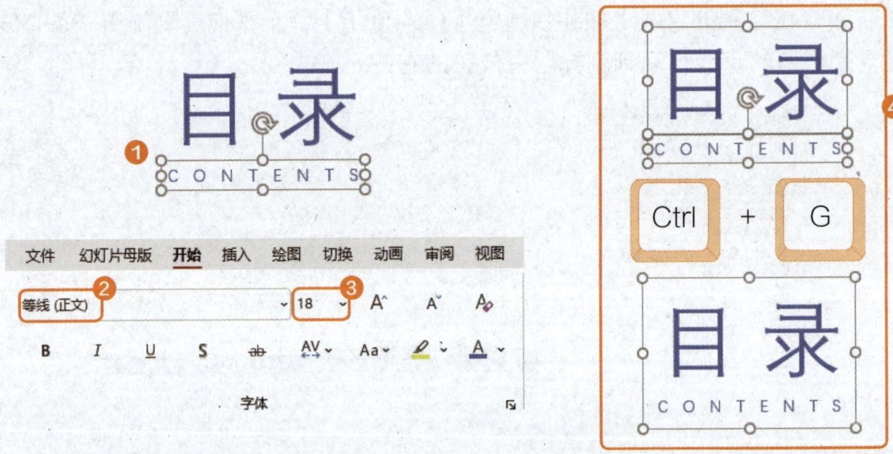


03 在【形状格式】选项卡中❶单击【对齐】图标，❷选择【水平居中】命令，按住【Shift】键❸将标题向上移动到靠近上边缘的位置。

## 2. 制作目录页内容

**01** 在【插入】选项卡中❶单击【形状】图标，❷选择【椭圆】选项，在页面中单击插入一个椭圆，在【形状格式】选项卡中❸修改【高度】和【宽度】均为【6.56 厘米】，将椭圆变成圆形；在圆形中插入文本框，输入“01”，❹修改字体为【等线 Light（标题）】，❺修改字号为【40】，❻将文字颜色设置为【白色，背景 1】，❼设置加粗效果，❽设置对齐方式为居中对齐。

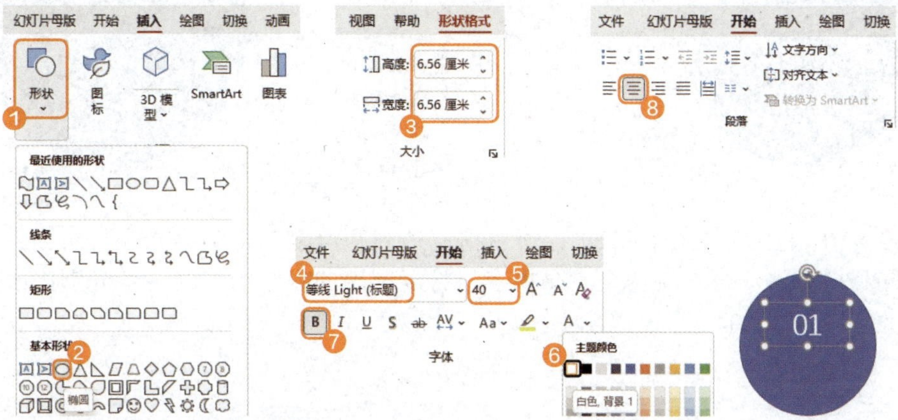


**02** 在【幻灯片母版】选项卡中❶单击【插入占位符】图标的下半部分，❷选择【文本】命令，❸在圆形内拖曳生成一个文本占位符，修改文本为“输入目录标题”，❹修改字体为【等线 Light（标题）】、字号为【24】，❺设置文字颜色为【白色，背景 1】，❻设置加粗效果，❼取消项目符号，❽设置对齐方式为居中对齐。

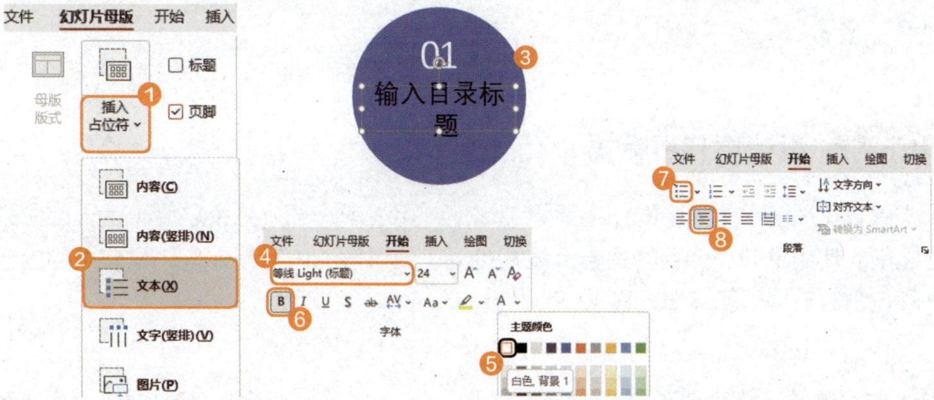


**• 小贴士** 步骤 **01** 和步骤 **02** 涉及在幻灯片版式中插入文本框和文本占位符，两者的区别是：在版式中插入的文本框，在返回普通视图后无法对其进行编辑；而在版式中插入的文本占位符，在返回普通视图后可以对其进行编辑。

03 ❶将圆形、序号和文本占位符选中，在【形状格式】选项卡中❷单击【对齐】图标，❸选择【水平居中】命令，❹实现居中对齐。

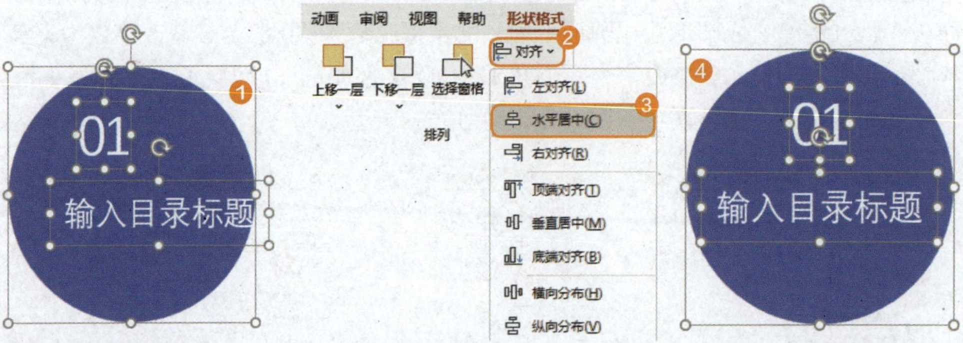


04 按住快捷键【Ctrl+Shift】，向右拖曳适当距离复制得到第二个目录内容。用同样的方法，再复制两个目录内容，将复制出的目录内容的序号分别修改为"02""03""04"。

## 12.1.4 设计章节页版式

章节页在演示文稿中的作用是承上启下，用在前一部分结束之后、后一部分开始之前。使用章节页的目的是告诉观众接下来要讲解的内容是什么。章节页的内容一般包含章节编号和章节标题。

### 1. 合并形状，制作章节页文本背景

01 在左侧导航栏中❶选中"节标题"版式，单击【形状】图标，❷选择【椭圆】选项，按住【Shift】键绘制一个直径为 5.5 厘米的圆形；❸选择【矩形】选项，绘制一个与页面等宽的矩形，并让矩形和圆形有一部分重叠；选中圆形和矩形，在【形状格式】选项卡中❹单击【对齐】图标，❺选择【水平居中】命令，让圆形和矩形居中对齐。

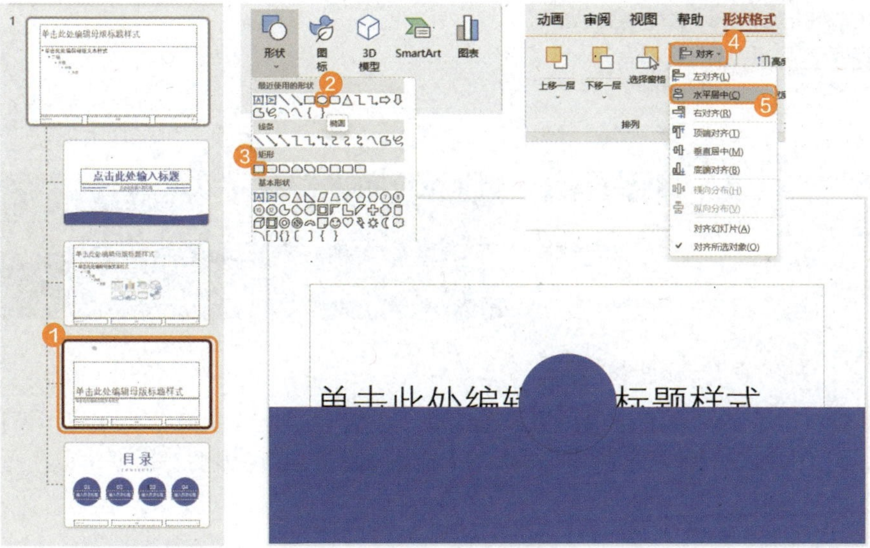


**02** ❶选中两个形状，在【形状格式】选项卡中❷单击【合并形状】图标，❸选择【结合】命令，让形状结合在一起。

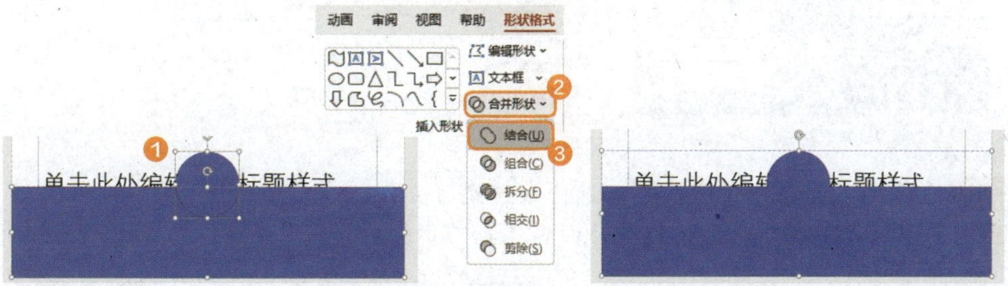


**03** ❶右键单击形状，❷选择【置于底层】命令，将其放在幻灯片所有元素的下层。

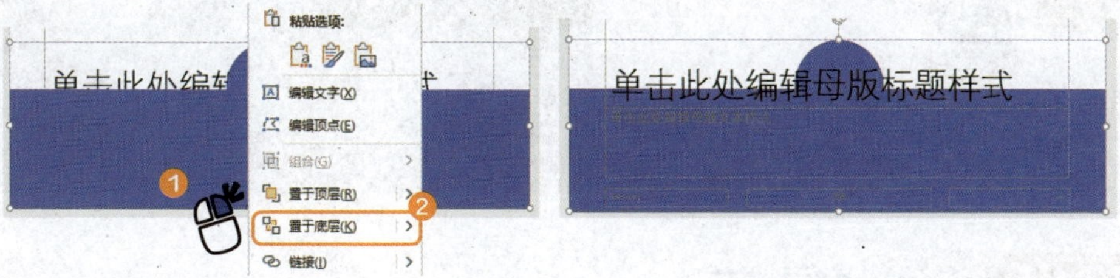


**04** 选中标题占位符，修改文字为“00”；选中副标题占位符，修改文字为“在此处输入标题”。统一设置它们的字体为【等线 Light（标题）】、字号为【88】，设置加粗效果，修改好颜色为【白色，背景 1】，设置对齐方式为居中对齐，最后调整高度和位置。

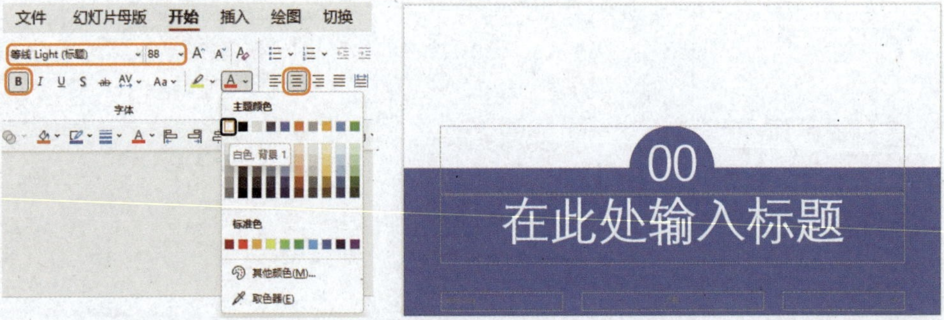


### 2．为章节页设置图片背景

01 ❶右键单击页面的空白位置，❷选择【设置背景格式】命令，在弹出窗格中❸选择【图片或纹理填充】选项，❹单击【插入】按钮，在弹出的对话框中❺选择【来自文件】选项。

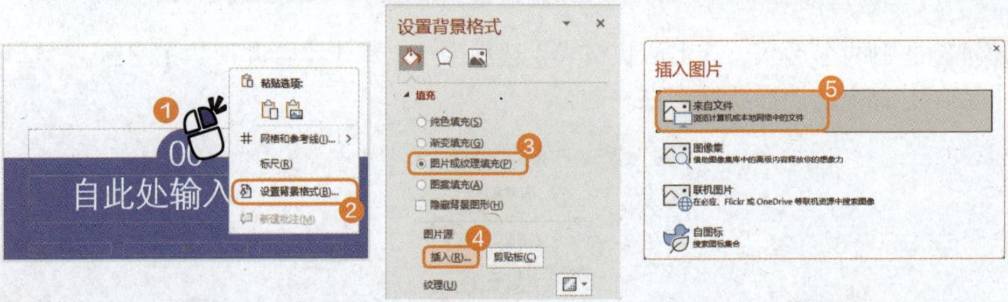


02 在弹出的对话框中❶找到并选择素材文件夹中的“章节页背景图片 .png”，❷单击【插入】按钮，即可将图片设置为章节页的背景。

## 12.1.5 设计内容页版式

内容页是整个演示文稿中最为重要的存在，是呈现演示文稿核心内容的页面。内容页主要由标题和正文内容组成。内容页版式较为多变，我们只需制作出基础的版式即可。

01 在导航栏中❶选中“标题和内容”版式，选中标题占位符的文字，修改内容为“在此处输入标题”，❷设置字体为【等线 Light（标题）】、字号为【28】，❸设置加粗效果，❹设置文字颜色为【蓝色，个性色 1】，❺调整标题占位符的高度，使其刚好可以放置一行内容，并调整标题占位符的宽度，使其右侧留有一定空白。

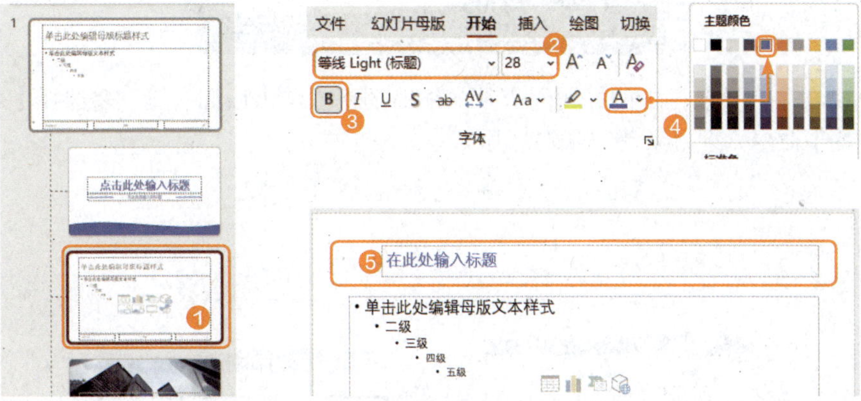


02 ❶在标题占位符的左侧插入两个直径为 1.5 厘米的圆形，并让其重叠一部分，分别设置填充颜色为【蓝色，个性色 1】和【蓝色，个性色 1，淡色 60%】。❷在标题占位符下插入一条和页面等宽的直线，设置线条粗细为【2.25 磅】，设置线条颜色为【蓝色，个性色 1】。

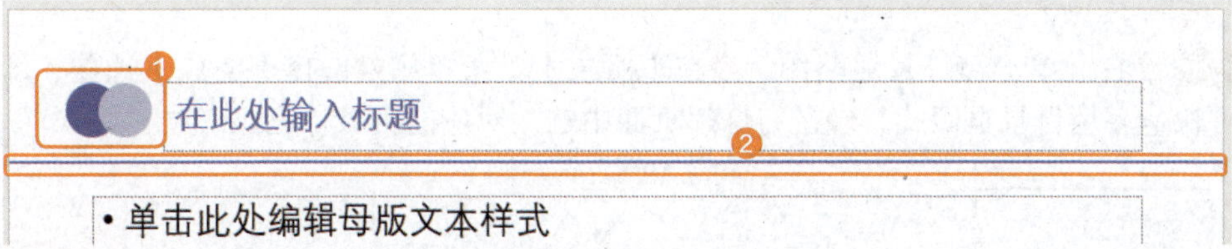


## 12.1.6 套用版式快速制作幻灯片

完成幻灯片的版式设计后，就可以借助设计好的版式快速完成各类幻灯片的制作了。

### 1. 制作封面页和目录页

01 在【幻灯片母版】选项卡下单击【关闭母版视图】图标，即可返回普通视图。

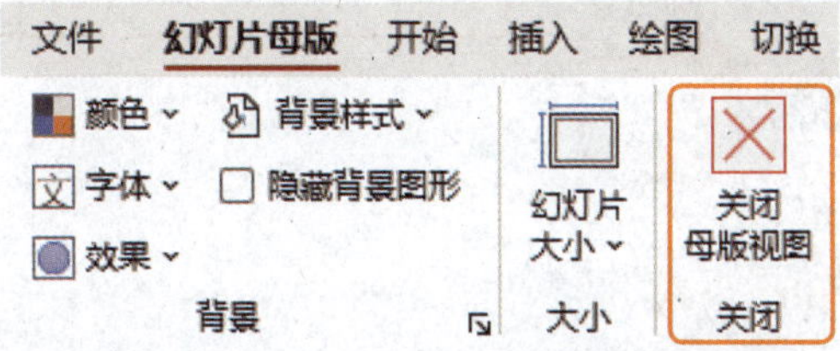


02 在左侧导航栏中选中第一张幻灯片，按照占位符提示输入幻灯片的标题和副标题，完成后的效果如下页图所示。

03 ❶在左侧导航栏中的标题幻灯片的缩略图下方单击鼠标右键，❷选择【新建幻灯片】命令，即可新建一张幻灯片。

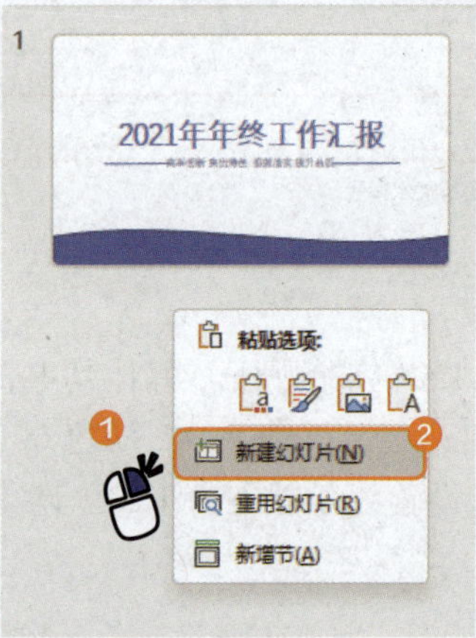


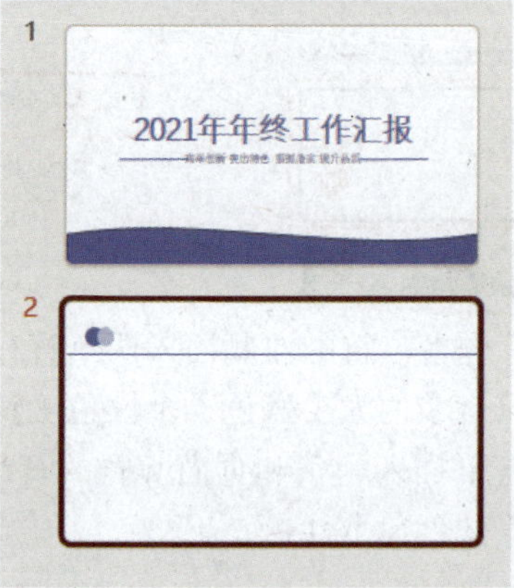


04 ❶右键单击幻灯片缩略图，❷在【版式】子菜单中❸选择【空白】选项，即可快速套用目录页版式，❹在幻灯片页面中输入对应的目录标题。

### 2. 制作章节页和结束页

01 新建幻灯片，并选择“节标题”版式，修改编号和章标题后，即可得到4个章节的章节页，效果如下页图所示。

**02** 新建幻灯片，并选择“标题幻灯片”版式（封面页和结束页的版式一般都是相同的），在页面中修改标题占位符和副标题占位符中的内容，完成后的效果如下图所示。

### 3. 制作文本型内容页

下面以“经营分析”模块为例进行文本型内容页的制作。

**01** 新建幻灯片，选择“标题和内容”版式，并输入标题和正文内容，❶按住【Ctrl】键选中“发展优势分析”和“发展劣势分析”下的内容，❷按【Tab】键增加内容的缩进量，让内容分级。

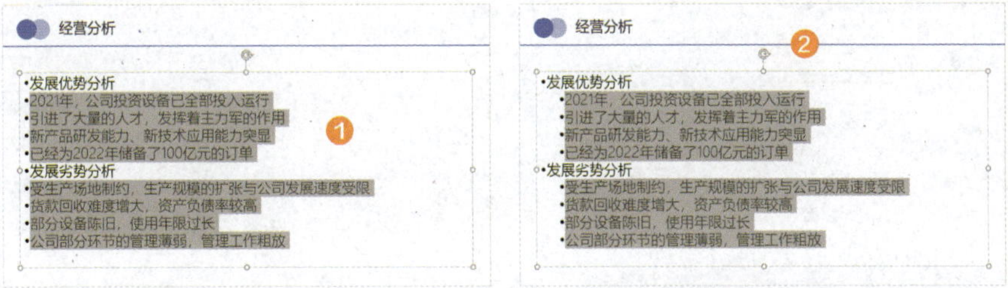


**02** 在【开始】选项卡中❶单击【转换为 SmartArt】图标，❷选择【水平项目符号列表】选项，即可将文字转换为逻辑图示。

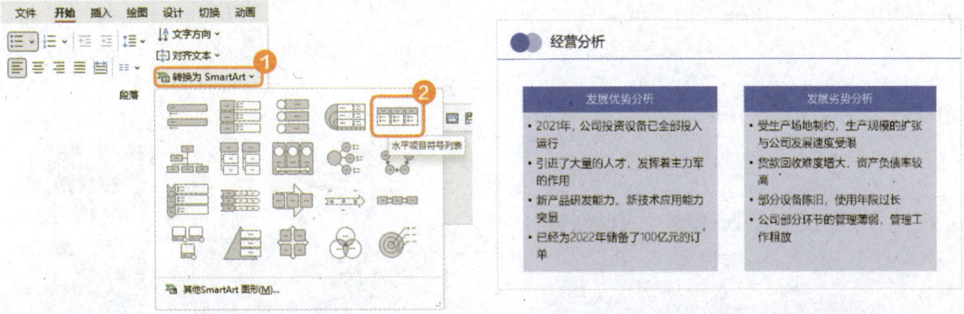

年终总结演示文稿中“工作情况”和“问题与不足”章节的内容页均可采用上述方法制作。因为它们的正文内容均为同一级别，所以在选择 SmartArt 图形的类型的时候，选择【列表】类型即可，完成后的效果如下图所示。

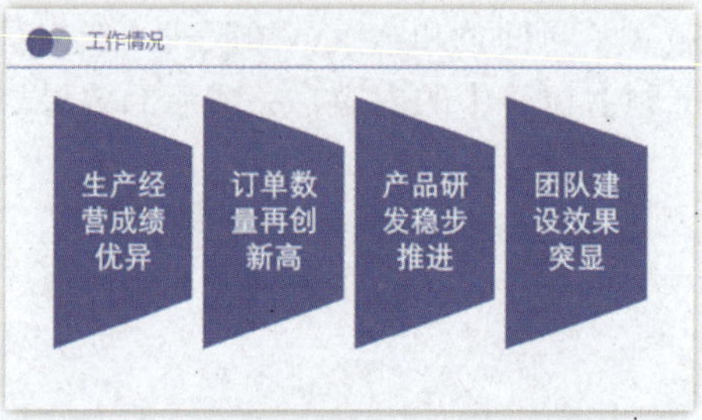


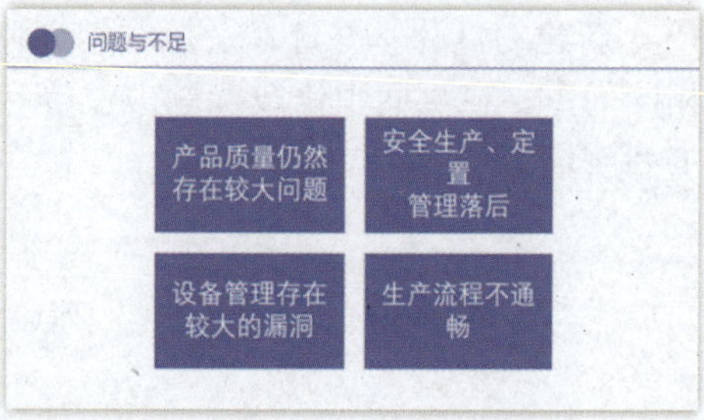


## 4. 制作图文型内容页

01 在“今后计划”章节页后新建幻灯片，并切换版式为“标题和内容”，输入对应的文本内容，❶单击【转换为 SmartArt】图标，❷选择【其他 SmartArt 图形】命令，❸在弹出的对话框的左侧切换到【图片】选项卡，❹在右侧选择【蛇形图片题注】选项，❺单击【确定】按钮，即可完成从文本到 SmartArt 图形的转换。

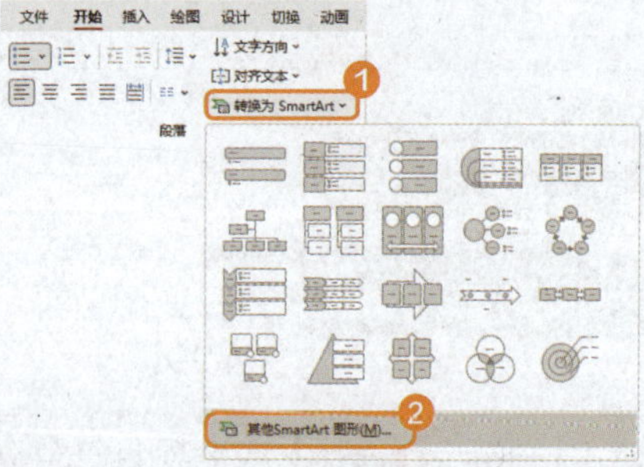

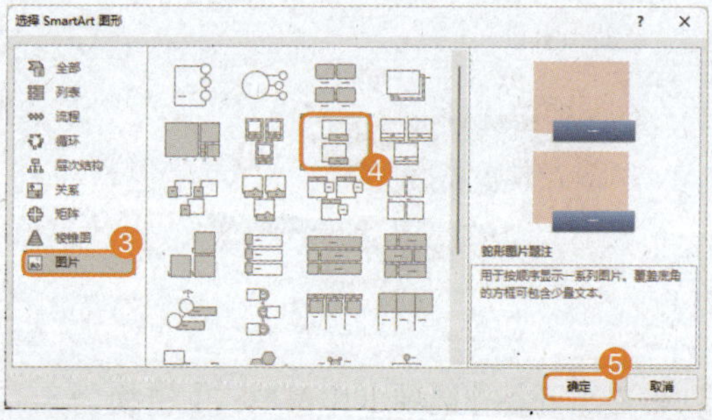

02 单击 SmartArt 图形中的图片图标，将素材文件夹中的图片依次插入 SmartArt 图形中。

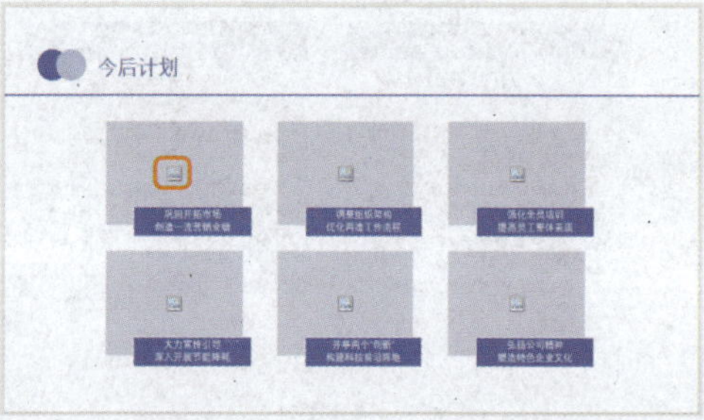


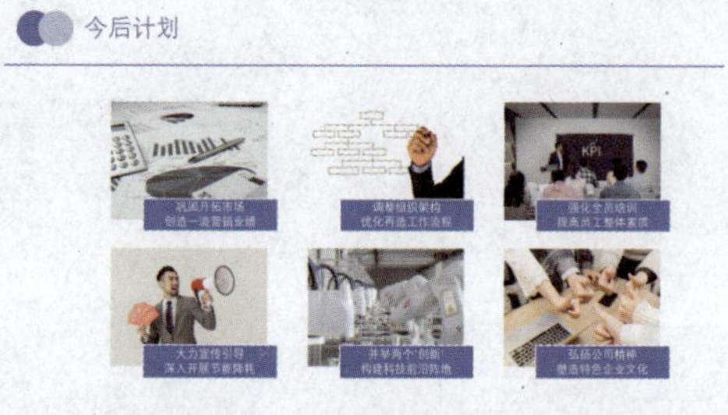

## 12.1.7 修改幻灯片的字体和配色

在制作幻灯片时，我们严格使用了主题字体和主题色，所以当我们需要更改幻灯片的字体和颜色时就非常方便。

这里以修改标题字体为【微软雅黑】、正文字体为【微软雅黑 Light】、色彩方案为【绿色】为例进行演示。

### 1．修改幻灯片的字体

01 在【设计】选项卡的【变体】功能组中❶单击下拉按钮，❷在【字体】子菜单中❸选择【自定义字体】命令，弹出【新建主题字体】对话框。

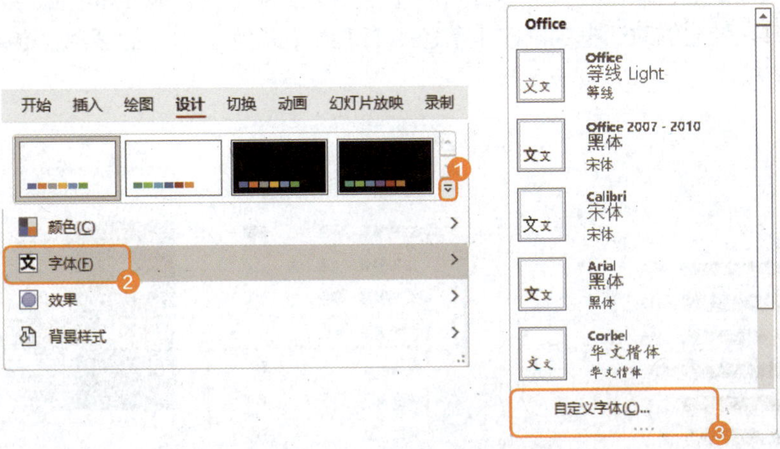


02 ❶将【西文】【中文】组的标题字体、正文字体都改为【微软雅黑】和【微软雅黑 Light】，❷在【名称】文本框中输入“微软雅黑”，❸单击【保存】按钮，即可完成主题字体的新建和应用。

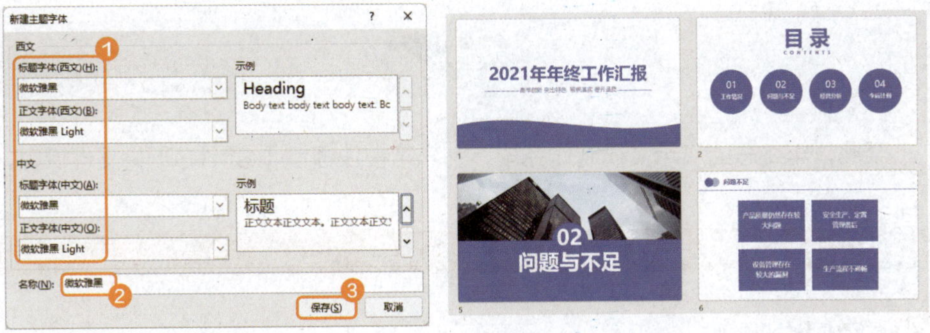


### 2．修改幻灯片的配色

在【设计】选项卡的【变体】功能组中❶单击下拉按钮，❷在【颜色】子菜单中❸选择【绿色】命令，即可修改幻灯片的配色。

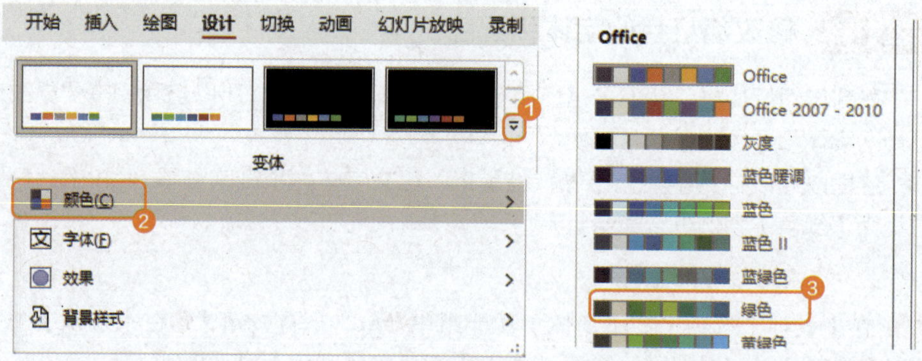

如果需要自定义配色，可以在展开【颜色】子菜单后，❶选择【自定义颜色】命令，❷在弹出的对话框中修改【着色 1(1)】到【着色 6(6)】的颜色，❸单击【保存】按钮。

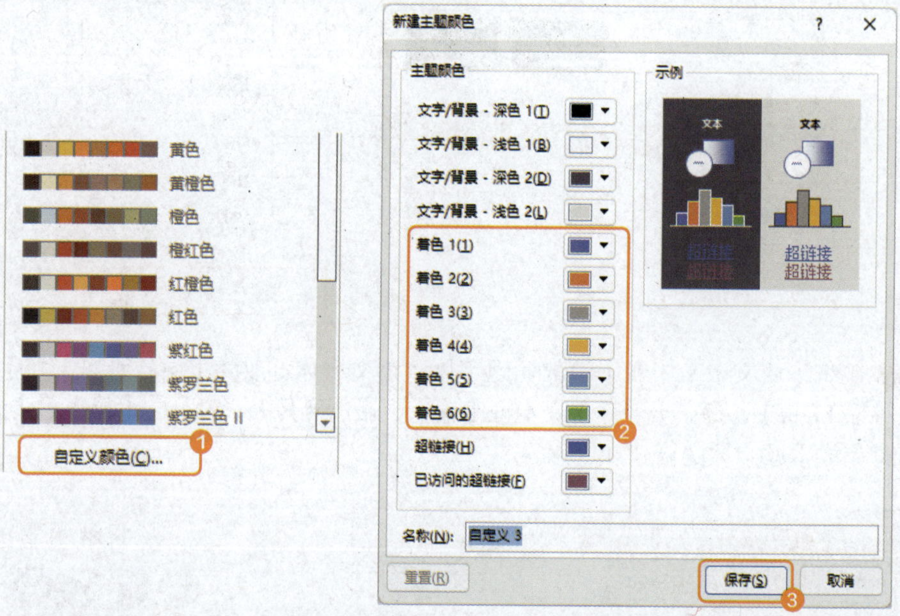

至此，年终总结演示文稿制作完毕，别忘了按快捷键【Ctrl+S】将文件保存。

## 12.2 套用模板制作员工培训演示文稿

### 案例说明

当有新员工加入公司或者有新任务时，往往需要对员工进行培训，此时就需要培训师制作相应的培训演示文稿。在培训时结合幻灯片演示，可以让培训效果更好。

本案例中，员工培训演示文稿制作完成后的效果如下图所示（展示了部分效果图）。

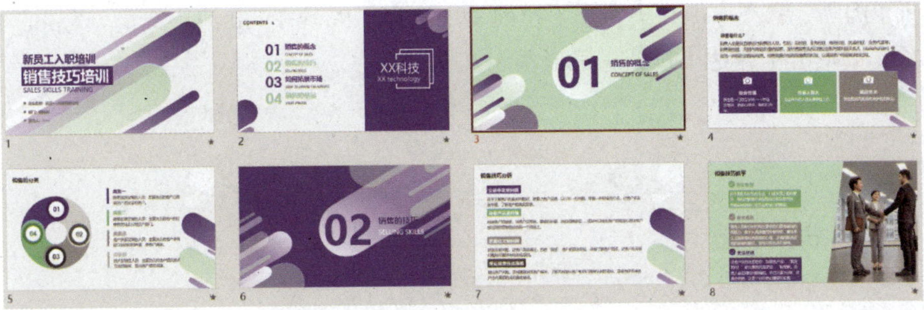


PowerPoint 为我们提供了非常丰富的幻灯片模板，在准备好培训内容的文字稿之后，我们可以借助联机搜索功能下载现成的幻灯片模板，然后加以改造得到一份合格的培训演示文稿。

## 12.2.1 创建并保存文档

在进行幻灯片的制作前，我们需要找到合适的幻灯片模板。

01 打开 PowerPoint，❶切换到【新建】选项卡，❷在右侧的搜索框中输入关键词进行搜索，这里输入“总结”二字，❸单击放大镜图标进行搜索。

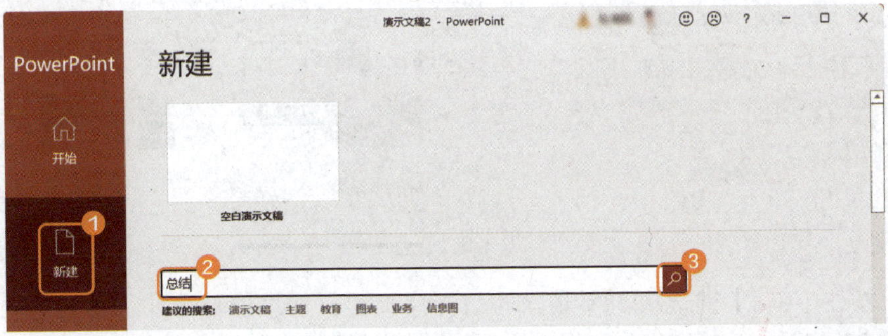


02 ❶选择“总结报告 – 通透色条 – 通用绿紫 –PPT 模板”模板，在弹出的预览对话框中❷单击【创建】图标，此时软件就会自动下载并打开对应的模板文件。

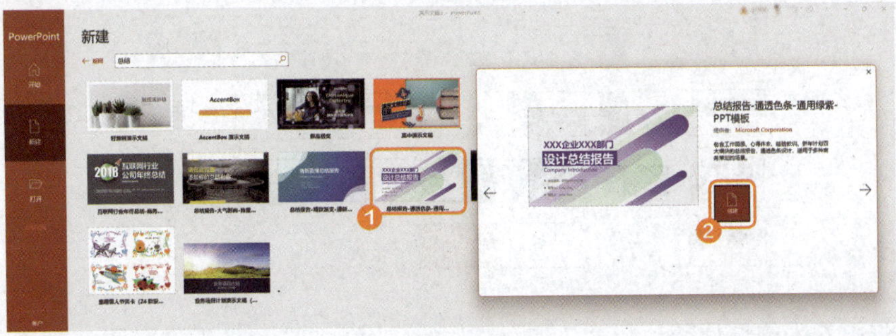


03 ❶按【F12】键打开【另存为】对话框，❷在【文件名】文本框中输入“员工

培训 PPT”，❸在【保存类型】下拉列表中选择【PowerPoint 演示文稿（*.pptx）】选项，❹单击【保存】按钮，完成演示文稿的保存。

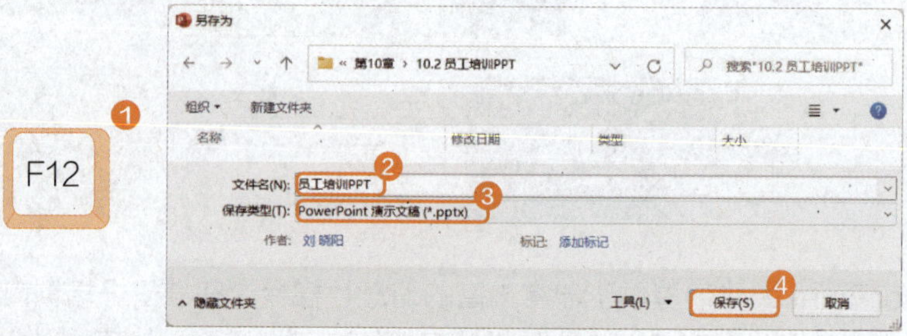


## 12.2.2 删除不需要的页面并调整剩余页面

对于已经下载好的幻灯片模板，我们需要根据需求删除不需要的页面，并对剩余的页面进行适当调整，具体操作如下。

01 在【视图】选项卡中单击【幻灯片浏览】图标，此时将进入幻灯片浏览状态。

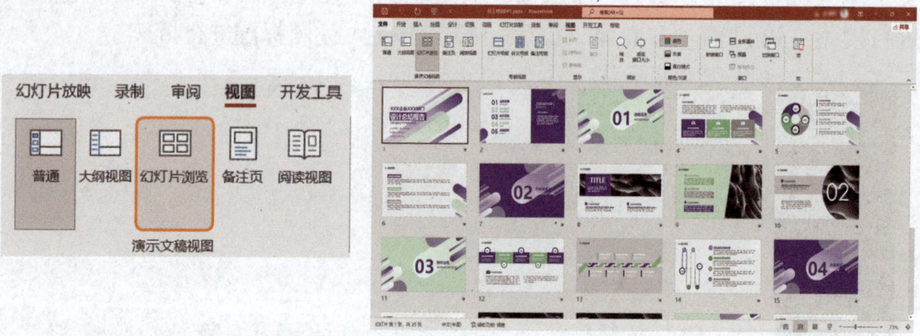


02 按住【Ctrl】键选中需要删除的幻灯片页面，这里选择第 8、10、12、13、17 ～ 22、24、25 张幻灯片，按【Delete】键进行删除。

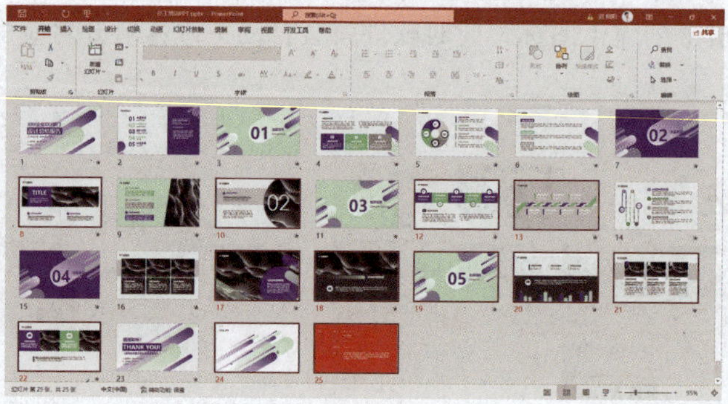

03 将第 6 张幻灯片移动到第 7 张幻灯片的后面，双击进入普通视图。

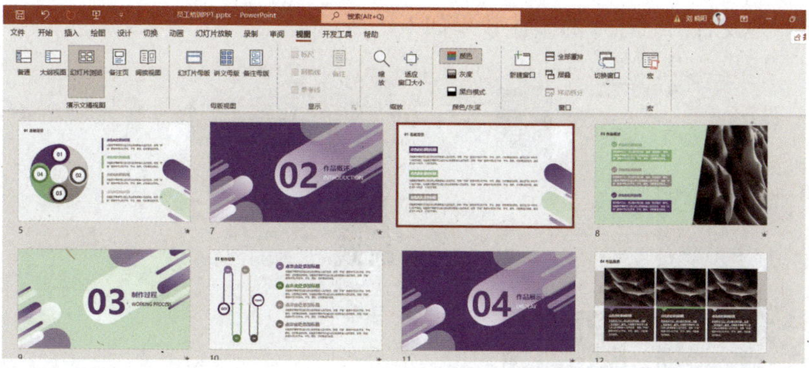

04 在第 7 张幻灯片中，选中第一个文本框组合，❶按住【Shift】键将其移动到靠近标题的位置；选中最后一个文本框组合，❷按住【Ctrl】键向下拖曳进行复制，将复制出的文本框组合放到靠近幻灯片下边缘的位置。

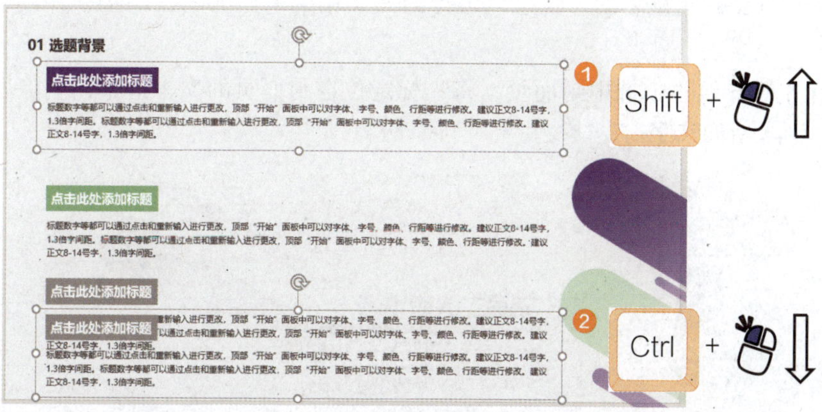


05 同时选中这 4 个文本框组合，在【形状格式】选项卡中❶单击【对齐】图标，❷选择【纵向分布】命令，完成 4 个文本框组合的等距离分布。

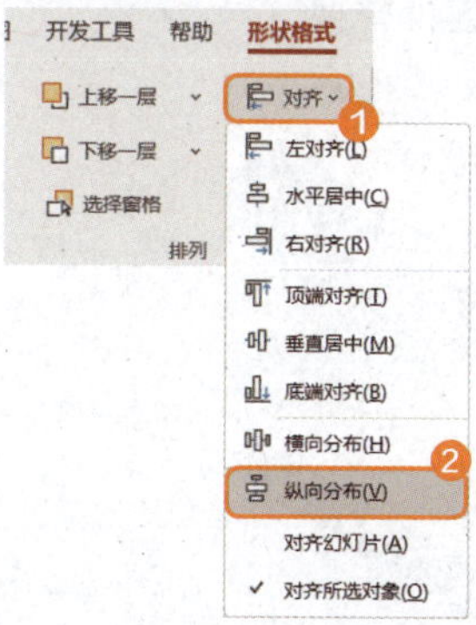


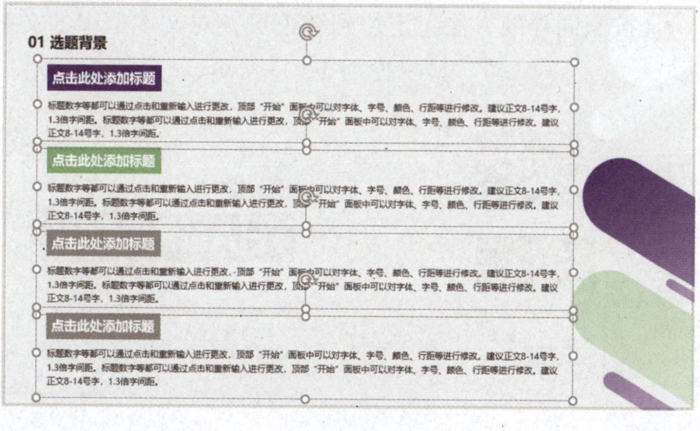

**06** 调整完成后，幻灯片的整体效果如下图所示。

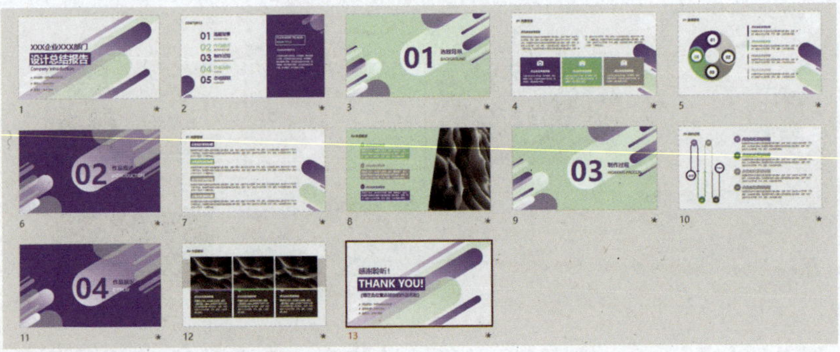

## 12.2.3 修改封面页和结束页

完成页面的调整之后，就可以进行封面页和结束页的内容调整了，具体操作如下。

**01** 在左侧导航栏中选中封面页，将光标定位在封面页的文本框中，删除原有的文字，输入新的文字。

**02** 按照同样的方法，定位到结束页，对文本框中的文字进行替换。

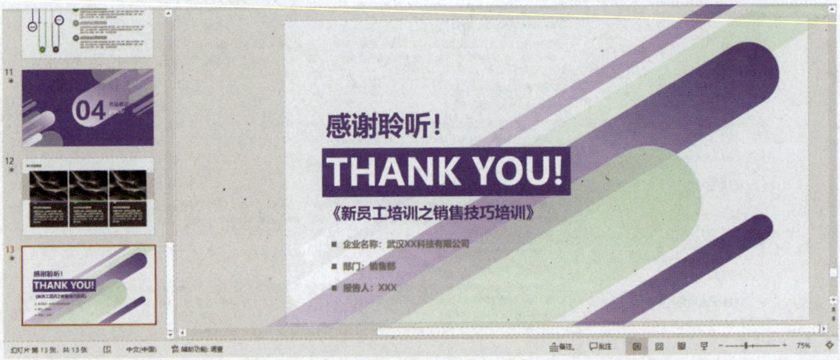

## 12.2.4 修改目录页和章节页

目录页和章节页的修改也是简单的文字替换，具体操作如下。

### ➢ 替换目录页的内容

01 在左侧导航栏中选中目录页，选中页面中第 5 行的目录信息及右侧图形上的内容，使用【Delete】键将其删除。选中剩下的 4 行目录信息，将其调整为垂直居中，然后将培训的目录文字替换进对应的文本框。

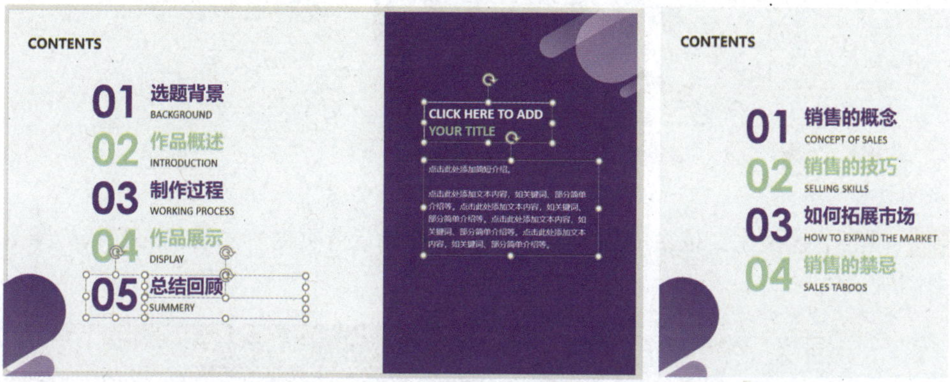


02 右侧的图形比较空，可以插入公司 Logo 来进行修饰。

### ➢ 替换章节页的内容

培训内容一共分为 4 个部分，所以要进行 4 次章节页内容的替换，具体操作如下。

01 在导航栏中选中第一部分的章节页，将光标定位在章节页的标题文本框中，删除原有文字，输入新的文字。

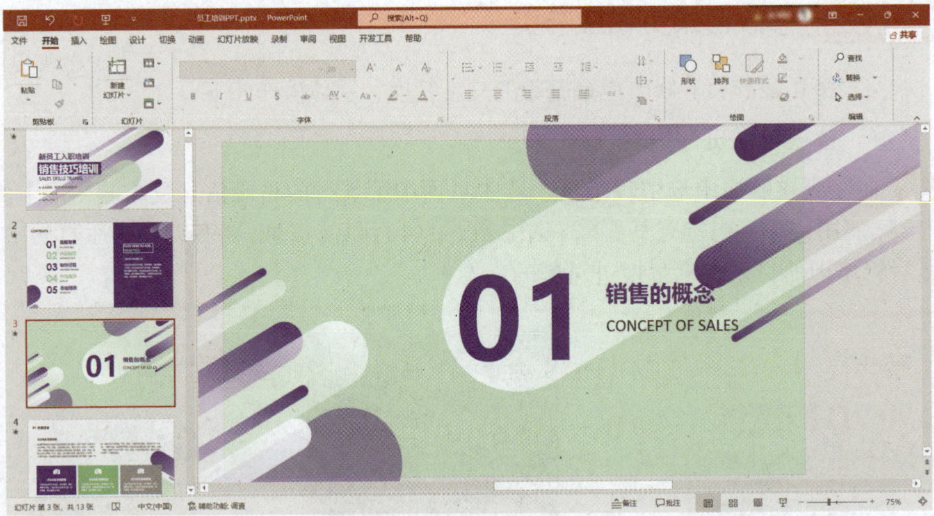


02 按照上述操作，依次完成第二、三、四部分章节页内容的替换，最终效果如下图所示。

## 12.2.5 修改文本型内容页

演示文稿中有很多只需修改文字的幻灯片，在制作的时候只需要替换文字并调整字号即可，具体操作如下。

01 选中第 4 张幻灯片，将文字替换进去。替换的时候注意，在复制完文字之后，❶直接选中待替换的文字，单击鼠标右键，❷选择【只保留文本】命令，即可保证文字效果不发生改变。

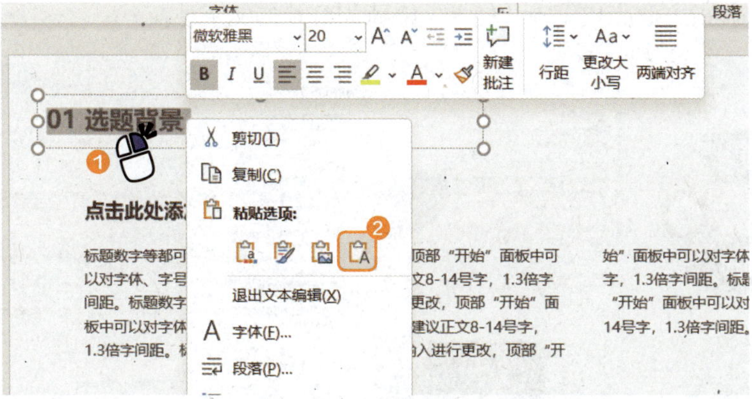


02 完成文字的替换后的效果如下图所示。

03 替换后的文字量相对较少，为了能让文字更清晰，将大标题字号设置为【24】，将小标题字号设置为【20】，将正文字号设置为【18】。

**04** 用同样的方法完成第 5、7、8、10 张幻灯片的文字替换。

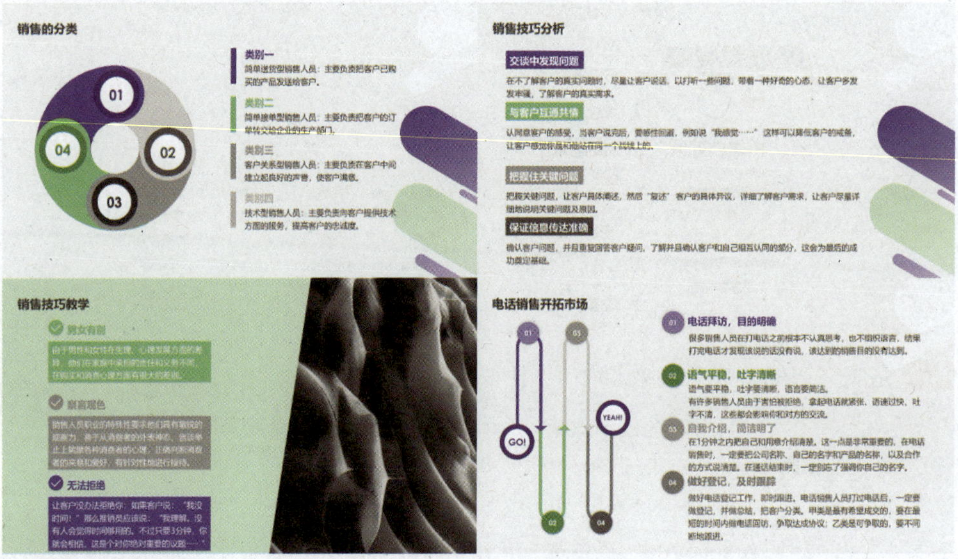


**05** 比较特殊的是要将第 12 张幻灯片的正文字号设置为【14】，并取消下划线，效果如下图所示。

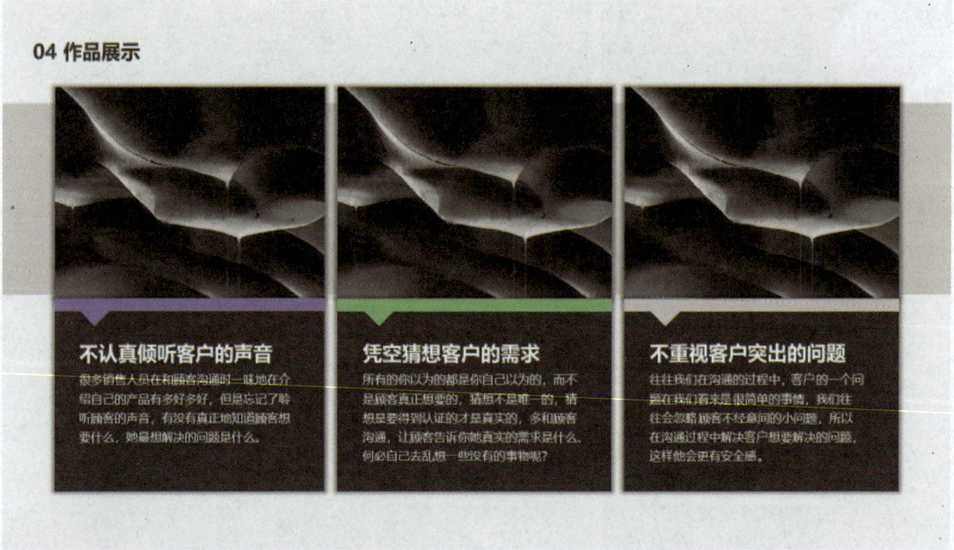


## 12.2.6 修改图文型内容页

幻灯片模板中的图片和销售培训毫不相关，因此需要用与销售培训相关的图片来替换，具体操作如下。

01 定位到第 8 张幻灯片，选中图片后，❶单击鼠标右键，❷选择【更改图片】子菜单中的【来自文件】命令，❸在弹出的对话框中找到并选中“销售 .jpg”图片，❹单击【插入】按钮，完成图片的替换。

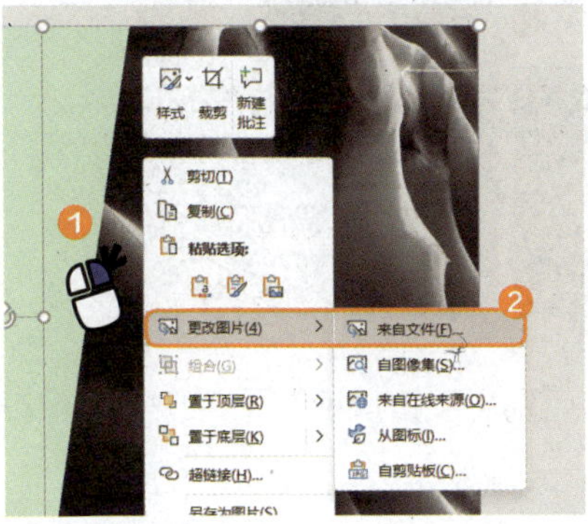

02 选中图片，在【图片格式】选项卡中❶单击【裁剪】图标，❷单击并拖曳图片，使人物主体刚好完整地显示在裁剪框中，❸单击非图片区域完成裁剪。

03 定位到第 12 张幻灯片，用同样的方法，依次将对应图片替换到幻灯片中。

至此，员工培训演示文稿就制作完成了，最后别忘了按快捷键【Ctrl+S】保存文件。

## 秋叶私房菜

### 1．轻松识别不认识的字体

如果很喜欢一些设计作品中的某个字体，并想将其运用到之后的作品中，但是却不知道字体的名称，该怎么办呢？

具体操作请观看视频学习。

### 2．使用“秋叶四步法”快速美化幻灯片

很多人觉得幻灯片的美化非常困难，其实只要掌握科学的美化流程就可以轻松完成，比如使用秋叶独创的“秋叶四步法”就可以快速完成幻灯片的美化。

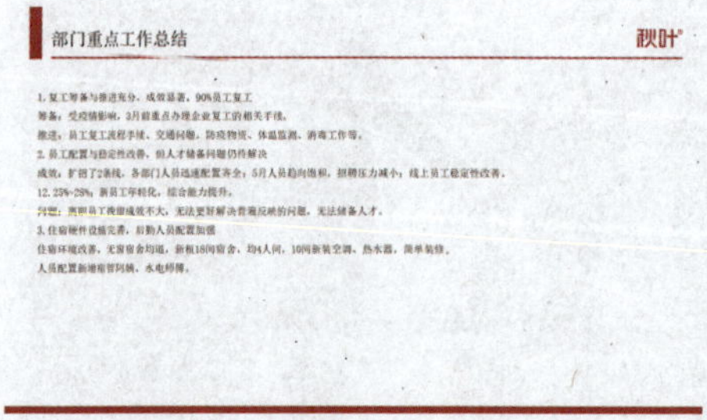

美化前

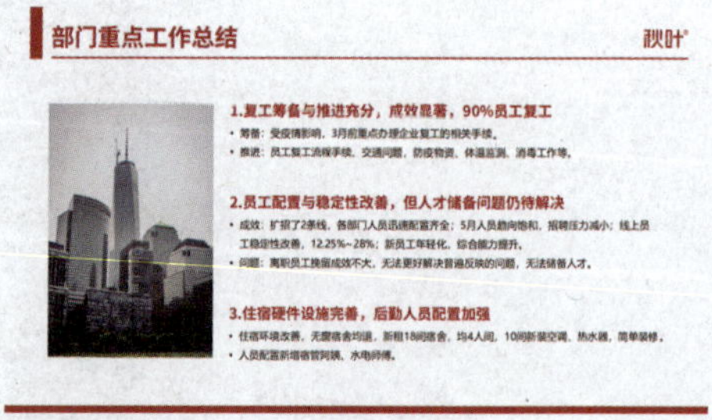

美化后

具体操作请观看视频学习。

### 3．让封面页版式不重样的 3 种方法

封面页决定着观众对一份演示文稿的第一印象，它肩负着吸引观众注意力的重要任务。如果想要让封面页版式具有吸引力，只需要掌握 3 种方法。

色块+Logo型

色块+图片型

蒙版+图片型

具体操作请观看视频学习。

# 第13章 动画设计与放映设置

动画是幻灯片中不可或缺的元素，可以增强演示文稿的视觉效果，使演示文稿更有吸引力。放映设置是制作演示文稿的最终环节，精美的演示文稿加上好的放映效果能给观众带来难忘的视觉享受。本章将以公司宣传演示文稿的动画设计和项目路演演示文稿的放映设置为例，讲解演示文稿的动画设计与放映设置。

扫描二维码
发送关键词 **“秋叶五合一”**
观看视频学习吧！

## 13.1 公司宣传演示文稿的动画设计

### 案例说明

当需要为新入职员工或者外部来访者讲解公司文化时，就需要用公司宣传演示文稿。为了增强展示效果，通常需要为幻灯片添加切换效果，并为页面元素添加动画。

本案例中，公司宣传演示文稿制作完成后的效果如下图所示（展示了部分效果图，带动画的幻灯片的右下角会有星形符号）。

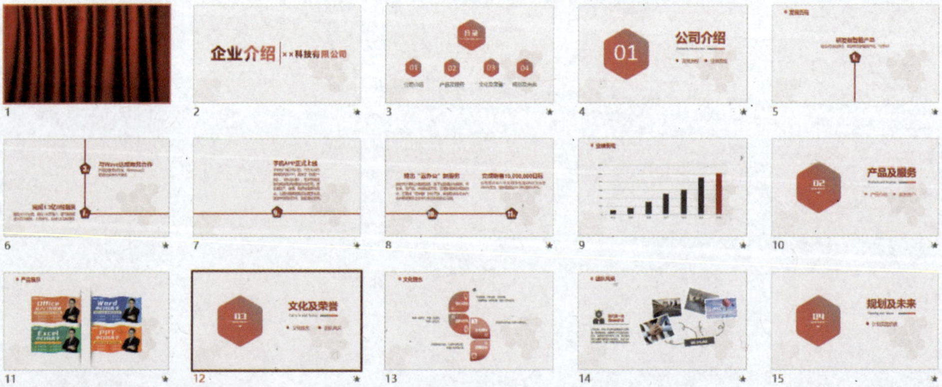


对演示文稿进行动画设计，就需要为幻灯片添加切换效果，并为元素添加动画。要添加切换效果，就需要使用切换功能；而要添加动画，就需要使用动画功能。

打开素材文件夹中的“企业宣传幻灯片 .pptx”文件，接下来的所有添加操作均会在此文件中进行。

## 13.1.1 为幻灯片添加切换效果

幻灯片的切换效果是指在放映演示文稿时，一张幻灯片从屏幕上消失，另一张幻灯片在屏幕上显示的动画效果。切换效果分为华丽型、细微型和动态内容型。为幻灯片添加恰当的切换效果，可以使演示文稿的放映更加生动，具体操作如下。

### ➢ 添加华丽型切换效果

在放映演示文稿时，如果想要制造出拉开帷幕的效果，则可以添加华丽型切换效果。

01 ❶在标题幻灯片前新建一张幻灯片，并插入一张红色帷幕图片作为背景；选中标题幻灯片，在【切换】选项卡中❷单击切换效果功能组右侧的下拉按钮，❸选择【华丽】组的【上拉帷幕】选项，完成切换效果的添加。

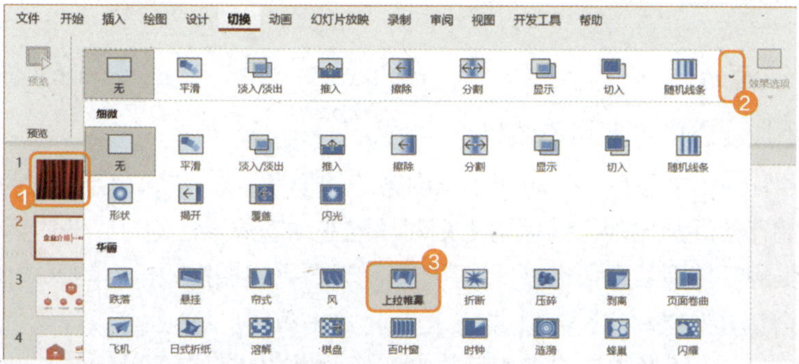


02 放映时，效果展示画面如下面各图所示。

切换前

切换中

切换后

### ➢ 添加细微型切换效果

在 PowerPoint 的细微型切换效果中，有一个比较特殊的切换效果——平滑切换效果。如果切换前、后的幻灯片中存在相同或者相似的元素，则在播放的时候软件会自动将两者之间的变化效果平滑地连接起来。这里以存在相同序号和标题文字的目录页和第一部分的章节页为例来进行演示，具体操作如下。

01 ❶选中第 4 张幻灯片，在【切换】选项卡中❷选择【切换到此幻灯片】功能组中的【平滑】选项，即可完成设置。

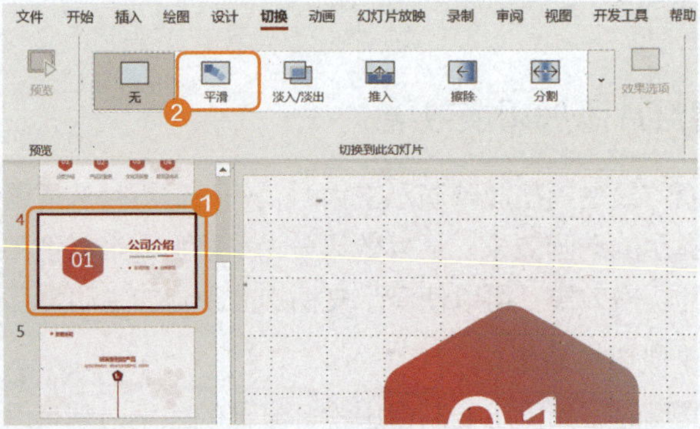


02 放映时，效果展示画面如下面各图所示。

切换前

切换中

切换后

### ➢ 添加动态内容型切换效果

PowerPoint 中还有一类叫作动态内容的切换效果，这类切换效果会先让下一张幻灯片的背景逐渐出现，然后再用相对炫酷的动态效果让幻灯片的内容出现。这里以第 6 张幻灯片到第 8 张幻灯片为例，演示设置平移切换效果后的无缝切换效果。

01 ❶单击第 6 张幻灯片，按住【 Shift 】键，再单击第 8 张幻灯片，以连续选中第 6～8 张幻灯片；在【 切换 】选项卡中❷单击切换效果功能组右侧的下拉按钮，❸选择【 动态内容 】组的【 平移 】选项，完成切换效果的添加。

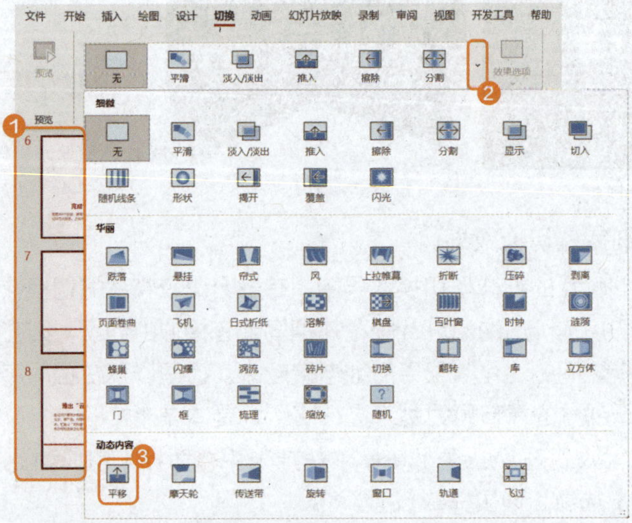

02 默认的平移切换效果是从页面底端往上移动的，由于第 7 张和第 8 张幻灯片的线条走向与第 6 张幻灯片的线条走向不一样，所以我们需要调整切换的效果选项。❶选中第 7 张和第 8 张幻灯片，在【切换】选项卡中❷单击【效果选项】图标，❸选择【自右侧】命令。

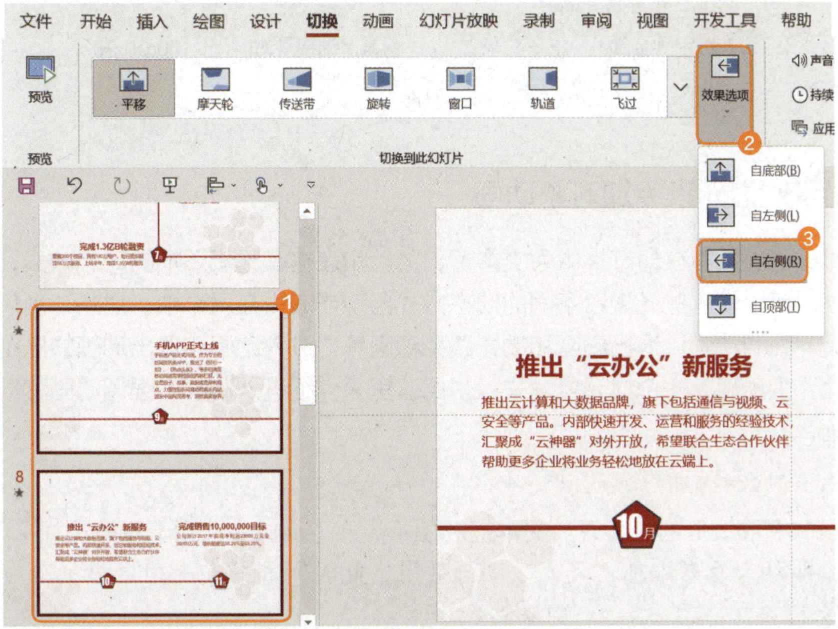


03 设置完成后，放映时幻灯片的运动方向如下图所示。

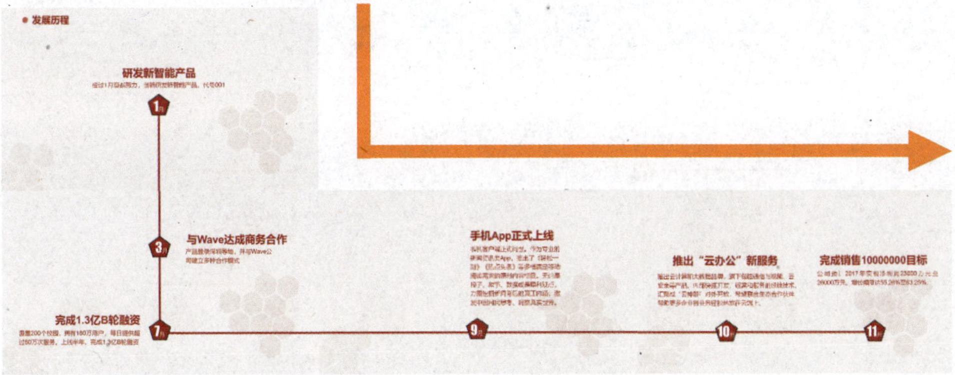


➤ **调整切换的参数**

切换时，默认的声音为【[无声音]】，默认的持续时间为【自动】，默认的换片方式为【单击鼠标时】。这些参数均可根据实际需求在【切换】选项卡中进行调整。

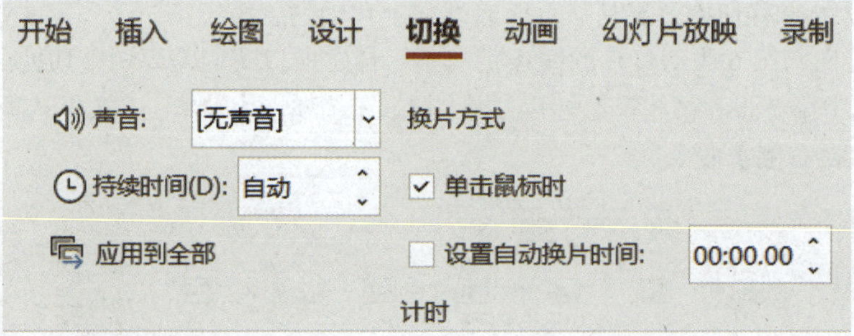


## 13.1.2 为元素添加对象动画

对象动画是指在幻灯片中为文本框、图片和表格等元素添加的动态效果，添加对象动画可以使这些元素以不同的动态方式出现或消失在屏幕中。对象动画包括进入动画、强调动画、退出动画和动作路径动画等。进入动画和退出动画的区别只是一个让元素出现，一个让元素消失，因此这里只介绍进入动画、强调动画和动作路径动画。

### 1．为元素添加进入动画

01 ❶选中目录页的“目录”文本框和图形，在【动画】选项卡中❷选择【飞入】选项，即可为元素添加“飞入”动画效果，此时元素的左上角会显示对应的动画序号 1。

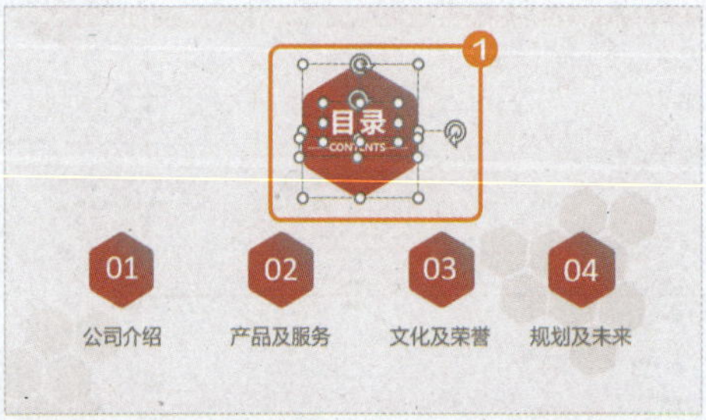


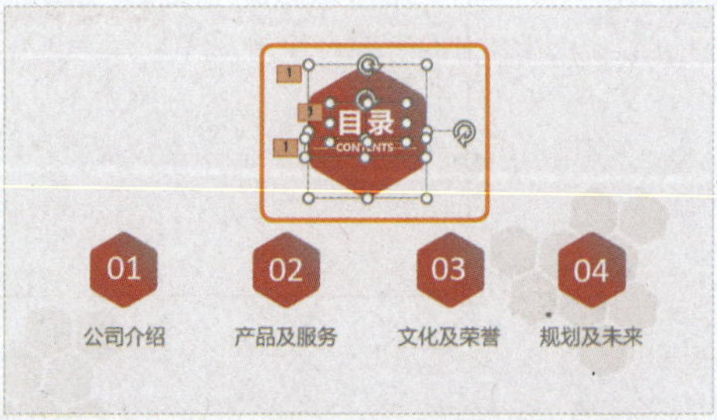


02 为了制作出目录中各部分标题在单击后依次浮现的效果，❶选中第一部分标题的文本框和图形，在【动画】选项卡中❷选择【浮入】选项，添加效果，用同样的方法对第二、三、四部分的标题进行设置，❸得到最终的效果。

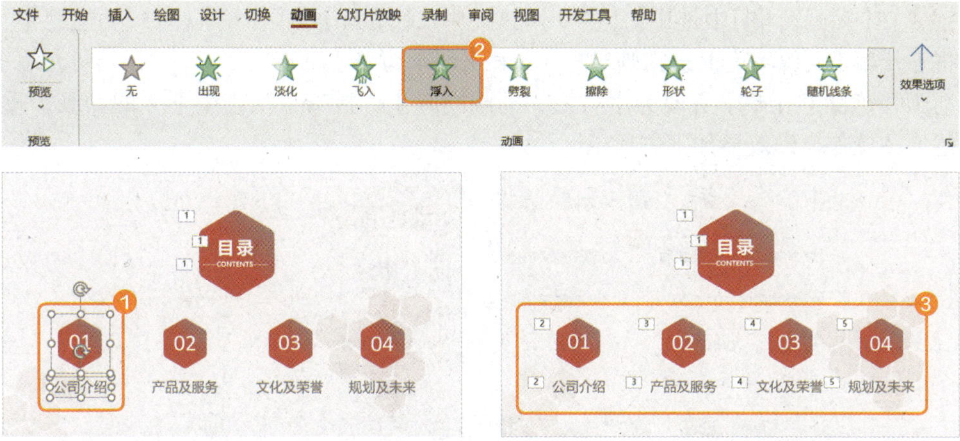


添加完进入动画之后，可以让目录页的动画自动播放，操作如下。

01 ❶选中标注为 1 的动画元素，在【动画】选项卡中❷单击【开始】右侧的下拉按钮，❸选择【与上一动画同时】命令，此时标注将会从 1 变为 0。

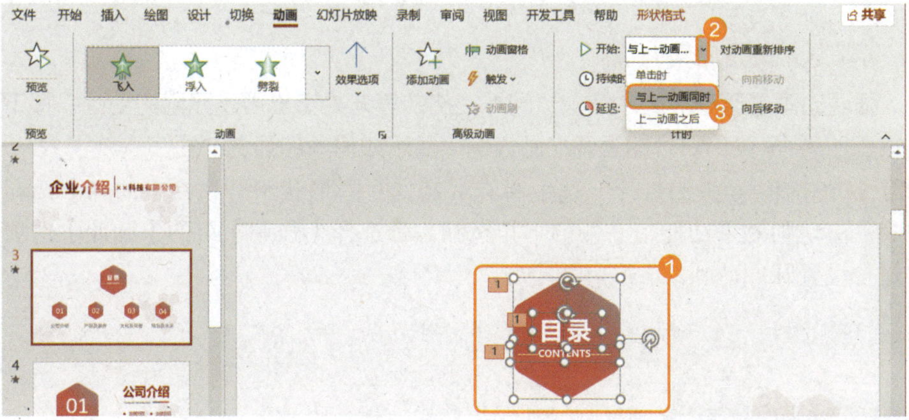


02 ❶单击【动画窗格】图标，在打开的窗格中❷用鼠标拖曳动画，调整动画的顺序。

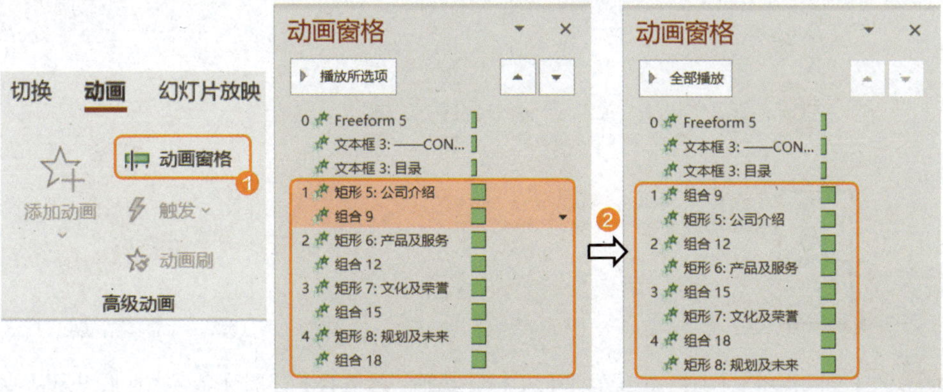

03 在【动画窗格】中选中【组合 9】动画，❶在【动画】选项卡的【计时】功能组中，将【开始】更改为【上一动画之后】；在【动画窗格】中选中【矩形 5：公司介绍】动画，❷将【开始】更改为【与上一动画同时】。接着依次选中下方的动画，重复上述操作，❸效果如下图所示。

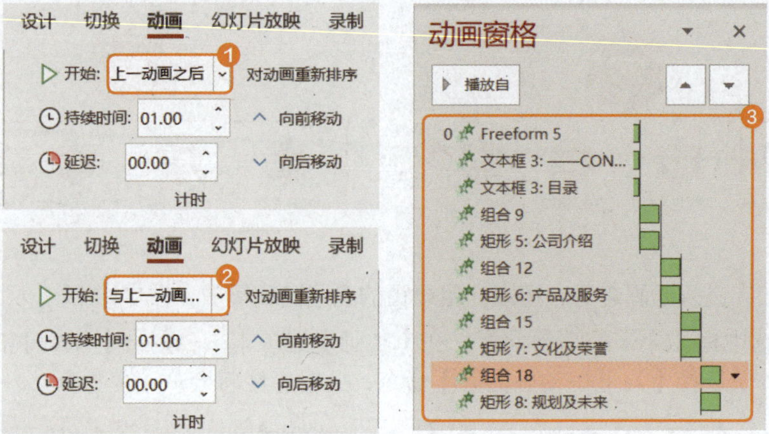


## 2. 为元素添加强调动画

强调动画是通过放大、缩小、闪烁、旋转等方式突出显示元素的动画。接下来将以添加第 17 张幻灯片的强调动画为例来演示如何添加强调动画。

01 ❶单击第 16 张幻灯片，选中写有“2018”的形状组合，在【动画】选项卡中❷单击动画效果功能组右侧的下拉按钮，❸选择【强调】组的【脉冲】选项，为组合设置脉冲动画。

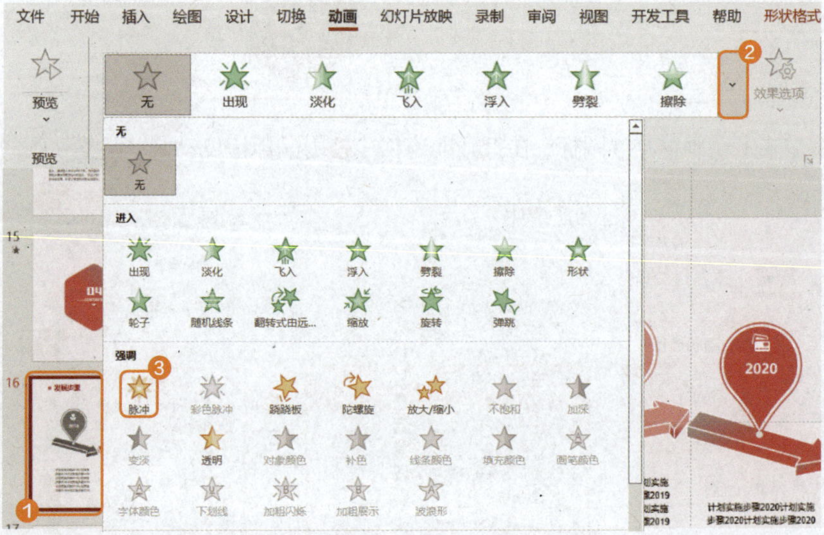


02 在【动画窗格】中❶右键单击【2018】动画，❷选择【计时】命令，在弹出的【脉

冲】对话框中❸修改重复次数为【2】，❹单击【确定】按钮。

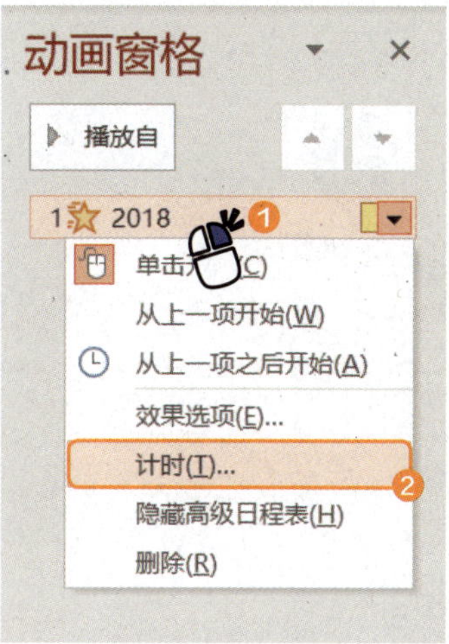


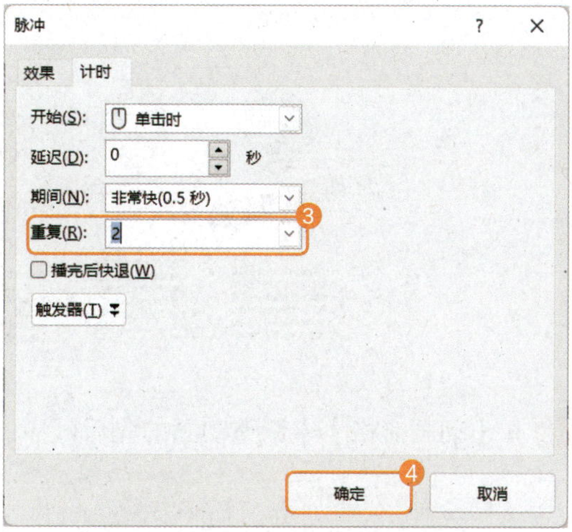


03 选中写有“2018”的形状组合，在【动画】选项卡中❶双击【动画刷】图标，激活连续动画刷，❷依次单击写有“2019”“2020”“2021”的形状组合，完成动画效果的复制。

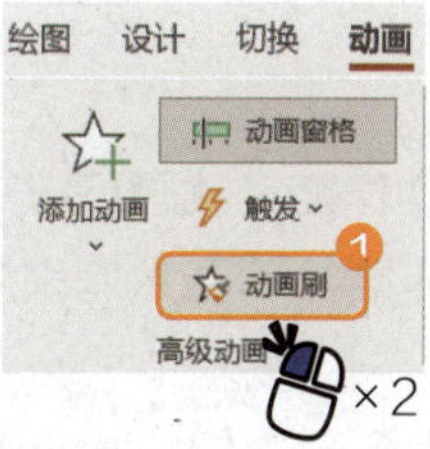


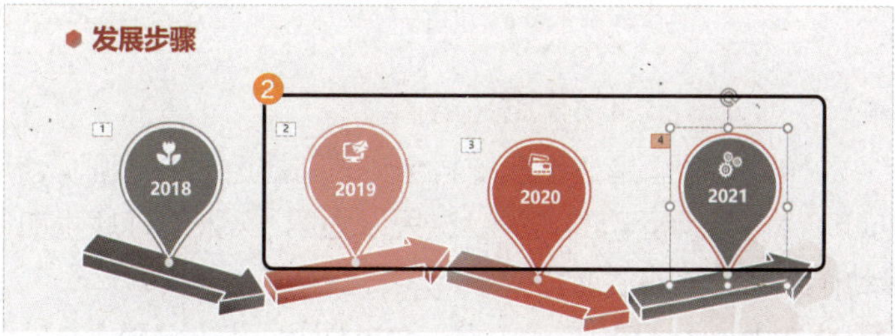


04 ❶选中写有“2018”的形状组合下方的文本框，在【动画】选项卡中❷选择【缩放】选项，❸将【开始】设置为【上一动画之后】。

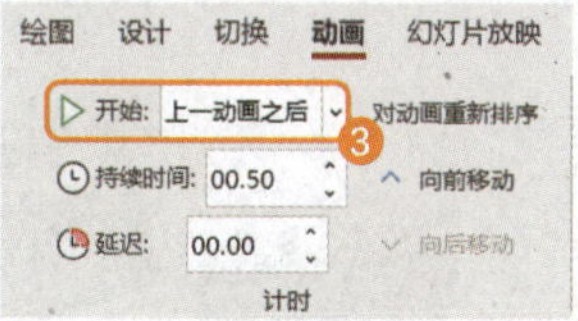


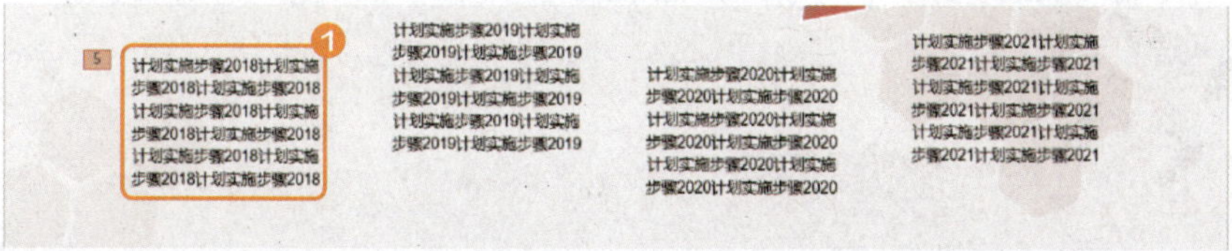

05 使用动画刷功能，将写有“2018”的形状组合下方的文本框的动画复制给写

有“2019”“2020”“2021”的形状组合下方的文本框。

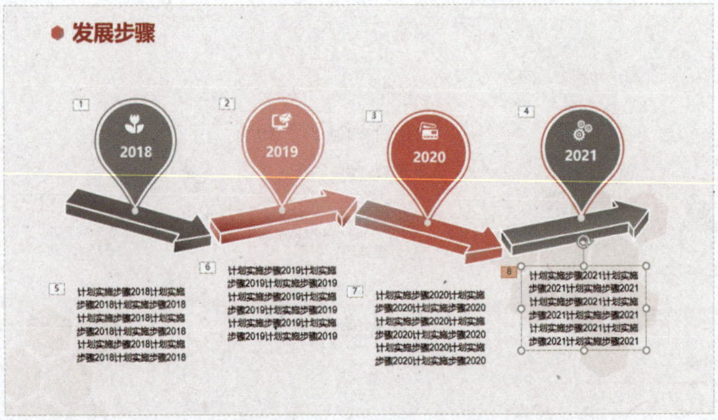


06 在【动画窗格】中调整动画的先后顺序。

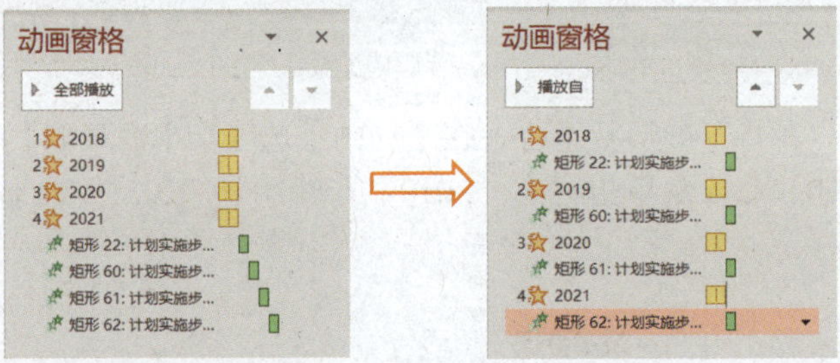


### 3. 为元素添加动作路径动画

动作路径动画是让元素按照绘制的路径运动的动画。使用动作路径动画可以实现幻灯片内元素运动的效果。这里以为第 14 张幻灯片添加动作路径动画为例来演示动作路径动画的添加。

01 ❶选中第 14 张幻灯片中左下角的图片，在【动画】选项卡中❷单击【添加动画】图标，❸选择【动作路径】组的【循环】选项，❹将【开始】设置为【上一动画之后】。

02 重复上述操作，从左往右依次为剩余的 3 张图片设置相同的动画；在【动画窗格】中选中最后 4 个动画，将其移动到对应元素的动画之后。

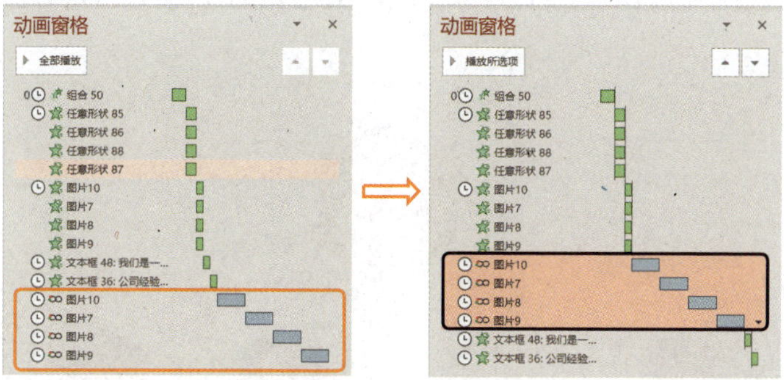


## 13.1.3 为元素添加交互动画

交互动画可以分为超链接动画和触发器动画。下面将结合案例演示如何添加超链接动画和触发器动画。

### 1．为元素添加超链接动画

为文本添加超链接动画后，单击文本便可跳转到对应的内容页面。下面以为目录页中的文本添加超链接动画为例进行演示，具体操作如下。

01 单击目录页，❶选中【产品及服务】文本框，在【插入】选项卡中❷单击【链接】图标，在弹出的对话框中❸切换到【本文档中的位置】选项卡，❹在右侧选择【10. 幻灯片 10】选项，❺单击【确定】按钮，即可完成设置。

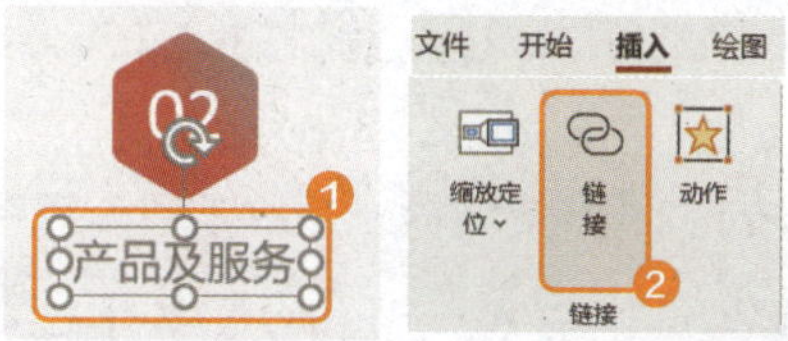


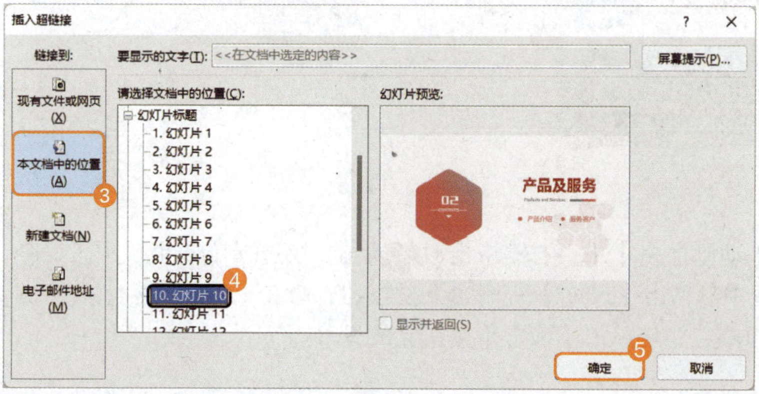

02 重复上述操作，将目录页中的“文化及荣誉”和“规划及未来”文本分别链接到第 13 张幻灯片和第 16 张幻灯片。完成后，在非放映状态时将鼠标指针放在相应文本的位置，会显示“幻灯片 × 按住 Ctrl 并单击可访问链接”的提示。

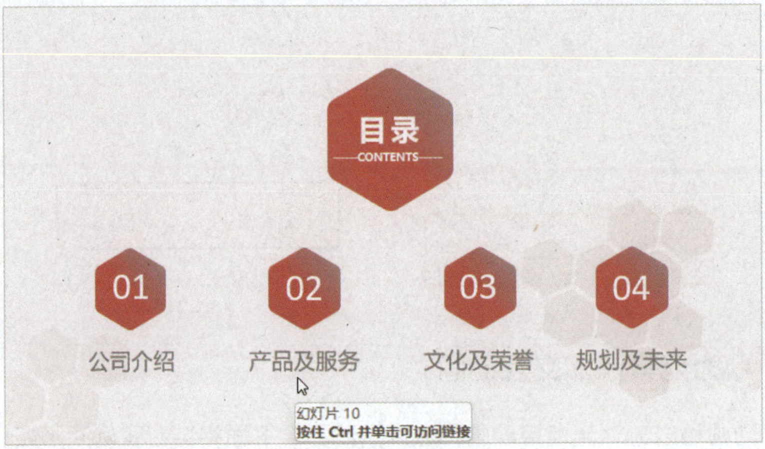


### 2. 为元素添加触发器动画

顾名思义，触发器动画就是只有单击对应的元素才能开始播放或停止播放的动画。这里以为第 11 张幻灯片添加触发器动画为例进行演示，想要实现的效果是：单击产品图片，产品图片会被单独放大，而其他元素会消失，再次单击产品图片，就恢复到最初状态，具体操作如下。

01 单击第 11 张幻灯片，①选中左上角的图片，在【动画】选项卡中②单击动画效果功能组右侧的下拉按钮，③选择【强调】组的【放大 / 缩小】选项。

02 在【动画窗格】中①右键单击对应动画，②选择【效果选项】命令，在弹出的对话框中③单击【尺寸】右侧的下拉按钮，④在【自定义：】右侧的文本框中输入“150%”，⑤单击【确定】按钮完成设置。

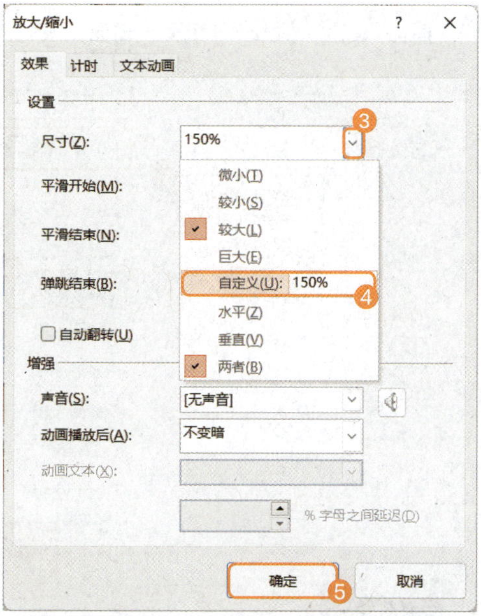


03 ❶按住【Ctrl】键，依次单击除左上角图片外的所有元素，将它们选中，在【动画】选项卡中❷单击动画效果功能组右侧的下拉按钮，❸选择【退出】组的【淡化】选项。

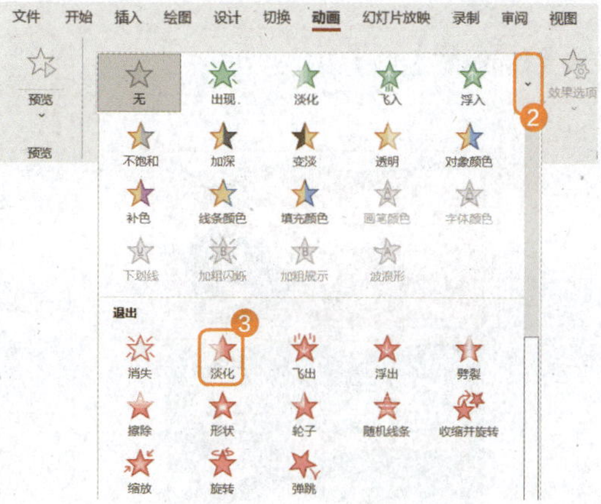


04 ❶在【动画窗格】中选中所有动画，在【动画】选项卡中❷单击【触发】图标，❸在【通过单击】子菜单中❹选择【双波形 112】命令，❺将【开始】设置为【与上一动画同时】，❻将【持续时间】统一修改为【01.00】，这样即可实现单击产品图片，产品图片会被单独放大，而其他元素会消失的效果。

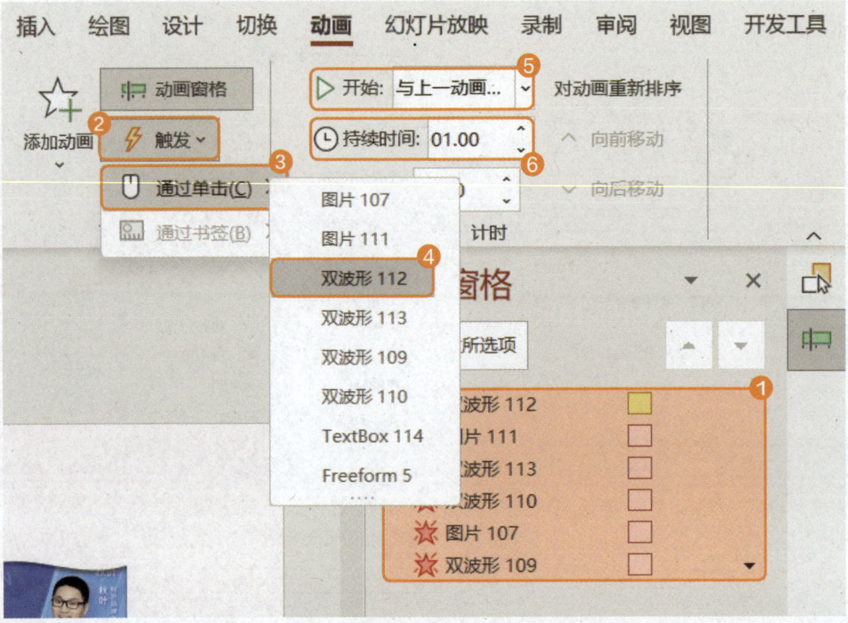


05 ❶选中左上角的图片，❷单击【添加动画】图标，❸选择【强调】组的【放大/缩小】选项。

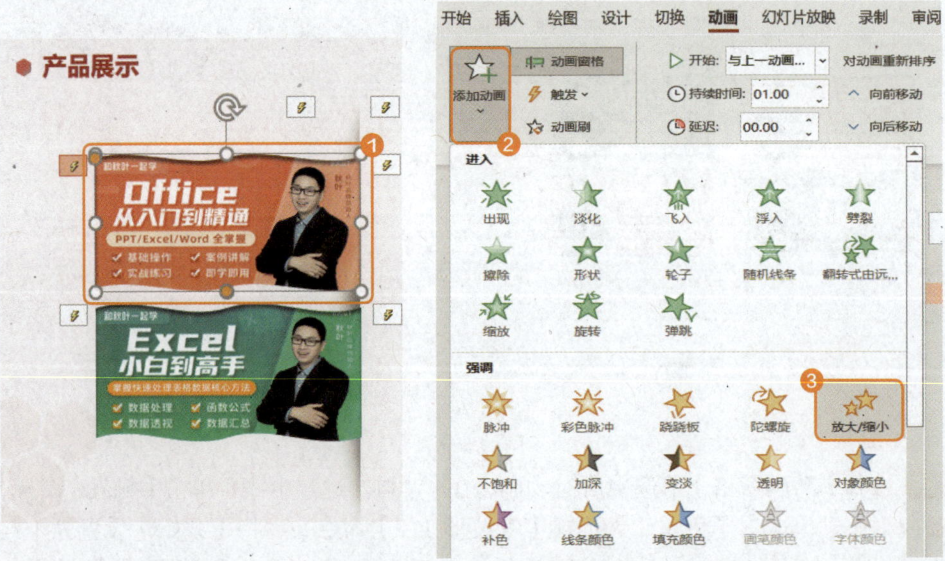


06 ❶在【动画窗格】中右键单击对应动画，❷选择【效果选项】命令，在打开的对话框中单击【尺寸】右侧的下拉按钮，❸在【自定义：】右侧的文本框中输入“66.67%”，❹单击【确定】按钮完成设置。

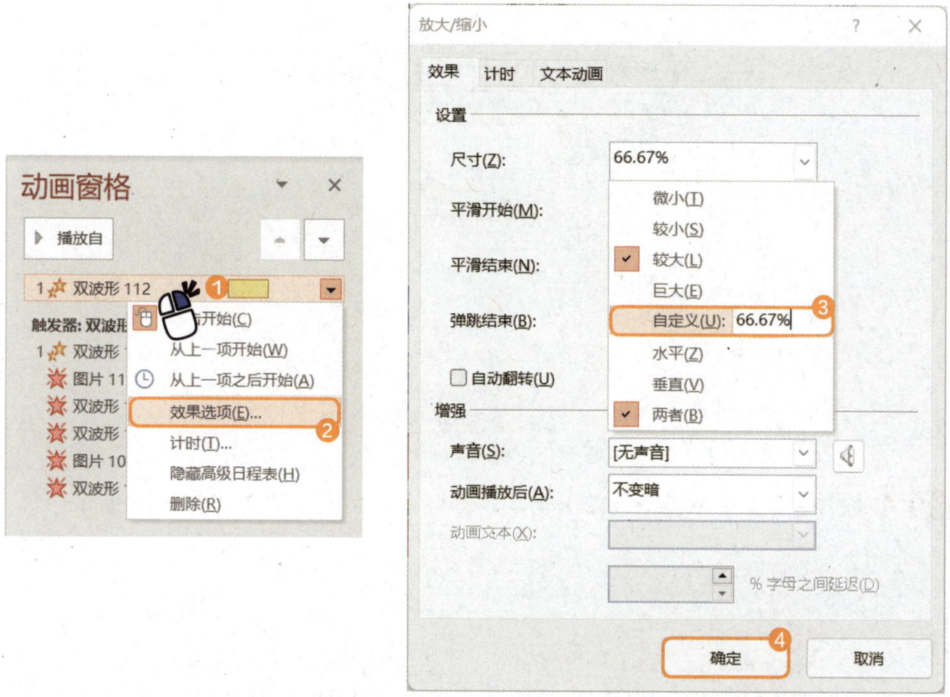


**07** ❶选中除左上角图片外的所有元素，在【动画】选项卡中❷单击【添加动画】图标，❸选择【进入】组的【淡化】选项。

**08** ❶在【动画窗格】中选中所有动画，在【动画】选项卡中❷单击【触发】图标，❸在【通过单击】子菜单中❹选择【双波形 112】命令，❺将【开始】设置为【与上一动画同时】，❻将【持续时间】修改为【01.00】。

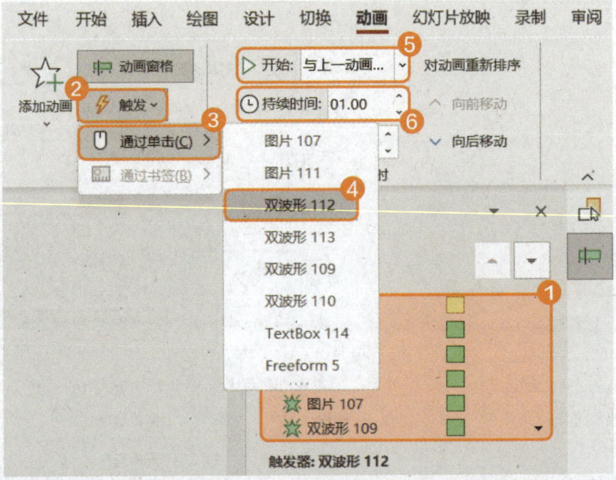


**09** ❶选中第 2 个【双波形 112】动画，❷将【开始】设置为【单击时】。

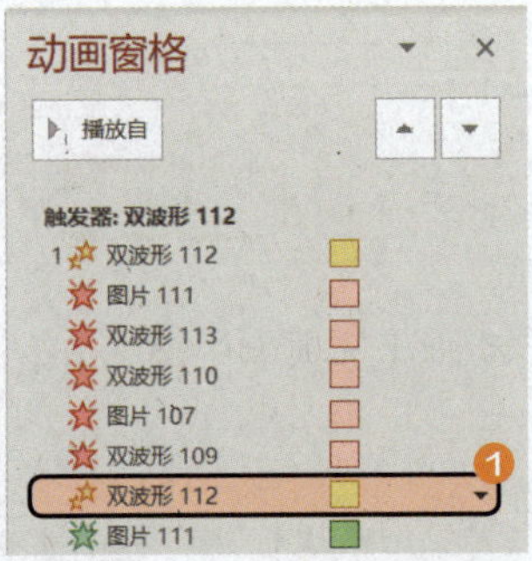


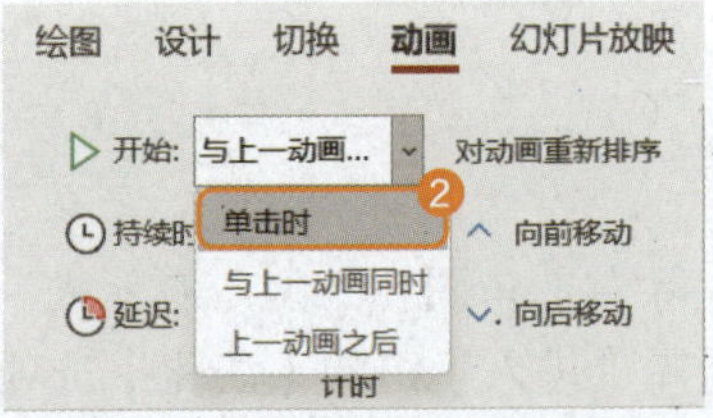


至此，就完成了为元素添加触发器动画的操作。

• **小贴士** 除了可以使用列表中显示的那些动画，还可以在列表展开后通过选择【更多进入效果】【更多强调效果】【更多退出效果】【其他动作路径】命令打开更多效果对话框，在对话框中选择更多动画，如下面各图所示。

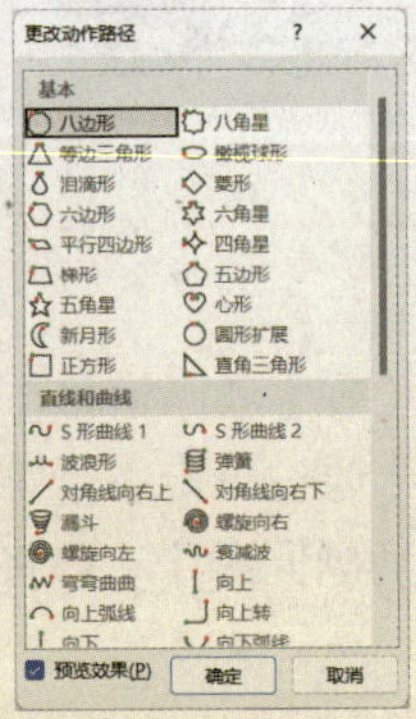

# 13.2 项目路演演示文稿的放映设置

## 案例说明

项目路演就是派一名公司代表在台上为特定的对象讲解项目属性、发展计划或融资计划的汇报形式。面对的演示对象不同，项目路演演示文稿的放映设置也不同。

本案例中，项目路演演示文稿制作完成后的效果如下图所示（展示了部分效果图）。

完成了项目路演演示文稿的制作之后，还需要知道如何为可能忘记的重要内容添加备注、如何设置不同的放映顺序，以及如何正确导出演示文稿。

## 13.2.1 为幻灯片添加备注

在使用演示文稿进行演讲时，可以在幻灯片内添加备注，并可让备注只在演示者的计算机中显示，而不在放映的屏幕上显示。这里以封面页为例，演示如何添加备注，具体操作如下。

### 1. 添加只有演示者可以看到的备注

❶单击封面页，❷在软件界面下方的状态栏中单击【备注】按钮，即可添加备注。

## 2. 进入演示者视图查看备注

完成备注的添加后，如果想让备注起到更好的作用，可以对幻灯片的放映进行正确的设置，具体操作如下。

01 在【幻灯片放映】选项卡中单击【从头开始】图标，开始放映。

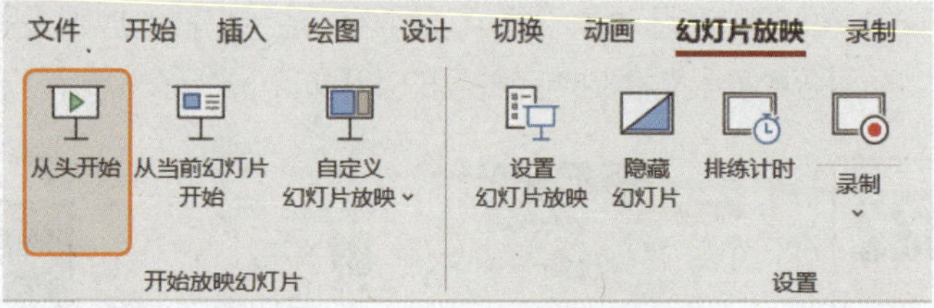


02 ❶右键单击幻灯片，❷选择【显示演示者视图】命令。

03 进入演示者视图，显示的效果如下图所示。视图的左侧是当前幻灯片及对应的演示工具；视图右侧的上方是下一张幻灯片，右侧的下方则是备注显示区域。

04 如果觉得各个区域的显示比例不合理，则可以通过拖曳分界线来调整。

• **小贴士** 如果演示的时候连接了另外一台显示设备，则可以❶使用快捷键【Windows+P】，❷将投影模式调整为【扩展】，这样再打开演示者视图时，就可以在一个屏幕中正常显示幻灯片，而在另一个屏幕中显示演示者视图了。

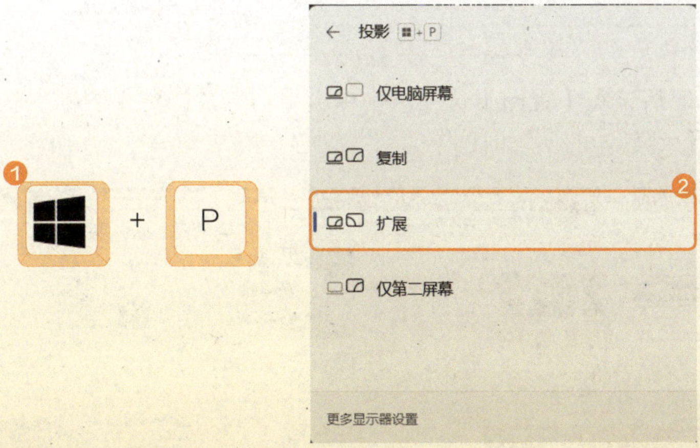


## 13.2.2 提前演练，做好准备

在正式进行路演之前，演示者需要熟悉幻灯片中的内容，通过一次又一次的彩排来发现演示过程中可能会出现的问题，从而及时调整。这个时候就可以借助 PowerPoint 中的排练计时功能，将演示效果好的流程保存下来，供后续使用，具体操作如下。

01 在【幻灯片放映】选项卡中❶单击【排练计时】图标，此时幻灯片会自动进入放映状态，❷左上角会出现【录制】对话框进行计时和录制。

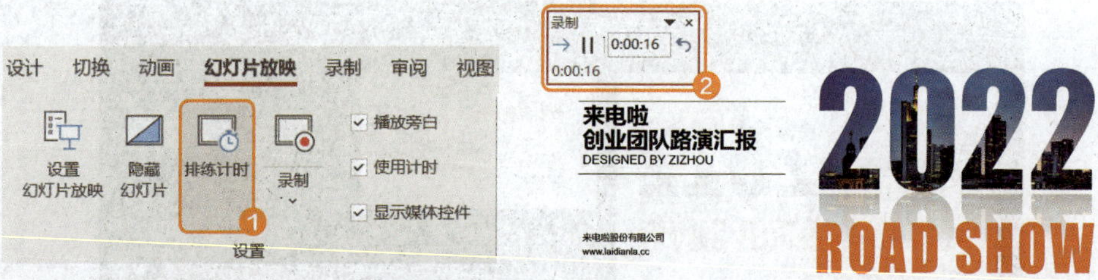


02 在放映过程中可以使用左下角工具栏中的各种演示工具，如激光笔、荧光笔、橡皮擦等来辅助演示。

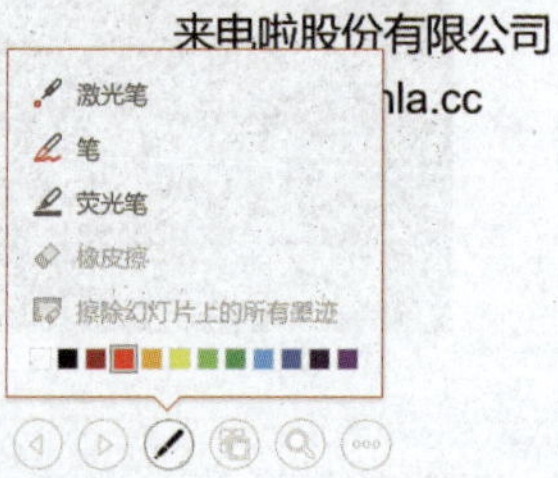


03 完成幻灯片的放映后，软件会自动弹出对话框询问是否保留计时，如果演示效果较好，则单击【是】按钮。

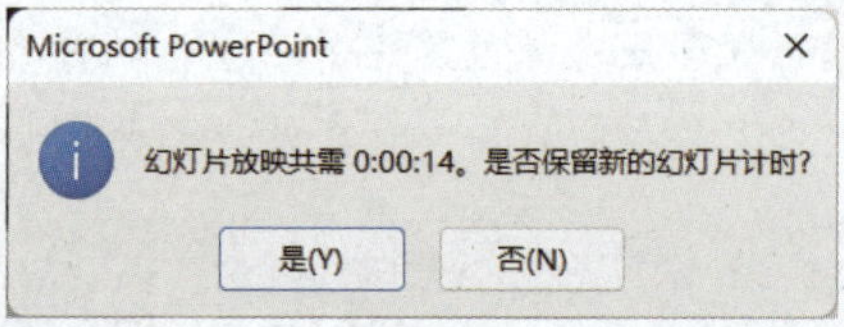


04 保存计时后，在【视图】选项卡中单击【幻灯片浏览】图标，就可以在每一张幻灯片下看到具体的演示时间。

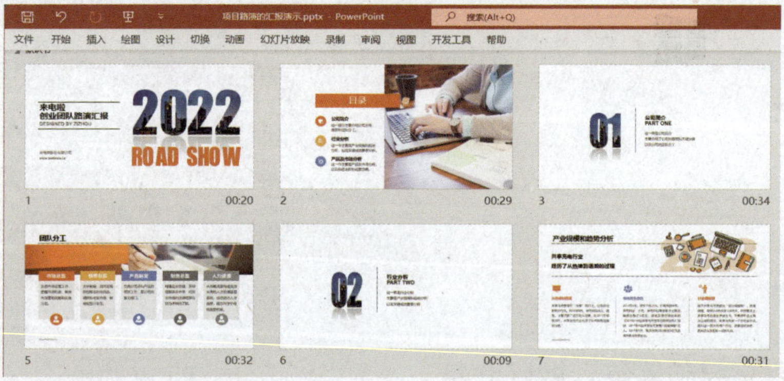


## 13.2.3 调整幻灯片放映的顺序及方式

在放映幻灯片的过程中，演示者可以对幻灯片放映的顺序及放映的方式等进行调整，以满足不同的需求。

### ➢ 调整幻灯片放映的顺序

如果需要从头开始放映幻灯片，可以直接按【F5】键（笔记本电脑用户可能需要按快捷键【Fn+F5】），也可以直接在【幻灯片放映】选项卡中单击【从头开始】图标。

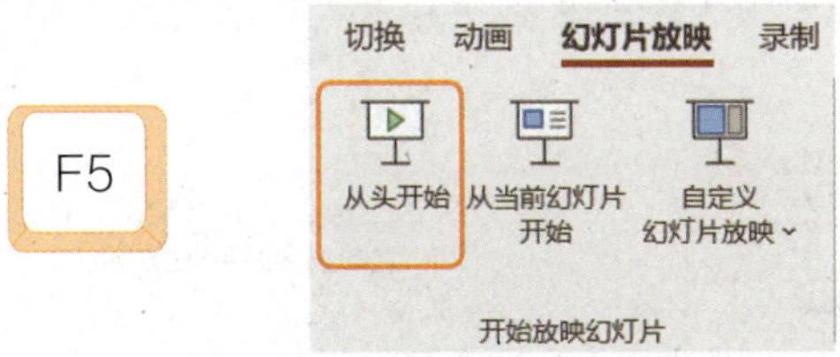


如果要从某一张幻灯片开始放映，则需要先在左侧导航栏中定位到该幻灯片，然后按快捷键【Shift+F5】或者在【幻灯片放映】选项卡中单击【从当前幻灯片开始】图标。

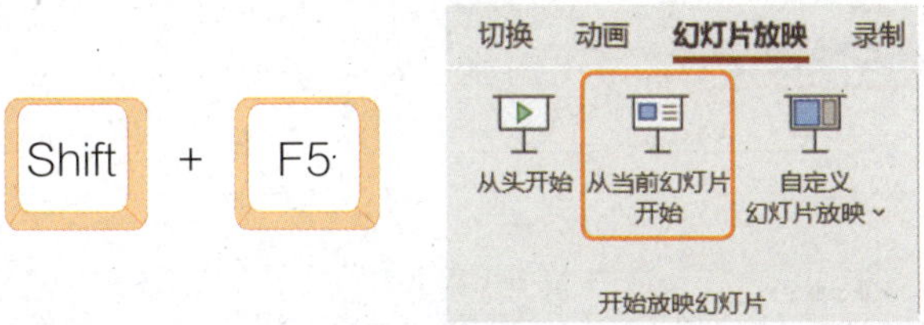


不同演示对象对演示内容的关心程度不同，有的侧重听行业分析，有的则更想了解路演团队，因此最好提前设置好多种幻灯片放映的方案。这里以先介绍行业分析，后介绍路演团队为例进行演示，具体操作如下。

01 在【幻灯片放映】选项卡中❶单击【自定义幻灯片放映】图标，❷选择【自定义放映】命令，在弹出的【自定义放映】对话框中❸单击【新建】按钮，弹出【定义自定义放映】对话框。

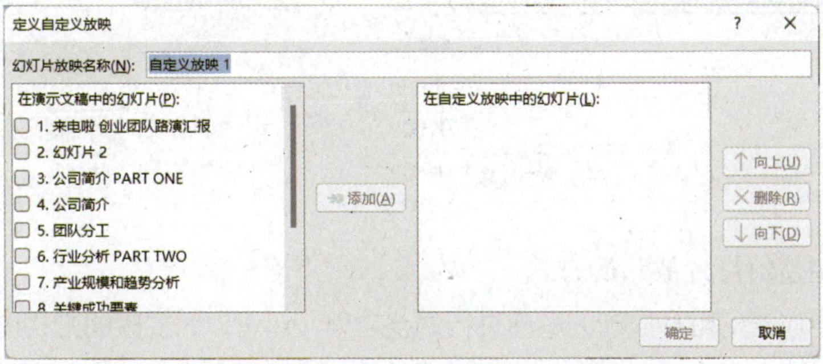

02 ❶修改【幻灯片放映名称】为【侧重行业分析】，❷勾选幻灯片 1、2、6、7、8 的复选框，❸单击【添加】按钮，将其添加到右侧；❹勾选幻灯片 3、4、5、9、10、11 的复选框，❺单击【添加】按钮，❻单击【确定】按钮完成设置。

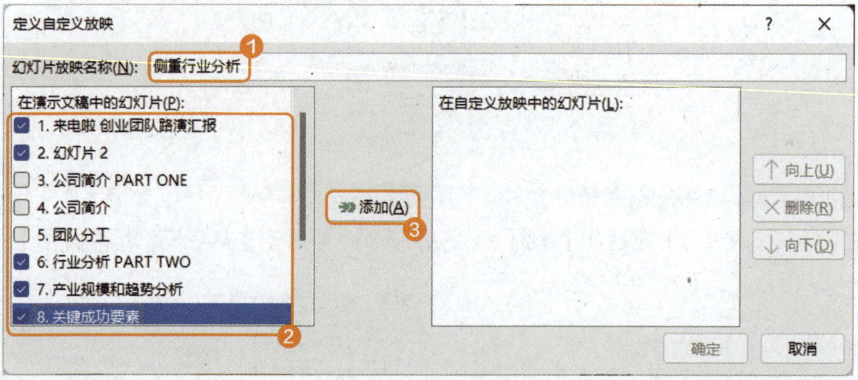


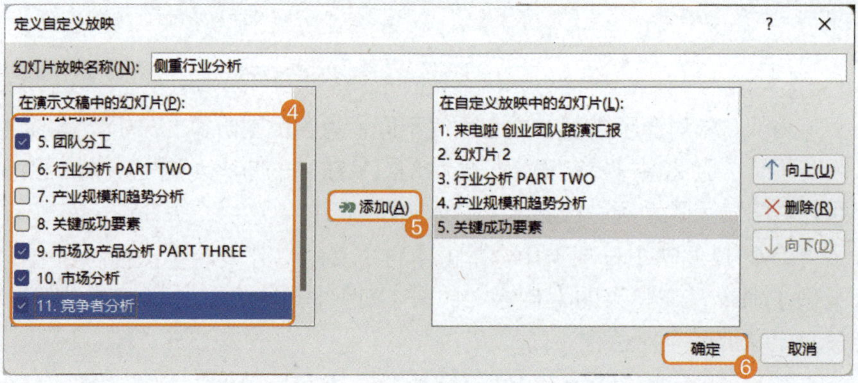


03 返回【自定义放映】对话框，❶选中【侧重行业分析】选项，❷单击【放映】按钮，即可让幻灯片按照设计好的顺序播放。如果不小心关闭了对话框，可以❸单击【自定义幻灯片放映】图标，❹选择【侧重行业分析】命令按设计好的顺序播放。

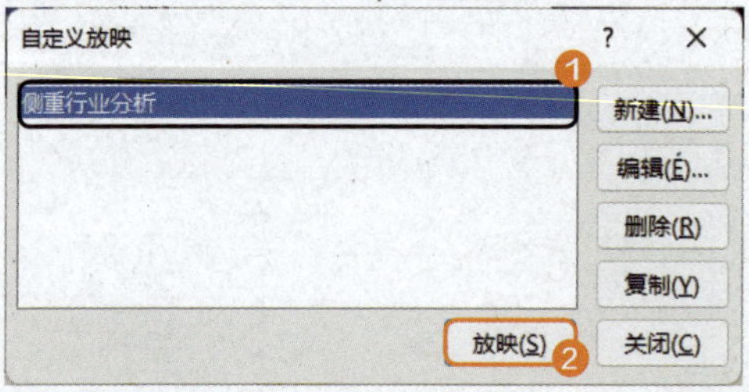


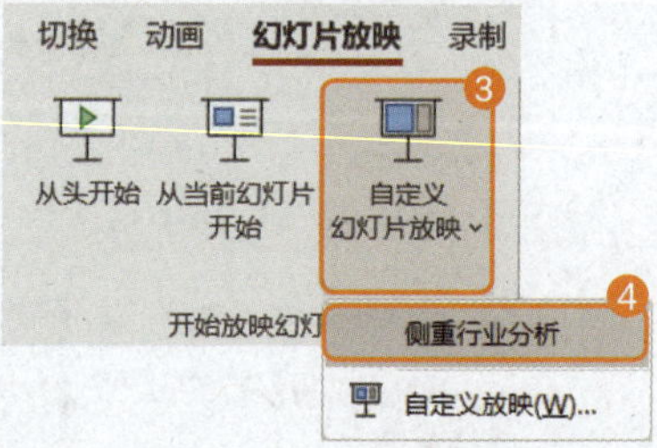


## ➤ 调整幻灯片放映的方式

除了可以对幻灯片放映的顺序进行调整之外，还可以对放映的方式进行调整。

在【幻灯片放映】选项卡中单击【设置幻灯片放映】图标，即可打开【设置放映方式】对话框。

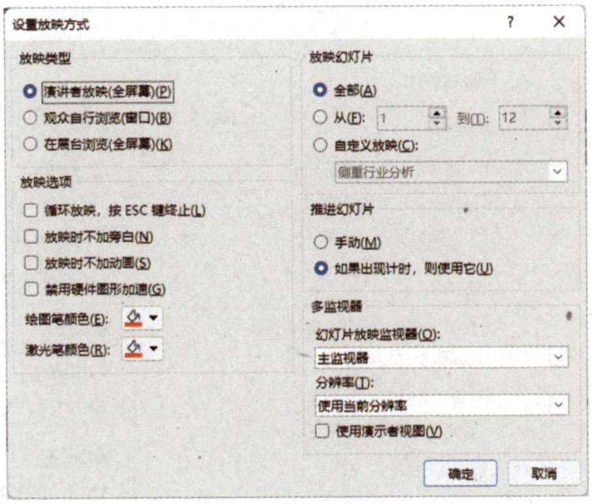


在【放映类型】组中可以根据需求调整放映的类型，其中【演讲者放映（全屏幕）】选项表示演示者自行控制幻灯片的放映，【观众自行浏览（窗口）】选项表示在当前窗口下进行幻灯片的放映，【在展台浏览（全屏幕）】选项表示使幻灯片按照设置好的顺序自动播放。

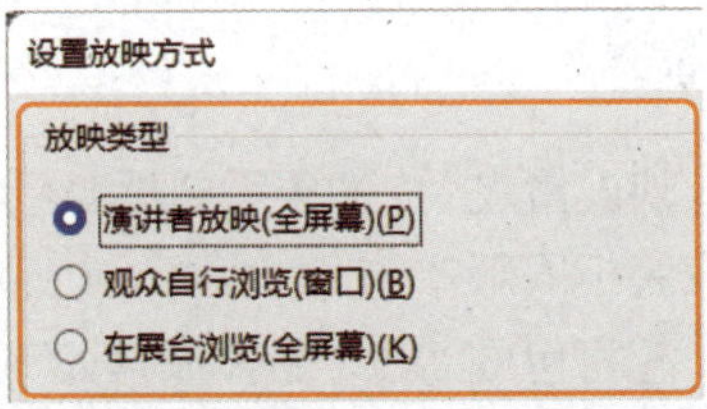


在【放映选项】组中可以根据需求勾选对应的复选框。比如想让幻灯片循环播放，可以勾选【循环放映，按 ESC 键终止】复选框；如果不想让幻灯片中的动画效果播放，可以勾选【放映时不加动画】复选框。

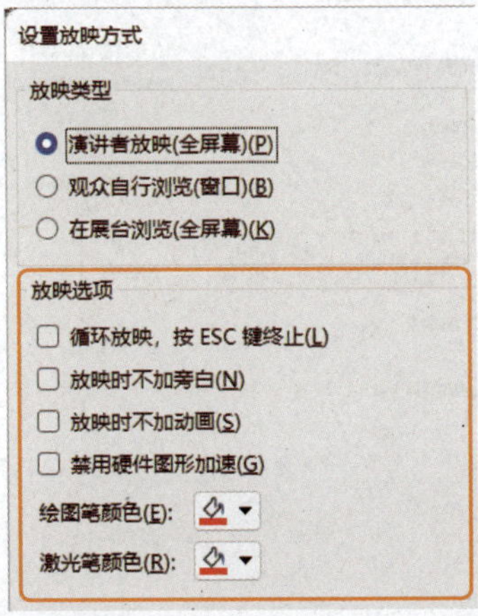

在【放映幻灯片】组中可以设置幻灯片放映的数量和顺序；在【推进幻灯片】组中可以设置幻灯片的换片时间；在【多监视器】组中可以设置在连接多台显示器时，幻灯片在哪台显示器上放映。

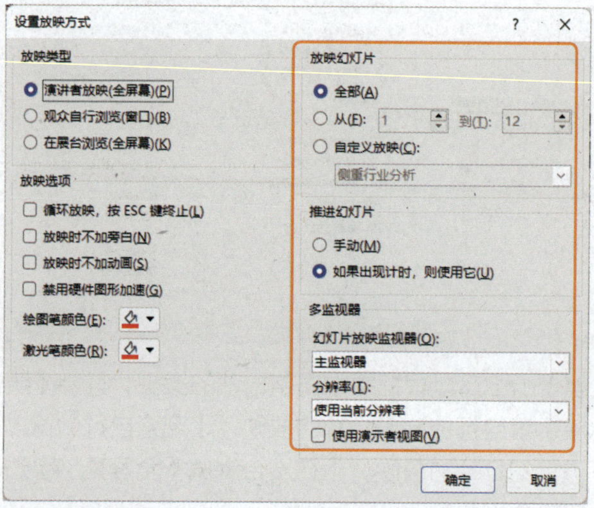


## 13.2.4 导出演示文稿

完成路演演示文稿的放映设置之后，如果需要让演示文稿在其他计算机上演示，又担心其他计算机上没有安装相同版本的 PowerPoint 而导致放映效果丢失，则可以选择将幻灯片和播放器一起打包成 CD，具体操作如下。

01 在菜单栏中单击【文件】选项卡，❶选择【导出】命令，❷选择【将演示文稿打包成 CD】命令，❸单击【打包成 CD】图标。

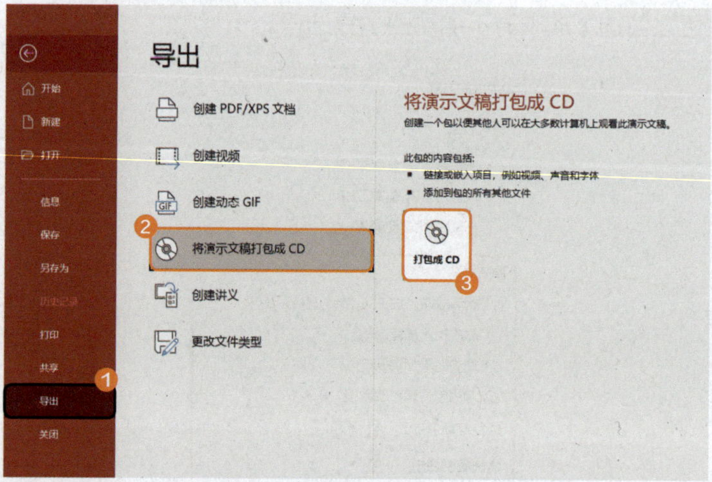

02 在弹出的对话框中❶修改 CD 名称为【项目路演汇报】，为了保护打包后的文件，❷单击【选项】按钮，在弹出的对话框中❸设置打开和修改演示文稿需输入的密码，❹单击【确定】按钮，返回【打包成 CD】对话框。

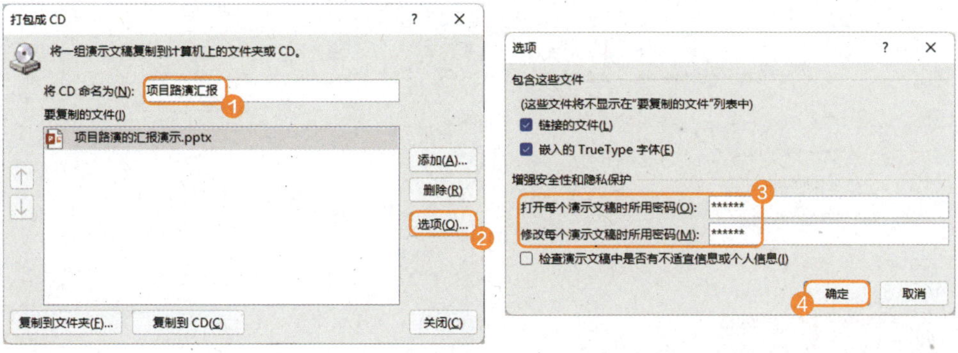


03 ❶单击【复制到文件夹】按钮，在弹出的对话框中❷修改文件夹名称为【项目路演汇报】，❸单击【浏览】按钮，在弹出的对话框中❹选择素材文件夹中的“打包文件保存位置”文件夹，❺单击【选择】按钮完成设置。

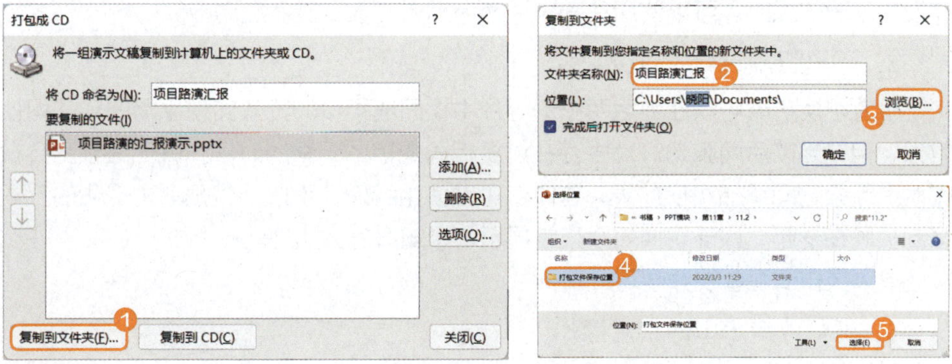


04 ❶单击【确定】按钮，软件会弹出提示对话框，询问是否要在包中包含链接文件，❷单击【是】按钮，软件就会自动进行文件的打包。

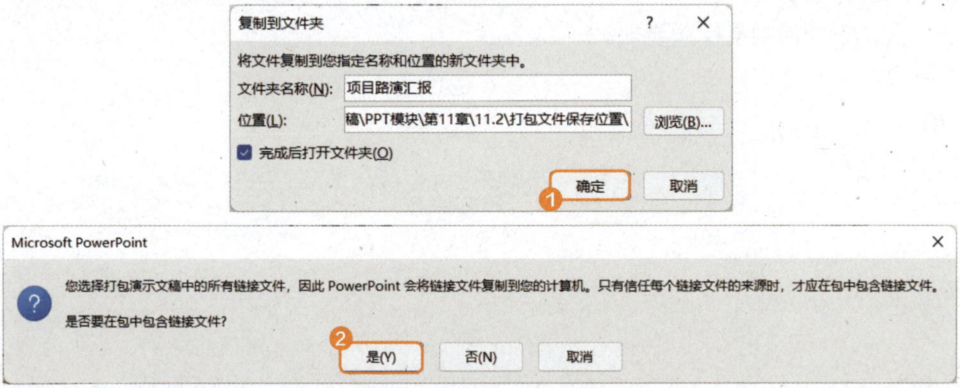

05 完成文件的打包后，就可以将文件夹整体复制到其他计算机中，以便后续使用。

## 秋叶私房菜

### 1. 使用动画刷快速为相似元素批量添加动画

在设置文本段落格式的时候，可以使用格式刷快速统一不同段落的格式。同样，在设置动画效果时，可以使用动画刷快速为相似元素批量添加动画。

### 2. 平滑切换的高级用法

平滑切换功能可以让前后两张幻灯片中相同或相似的元素实现平滑的动态切换效果，但是当前后两张幻灯片中存在过多相同或相似元素的时候，就无法预测会在哪两个元素之间添加切换效果，这时就可以使用特殊“手段”将预期中变化的元素强制关联在一起，保证切换效果正常显示，想知道怎么实现吗?

具体操作请观看视频学习。

### 3. 幻灯片演示中的实用操作

可能很多人认为幻灯片开始放映后，除了上下翻页和退出之外就无法对幻灯片进行其他操作了，其实在幻灯片放映的过程中还有很多实用的操作，比如快速跳转页面和实时编辑等。

具体操作请观看视频学习。

第四篇

# Photoshop 图像高效处理



PS

在日常生活和工作中，无论是自己拍出的照片还是从网上下载的图片，可能都无法满足自己的需求，因此需要对照片或者图片进行调整。而借助 Photoshop 自带的功能，就能快速完成图片的修复。

扫描二维码
发送关键词**“秋叶五合一”**
观看视频学习吧!

## 14.1 快速处理图片构图问题

### 案例说明

在完成照片的拍摄之后，发现照片主体的位置不符合自己的预期，为了让照片中的主体更为突出且出现在合适的位置，就需要对照片的构图进行处理。

本案例中，图片构图问题被处理前和被处理后的效果分别如下图所示。

拍照时，如果将主体拍歪，可以用 Photoshop 中的【标尺工具】标注水平线，迅速将照片调正；如果想将侧向拍出的照片调整为正向，可以使用【透视裁剪工具】进行拉直；如果拍出了成片方向错误的照片，比如想拍横向照片，但拍成了竖向照片，就可以将主体所在的区域存储为选区保护起来，然后对背景进行内容识别填充操作。

## 14.1.1 景物拍歪了，快速将其“扶正”

01 打开素材文件，在左侧的工具栏中❶右键单击【吸管工具】图标，❷选择【标尺工具】。

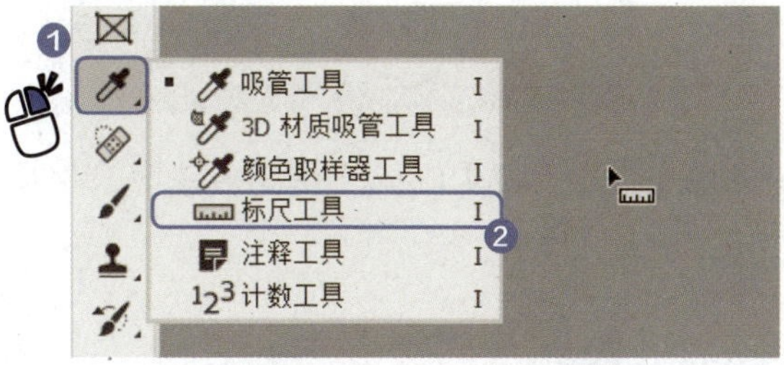


02 在图片上沿着原本应该水平的物体的下边缘，❶按住鼠标左键从左向右拖曳出一条辅助线，❷松开鼠标左键，❸在上方的功能区中单击【拉直图层】按钮，此时图片就会被调正。

## 14.1.2 用【透视裁剪工具】使图片朝向正面

01 打开素材文件，在左侧的工具栏中❶右键单击【裁剪工具】图标，❷选择【透视裁剪工具】。

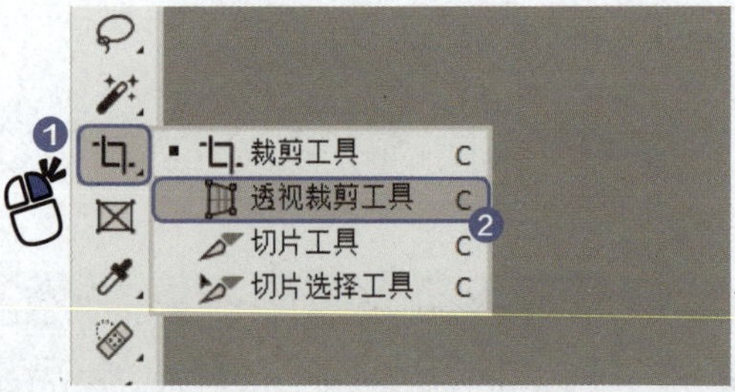


02 依次单击平面的 4 个顶点，按【Enter】键完成裁剪，此时有透视效果的平面就会朝向正面。

03 如果裁剪后发现图片的比例不正确，按快捷键【Ctrl+T】进行变换调整即可。

## 14.1.3 用【内容识别缩放】命令拉长图片

01 打开素材文件，❶展开【图层】面板，❷选中【背影】图层，❸右键单击【矩形选框工具】图标，❹选择【矩形选框工具】。

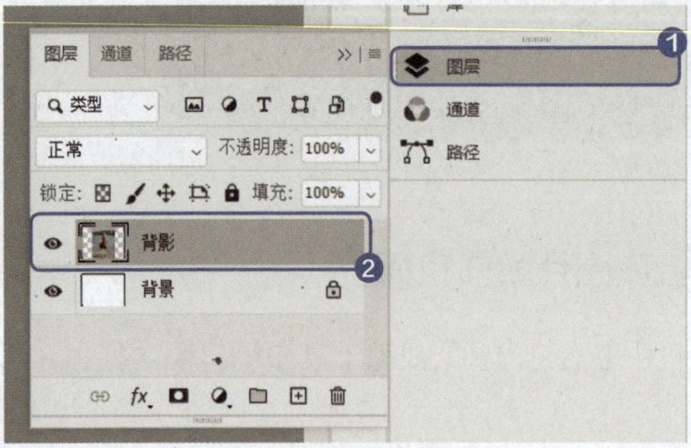


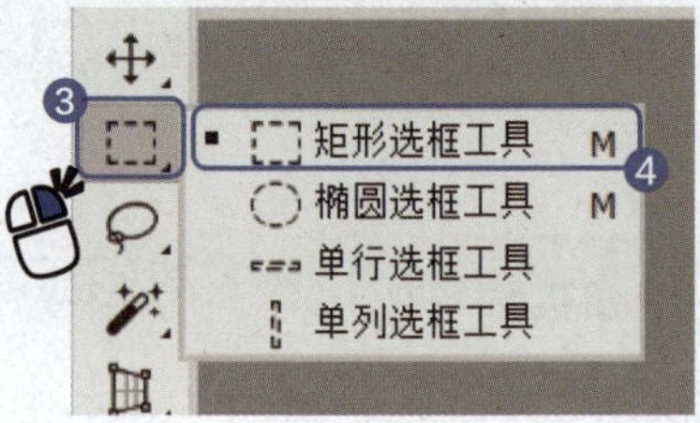

02 ❶框选图片中的人物，让选框尽可能贴近人物，❷单击鼠标右键，❸选择【存储选区】命令，❹在弹出的对话框中修改【名称】为【人物】，❺单击【确定】按钮。

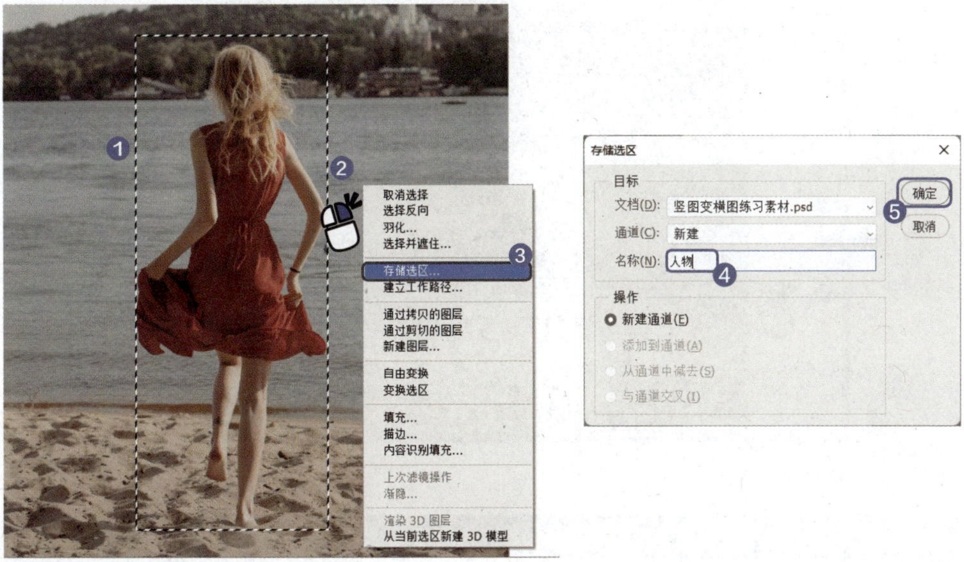


03 ❶按快捷键【Ctrl+D】取消选区，❷在菜单栏中单击【编辑】，❸选择【内容识别缩放】命令。

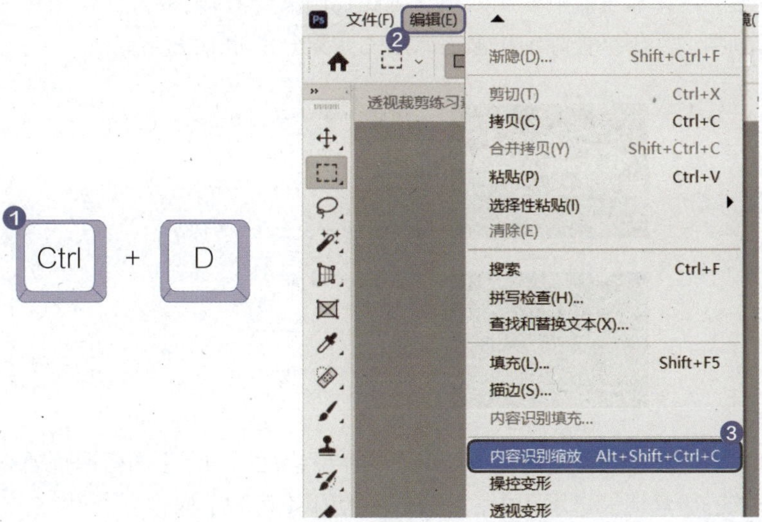


04 ❶将功能区中的【保护】切换为【人物】，❷按住【Shift】键，❸拖曳图片左侧的控点，❹拖曳图片右侧的控点，使图片铺满画布，❺单击上方的【√】图标，图片就会被调整为横图。

## 14.2 快速去除图片上的水印

### 案例说明

图片上的水印非常影响使用效果，因此我们需要将其去除。

本案例中，水印被去除前和被去除后的效果分别如下图所示。

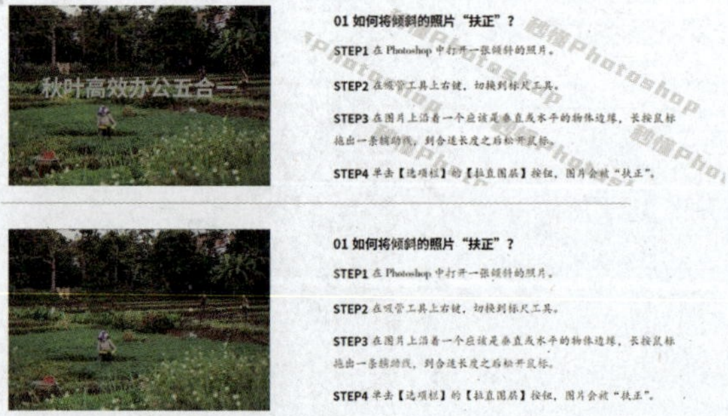


去除水印一般有两种方法：一种是选中水印之后，利用【内容识别填充】命令，将水印周围的像素填充进水印中；另一种是使用【色阶】命令。

### 14.2.1 用【内容识别填充】命令去除水印

当图片中有一个巨大的半透明水印时，怎么样才能将其去除呢？

01 打开素材文件，❶右键单击【对象选择工具】图标，❷选择【魔棒工具】。

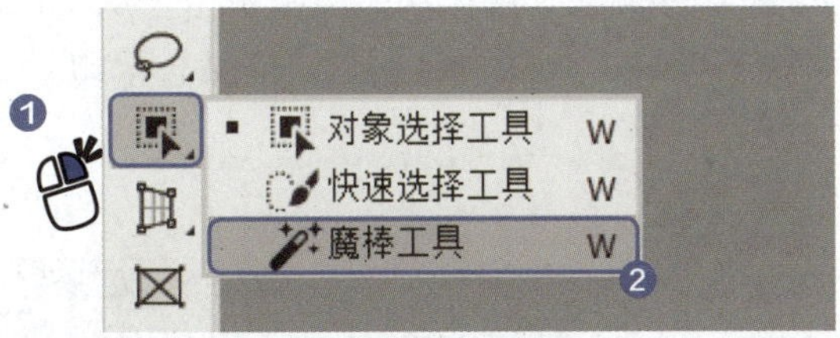


02 在功能区中❶单击图标，❷将【容差】设置为【32】，❸用【魔棒工具】连续单击水印，直至将其全部选中。

03 ❶在菜单栏中单击【选择】，❷在【修改】子菜单中❸选择【扩展】命令，❹在弹出的对话框中修改【扩展量】为【4】像素，❺单击【确定】按钮。

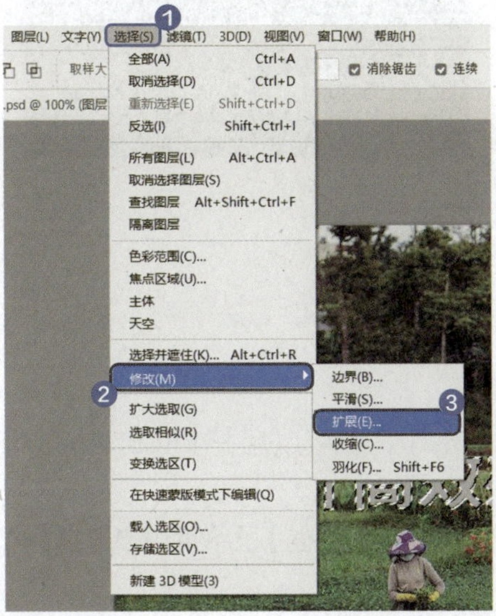

**04** ❶在菜单栏中单击【编辑】，❷选择【内容识别填充】命令，❸在左侧的工具栏中单击【取样画笔】图标，❹在功能区中单击【从叠加区域中剪去】图标，❺按住鼠标左键进行涂抹，让绿色区域尽可能贴合水印。

**05** 单击右下角的【确定】按钮，即可将图片上的水印去除。

## 14.2.2 用【色阶】命令去除水印

如果以文字为主的图片中有非常密集的水印，则可以用 Photoshop 进行处理。

**01** 打开素材文件，❶在菜单栏中单击【图像】，❷在【调整】子菜单中❸选择【色阶】命令，打开【色阶】对话框。

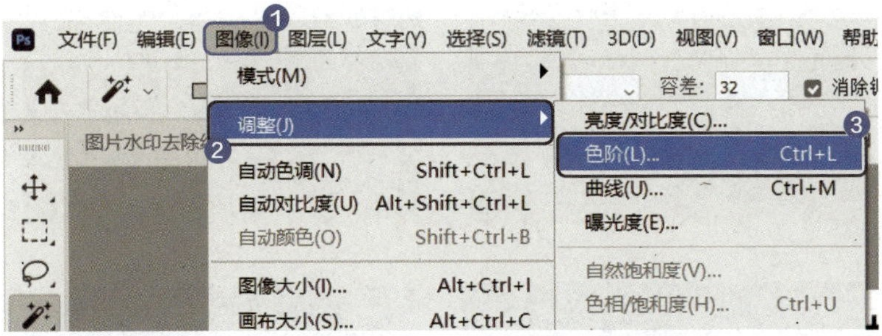


**02** 在【色阶】对话框中❶单击最右侧的【设置白场取样吸管】图标，❷在水印上单击，即可去除水印，❸单击【确定】按钮完成操作。

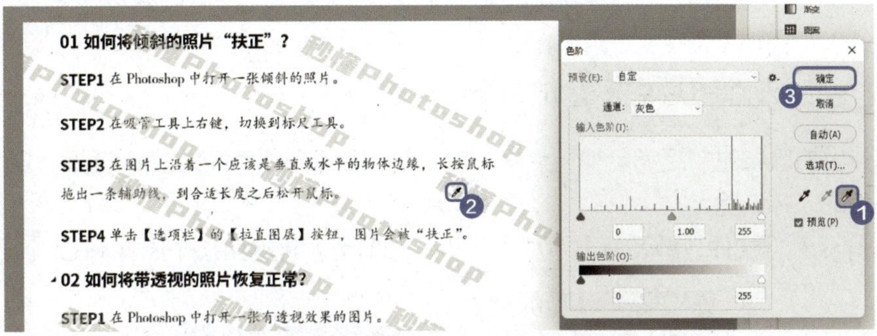
01 如何将倾斜的照片“扶正”？

STEP1 在 Photoshop 中打开一张倾斜的照片。

STEP2 在吸管工具上右键，切换到标尺工具。

STEP3 在图片上沿着一个应该是垂直或水平的物体边缘，长按鼠标拖出一条辅助线，到合适长度之后松开鼠标。

STEP4 单击【选项栏】的【拉直图层】按钮，图片会被“扶正”。

02 如何将带透视的照片恢复正常？

STEP1 在 Photoshop 中打开一张有透视效果的图片。



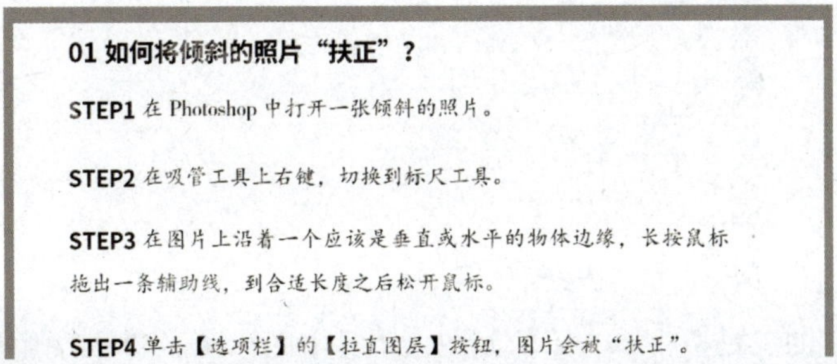
01 如何将倾斜的照片“扶正”？

STEP1 在 Photoshop 中打开一张倾斜的照片。

STEP2 在吸管工具上右键，切换到标尺工具。

STEP3 在图片上沿着一个应该是垂直或水平的物体边缘，长按鼠标拖出一条辅助线，到合适长度之后松开鼠标。

STEP4 单击【选项栏】的【拉直图层】按钮，图片会被“扶正”。

## 14.3 快速去除图片中多余的人物和景物

### 案例说明

外出拍照时很容易拍到多余的人物和景物，使图片背景看上去很杂乱，这个时候就可以使用 Photoshop 强大的功能将其去除。

本案例中，多余的人物和景物被去除前和被去除后的效果分别如下页图所示。

处理图片上多余的人物和景物一般有两种方法：一种是用【仿制图章工具】在图片的其他区域取样，然后进行涂抹；另一种是使用【污点修复画笔工具】和【修补工具】进行涂抹修复。

## 14.3.1 去除图片中多余的人物

外出拍风景时，经常会拍到游客，但后期可以借助 Photoshop 轻松、自然地将多余的人物去除。

01 打开素材文件，❶展开【图层】面板，❷单击【新建图层】图标 新建图层。

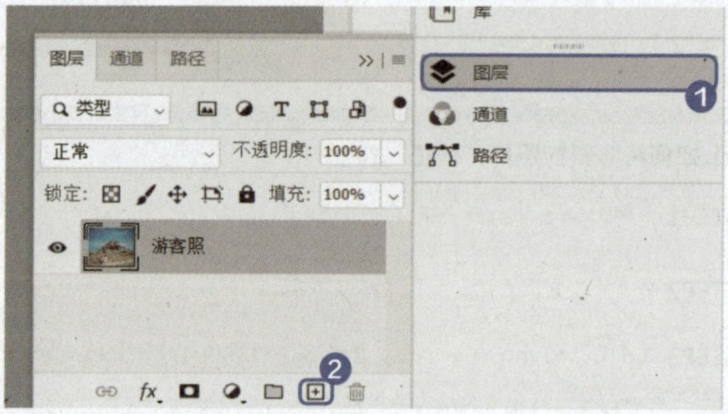


02 ❶在左侧的工具栏中单击【仿制图章工具】图标 ，❷单击画笔大小图标 右侧的下拉按钮，❸将画笔类型更改为【柔边圆】，❹将【大小】更改为【400 像素】，❺将【样本】更改为【当前和下方图层】。

03 按住【Alt】键在人物附近进行取样，松开【Alt】键后，在人物上面单击进行涂抹，此时，取样的内容就会被复制到人物上面。

04 重复上一步操作，更换取样位置再次进行涂抹，直到人物消失。

## 14.3.2 去除图片中多余的景物

> ➢ 使用【污点修复画笔工具】去除

01 打开素材文件，❶在左侧的工具栏中右键单击【污点修复画笔工具】图标 ，❷选择【污点修复画笔工具】。

02 在多余的景物上按住鼠标左键进行涂抹，Photoshop 会自动将与景物临近的区域填充到景物所在处，实现多余景物的去除。

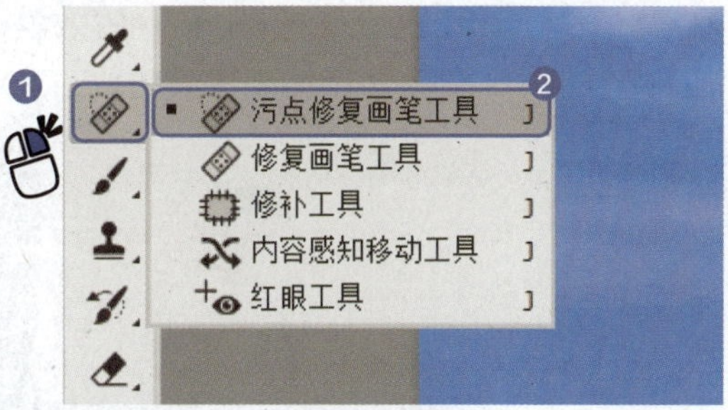

➢ 使用【修补工具】去除

01 ❶在左侧的工具栏中右键单击【污点修复画笔工具】图标，❷选择【修补工具】。

02 按住鼠标左键框选图片中多余的景物，将选区拖曳到四周纹理接近且干净的地方，原选区自动被拖曳后选区画面填充，松开鼠标左键，就可以将多余的景物去除。

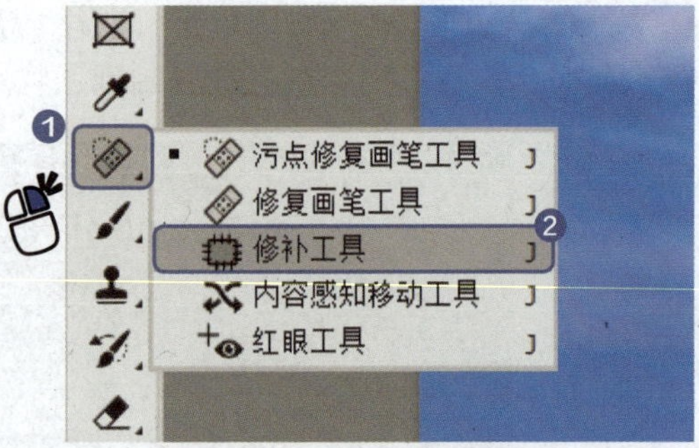


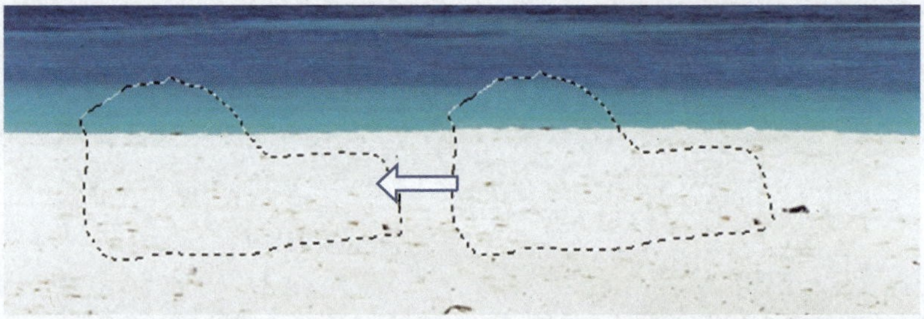

## 14.4 快速调整图片色调

### 案例说明

有时，图片最终的成像效果不是很让人满意，这时借助 Photoshop 强大的色彩调整功能，可以迅速改善图片的色彩效果，还能将图片调整成多种不同的风格。

本案例中，图片色调被调整前和被调整后的效果分别如下图所示。

色彩会影响图片给人的感受。在 Photoshop 中，使用色温调节功能可以完成图片冷、暖色调的调整，使用匹配颜色功能可以快速统一两张图片的色调，使用色彩平衡功能可以将图片调整为不同的风格，使用替换颜色功能可以快速将图片中的某种颜色替换为另一种颜色。

## 14.4.1 把图片调整为冷色调或暖色调

冷色调让图片看上去更清凉，暖色调让图片看上去更温暖。在 Photoshop 中，借助 Camera Raw 滤镜可以轻松完成冷、暖色调的调整。

01 打开素材文件夹中的“冷暖色调调色练习素材 .psd”文件，❶在菜单栏中单击【滤镜】，❷选择【Camera Raw 滤镜】命令。

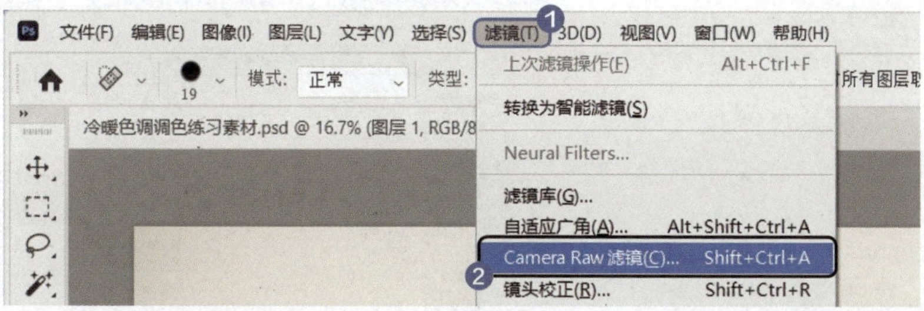


02 在弹出的【Camera Raw 滤镜】窗口中，向左拖曳【色温】滑块，即可将图片调整为冷色调（案例参考值为【-20】）。

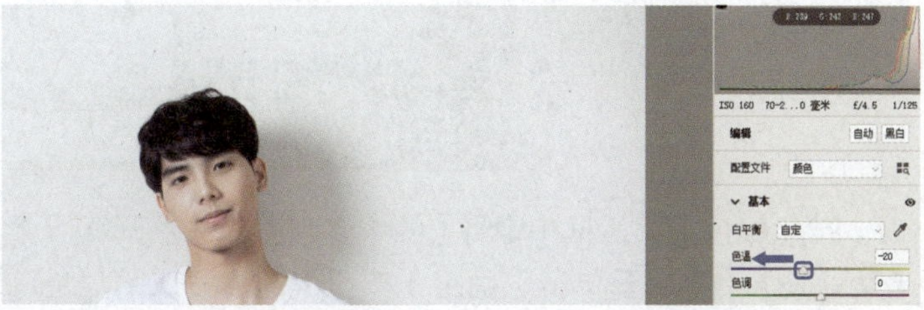

**03** 向右拖曳【色温】滑块，即可将图片调整为暖色调（案例参考值为【+20】）。

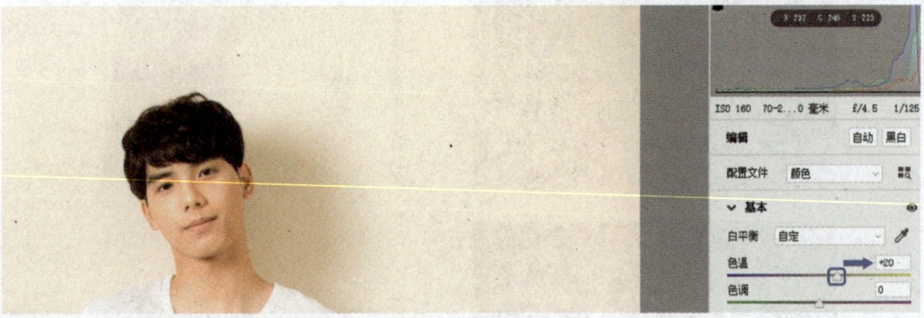

## 14.4.2 快速统一两张图片的色调

当在网上看到一张与自己的图片主题一致，但色调更好的图片时，想让自己的图片也拥有相同的色调，这个时候该怎么办呢？其实Photoshop 中有一个功能可以帮助我们实现。

**01** 打开素材文件夹中的“统一色调练习素材 .psd”文件，将素材文件夹中的“参考图 .jpg”复制粘贴到软件中，得到【图层 2】，并使【图层 2】位于照片图层（图层 1）的下方。

**02** ❶在【图层】面板中选中【图层 1】，❷在菜单栏中单击【图像】，❸在【调整】子菜单中❹选择【匹配颜色】命令。

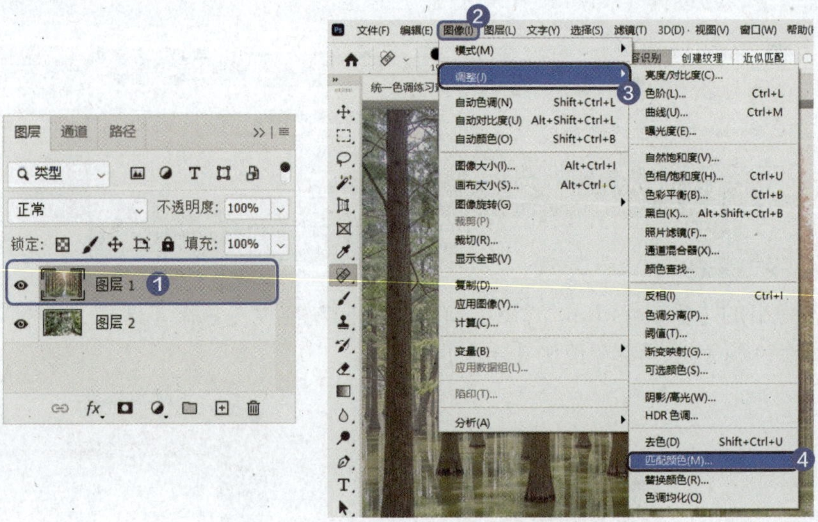

**03** 在弹出的【匹配颜色】对话框中❶将【源】改为【统一色调练习素材 .psd】，将【图层】改为【图层 2】，❷单击【确定】按钮，即可完成图片色调的统一。

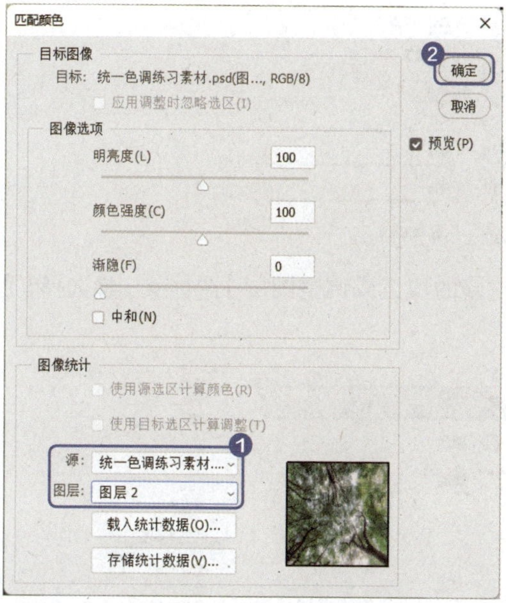

## 14.4.3 把图片调整为赛博朋克风格

赛博朋克风格是最近几年较流行的风格，充满了科技感、未来感，那么如何在 Photoshop 中把图片调整成赛博朋克风格呢？

01 打开素材文件夹中的“赛博朋克调色练习素材 .psd”文件，❶展开【图层】面板，❷单击【创建新的填充或调整图层】图标 ，❸选择【色彩平衡】命令。

02 在【属性】面板中，依次将【色调】改为【中间调】和【高光】，并按下页图所示调整参数。

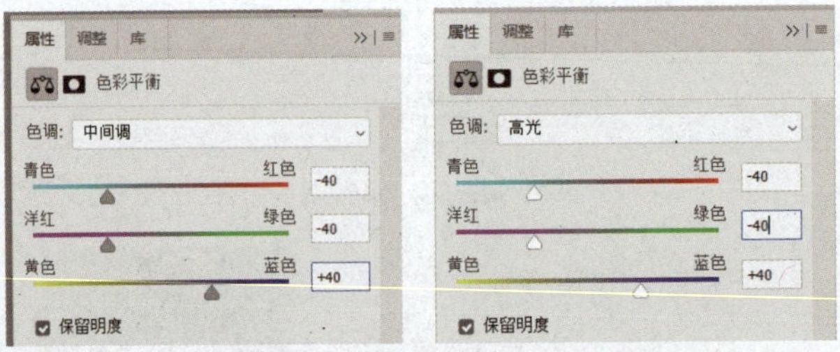


03 ❶展开【图层】面板，❷单击【创建新的填充或调整图层】图标 ◐，❸选择【色相 / 饱和度】命令。

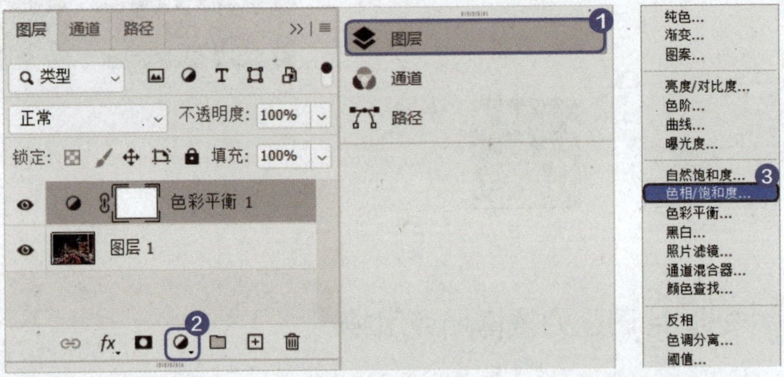


04 在【属性】面板中，按下图所示修改色相 / 饱和度参数。

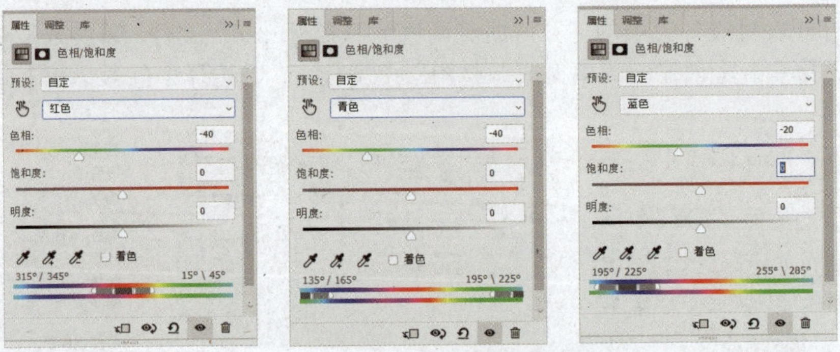


完成上述操作后，即可将图片调整为赛博朋克风格。

## 14.4.4 快速得到不同颜色的商品图片

有的时候只需要拍摄一种颜色的商品，就可以在后期通过修改商品颜色得到不同颜色的商品图片。

01 打开素材文件夹中的“商品换色练习素材 .psd”文件，使用快捷键【Ctrl+J】快速复制【商品展示】图层，得到【商品展示 拷贝】图层。

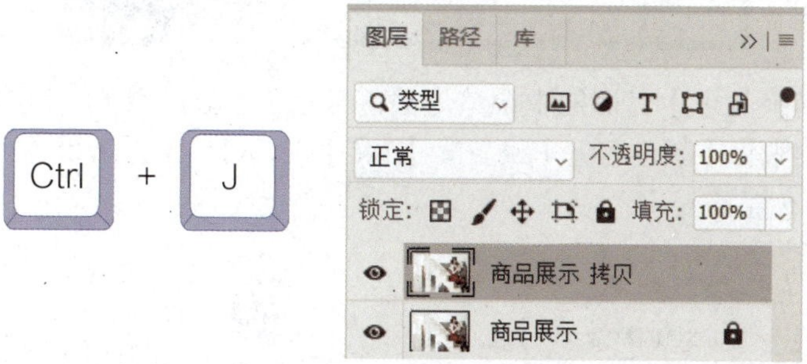


02 在菜单栏中❶单击【图像】，❷在【调整】子菜单中❸选择【替换颜色】命令。

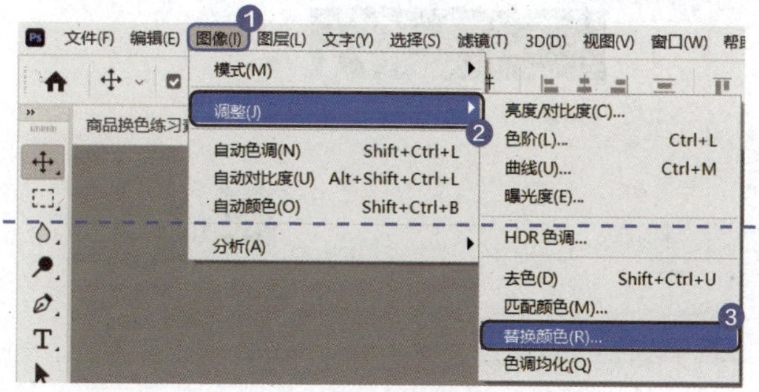


03 在弹出的【替换颜色】对话框中单击【颜色】右侧的色块。

04 在弹出的【拾色器（选区颜色）】对话框中，使用【吸管工具】吸取衣服的颜色，然后单击【确定】按钮。

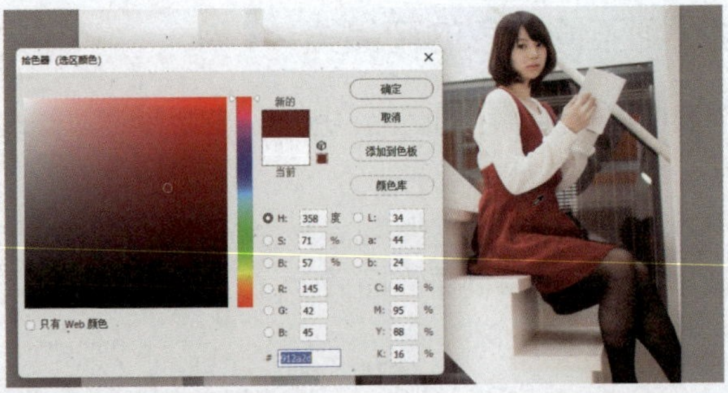

05 ❶在【替换颜色】对话框中调整【颜色容差】参数的数值，以覆盖商品所有位置（本案例中将【颜色容差】设置为【145】），❷单击【结果】上方的色块。

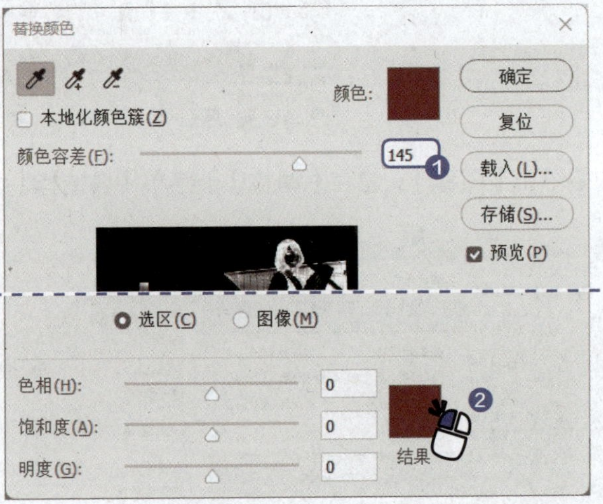


06 ❶在弹出的【拾色器（结果颜色）】对话框的颜色区域中拖曳图形图标任意改变颜色，即可看到人物衣服颜色的变化，调整到合适的颜色后，❷单击【确定】按钮。

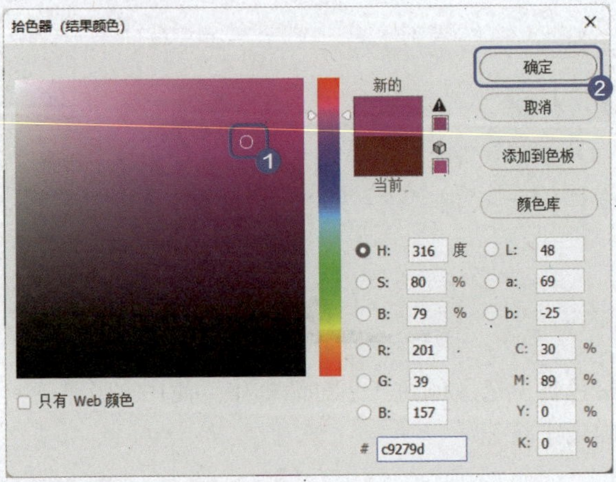

07 在【替换颜色】对话框中单击【确定】按钮完成商品颜色的修改。

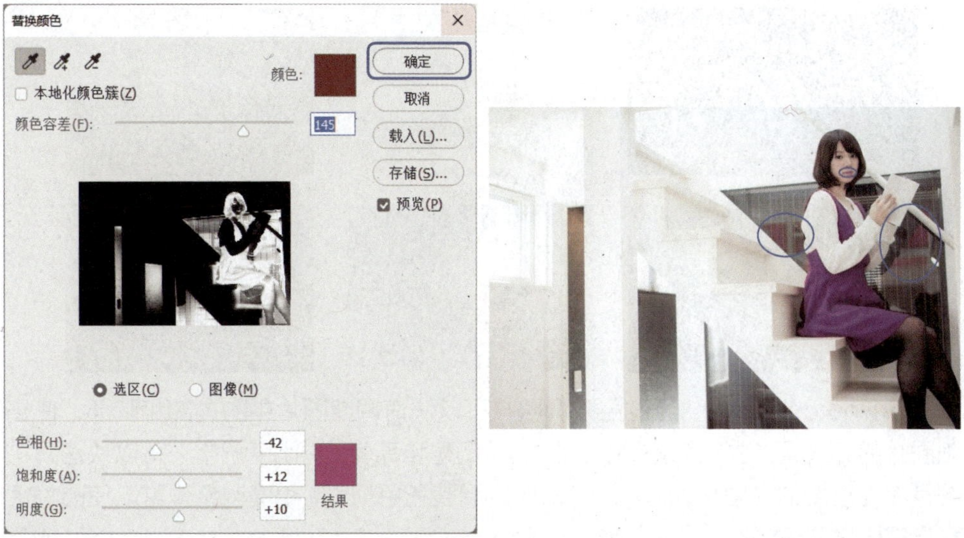


08 ❶在左侧的工具栏中单击【橡皮擦工具】图标，❷将【不透明度】和【流量】均改为【100%】，❸处理图片中衣服之外受影响的区域。

## 14.5 快速处理图片光影问题

### 案例说明

拍摄时由于受到天气的影响，难免会使图片出现整体偏暗、曝光过度，甚至看起来雾蒙蒙的情况，这个时候就需要对图片的光影问题进行处理。

本案例中，光影问题被处理前和被处理后的效果分别如下图所示。

在 Photoshop 中，通过色阶调整，可以快速调整图片中的亮部和暗部，使整张图片的亮度看上去较为协调；通过色阶调整和亮度 / 对比度调整，可以快速解决图片曝光过度的问题；通过亮度 / 对比度调整和色相 / 饱和度调整，可以使图片色彩变得更加鲜艳自然。

## 14.5.1 快速提亮整体偏暗的图片

外出拍照的时候，如果遇到阴雨天气，拍出的图片就会整体偏暗，此时可以用 Photoshop 来快速提亮图片。

01 打开素材文件，在菜单栏中❶单击【图像】，❷在【调整】子菜单中❸选择【色阶】命令，打开【色阶】对话框。

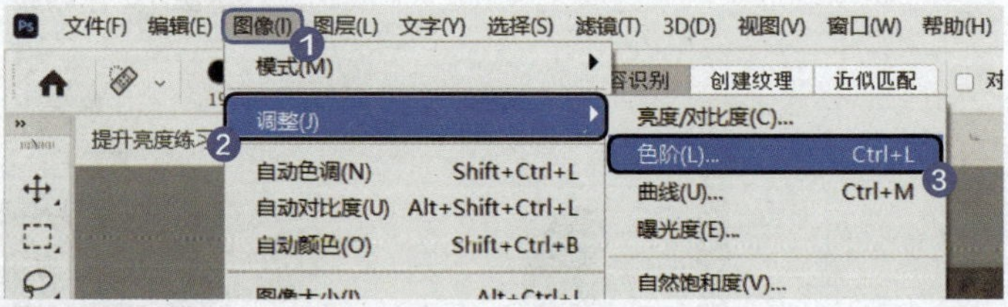


02 按下图所示进行操作，完成图片亮度的调整。

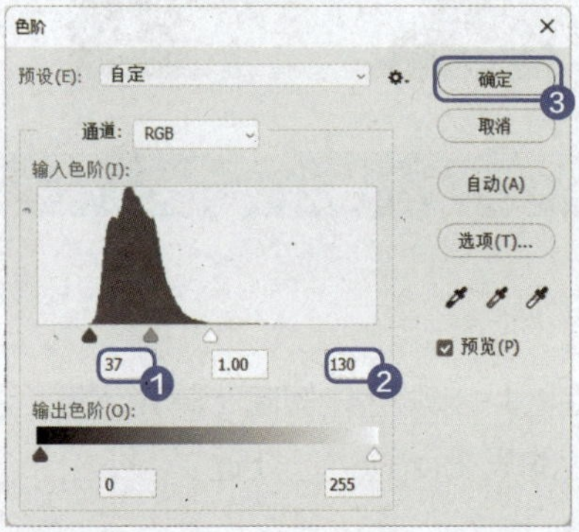

## 14.5.2 快速修复曝光过度的图片

在光线太强的环境下，拍出的图片很容易出现曝光过度的情况，这个时候就可以用 Photoshop 快速完成修复。

01 打开素材文件，按快捷键【Ctrl+Shift+Alt+2】（2 是【Q】【W】键上的【2】键），将图片中的亮部区域全部选中。

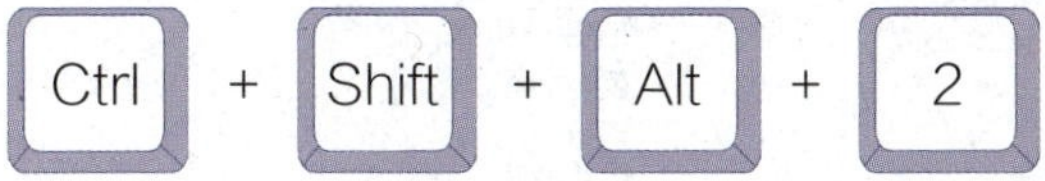

02 在【图层】面板中❶单击【创建新的填充或调整图层】图标 ◐，❷选择【色阶】命令。

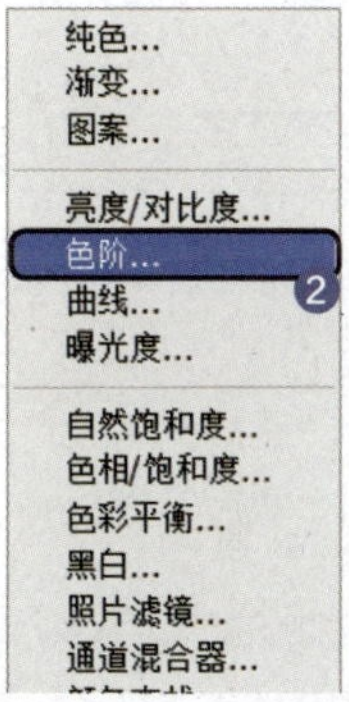


03 选中色阶图层中的蒙版，在【属性】面板中将黑色滑块向右移动，同时观察画面，在画面过度曝光的现象消失后停止移动（本案例参考值为【130】）。

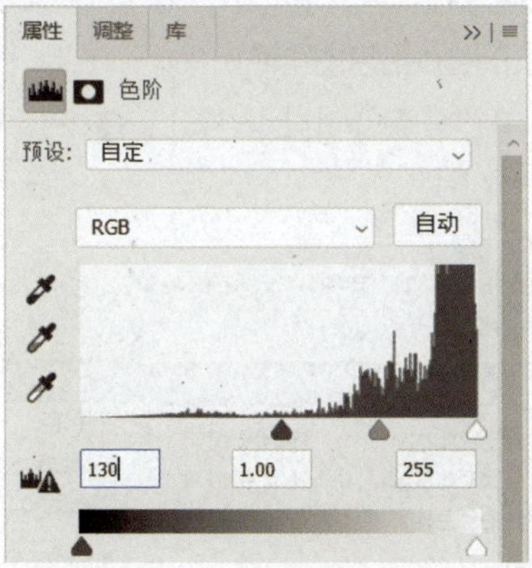

**04** 在【图层】面板中❶单击【创建新的填充或调整图层】图标 ◐，❷选择【亮度 / 对比度】命令。

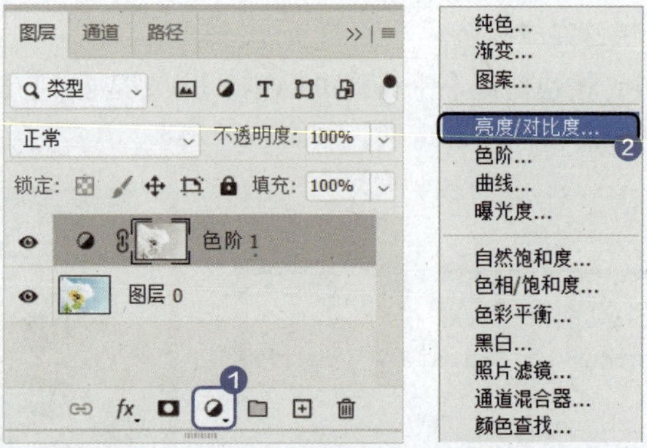


**05** 在【属性】面板中将图片亮度适当降低（本案例参考值为【-15】）。

## 14.5.3 快速使灰蒙蒙的图片变得鲜艳自然

有时，由于外界环境的影响，拍出的图片是灰蒙蒙的，这时可以借助 Photoshop 快速让灰蒙蒙的图片变得鲜艳自然。

**01** 打开素材文件，在菜单栏中❶单击【图像】，❷在【调整】子菜单中❸选择【亮度 / 对比度】命令。

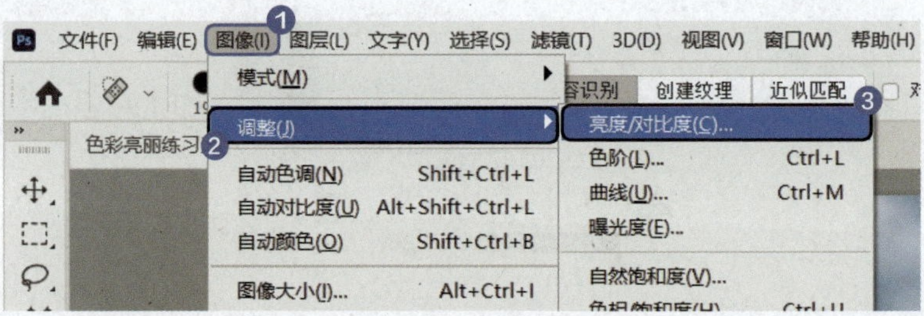

02 在弹出的【亮度 / 对比度】对话框中，❶向右拖曳【对比度】滑块，同时观察图片，直到其不再灰蒙蒙（本案例参考值为【85】），❷单击【确定】按钮。

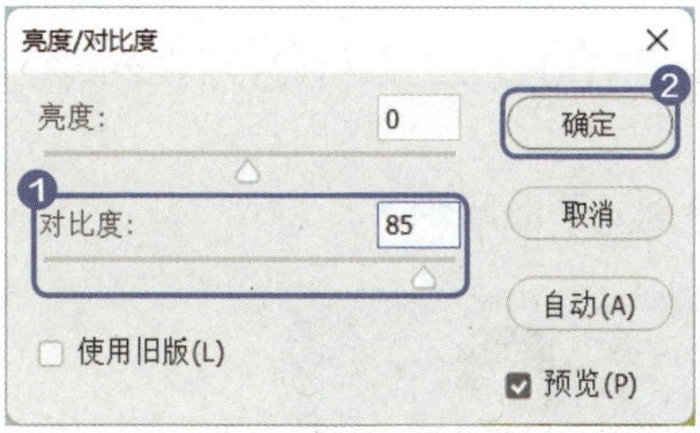

03 在菜单栏中❶单击【图像】，❷在【调整】子菜单中❸选择【色相 / 饱和度】命令。

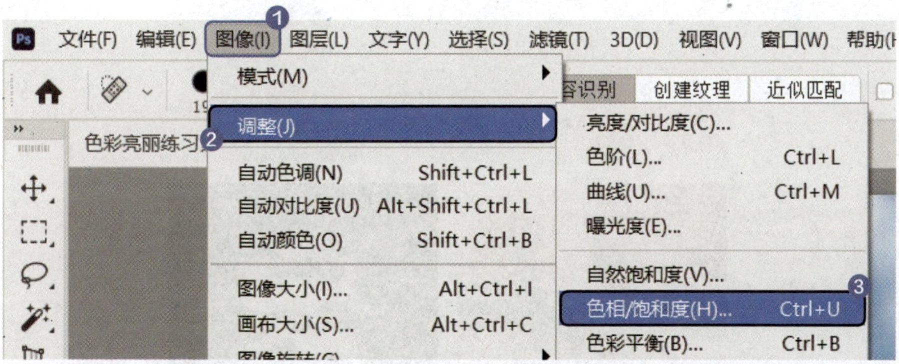


04 在弹出的【色相 / 饱和度】对话框中，❶向右拖曳【饱和度】滑块，同时观察照片，直到其颜色鲜艳自然（本案例中参考值为【+20】），❷单击【确定】按钮。

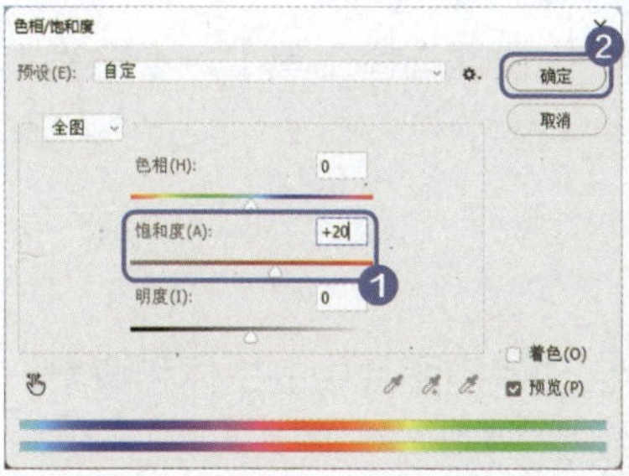

## 14.6 快速完成抠图

### 案例说明

为了实现主体和背景的融合，我们经常需要对拍摄后的素材进行抠图处理，并且进行色调的统一。

本案例中，素材处理前和处理后的效果分别如下图所示。

抠图时，经常会用到的功能或工具有删除背景、【快速选择工具】、【钢笔工具】、颜色通道等。

### 14.6.1 软件自动删除背景，实现抠图

在 Photoshop 2020 及更高的版本中，软件会自动识别图片中的主体和背景，这时只需进行简单操作就可达到抠图的效果。

打开素材文件，❶展开【属性】面板，在【属性】面板中❷单击【删除背景】按钮，等待几秒后软件就会自动完成抠图操作。

## 14.6.2 简单背景下的人物抠取

01 打开素材文件，在左侧的工具栏中❶右键单击【对象选择工具】图标，❷选择【快速选择工具】，❸按住鼠标左键将人物主体大致选中。

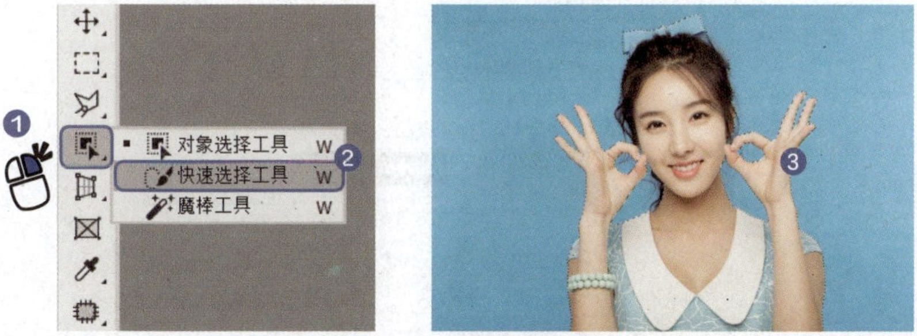


02 ❶在功能区中单击【选择并遮住】按钮，❷在面板中的【视图】下拉列表中❸选择【叠加】选项。

03 在左侧的工具栏中单击【调整边缘画笔工具】图标，沿着头发边缘和脸部边缘进行涂抹，还原发丝细节，并去除多余白边。

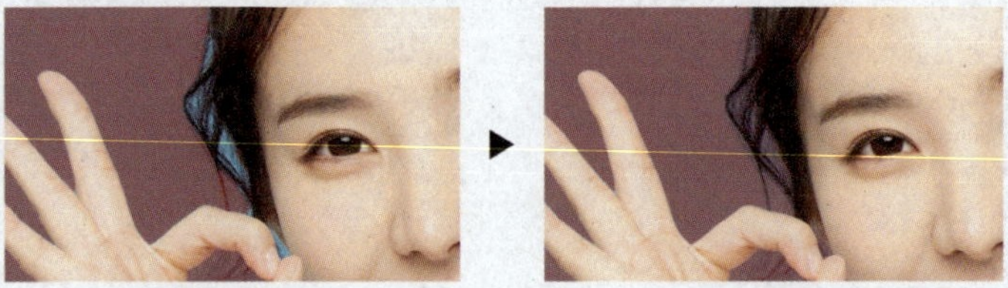

处理前　　处理后

04 在进行输出设置时，设置【输出到】为【图层蒙版】，单击【确定】按钮，自动退出选择并遮住操作界面，得到抠好的带蒙版的图层。

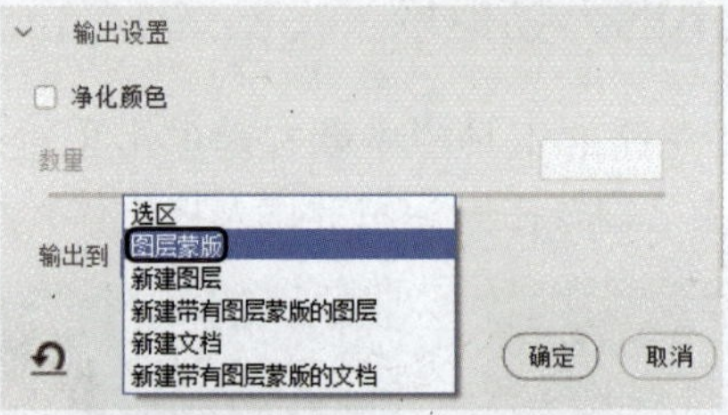

## 14.6.3 形状不规则物品的抠取

当遇到图片背景颜色和主体颜色接近或背景比较杂乱时，使用【快速选择工具】并不能很好地将主体框选出来，这个时候就需要用【钢笔工具】来实现抠图。

01 打开素材文件，在左侧的工具栏中❶单击【钢笔工具】图标，❷在功能区中将工具模式改为【路径】。

02 沿着前方桃子的外轮廓添加锚点，绘制路径，路径闭合后，按快捷键【Ctrl+Enter】载入选区。

03 ❶按快捷键【Ctrl+J】复制【水果】图层，得到【图层 1】，❷右键单击【图层 1】，❸选择【快速导出为 PNG】命令，即可完成桃子的抠取。

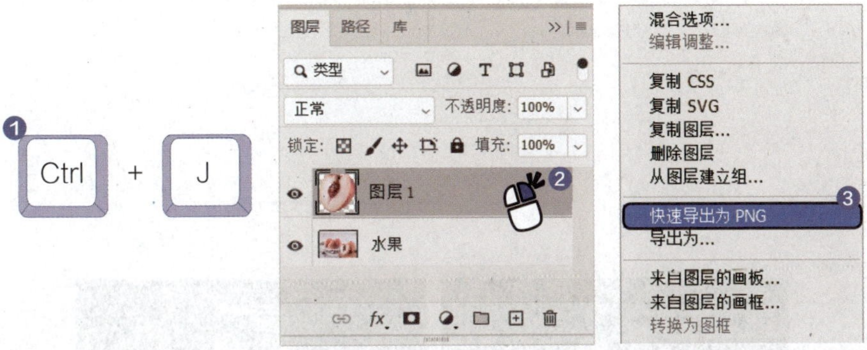


## 14.6.4 透明或半透明物品的抠取

在抠取冰块、玻璃杯这类透明或半透明的物品时，往往需要保留它们的透明度，以便使其自然地融入新的背景中，此时就要用到通道功能。

01 打开素材文件，❶切换到【通道】面板，❷选择黑白对比最明显的通道（本案例中选择【红】通道）。

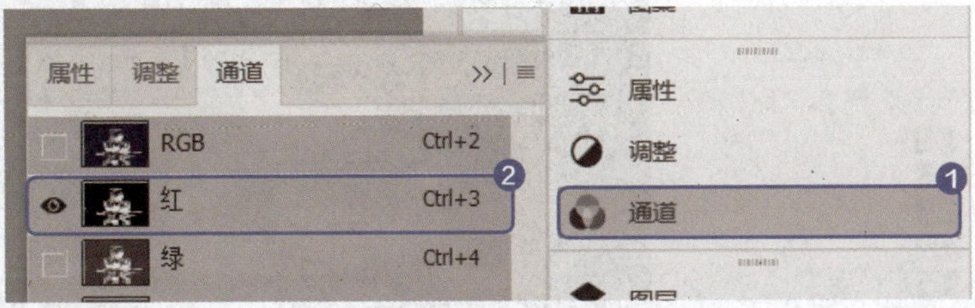


02 拖曳【红】通道到【创建新通道】图标 ⊞ 上，快速得到【红 拷贝】通道。

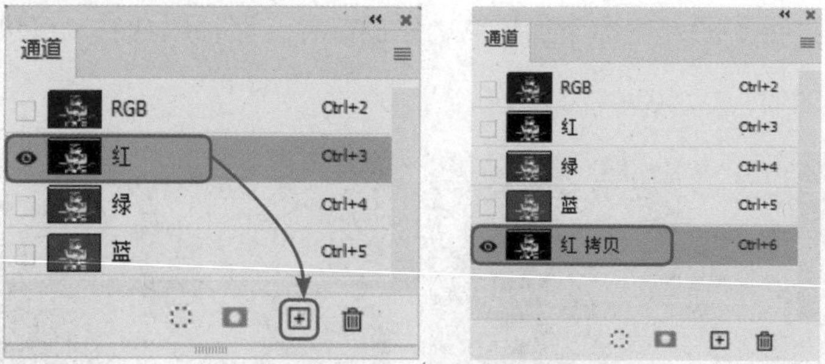


03 按快捷键【Ctrl+L】弹出【色阶】对话框，调整黑色、灰色和白色滑块到合适的位置（本案例中黑色滑块的参数值为【75】，灰色滑块的参数值为【2】，白色滑块的参数值为【190】），让黑白对比更明显。

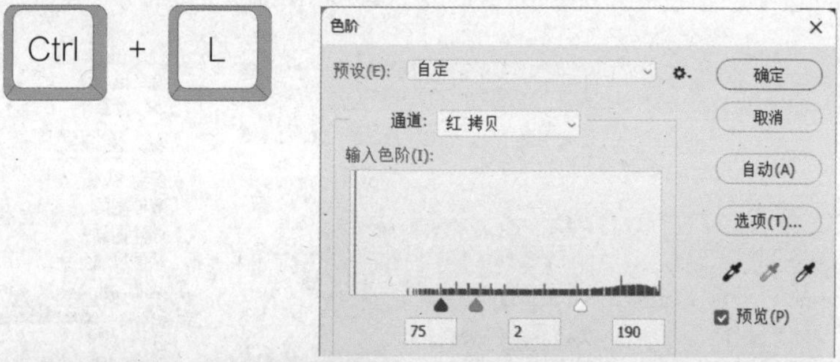

调整色阶前

调整色阶后

04 ❶按住【Ctrl】键，❷单击【红 拷贝】通道，图中的白色区域会作为选区被载入。

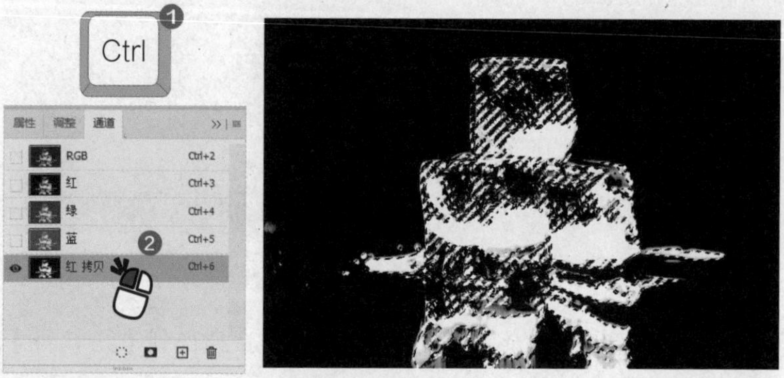

05 在【图层】面板中单击【新建图层蒙版】图标，即可得到抠好的冰块。

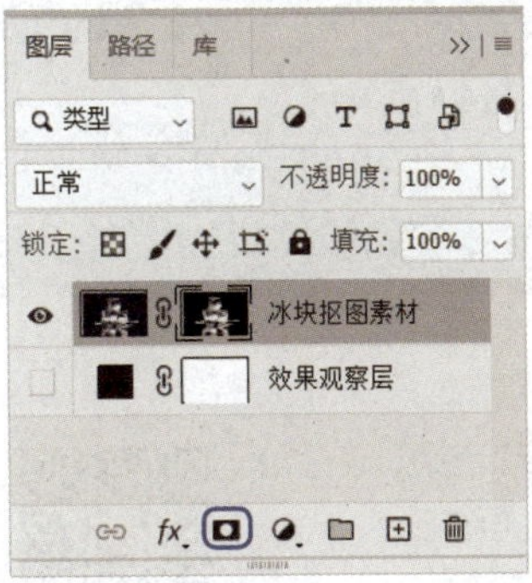


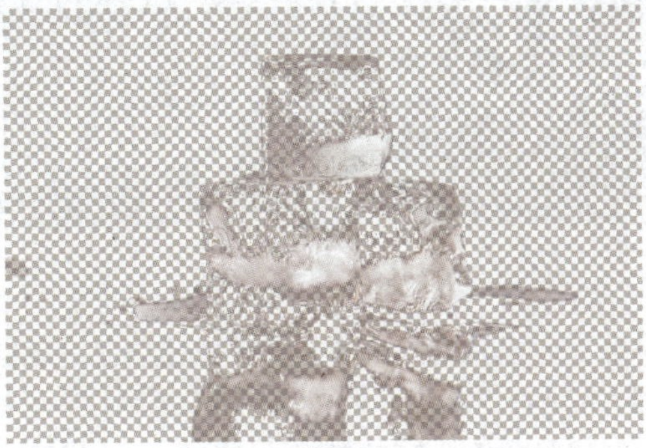

## 秋叶私房菜

### 1. 【仿制图章工具】【污点修复画笔工具】【修补工具】有什么区别

在 14.3 节中我们借助了不同的工具来实现图片中多余人物和景物的去除，其中使用的【仿制图章工具】【污点修复画笔工具】【修补工具】有哪些区别呢？平时使用的时候又应该如何正确选择呢？

请观看视频学习。

### 2. 【钢笔工具】到底应该怎么用

【钢笔工具】在 Photoshop 中的用处很大，既可以用于绘制形状，又可以用于进行特殊形状的抠取，但在真正使用的过程中，总是会遇到一些奇奇怪怪的问题，那么如何才能正确使用【钢笔工具】呢？

具体操作请观看视频学习。

一张好看且独特的人像照片可以让自己充满自信，也可以给别人留下好的印象。平时拍出的人像照片中可能会有很多脸部、身材的小瑕疵，这些都可以通过 Photoshop 来修复。

扫描二维码
发送关键词**“秋叶五合一”**
观看视频学习吧！

## 15.1 快速修复人物脸部瑕疵

### 案例说明

在用相机拍出的人像照片中，脸部的小瑕疵会很明显，因此需要将其修复或去除。

本案例中，照片调整前和调整后的效果分别如下图所示。

在 Photoshop 中，去除脸部的斑点与皱纹一般会用到【污点修复画笔工具】和【修补工具】，去除脸部的油光一般会用颜色通道和色阶等，去除眼部的黑眼圈一般会用到滤镜和【画笔工具】。

## 15.1.1 去除脸部的斑点与皱纹

再高的颜值在镜头下都会暴露出皮肤上原有的一些斑点与皱纹，此时可以使用 Photoshop 快速完成斑点与皱纹的去除，具体操作如下。

### 1. 去除脸部的斑点

**01** 打开素材文件，❶在【图层】面板上单击【创建新图层】图标，❷得到【图层 1】。

**02** ❶单击【污点修复画笔工具】图标，在功能区中❷单击【内容识别】按钮，❸勾选【对所有图层取样】复选框。

03 ❶在照片上单击鼠标右键，❷依据照片中斑点的大小设置【大小】参数，❸修改【硬度】为【0%】，单击斑点所在位置，即可将斑点去除。

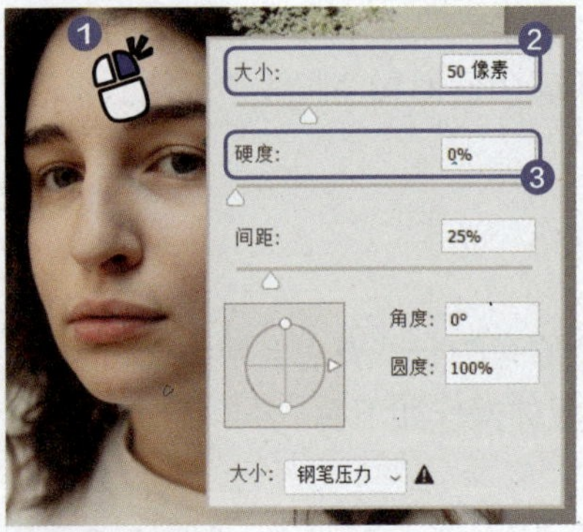

## 2．去除脸部的皱纹

01 打开素材文件，在【图层】面板中❶单击【创建新图层】图标 ⊞，❷得到【图层 1】。

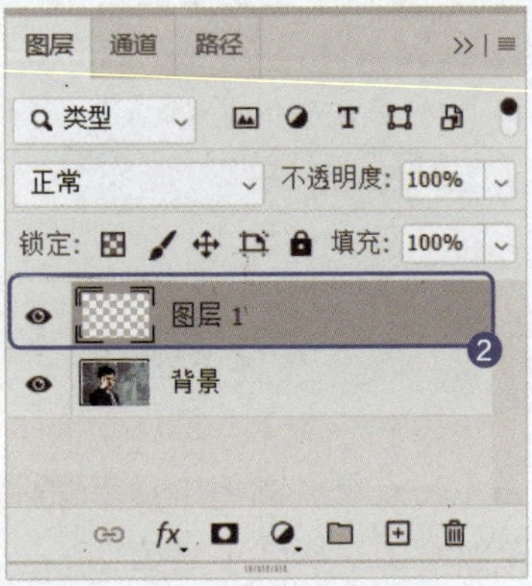

02 ❶右键单击【污点修复画笔工具】图标 ，❷选择【修补工具】，❸在功能区中修改【修补】为【内容识别】，❹勾选【对所有图层取样】复选框。

03 按住鼠标左键，绕着皱纹画圈，形成闭合的区域后松开鼠标左键。

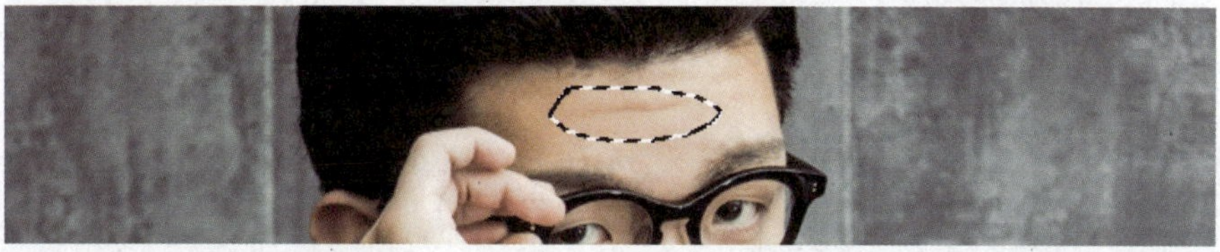

04 选中闭合区域，将其拖曳到额头上皮肤光滑的位置，按快捷键【Ctrl+D】取消选区，即可完成皱纹的去除。

## 15.1.2 去除脸部的油光

当拍摄的人物脸部油光较多时，可以用 Photoshop 去除油光，具体操作如下。

01 打开素材文件，❶在【通道】面板中右键单击对比度最强的通道（本案例中为【蓝】通道），❷选择【复制通道】命令，在弹出的对话框中修改通道名为【蓝拷贝】，❸单击【确定】按钮。

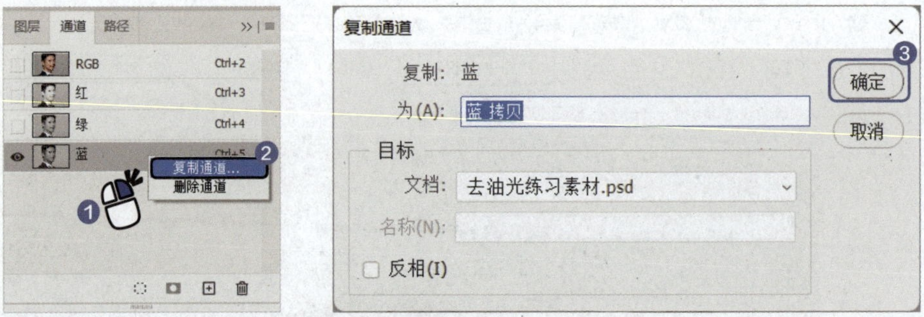


02 ❶单独选中【蓝 拷贝】通道，❷按快捷键【Ctrl+L】调出【色阶】对话框，❸将黑色滑块的参数值设置为【162】，❹将白色滑块的参数值设置为【182】，❺单击【确定】按钮，让通道中的油光更加明显。

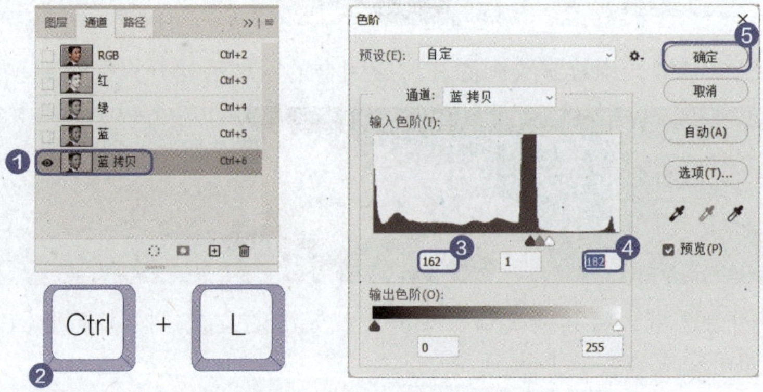


03 ❶单击【套索工具】图标，❷在功能区中单击【添加到选区】图标，❸在照片中将脸部的高光区域圈起来，形成闭合区域，在菜单栏中❹单击【选择】，❺选择【反选】命令。

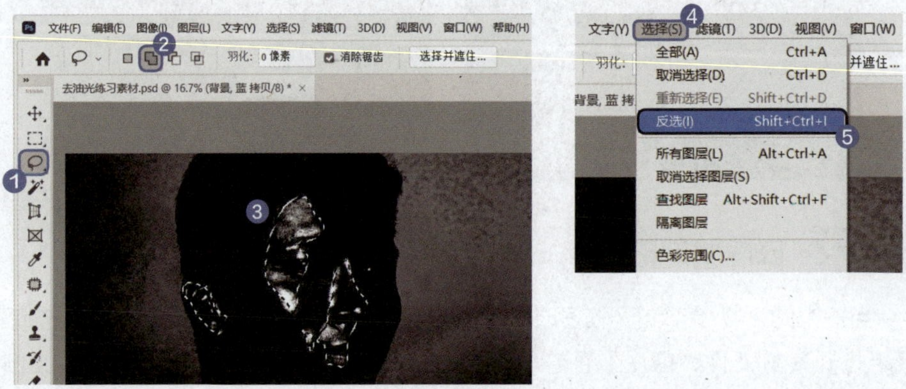

04 在菜单栏中❶单击【编辑】，❷选择【填充】命令，在弹出的对话框中❸将【内容】设置为【黑色】，❹单击【确定】按钮。

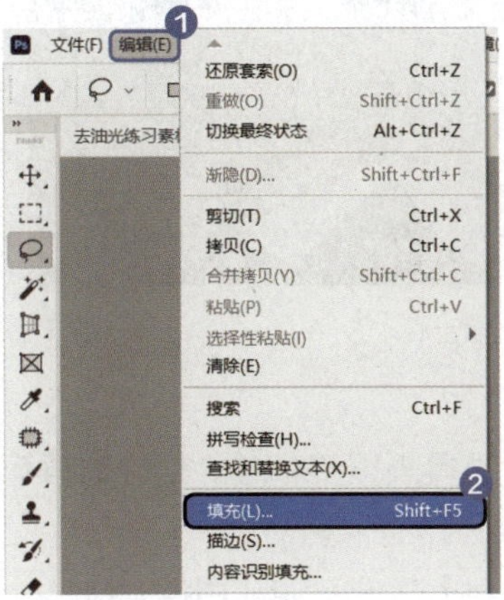


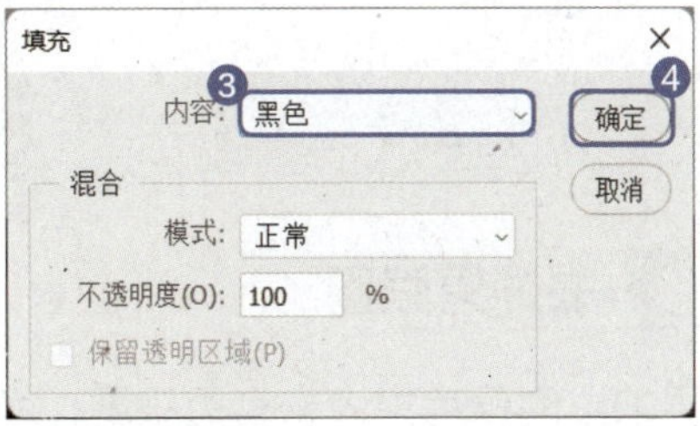


05 在【通道】面板中❶单击【将通道作为选区载入】图标 ，❷显示【RGB】通道，❸隐藏【蓝 拷贝】通道，此时，照片会恢复正常颜色。

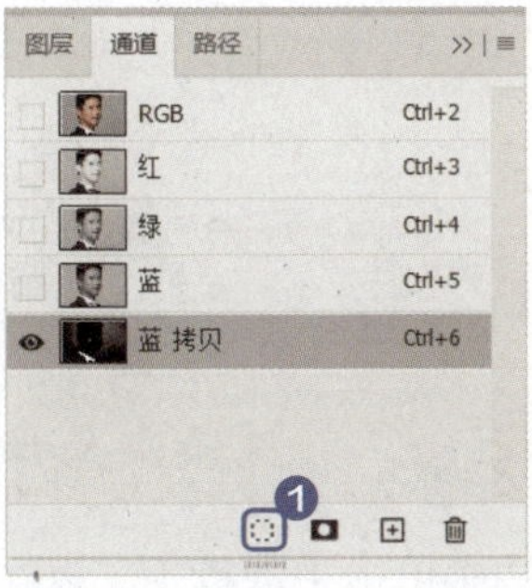


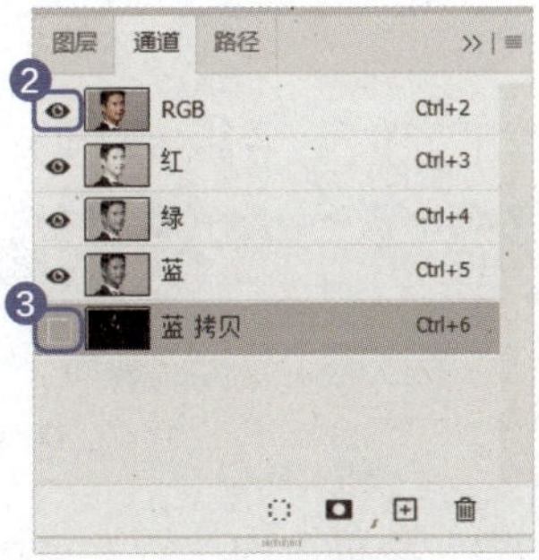


06 在【图层】面板中❶单击【创建新图层】图标 ，得到【图层 1】，❷单击【吸管工具】图标 ，❸在人物脸部无油光的位置单击吸取肤色。

07 按快捷键【Alt+Backspace】为选区填充刚刚吸取的颜色，按快捷键【Ctrl+D】取消选区，再将【图层 1】的【不透明度】修改为【75%】。

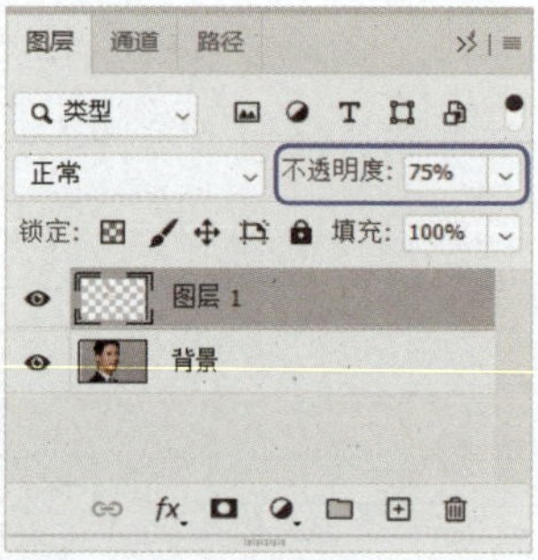

## 15.1.3 去掉黑眼圈

如果拍出的照片中人物有黑眼圈，就会显得人很不精神，这个时候可以使用 Photoshop 来快速去除黑眼圈，具体操作如下。

**01** 打开素材文件，❶按快捷键【Ctrl+J】得到【背景 拷贝】图层，❷选中【背景】图层，❸单击【创建新图层】图标 ⊞，得到【图层 1】。

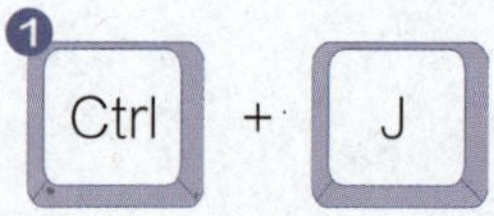

**02** ❶选中【背景 拷贝】图层，在菜单栏中❷单击【滤镜】，❸在【其它】子菜单中❹选择【高反差保留】命令。

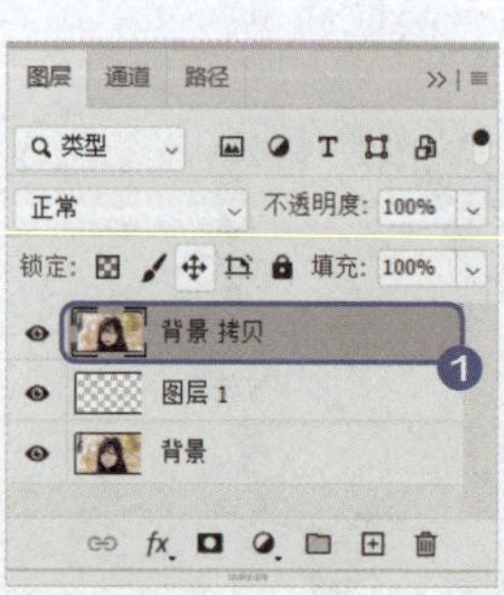


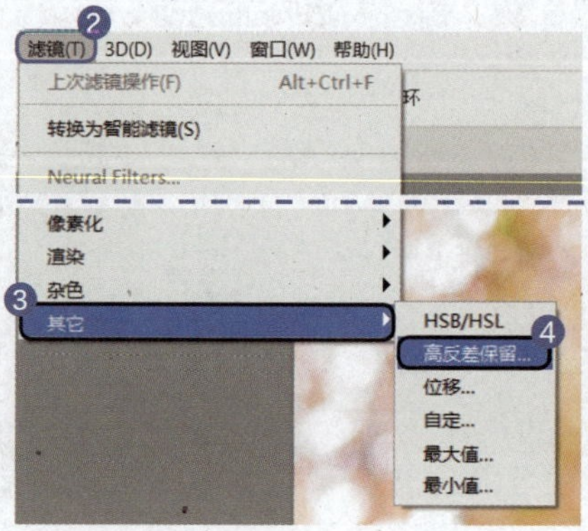


**03** 在弹出的【高反差保留】对话框中❶修改【半径】为【3.5】像素，❷单击【确定】按钮，❸将图层混合模式修改为【柔光】。

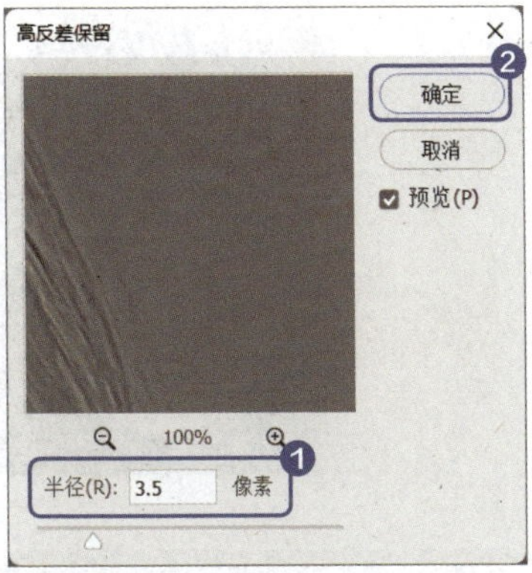

04 ❶右键单击【背景 拷贝】图层，❷选择【创建剪贴蒙版】命令。

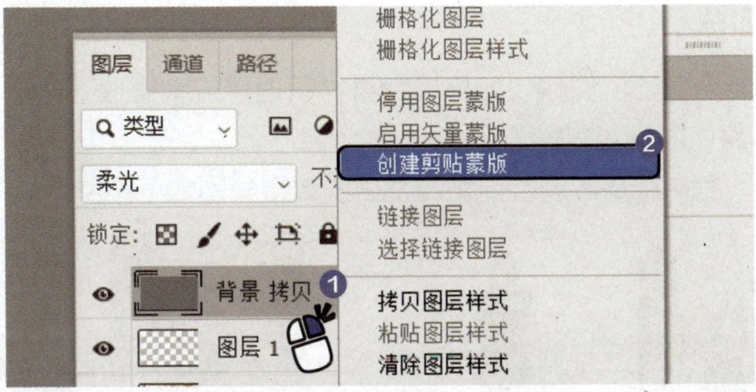


05 ❶选中【图层 1】，❷单击【画笔工具】图标，❸在功能区中修改【不透明度】和【流量】均为【50%】。

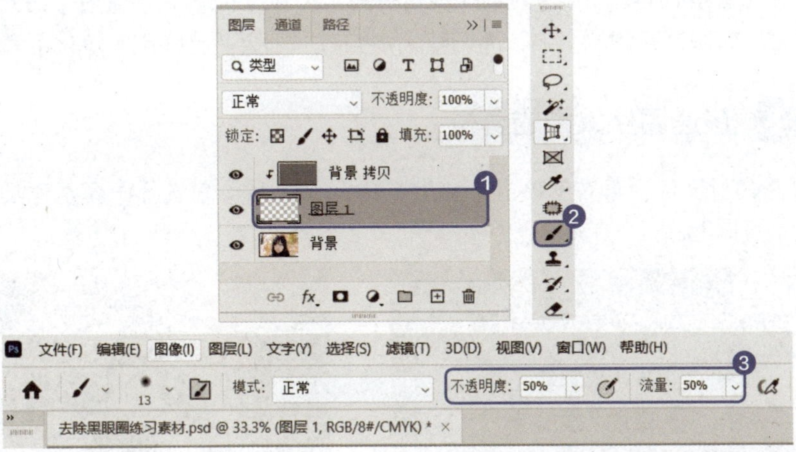


06 在照片中单击鼠标右键，❶修改【大小】为【86 像素】，修改【硬度】为【0%】，❷按住【Alt】键并在人物脸部单击吸取正常肤色，❸在黑眼圈区域进行涂抹，即可去除黑眼圈。

## 15.2 快速调整人物的身材和身形

### 案例说明

在拍摄模特全身照的时候，如果模特身材不理想或者身形不理想，就可以后期在 Photoshop 中进行快速调整。

本案例中，身材和身形调整前和调整后的效果分别如下图所示。

在 Photoshop 中，调整人物的身材一般会使用【内容识别缩放】命令，以便尽可能减少对照片背景的影响，而调整人物的身形则更多会使用【液化】命令。

### 15.2.1 快速调整人物的身材

01 打开素材文件，❶右键单击【套索工具】图标，❷选择【套索工具】，将人物上半身圈起来。

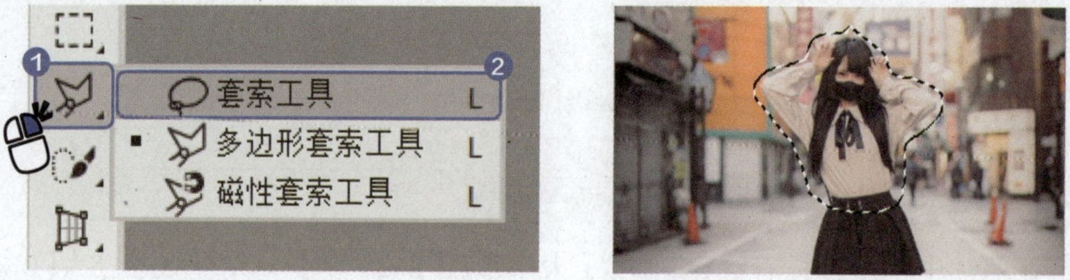


02 在菜单栏中❶单击【选择】，❷选择【存储选区】命令，在弹出的对话框中❸设置选区名称，❹单击【确定】按钮，❺按快捷键【Ctrl+D】取消选区。

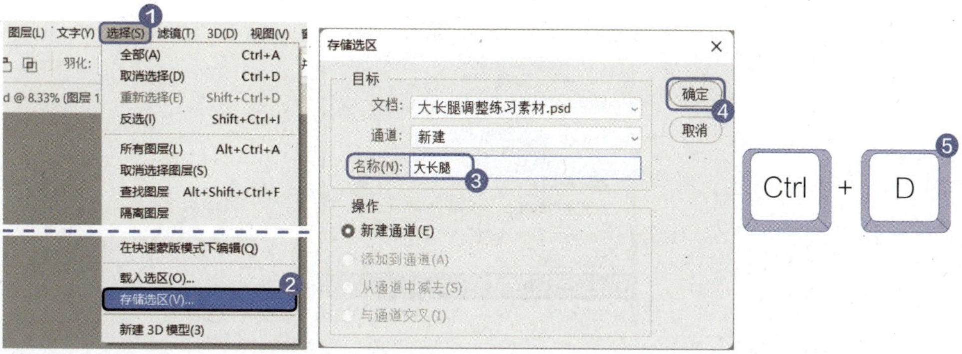


03 在菜单栏中❶单击【编辑】，❷选择【内容识别缩放】命令，❸在功能区中将【保护】修改为【大长腿】。

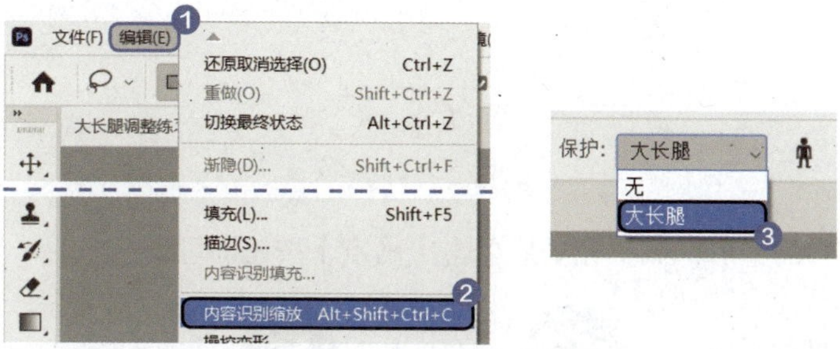


04 按住【Shift】键，选中照片上方的控点并向上拖曳，当腿部拉长到合适的位置后，按【Enter】键即可。

## 15.2.2 快速调整人物的身形

01 打开素材文件，在菜单栏中❶单击【滤镜】，❷选择【液化】命令。

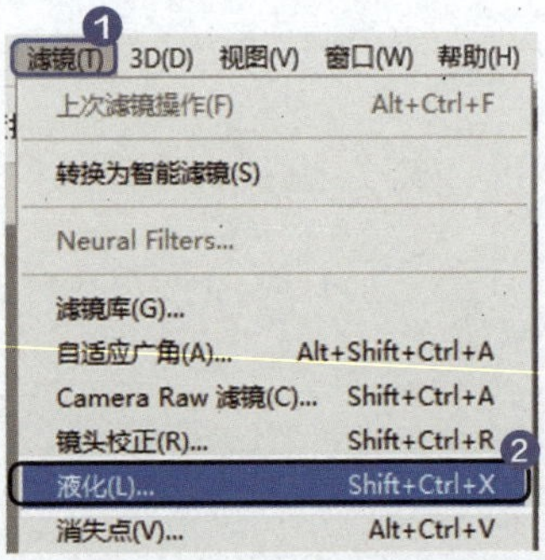


02 在弹出的【液化】对话框的工具栏中单击【向前变形工具】图标 。

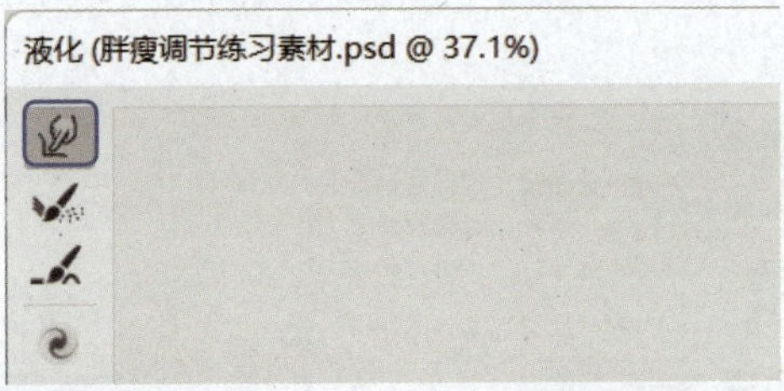


03 调整人物的身形，调整完毕后单击【确定】按钮即可。

## 15.3 制作特定风格的人像照片

### 案例说明

Photoshop 除了可以修复人像照片上的瑕疵之外，还可以将人像照片调整为各种不同的创意风格，以增强人像照片的效果。

本案例中，人像照片调整前和调整后的效果分别如下页图所示。

在 Photoshop 中，在【图层样式】对话框中关闭对应的颜色通道，可以快速让图层显示为青色或洋红色，简单移动照片就可以得到故障风格的照片。此外，通过调整色调可以快速得到怀旧风格的照片；结合 Camera Raw 滤镜及色彩平衡功能，可以快速得到日系小清新风格的照片。

## 15.3.1 制作故障风格的人像照片

故障风格是当下较为流行的一种风格，这种风格在 Photoshop 中可以轻松实现。

01 打开素材文件，❶按快捷键【Ctrl+J】得到【背景 拷贝】图层，❷右键单击【背景 拷贝】图层，❸选择【混合选项】命令。

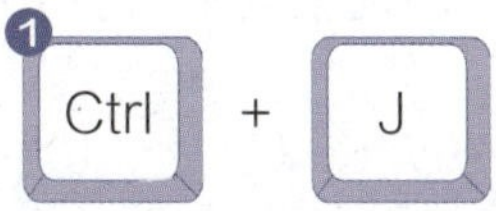

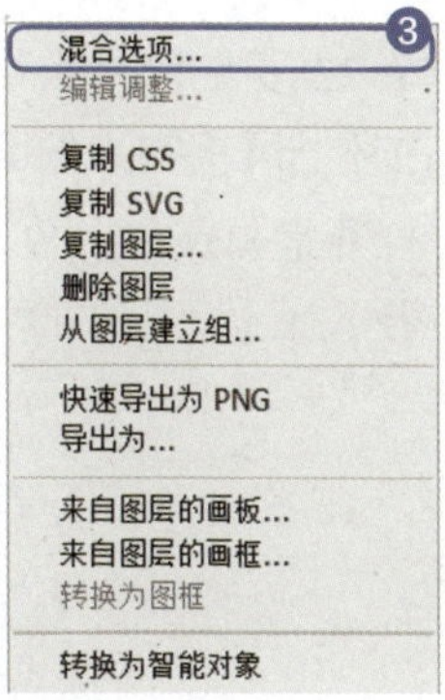


02 在弹出的【图层样式】对话框中❶取消勾选【通道】右侧的【G(G)】【B(B)】复选框，❷单击【确定】按钮。

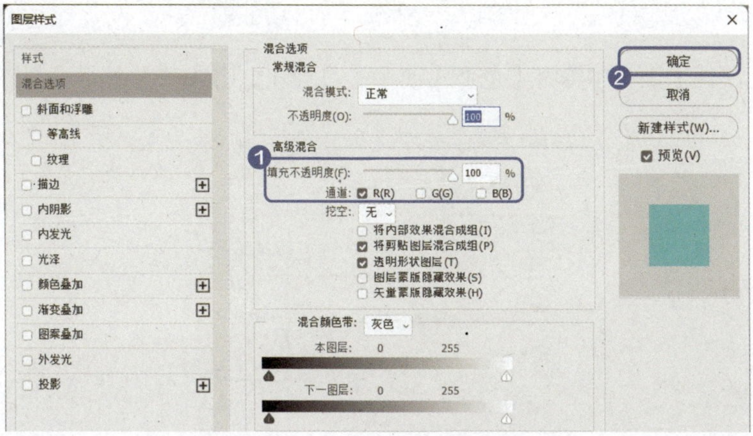

03 单击【移动工具】图标，按住【Shift】键的同时选中【背景】图层，按住鼠标左键将背景稍微向右移动，即可得到故障风格的照片。

## 15.3.2 制作复古怀旧风格的人像照片

微微发黄的照片会给人一种复古怀旧的感觉。下面就用 Photoshop 来快速实现复古怀旧风格的人像照片的制作。

01 打开素材文件，在【图层】面板中❶单击【创建新的填充或调整图层】图标，❷选择【色彩平衡】命令。

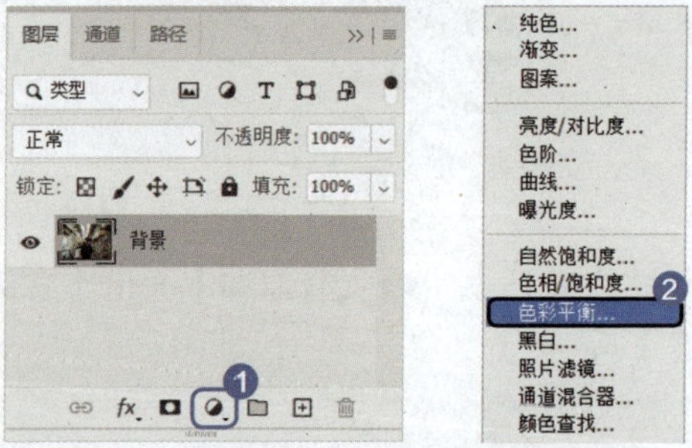


02 在【属性】面板中❶将【色调】改为【高光】，❷按照下图所示调整参数。

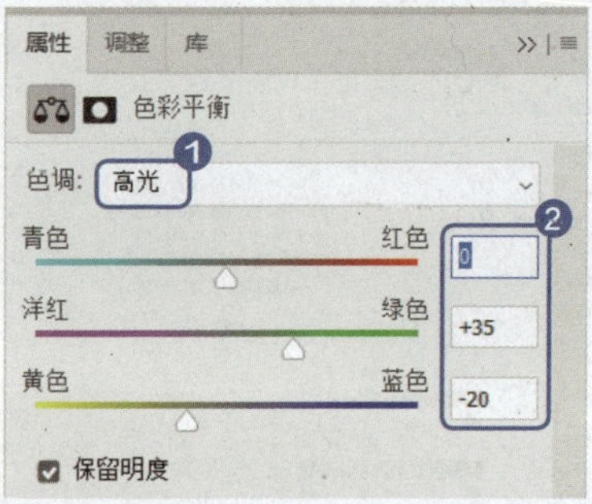

03 将【色调】依次改为【中间调】和【阴影】，并调整相应的参数，完成复古怀旧风格的人像照片的制作。

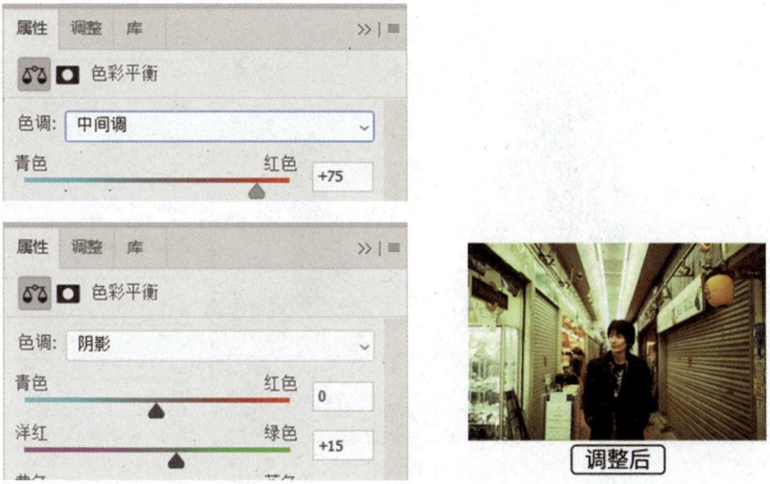


## 15.3.3 制作日系小清新风格的人像照片

日系小清新风格的人像照片会给人一种清爽、干净的感觉。下面就用 Photoshop 来快速实现日系小清新风格的人像照片的制作。

01 打开素材文件，在菜单栏中❶单击【滤镜】，❷选择【Camera Raw 滤镜】命令。

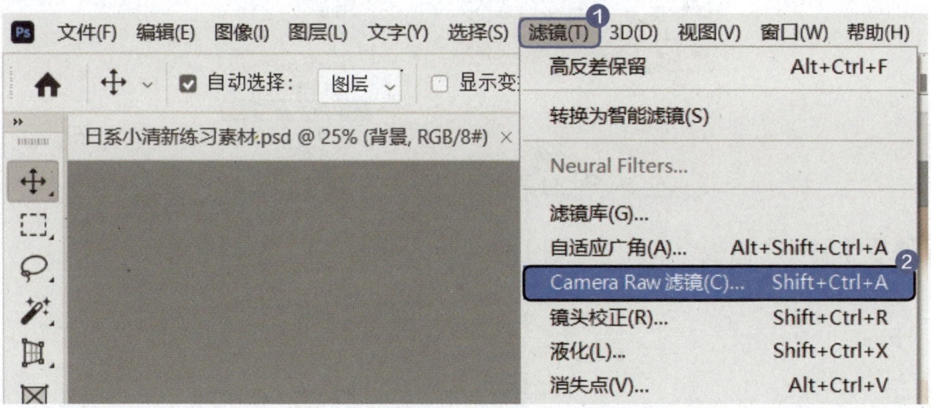


02 在弹出的对话框中展开【基本】组，减少❶【色温】、❷【高光】、❸【白色】参数值，让照片呈现清冷、苍白的效果，❹单击【确定】按钮关闭对话框。

03 在【图层】面板中❶单击【创建新的填充或调整图层】图标◐，❷选择【色彩平衡】命令。

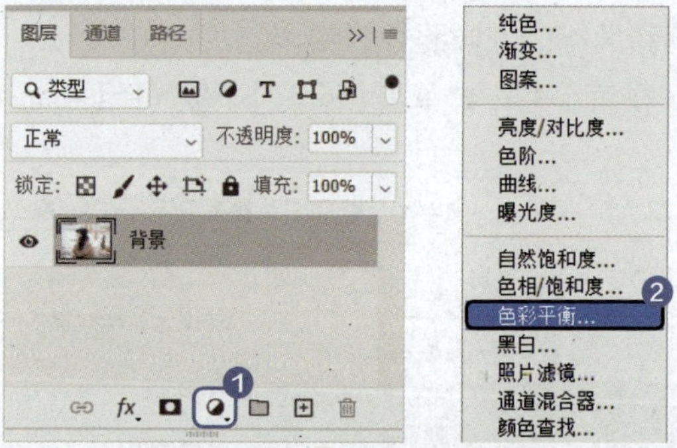


04 在【属性】面板中❶将【色调】设置为【中间调】，❷调整参数。

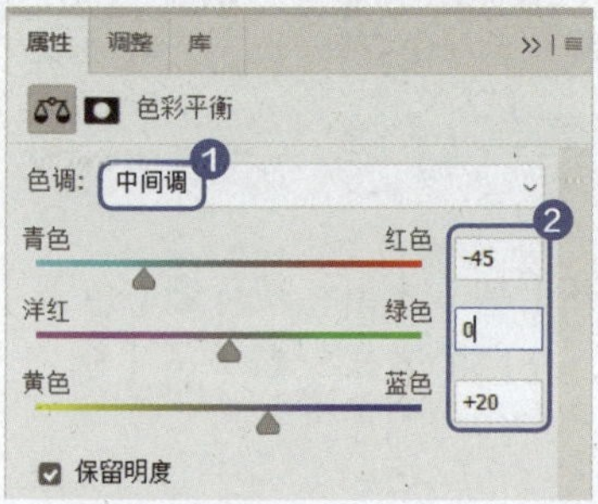

05 ❶将【色调】设置为【高光】，❷调整参数。

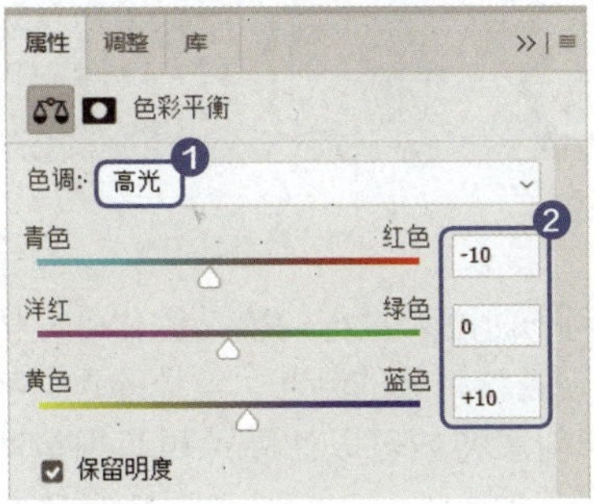


06 ❶将【色调】设置为【阴影】，❷调整参数。

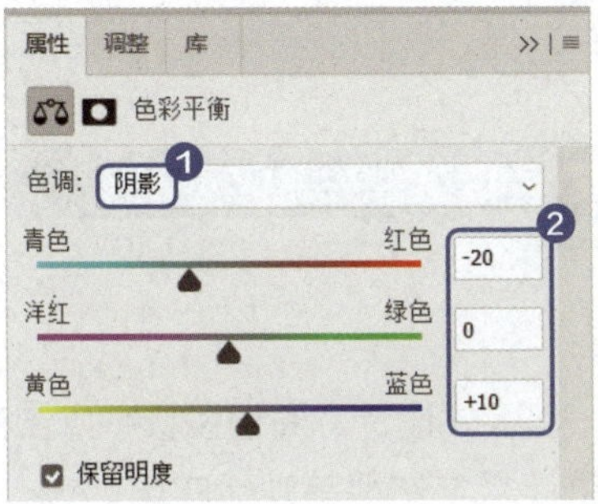


## 秋叶私房菜

### 1. 如何让人像照片层次鲜明，有景深效果

拍照时，如果没有提前调整好焦距，就会让拍出的人像照片没有重点，那如何使用 Photoshop 对人像照片进行调整，可以让人像照片有景深效果，变得更有层次感呢?

具体操作请观看视频学习。

### 2. 如何让人像照片有高级感

很多人觉得自己拍出来的人像照片或者在网上找到的人像照片都不够高级，其实在 Photoshop 中通过调整色彩很快就能让整张人像照片变得高级，想知道怎么实现吗?

具体操作请观看视频学习。

Photoshop 除了可以用于对图片进行调整与优化外，也可以通过自身强大的功能实现各种特效的制作，常见的是文字特效和图片特效。适当使用创意特效可以让图片更有视觉冲击力。

扫描二维码
发送关键词**“秋叶五合一”**
观看视频学习吧！

## 16.1 制作实用的文字特效

### 案例说明

文字特效在平面设计，如版式设计、海报设计、广告设计等中应用得相当广泛。制作文字特效的主要目的是让文字变得美观且实用。

本案例中，文字特效制作完成后的效果如下图所示。

在 Photoshop 中，制作与扭曲相关的文字特效，一般会用到滤镜中的扭曲滤镜，例如制作火焰字特效和贴合图片的褶皱字特效分别会用到扭曲滤镜中的【波纹】滤镜和【置换】滤镜；制作有拖影、残影的文字特效，一般会用到【风】滤镜；制作图文穿插的特效只需要用【套索工具】选中重叠的部分，再用【画笔工具】抹掉就可以。

### 16.1.1 制作火焰字特效

在 Photoshop 中，制作火焰字特效的具体操作如下。

01 打开素材文件，❶按住【Ctrl】键，❷同时选中【背景】图层和【火焰山】图层，❸按快捷键【Ctrl+E】将图层合并。

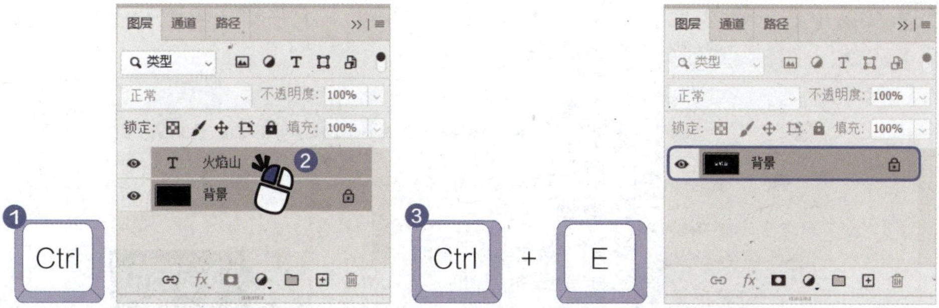


02 在菜单栏中❶单击【图像】，❷在【图像旋转】子菜单中❸选择【逆时针 90 度】命令，将图像逆时针旋转 90 度。

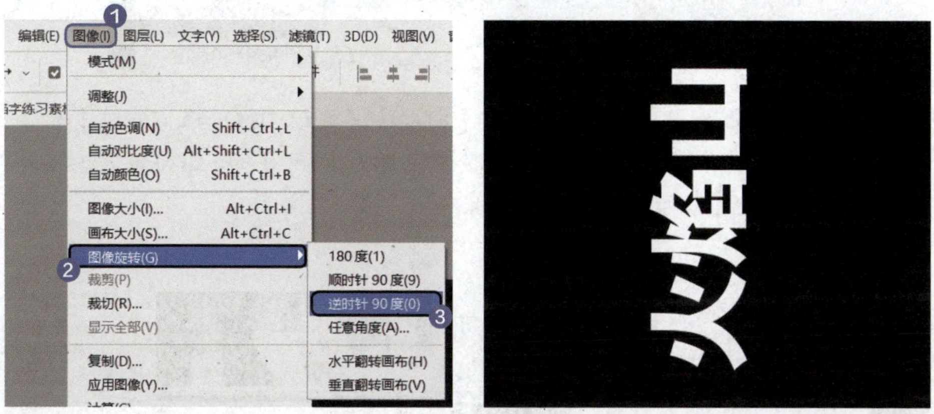


03 在菜单栏中❶单击【滤镜】，❷在【风格化】子菜单中❸选择【风】命令，在打开的【风】对话框中，❹将【方法】设置为【风】，将【方向】设置为【从右】，❺单击【确定】按钮，为图像应用【风】滤镜。重复操作两次，增强滤镜效果。

04 在菜单栏中❶单击【图像】，❷在【图像旋转】子菜单中❸选择【顺时针 90 度】命令，将图像顺时针旋转 90 度。

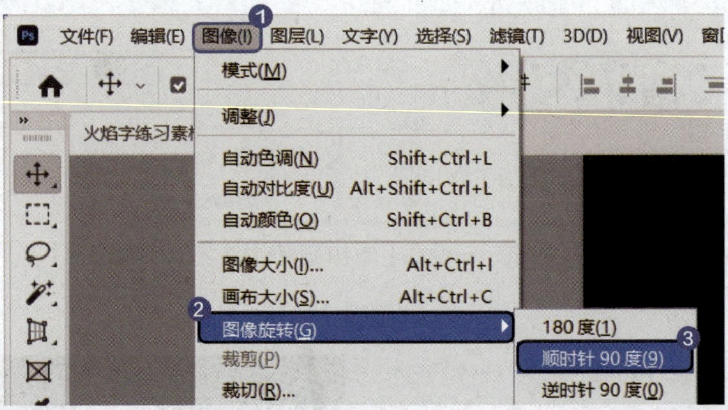


05 在菜单栏中❶单击【滤镜】，❷在【扭曲】子菜单中❸选择【波纹】命令，在弹出的【波纹】对话框中，❹将【数量】设置为【150】%，❺将【大小】设置为【小】，❻单击【确定】按钮，为图像应用【波纹】滤镜。

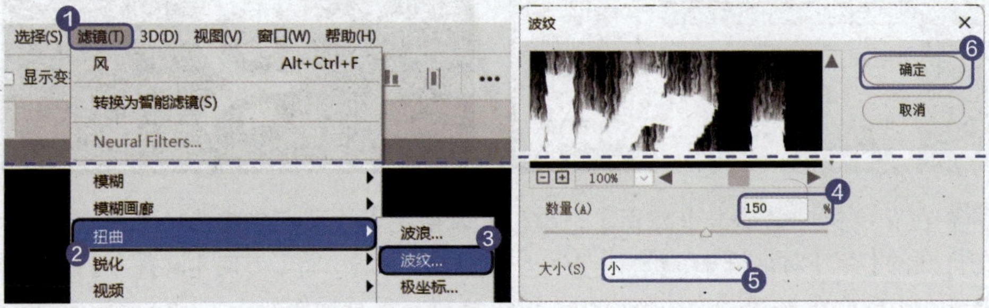


06 在菜单栏中❶单击【图像】，❷在【模式】子菜单中❸选择【灰度】命令，在弹出的对话框中❹单击【扔掉】按钮。

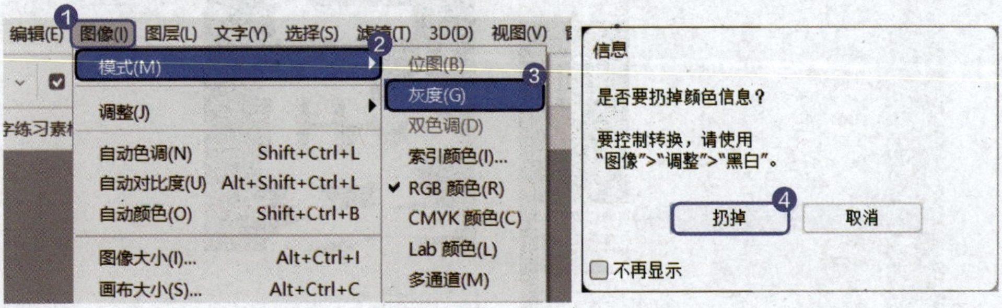


07 在菜单栏中❶单击【图像】，❷在【模式】子菜单中❸选择【索引颜色】命令。

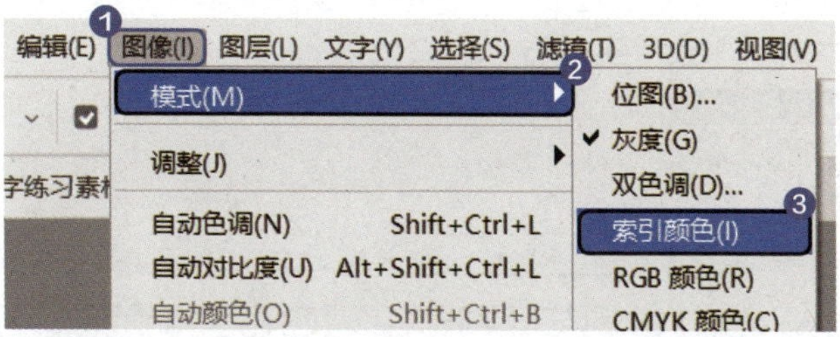


**08** 在菜单栏中❶单击【图像】，❷在【模式】子菜单中❸选择【颜色表】命令。

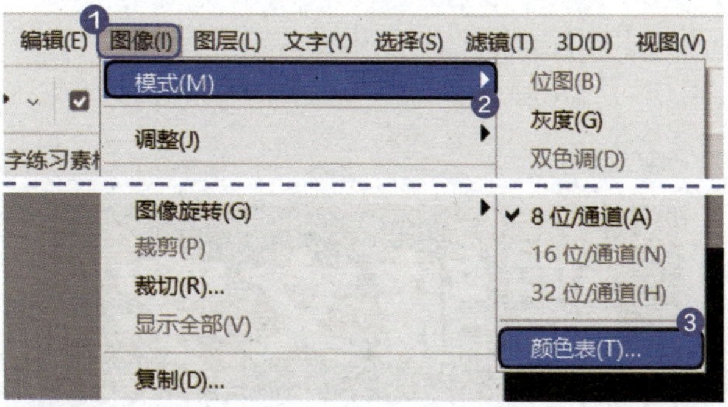


**09** 在弹出的对话框中修改【颜色表】为【黑体】，单击【确定】按钮，即可完成火焰字特效的制作。

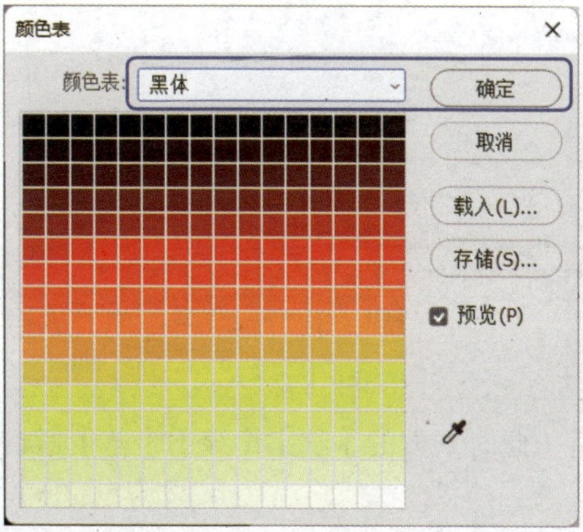

## 16.1.2 制作贴合图片的褶皱字特效

制作褶皱字特效是为了让文字和图片的纹理更紧密地结合，从而达到使文字图形化的视觉效果，具体操作如下。

**01** 在菜单栏中❶单击【文件】，❷选择【打开】命令，❸在弹出的对话框的素材文件夹中选中“褶皱.jpg”图片，❹单击【打开】按钮。

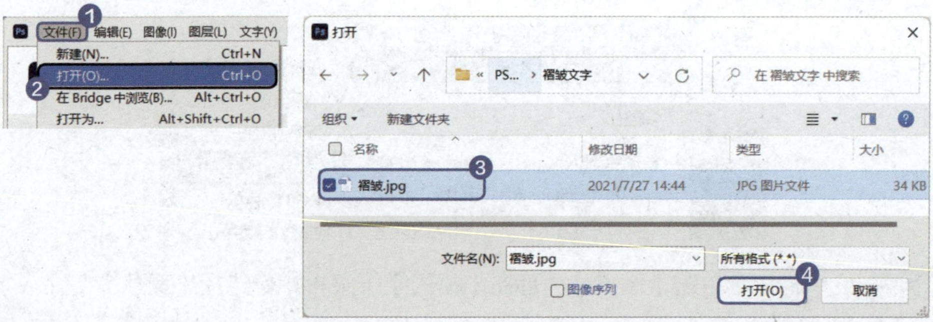


**02** 单击【文字工具】图标 T，在画布中输入“褶皱文字”，将字体和字号分别设置为【思源黑体 CN】【130 点】。

**03** 在【通道】面板中❶单独选择【红】通道，❷按快捷键【Ctrl+Shift+S】弹出【另存为】对话框，❸在【文件名】文本框中输入“褶皱 .psd”❹单击【保存】按钮。

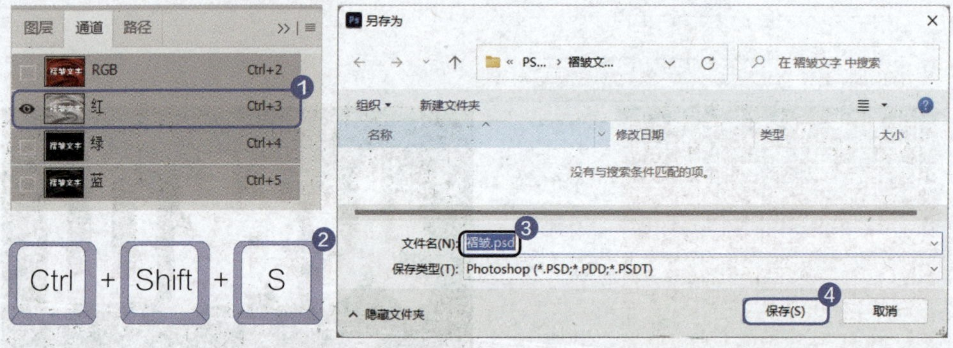


**04** 在【通道】面板中选择【RGB】通道（此时下方的【红】【绿】【蓝】通道均会被选择），让图片的色彩恢复。

05 在菜单栏中❶单击【滤镜】，❷在【扭曲】子菜单中❸选择【置换】命令，在弹出的对话框中❹单击【转换为智能对象】按钮。

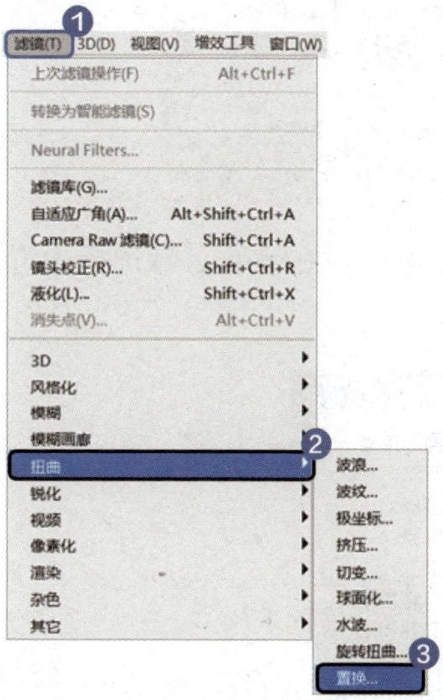


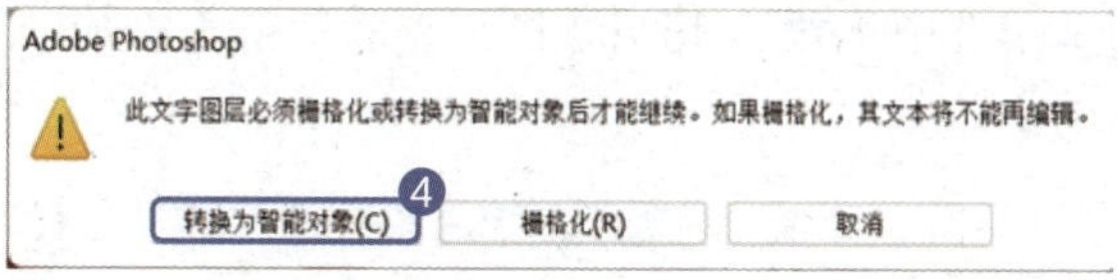


06 在弹出的【置换】对话框中❶将【水平比例】和【垂直比例】都设置为【8】，❷单击【确定】按钮。

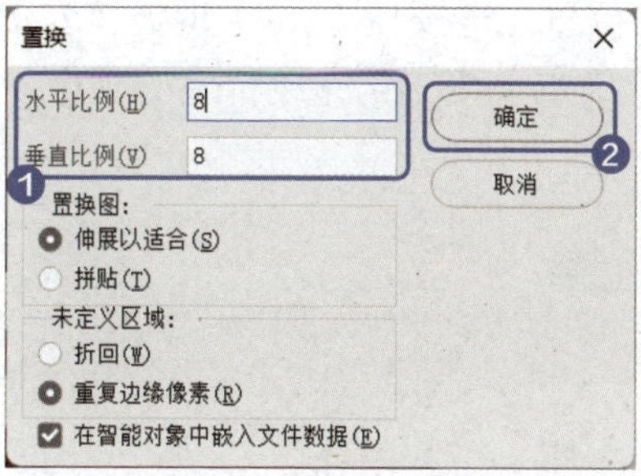


07 在打开的对话框中❶选择保存的“褶皱 .psd”文件，❷单击【打开】按钮。

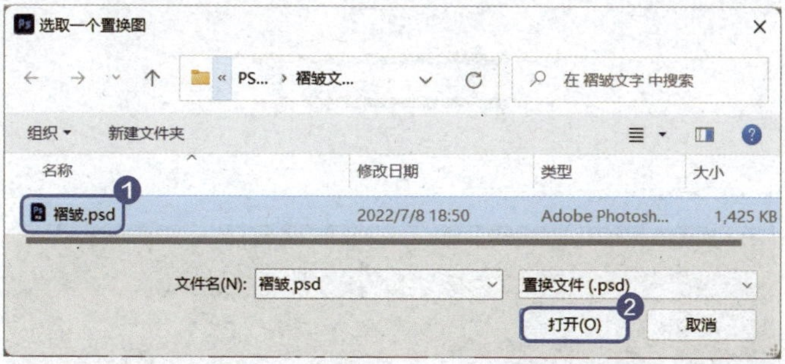


08 ❶右键单击【背景】图层，❷选择【复制图层】命令，❸将【背景 拷贝】图层拖曳到面板的最上方。

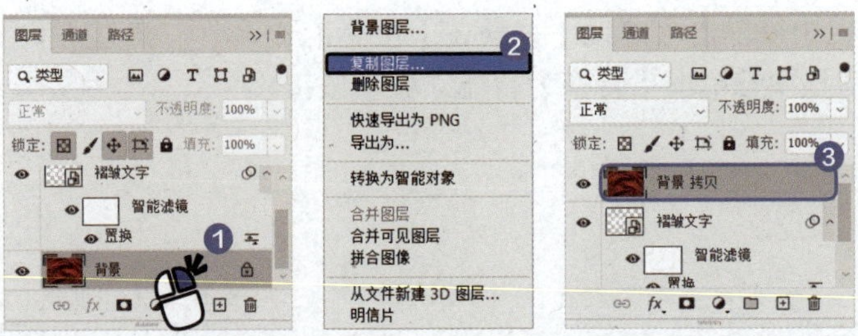


**09** ❶选中【背景 拷贝】图层，❷单击【添加图层样式】图标 *fx*，❸选择【混合选项】命令。

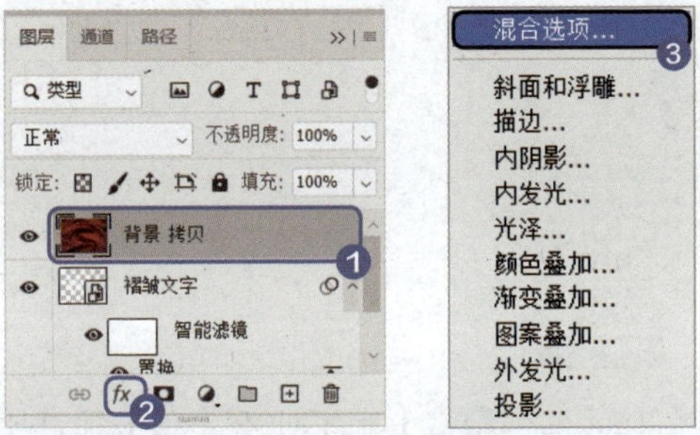


**10** 在弹出的对话框中❶将【混合颜色带】设置为【红】，❷拖曳右侧的白色滑块到参数值为【213】的位置，❸按住【Alt】键拖曳左侧的白色滑块到参数值为【27】的位置，❹单击【确定】按钮，完成特效的制作。

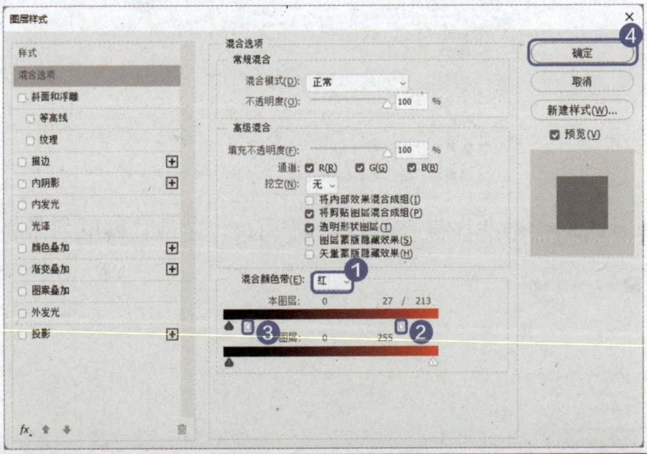

## 16.1.3 制作图文穿插的特效

图文穿插的特效可以使文字和背景融为一体，具体操作如下。

01 打开素材文件，❶单击【文字工具】图标 T，在画布中输入“USA”，❷依次设置字体、粗细、字号、字间距。

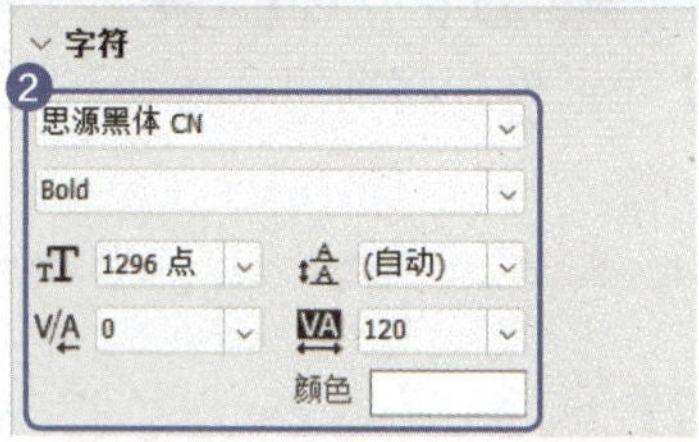


02 在【图层】面板中选择【USA】图层，按快捷键【Ctrl+T】打开自由变换状态，拖曳右下角的控点放大文字，使字号为 1800 点左右。

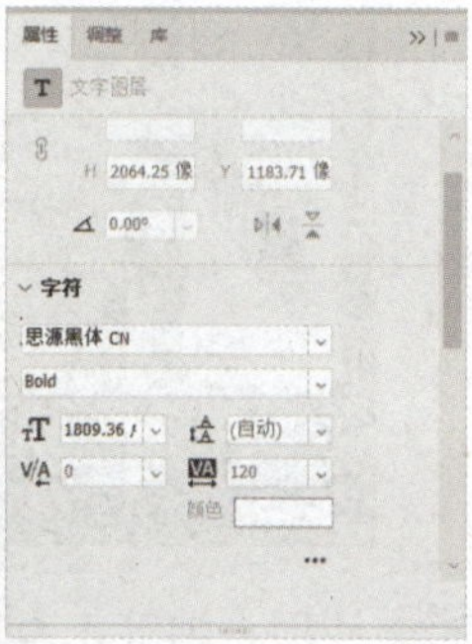


03 ❶单击【添加图层蒙版】图标，❷将图层的【不透明度】调整为【50%】。

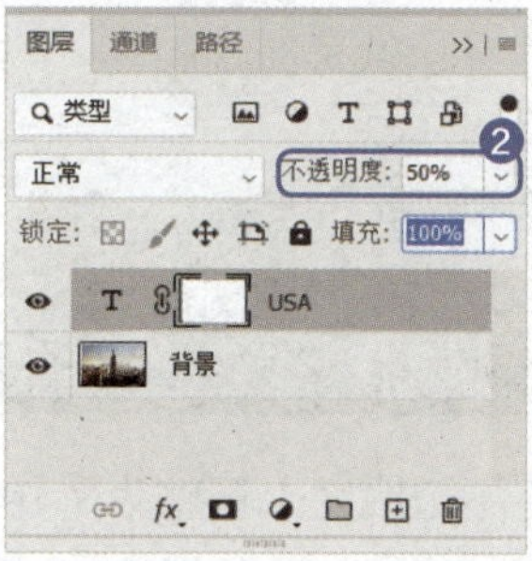

04 ❶右键单击【套索工具】图标，❷选择【多边形套索工具】，❸在功能区中单击【添加到选区】图标，激活相应的模式，❹用【多边形套索工具】将下图所示的区域选中。

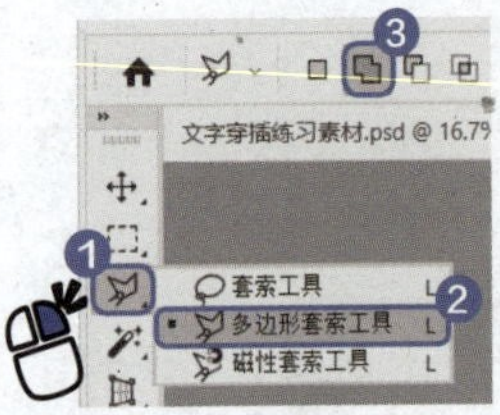

05 单击文字图层的图层蒙版，❶单击【画笔工具】图标，❷选择前景色，❸在【拾色器（前景色）】对话框中将前景色改为黑色，❹单击【确定】按钮关闭对话框。

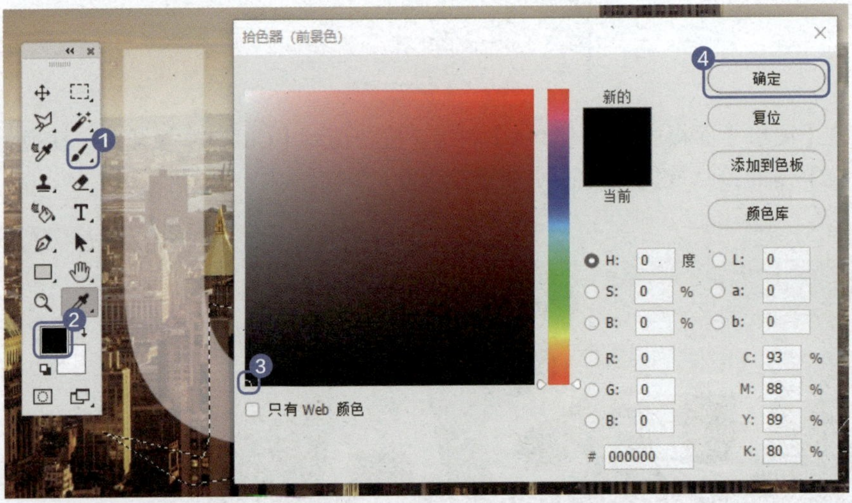


06 使用【画笔工具】涂抹被遮住的区域，完成后按快捷键【Ctrl+D】取消选区。

07 将图层的【不透明度】调整为【100%】，即可完成图文穿插特效的制作。

## 16.2 制作高级的场景特效

### 案例说明

特效的添加可以渲染场景氛围，使平淡无奇的场景变得丰富。本节将讲解场景特效的制作。

本案例中，场景特效制作前和制作后的效果分别如下图所示。

在 Photoshop 中，制作爆炸特效时，经常会用【滤色】模式来去掉素材的黑色背景；制作星轨特效时，经常通过自由变换对素材进行缩放、旋转；制作下雪特效时，如果没有特别合适的素材，可以使用杂色滤镜来添加白色杂色，再添加【高斯模糊】滤镜模拟下雪的场景。

### 16.2.1 制作爆炸特效

01 打开素材文件，在菜单栏中❶单击【文件】，❷选择【打开】命令，在弹出的对话框的素材文件夹中❸按住【Ctrl】键，选择 4 个素材，❹单击【打开】按钮，打开素材图片。

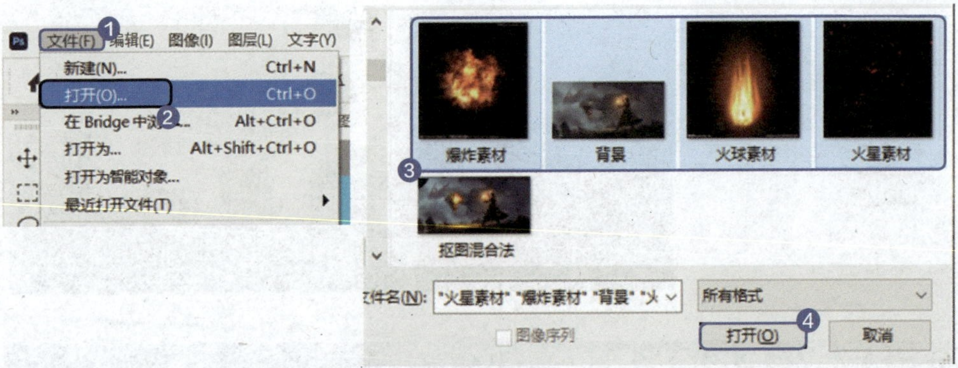


02 单击左侧的工具栏中的【移动工具】图标 ✥，将火球素材拖曳到【背景】图层上。

03 按快捷键【Ctrl+T】打开自由变换状态，调整火球的大小和角度，调整好后按【Enter】键确定。

04 设置图层混合模式为【滤色】，去除黑色背景。

05 对爆炸素材、火星素材执行同样的操作，调整好素材的尺寸和角度，即可完成爆炸特效的制作。

## 16.2.2 制作星轨特效

想要拍出星轨效果，需要相机长时间曝光，而且对天气要求很高。其实就算没有条件，我们也可以直接使用 Photoshop 快速进行合成，具体操作如下。

01 打开素材文件，在左侧的工具栏中❶右键单击【对象选择工具】图标，❷选择【快速选择工具】，❸在【夜景】图层中绘制出选区。

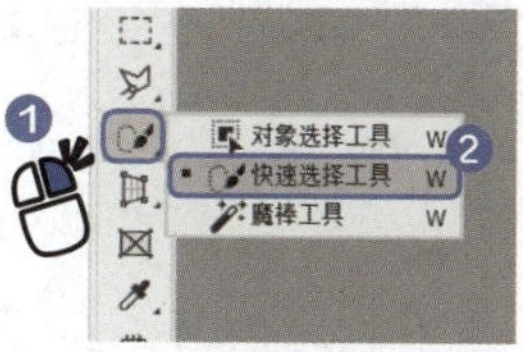


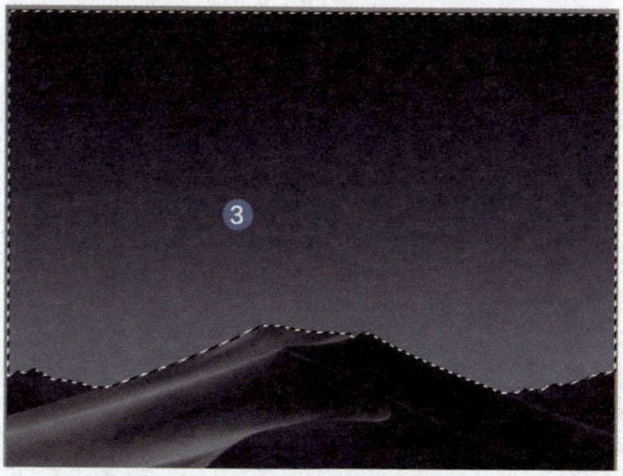

**02** 按【Delete】键删除选区，按快捷键【Ctrl+D】取消选区。

**03** ❶右键单击【星空】图层，❷选择【复制图层】命令，❸将图层混合模式修改为【变亮】。

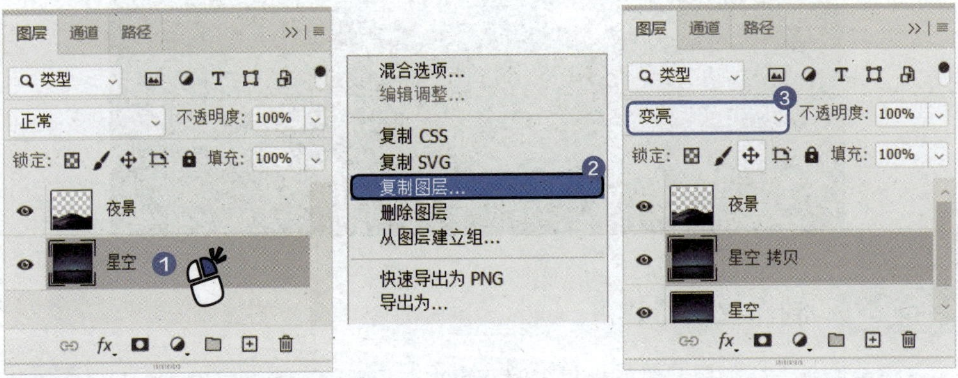


**04** ❶按快捷键【Ctrl+T】打开自由变换状态，❷在上方的功能栏中将旋转角度设置为【0.1】度，❸按【Enter】键确认。

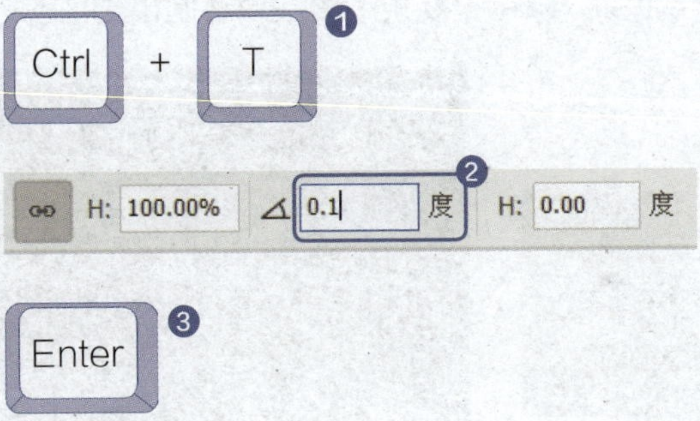


**05** ❶按快捷键【Ctrl+Alt+Shift+T】❷复制 60 个【星空】图层，完成星轨特效的制作。

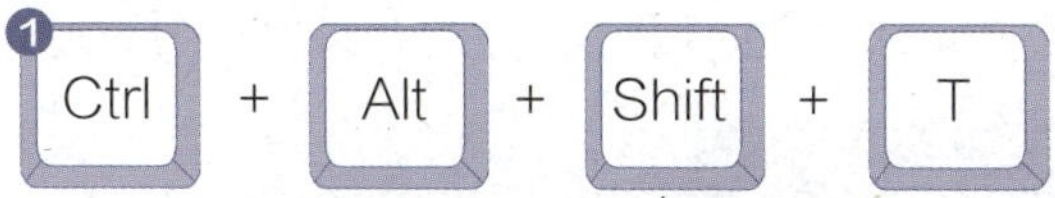


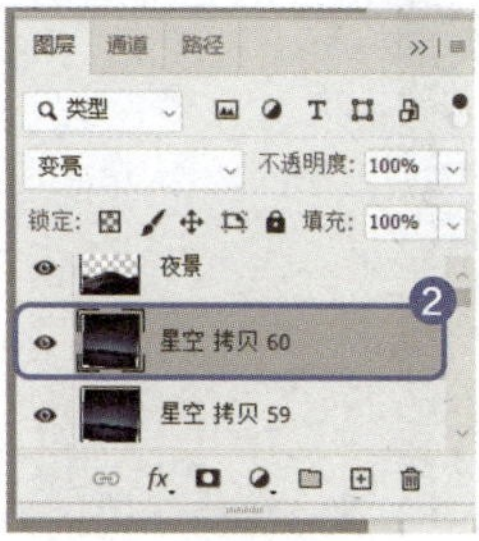

## 16.2.3 制作下雪特效

在 Photoshop 中制作下雪特效的具体操作如下。

01 打开素材文件，在【图层】面板中❶单击【创建新图层】图标，❷得到【图层 2】。

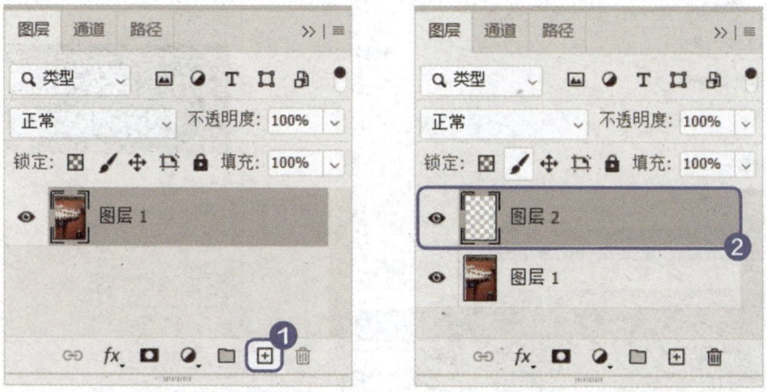


02 ❶在工具栏中将前景色设置为白色，❷将背景色设置为黑色，❸单击【确定】按钮完成设置。

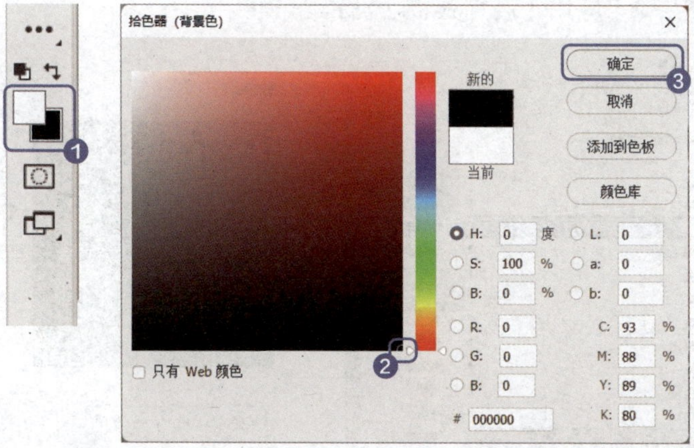

03 ❶选中【图层 2】，❷按快捷键【Ctrl+Delete】将【图层 2】的背景填充为黑色。

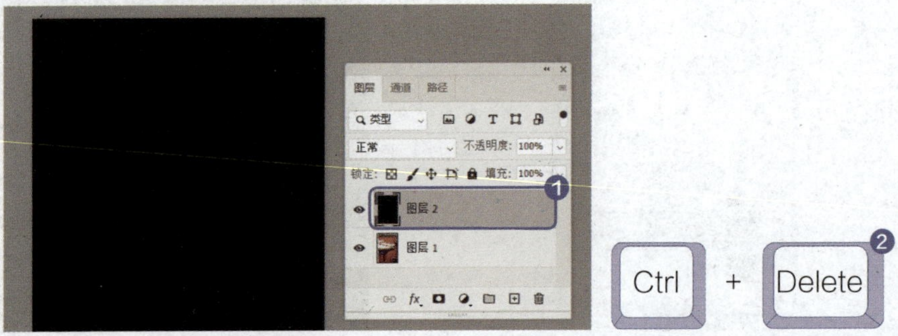

04 在菜单栏中❶单击【滤镜】，❷在【杂色】子菜单中❸选择【添加杂色】命令，在弹出的【添加杂色】对话框中，❹将【数量】设置为【100】%，❺将【分布】设置为【平均分布】，❻勾选【单色】复选框，❼单击【确定】按钮，为【图层 2】应用【添加杂色】滤镜。

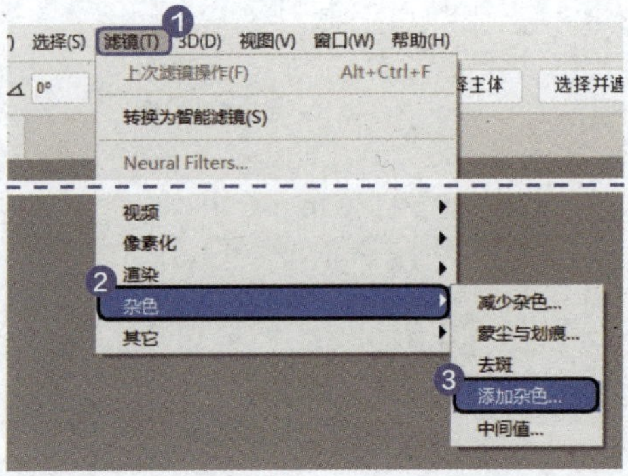

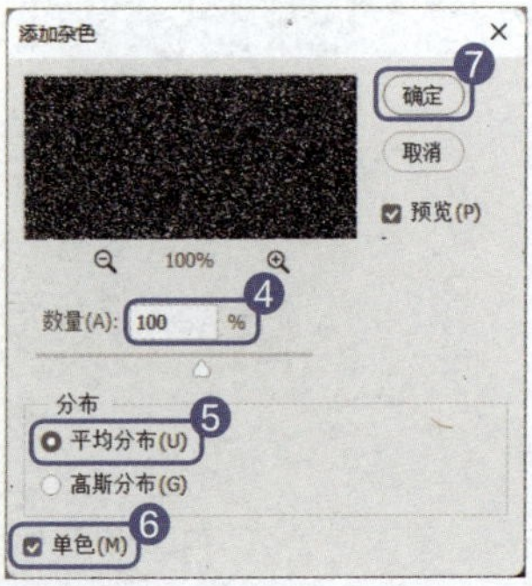

05 在菜单栏中❶单击【滤镜】，❷在【模糊】子菜单中❸选择【高斯模糊】命令，在弹出的【高斯模糊】对话框中，❹修改【半径】为【2.0】像素，❺单击【确定】按钮，为【图层 2】应用【高斯模糊】滤镜。

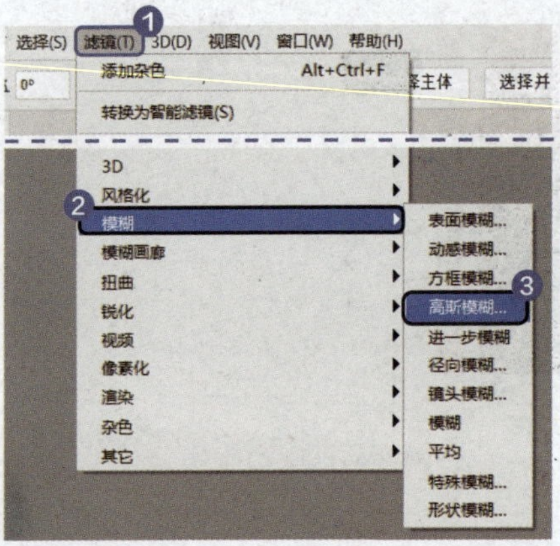

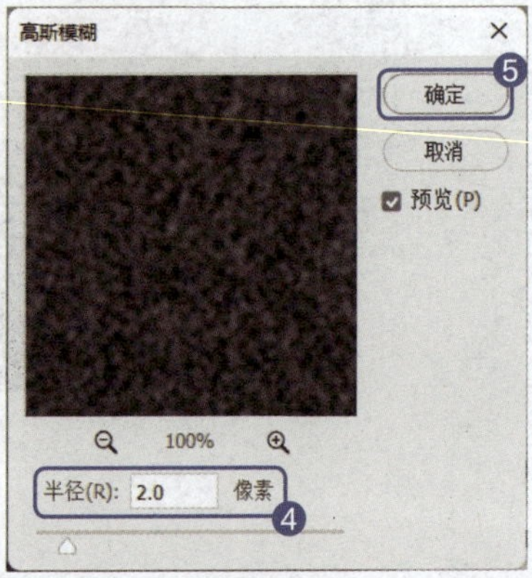

06 将【图层 2】的图层混合模式修改为【滤色】，去除黑色背景。

07 ❶按快捷键【Ctrl+L】弹出【色阶】对话框，❷将黑色滑块调整到参数值为【94】的位置，❸将白色滑块调整到参数值为【97】的位置，❹单击【确定】按钮，即可完成下雪特效的制作。

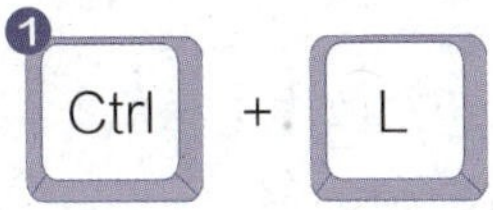


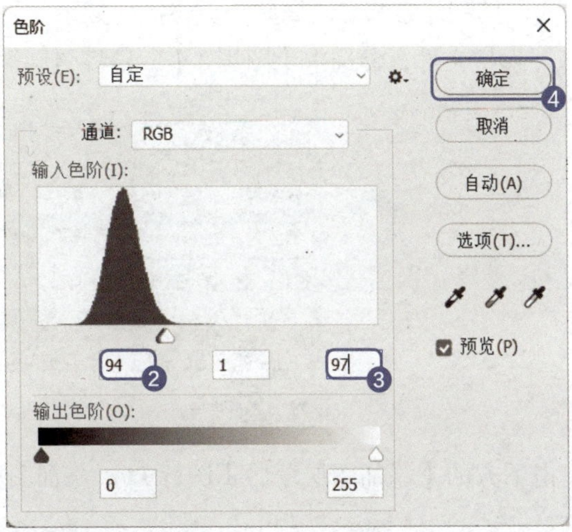


## 16.3 制作炫酷的合成特效

### 案例说明

在设计工作中，为了满足客户多样化的需求，经常需要使用 Photoshop 进行特效的合成。本节将会讲解常见的双重曝光特效和冰块冻结特效的制作。

本案例中，合成特效制作前和制作后的效果分别如下页图所示。

制作双重曝光特效主要涉及图层混合模式的修改、图层蒙版的添加，以及【画笔工具】的使用；制作冰块冻结特效主要涉及图层混合模式的修改和素材的自由变换。

## 16.3.1 制作双重曝光特效

双重曝光特效是摄影中视觉效果非常强的合成特效，其原理就是将两张或多张图片合成。其制作方法非常简单，具体操作如下。

01 打开素材文件，❶选中【图层 1】，❷将图层混合模式改为【滤色】。

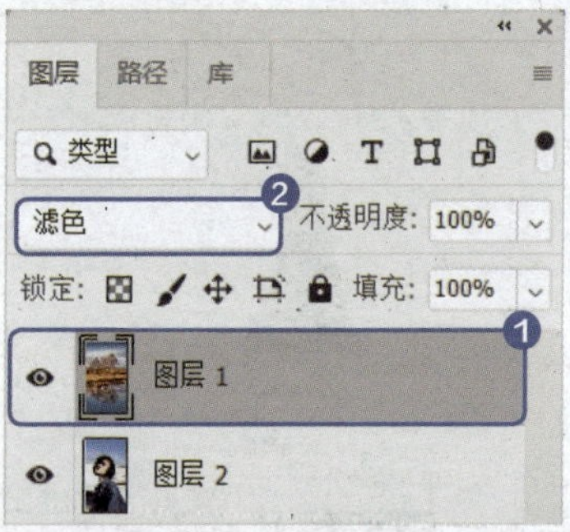


02 单击下方的【添加图层蒙版】图标 ◘，添加图层蒙版。

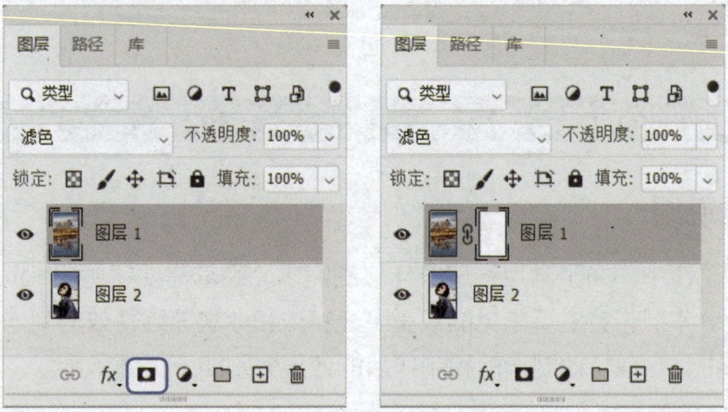

03 在工具栏中❶单击前景色，❷在对话框中将前景色修改为黑色，❸单击【确定】按钮，完成前景色的修改。

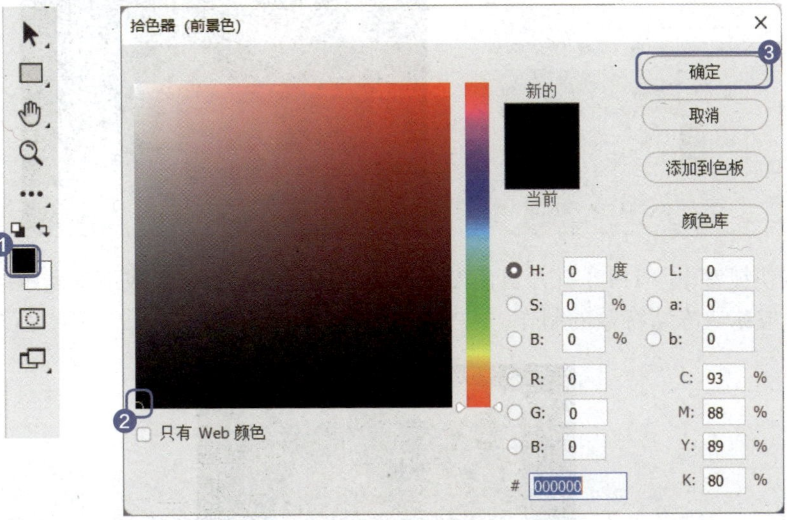


04 使用【画笔工具】在人物上涂抹，即可完成双重曝光特效的制作。

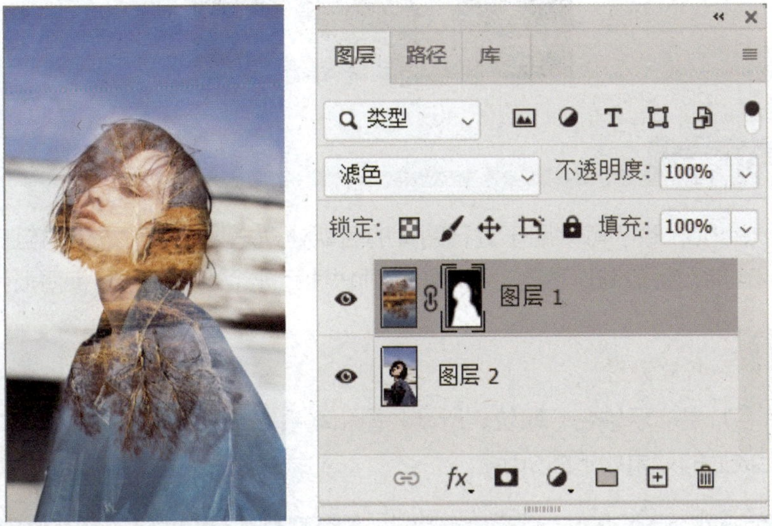


## 16.3.2 制作冰块冻结特效

在 Photoshop 中，如果有合适的素材会大大节约合成特效所花费的时间。这里我们提前准备了一个无背景的草莓素材和一个冰块素材，用于制作草莓被冻结在冰块中的特效，具体操作如下。

01 打开素材文件，将【草莓】图层的图层混合模式修改为【变亮】。

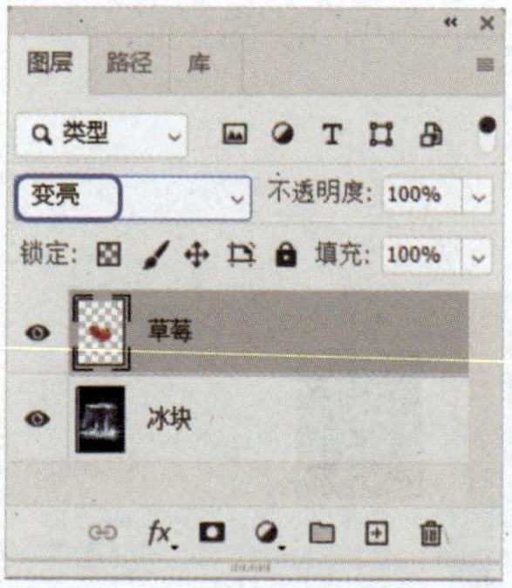

02 按快捷键【Ctrl+T】打开自由变换状态，将草莓素材变换成下图所示的状态，即可完成冰块冻结特效的制作。

## 职场拓展

Photoshop 除了可以用于进行图片的后期处理之外，还可以借助自身强大的素材处理功能和特效制作功能，帮助设计师快速完成个人名片和宣传海报等的设计工作。

### 1. 个人名片设计

个人名片是标示姓名、职位、所属公司和联系方式的纸片。本案例中，个人名片设计完成后的效果如下图所示。

个人名片设计好后一般都需要将其印刷出来，因此要根据个人名片的尺寸以及印刷出血保护创建画布，之后创建网格参考线作为排版的基准。利用文字工具插入基本信息后，将基本信息和网格参考线对齐，之后再使用【多边形工具】对名片进行修饰。

### 2. 宣传海报设计

在某活动开始前或者新品上架前商家都需要为活动或商品制作宣传海报。宣传海报一般要求快速吸引观众或消费者的眼球，将活动或者商品信息宣传出去。因此，在设计宣传海报的时候，需要突出重点信息。本案例中，宣传海报制作完成后的效果如下图所示。

一份好的宣传海报要有主图以及明显的活动信息，因此在制作海报前，首先需要做好海报主图和活动信息放置区域的划分，之后再对主图和活动信息进行设计。

观看视频学习如何从零开始设计海报吧！

# 第17章 随时随地高效办公

随着科技的进步，智能手机的功能变得越来越强大，智能手机也逐渐从只满足通信需求的工具转变为满足多需求的工具，例如可以处理各种工作事务。本章将讲解如何使用智能手机实现高效的办公。

扫描二维码
发送关键词**“秋叶五合一”**
观看视频学习吧！

## 17.1 时间管理

时间管理可以分为时间规划和时间利用，而时间规划又可以分为长期的日程规划和短期的待办事项规划。在智能手机（以下简称“手机”）中，使用其自带的日历 App 以及第三方 App 便可合理规划时间。

### 17.1.1 使用日历 App 规划日程

日程就是一定时间内的计划和安排。这里将借助小米的 MIUI 系统自带的日历 App 来演示如何规划日程。

打开 MIUI 系统自带的日历 App，第一屏就是当月的日历界面，界面下方显示的则是农历日期和当前位置的天气信息。

点击右上角的日历图标，就可以在展开的区域中更改日历的视图，视图包括月视图、周视图、日视图以及日程视图。

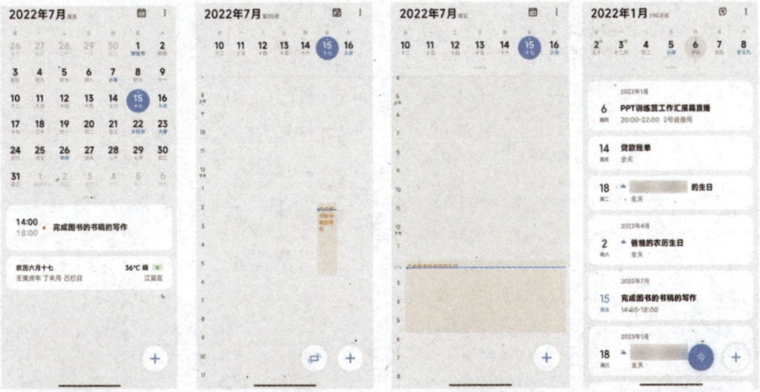


月视图　周视图　日视图　日程视图

在月视图中，❶点击右下角的【+】图标进入创建日程的界面，按照界面提示填写信息，填写完后❷点击右上角的【√】图标完成日程的创建。

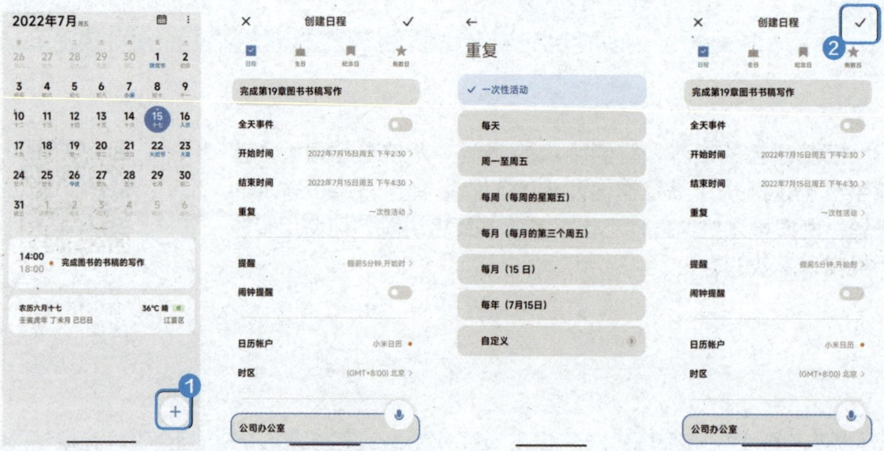


返回日历界面，点击右上角的更多图标⋮，即可进行搜索日程、日期跳转、日期推算、订阅服务以及设置等操作。

其中，比较好用的功能有日期推算中的日期间隔（输入开始日期和结束日期后，系统会自动完成间隔天数的计算并告知有多少个工作日）和订阅服务中的城市限行、倒班助手、经期助手、课程表。

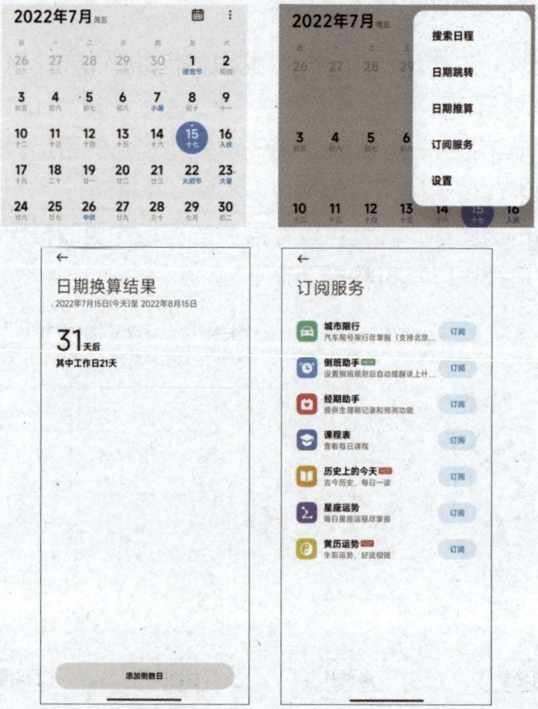

## 17.1.2 创建任务清单

借助日历 App 可以完成长期的日程规划，但如果想要规划某一天的日程，使用任务清单类的 App 会更适合。这里以微软官方的“To Do”App 为例进行演示。

在手机的应用商店中搜索并下载“To Do”App，安装好后打开并登录自己的微软账号，就可以开始正常使用了。

**01** 点击首页的【我的一天】按钮，进入“我的一天”界面。

**02** 点击右下角的图标开始添加任务，❶输入任务名称，❷点击下方的【设置截止日期】图标，选择截止日期。

**03** ❶点击【提醒我】图标可以选择提醒时间，❷点击【重复】图标可以设置是否重复提醒。

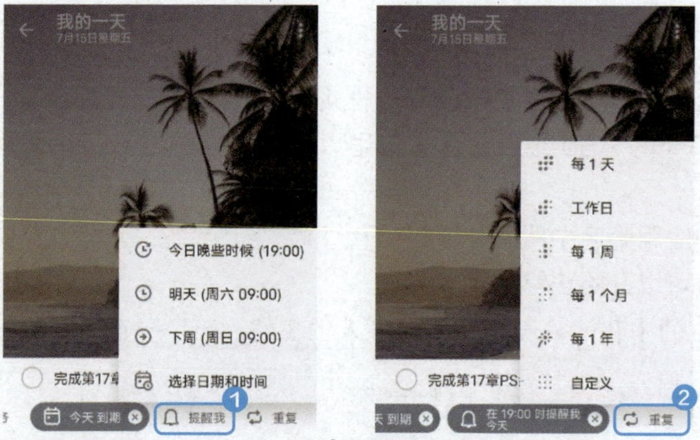


04 设置完成后点击蓝色的箭头图标，即可完成任务的添加。

05 对于已经添加的任务，①可以点击右侧的五角星图标☆，②将其标记为重要任务。如果想进行更为详细的设置，可以点击对应的任务，在其编辑界面中进行修改。

06 完成任务后，❶可以直接点击任务左侧的圆圈图标○，❷将任务移入“已完成”分类中。

用“To Do”App 的好处在于，在相同账号下创建的任务清单会被自动同步到电脑的“To Do”软件中，甚至是 Outlook 中，方便在多个客户端进行日程管理。

## 17.1.3 用番茄钟专注处理工作

制定好任务清单后，在开始完成某项任务的时候需要排除外界的干扰，让自己更为专注，这个时候可以借助番茄钟来帮助我们。

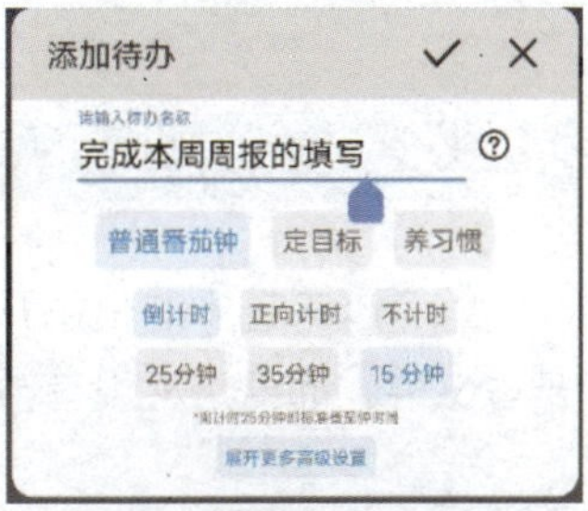


在手机的应用商店中搜索并下载“番茄 To Do”App，安装好后便可以开始使用了。

01 打开 App 后，点击右上角的加号【+】图标来添加任务，添加完成后点击对话框右上角的【√】图标。

02 点击任务右侧的【开始】按钮，即可使番茄钟进入计时状态，计时结束后，番茄钟会自动进入休息状态。

在“番茄 To Do”App 中，除了有普通番茄钟模式外，还有一个学霸模式。在首页的左上角点击【点击开启学霸模式】按钮，会弹出【学霸模式选项】对话框，在这里可以根据个人的需求开启对应的功能，以便更好地帮助我们不受其他信息的干扰。

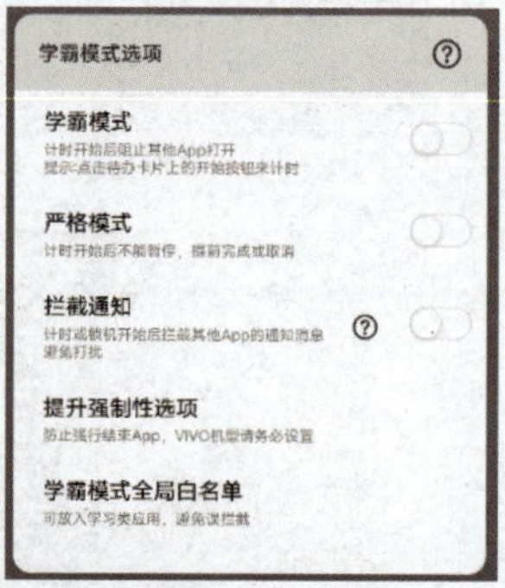


提高番茄钟的使用成功率的方法如下。

- 将番茄钟的时间尽可能设置为个人注意力容易集中的时间。
- 番茄钟的科学时间为 25 分钟，时间不要过长，也不要过短。
- 该休息的时候就要休息，在完成一个番茄钟内的任务之后，可以通过休息来恢复状态。
- 合理规划番茄钟内的任务，将简单的任务合并在一个番茄钟里，对过于复杂的任务进行拆分，并放在不同的番茄钟里。

## 17.2 文件处理

如今越来越多的公司开始使用移动即时通信工具进行工作的对接，员工在收到一些文件，而身边又没有电脑时，就需要使用手机来处理这些工作文件。

### 17.2.1 将图片快速转换为可编辑文档

当领导发来一张表格图片，并让我们修改一下里面的某些数据时，除了新建表格，一个一个地手动输入外，还有没有更简单的方法呢？

其实手机中的很多 App，甚至是微信中的小程序都有不少可以将图片转换为可编辑文档的工具，下面就以免费的“易飞文字识别”微信小程序为例进行演示。

01 将表格图片保存在自己的手机相册中。在微信中搜索并打开小程序“易飞文字识别”，在小程序首页❶点击【图片转表格】选项，❷在弹窗中选择一种加载图片的方式，这里选择【相册选图】，❸在相册中选中需要识别转换的表格图片，❹点击【完成】按钮。

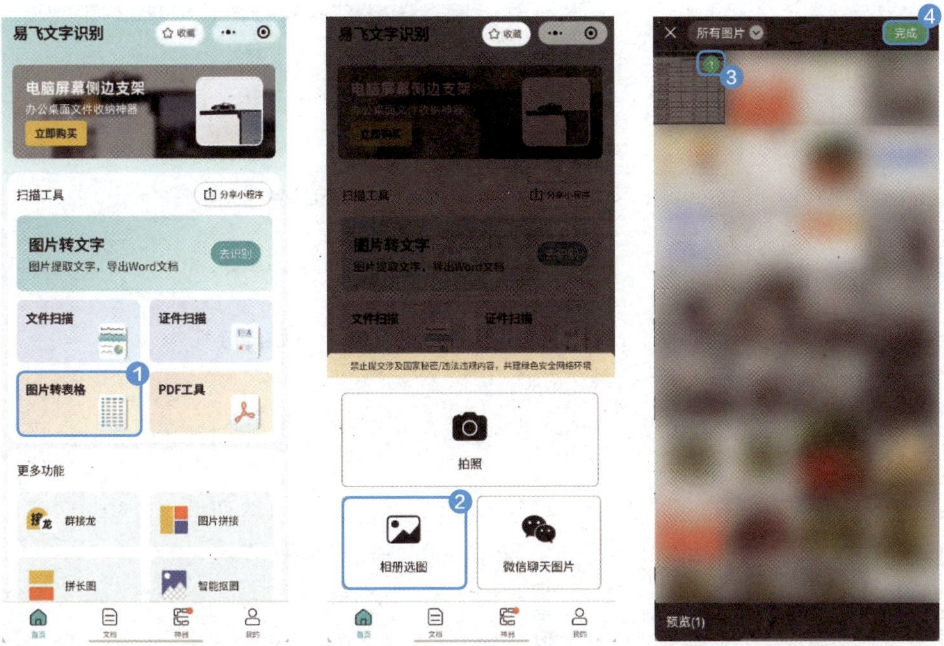


02 调整好识别区域后点击【识别】按钮，小程序就会自动进行表格的识别。识别完成后，新界面的上半部分会显示原图片，下半部分会显示识别后的结果文件。

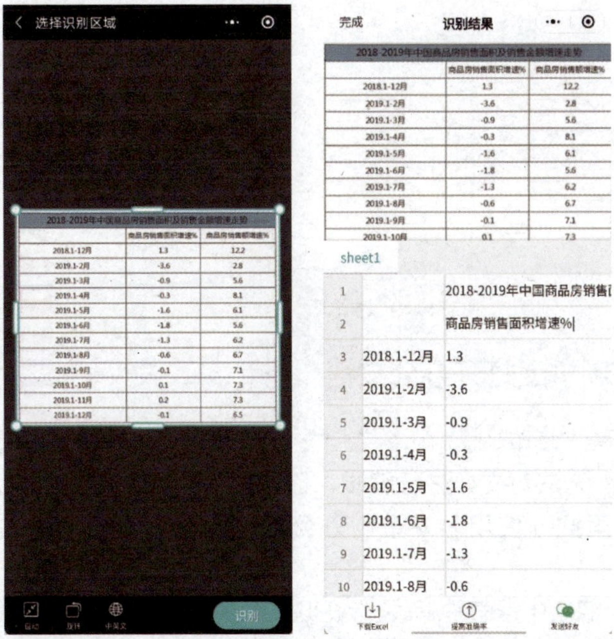


03 确认无误之后，点击【下载 Excel】图标进入文件预览状态，点击右上角的【…】图标，即可将文件转发给其他人或者保存到手机中。

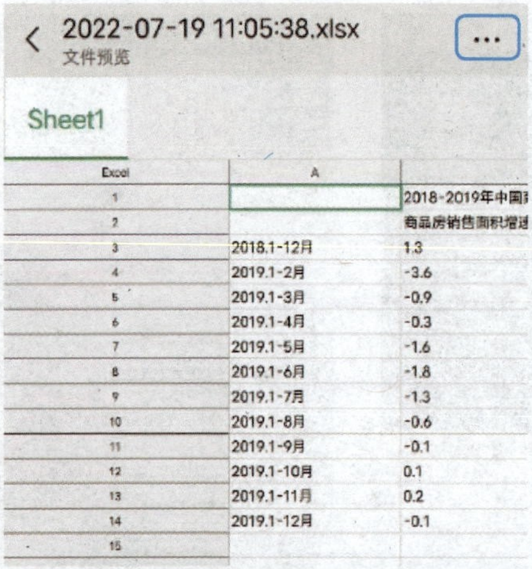


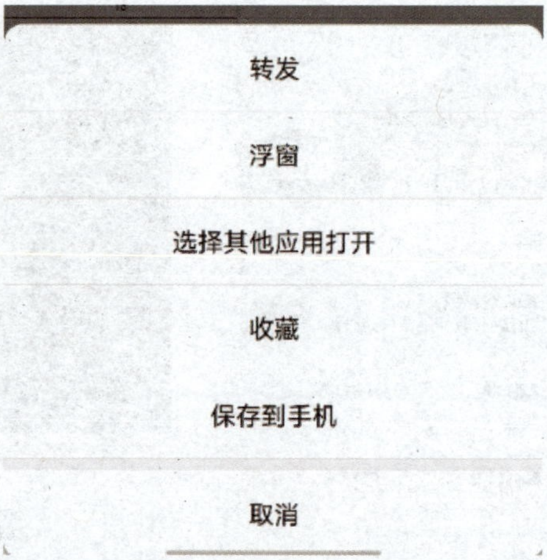


使用“易飞文字识别”微信小程序不仅可以将图片转换为可编辑文档，还可以进行群接龙、图片拼接、文件扫描、证件扫描、PDF 转 PPT 等。

## 17.2.2 在手机上打开办公文档

当同事把需要修改的 Office 文档发在项目微信群里时，直接通过手机点开，只能预览而无法对文档进行编辑。因此，可以在手机上安装移动版 Office 办公软件。这里推荐使用北京金山办公软件股份有限公司自主研发的 WPS Office。

在手机应用商店中搜索并下载“WPS Office”App，安装好后打开 App，选择合适的方式登录，然后赋予文件访问权限，就可以进入 WPS Office 主页。

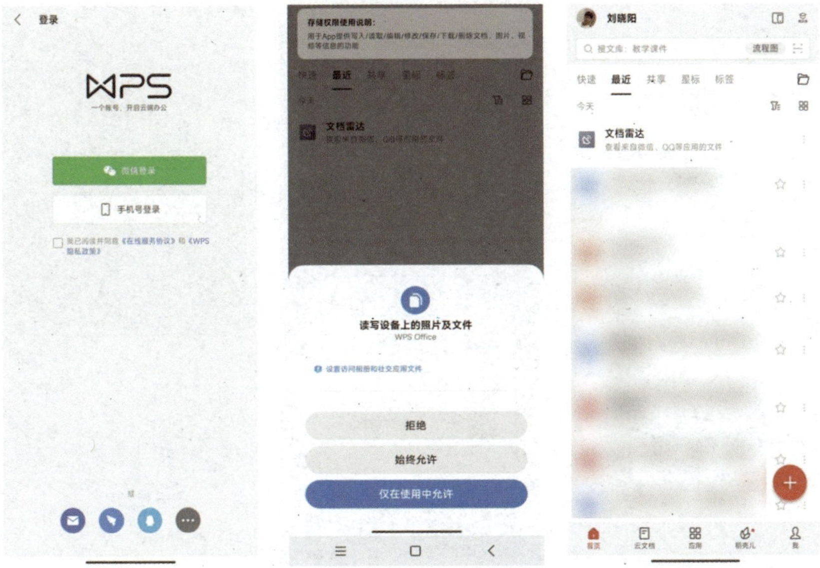


在 WPS Office 主页点击【文档雷达】选项，将文件夹权限开放给 WPS Office 之后，就可以快速在 WPS Office 中查看微信、QQ 等通信工具中的文件了。

WPS Office 作为一套国产办公软件，其功能十分强大。在首页点击右下角的 + 图标，可以创建包含主流的 PPT、Excel、Word 在内的多种办公文档；点击下方的【应用】图标，界面中会出现很多满足办公需求的实用功能；点击【稻壳儿】图标，则可以打开模板商城，进行办公文档模板的搜索和下载。

## 17.2.3 在手机上查看压缩文件

在手机上的微信等即时通信工具中接收到的压缩文件是无法直接被解压的，需要在手机中安装解压缩 App 才能行。这里推荐使用功能强大的“ES 文件浏览器”App。

在手机应用商店中搜索并下载“ES 文件浏览器”App，安装好后便可以开始使用。

01 在即时通信工具中接收压缩文件，接收完毕后，在详情页中❶点击【用其他应用打开】按钮，在弹出的对话框中❷选择【ES 文件浏览器】选项，❸根据需要点击【设为默认】或者【仅一次】按钮（这里点击【仅一次】按钮），❹单击【ES 压缩查看器】图标即可在“ES 文件浏览器”App 中打开压缩文件。

02 ❶点击文件右侧的灰色圆点，选中文件，在下方❷点击【解压】图标，❸选择好解压路径，❹点击【确定】按钮，即可进行文件的解压。

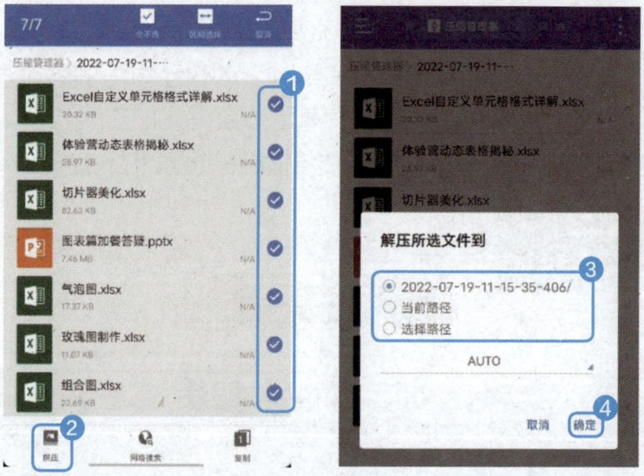


## 17.3 邮件处理

一般来讲，正式的业务都会通过邮件进行处理，而处理邮件需要用到邮件 App。大多数手机中都内置了邮件 App，便于直接在一个 App 中绑定多个邮箱进行邮件管理。

### 17.3.1 在手机邮件 App 中绑定邮箱

打开手机自带的邮件 App，第一次打开时会要求选择邮箱，下面以添加 163

邮箱为例进行演示。

首先在【选择邮箱】界面中点击【163】邮箱，然后根据提示一步步进行邮箱的验证，验证通过后就可以进入邮箱界面。

邮箱的绑定流程都是类似的，按照手机软件的提示进行操作即可。

## 17.3.2 下载邮箱官方 App 并收发邮件

如果有一个邮箱号，就可以下载对应邮箱的官方 App，这里同样以 163 邮箱为例进行演示。

在手机应用商店中搜索并下载“网易邮箱大师”App，安装后打开 App，❶按照提示添加自己的邮箱账号，输入完邮箱的地址和密码后，❷点击【添加】按钮，❸点击【完成】按钮，即可进入邮箱开始收发邮件。

在邮件列表界面点击右下角的铅笔图标，即可进入新建邮件界面。输入收件人的邮箱地址、邮件主题以及邮件内容，然后点击右上角的【发送】按钮，即可完成邮件的发送。

## 17.4 文件云同步

在工作中，我们经常会把很多重要的文件都只存放在自己的计算机中，但有时候会遇到紧急情况，需要在家里或者在外地使用这些文件，因此，最好可以实现文件的云同步。下面用微软官方的 Onedrive 或者第三方网盘工具来实现文件的云同步。

### 17.4.1 使用 Onedrive 实现云同步

在 Office 中，用户可以直接将办公文件保存在自己账号的 Onedrive 空间中。Onedrive 为每位微软用户免费提供了 5GB 的在线空间，用户在手机上只需要下载并安装“Onedrive”App，登录自己的微软账号就可以进行文件的预览和下载。

在手机应用商店中搜索并下载“Onedrive”App，安装好后打开 App，根据提示登录自己的微软账号。登录完成后即可在 App 中查看所有通过 Onedrive 保存的文件。

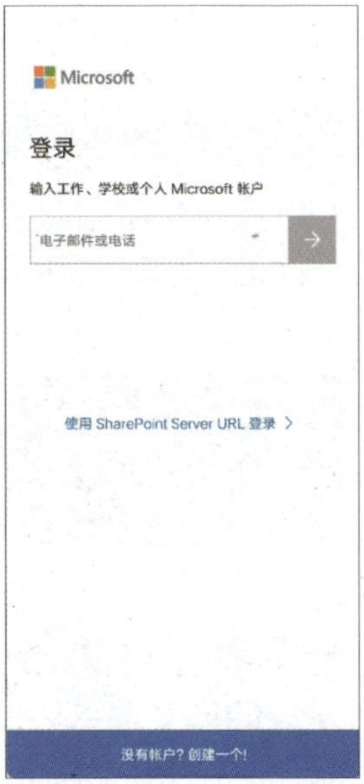


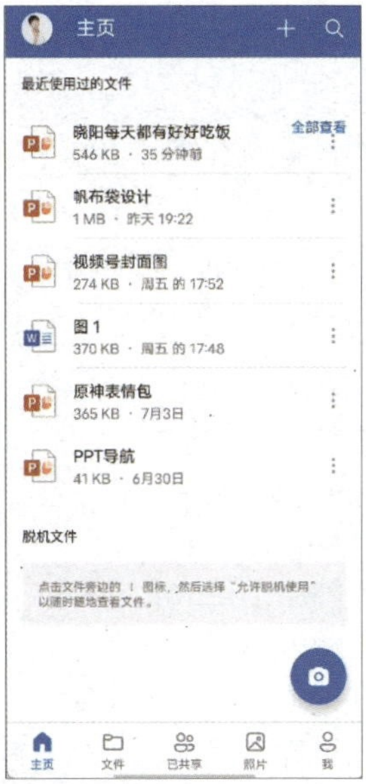


在预览界面可以标记副本、下载并在其他应用中打开文件。

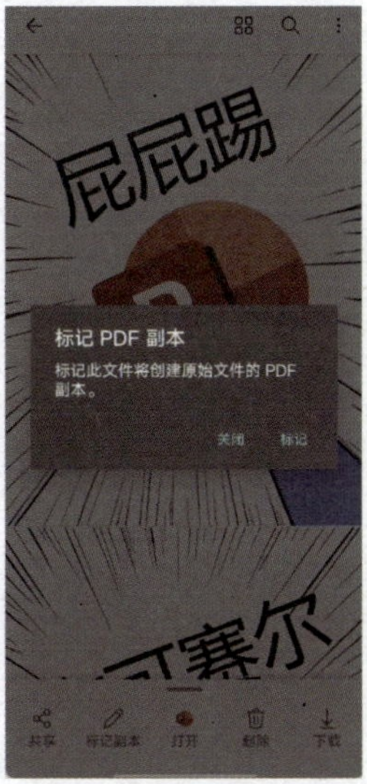

## 17.4.2 使用第三方网盘工具实现云同步

微软公司的 Onedrive 只有 5GB 的免费空间供我们使用，但如果我们需要的空间超过了 5GB，便可以考虑使用第三方网盘工具进行文件的云同步。

在手机应用商店中搜索并下载“阿里云盘”App，安装好后打开 App，注册并登录后除了可以免费享有 100GB 的云端存储空间外，还可以通过“福利社”的活动获取免费的容量。

在 App 的首页点击右下角的 + 图标，即可在弹出的界面中进行文件的上传。

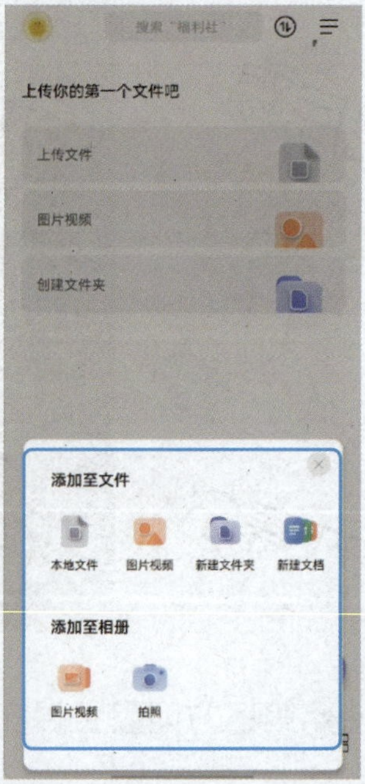


## 17.5 远程会议

在异地办公或者居家办公时，如果想要临时开会讨论工作，把与会人员召集到线下不太现实，此时可以借助手机的第三方 App 实现多人远程会议。

## 17.5.1 使用“腾讯会议”App 实现远程会议

现在有很多即时通信工具都支持线上远程会议，这里推荐使用“腾讯会议”App。

在手机应用商店中搜索并下载“腾讯会议”App，安装好后根据个人需求，选择合适的登录方式进行登录。

登录后点击界面中的【快速会议】按钮，进行会议参数的设置，如果是视频会议，则点击开启【开启视频】功能，最后点击【进入会议】按钮。进入会议后，赋予 App 相应的权限，即可开始会议。

在界面下方的功能栏中，可以进行静音、开启 / 关闭视频、共享屏幕、管理成员等操作，点击【更多】图标，则可以在会议进行的过程中通过更多实用功能来丰富会议的形式。

## 17.5.2 使用“腾讯会议”小程序加入远程会议

如果自己只是会议的参与方，并不需要那么多的会议管理权限，完全可以不安装“腾讯会议”App。在微信中搜索并打开“腾讯会议”小程序，❶点击【授权登录】按钮，❷点击【前往验证】按钮，验证成功后❸输入他人分享的会议号，❹点击【加入会议】按钮，即可加入正在进行的会议。

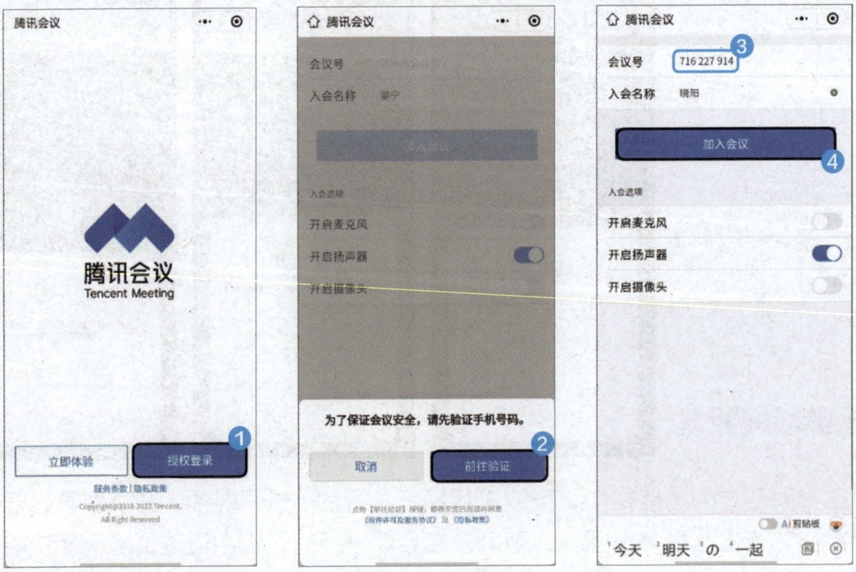